| 现代通信网络技术丛书 |

5G NR
The Next Generation
Wireless Access Technology

5G NR标准

下一代无线通信技术

[瑞典] 埃里克·达尔曼　　斯特凡·巴克浮　　约翰·舍尔德
（Erik Dahlman）　　（Stefan Parkvall）　　（Johan Sköld）　　著

朱怀松　王剑　刘阳　译

U0212937

机械工业出版社
China Machine Press

图书在版编目（CIP）数据

5G NR 标准：下一代无线通信技术 /（瑞典）埃里克·达尔曼（Erik Dahlman）等著；朱怀松，王剑，刘阳译 .
—北京：机械工业出版社，2019.5（2019.9 重印）
（现代通信网络技术丛书）
书名原文：5G NR: The Next Generation Wireless Access Technology

ISBN 978-7-111-62474-5

I. 5… II. ① 埃… ② 朱… ③ 王… ④ 刘… III. 无线电通信 IV. TN92

中国版本图书馆 CIP 数据核字（2019）第 067099 号

本书版权登记号：图字 01-2019-0741

5G NR: The Next Generation Wireless Access Technology
Erik Dahlman, Stefan Parkvall, Johan Sköld
ISBN: 978-0-12-814323-0

5G NR 标准：下一代无线通信技术

出版发行：机械工业出版社（北京市西城区百万庄大街 22 号　邮政编码：100037）

责任编辑：朱 捷		责任校对：殷 虹	
印　刷：大厂回族自治县益利印刷有限公司		版　次：2019 年 9 月第 1 版第 4 次印刷	
开　本：186mm×240mm　1/16		印　张：20.5	
书　号：ISBN 978-7-111-62474-5		定　价：119.00 元	

凡购本书，如有缺页、倒页、脱页，由本社发行部调换

客服热线：（010）88379426　88361066　　　　投稿热线：（010）88379604
购书热线：（010）68326294　　　　　　　　　　读者信箱：hzit@hzbook.com

版权所有·侵权必究
封底无防伪标均为盗版
本书法律顾问：北京大成律师事务所　韩光 / 邹晓东

序 言 一

从 2012 年 ITU-R 启动"IMT for 2020 and beyond"项目到现在，5G 走过了需求规划、标准制定、研发测试及商业部署准备等困难重重但又硕果累累的历程。移动产业界对 5G 的愿景已达成共识：5G 不仅将为用户提供增强的移动互联网服务——包括更佳的用户体验、更多样的连接方式，而且将提供面向物与物、人与物通信的物联网服务——包括大规模连接和低时延、超可靠的连接。虽然移动互联网仍是 5G 的主要应用之一，但对众多产业和领域进行渗透和赋能的移动物联网将是 5G 区别于前几代移动通信技术的显著特点。

移动通信的全球漫游属性和巨大的产业规模，使得全球统一的国际标准成为关键。3GPP 是全球移动通信标准组织，在 2G 到 5G 国际标准的制定中扮演着越来越重要的作用。3GPP 在 2016 年开始 5G 技术标准的研究工作。2018 年 6 月 14 日，3GPP 正式批准 5G 独立组网标准冻结。这意味着 5G 完成了第一阶段的全功能标准化工作，标志着 5G 具备了构建端到端全新业务的能力。3GPP 5G 标准的发布是全球 5G 发展的重要里程碑，凝聚了来自全球的技术和标准人员的智慧和汗水。

中国与其他国家一道，在推进 5G 发展进程中积极做出了自己的努力和贡献。2013 年，中国成立了 IMT-2020（5G）推进组，组织国内外主流企业共同推进 5G 发展，相继开展了5G 需求规划、技术标准制定、研发和国际合作等工作。2016～2018 年，为加快推动 5G 研发及产业发展，IMT-2020（5G）推进组组织开展了 5G 研发技术试验。2018 年年底，5G 研发试验第三阶段基本完成。测试结果表明，5G 基站与核心网设备均可支持非独立组网和独立组网模式，达到了预商用水平。当前，国内三家运营企业也在开展 5G 测试和试验活动，为即将到来的商业部署做着积极的准备。

本书以 3GPP 2018 年 9 月的版本为基础，重点对 5G 新空口（NR）进行了详细而又深入的解读。由于工作关系，我和本书的几位作者有过多次接触，对他们的技术领域和造诣有比较深入的了解。他们作为移动通信技术领域的专家，从 2G 开始就工作在移动通信技术发展的最前沿，他们之前出版的关于 3G 和 4G 的专著也已成为相关领域的畅销书和权威著作。本书的译者也是移动行业的资深人士，在各自的领域都做出了成绩。我相信本书的翻译出版会进一步推动 5G 在中国的普及，为中国读者提供对 5G 国际标准的既忠实可靠又全面系统的解读。

全球 5G 之旅才刚刚开始。5G 真正的潜力也许要再过几年才能完全显现出来。随着 5G 商用的脚步越来越近，当前迫切需要挖掘能够体现 5G 能力、在商用初期可投入应用的创新业务，助力 5G 成功商用。IMT-2020（5G）推进组现已开展了"绽放杯"5G 应用大赛，充分发挥引领行业需求的作用，力争孵化一批 5G 特色应用。希望在各行业、各领域的积极参与下，在全球移动通信产业界的通力合作、积极进取下，5G 在中国的发展能够取得更大的成功！

最后，借此机会，对爱立信公司在全球和中国 5G 发展中做出的重要贡献表示深深的敬意和感谢！

王志勤

中国信息通信研究院副院长

IMT-2020（5G）推进组组长

序 言 二

2015年9月，3GPP举办了一次特别的研讨会。来自全球移动产业界、监管部门、研究机构的500多名专家汇聚一堂，商谈5G标准化的规划。会议达成的共识包括：5G标准化分成两个阶段，第一阶段满足早期商业部署的需要，第二阶段计划覆盖所有的应用场景，包括eMBB（enhanced Mobile Broadband）、mMTC（massive Machine Type Communications）和URLLC（Ultra Reliable and Low Latency Communications）等5G典型应用场景。这次研讨会实际上标志着3GPP 5G标准化工作的正式开始。

从那时到现在已经过去了三年，经过艰苦的努力（仅2017年·年3GPP就处理了超过10万份提案，有些工作组的参会代表人数达到了600人，这在3GPP历史上前所未有），3GPP 5G标准化的工作取得了丰硕的成果。2017年12月3GPP发布了第一个NR标准，即3GPP Release 15（针对非独立NR操作的场景）。2018年年中Release 15冻结（增加了对独立NR操作的支持）。目前，3GPP Release 16的工作也已开始，计划于2020年上半年完成。

毫无疑问，3GPP在5G标准化过程中起着重要的作用。作为一个由CCSA（中国）、ETSI（欧洲）、ARIB（日本）、TTC（日本）、ATIS（美国）、TTA（韩国）和TSDSI（印度）七个区域性和国家级标准化组织构成的全球性组织，3GPP标准化的成果综合考虑了各个国家和地区的诉求并达成一致。考虑到移动通信的特点，一个能被全球尽可能多的国家和地区所接受的5G标准对5G未来的成功起着举足轻重的作用，而3GPP为这一成功提供了有力的支撑。

中国在5G技术发展和标准化进程中的重要性也是有目共睹的。由工信部、IMT-2020（5G）推进组及信通院领导和实施的5G技术测试，对于推动中国5G研发及产业的发展起到了至关重要的作用。同时，中国移动、中国电信和中国联通等多家运营商开展的5G测试和试验，也走在了行业的前列。包括爱立信在内的网络设备商也积极参与到中国的5G测试活动中，为即将到来的5G商用做积极的准备。爱立信公司也加大了在中国的5G研发，这不仅是因为中国将是5G的最大市场，更重要的是中国已成为5G技术发展与应用探索的前沿阵地，对今后5G技术的发展影响深远。

本书作者Erik Dahlman、Stefan Parkvall和Johan Sköld先生，均就职于爱立信研究院（Ericsson Research），是无线通信领域的顶级技术专家，从2G时代起就参与标准的制定工作以及无线技术预研，拥有许多发明和创新。他们之前出版的关于3G和4G无线接入的专著均得到了业内外读者的广泛认可，成为了解无线通信的技术宝典，或许读者对他们不会感到陌生。同时，相信通过译者的辛勤劳动，本书将为读者提供对5G的详细而又深入的解读。

希望本书的翻译出版能为推动 5G 在中国的发展贡献一点力量。

5G 并不仅仅是另一个新的"Generation"，5G 与前面几代移动通信技术的最大区别在于它与其他行业和领域的深入和广泛的结合。在某种程度上，5G 的成功与否将取决于它是否能真正赋能各个行业，是否能够真正服务于各垂直领域。可喜的是，目前我们已经看到各个行业和领域在积极探索和尝试基于 5G 的新应用和新服务。相信在不远的将来，5G 能够真正成为当今社会数字化转型的强大引擎！

彭俊江

爱立信（中国）通信有限公司 CTO

译 者 序

本书作者 Erik Dahlman、Stefan Parkvall 和 Johan Sköld 对于移动通信行业的许多同行来说并不陌生。从 3G 时代开始他们就撰写了相关著作，4G 时代又出版了基于 3GPP 标准的专著，这些著作受到读者好评，并成为 3G 和 4G 无线技术的畅销书。凡是参与过 3GPP 工作或者阅读过 3GPP 标准的同行，相信都对其流程的繁复、标准的丰富深有感触，迫切希望有一本深入浅出而又忠实可靠的著作能够对相关标准做一番梳理，以帮助读者尽快建立起对 5G NR 标准的系统性把握。

本书是一本开创性著作，对 5G NR 的 3GPP 标准做了全面解读和梳理，它提供了对 5G NR 标准的准确、易读的描述，以及对 NR 物理层结构、高层协议、射频和频谱的详细解读。不仅如此，它还提供了对 5G NR 标准的洞察：不仅描述技术本身，而且还揭示技术决策背后的原因，即常常萦绕在读者心头的问题——标准为什么做出这样的规定？

本书的英文版一经出版，相关的翻译工作也随即着手开始。虽然在移动通信行业工作多年，但作为译者，在翻译过程中心情还是很忐忑的。既要忠实于原著，又要尊重中文的表达方式，个中酸甜苦辣恐怕只有当事人才能体会一二。

在翻译过程中，译者得到了原作者的大力支持。同时，编辑朱捷先生和卢璐先生的耐心指导和悉心审阅，是整个翻译能够顺利完成的强有力的保障，在此我们对朱捷先生和卢璐先生表示诚挚的感谢！

尽管我们已经尽最大努力来保证译本的准确、易读，但由于时间紧、任务急，译作之中肯定存在疏漏，对此，作为译者，我们愿意承担全部责任。希望在后续版本里能够改正这些不足之处。

不同的人对于移动通信如何影响当今社会也许有不同的看法，但毋庸置疑的是，移动通信已经彻底改变了我们的生活方式，包括沟通方式。5G 的引入将使得这一改变更加深入、更加彻底。我们希望本书中文版的出版能为 5G 事业在中国的发展尽一点力量，"他山之石，可以攻玉"，技术是为了创造更加美好的生活，Technology for good!

朱怀松　王剑　刘阳

前　　言

LTE 已成为迄今为止全球最成功的、服务于数十亿用户的移动宽带技术。毫无疑问，移动宽带现在是，将来也是移动通信的重要组成部分，但未来的无线网络在很大程度上将涵盖更广泛的应用和更广阔的需求。虽然 LTE 是一项非常强大的技术并且仍在不断发展，在未来许多年内仍将被继续使用，但是新的 5G 无线接入技术——（New Radio，新空口）——已经被标准化，以满足未来的需求。

本书对 NR 标准进行了描述。NR 标准是在 2018 年春末由 3GPP 制定的新一代无线接入技术标准。

第 1 章对 5G 做了简单介绍。第 2 章描述了标准化的过程和相关的组织，比如 3GPP 和 ITU。第 3 章介绍了可用于移动通信的频段以及发掘可用新频段的流程。

有关 LTE 及其演进的概述请参阅第 4 章。虽然本书的重点是 NR，但作为后续章节的背景，对 LTE 做简要概述是有益的。一个原因是，LTE 和 NR 都是由 3GPP 制定的，因此具有共同的背景，并且使用了某些相同的技术构件。NR 中的许多设计选择也是基于 LTE 的经验做出的。此外，LTE 还会继续与 NR 并行发展，仍是 5G 无线接入中的重要组成部分。

第 5 章是对 NR 的概述，可以单独阅读以获得对 NR 的宏观理解，也可以作为对后续章节的介绍。

第 6 章概述了 NR 总的协议结构，第 7 章描述了 NR 整个的时频域结构。

多天线处理和波束赋形是 NR 的重要组成部分。第 8 章概述了支持这些功能的信道探测方法，第 9 章总体介绍了传输信道的处理，第 10 章介绍了相关的控制信令。这些功能如何支持不同的多天线方案和波束赋形在第 11 章和第 12 章中描述。

重传功能和调度是第 13 章和第 14 章的主题，第 15 章讲功率控制，第 16 章讲初始接入。

与 LTE 的共存和互通是 NR 的重要组成部分，特别是在依赖 LTE 进行移动性和初始接入的非独立组网模式下。第 17 章对此进行了介绍。

考虑到大频率范围上以及多标准无线终端的频谱灵活性，第 18 章描述了 NR 对射频的要求。第 19 章讨论了毫米波范围内较高频段的射频实现所要考虑的问题。

最后，第 20 章对本书做了总结，对未来的 NR 版本进行了展望。

致　　谢

感谢爱立信公司所有同事为本书的写作提供的帮助，包括对本书有关内容直接提供的建议和意见，以及参与开发 NR 和 5G 这一宏大的下一代无线接入项目。

标准化过程涉及来自世界各地的工作者，在此感谢无线通信业的所有同仁，特别是 3GPP RAN 工作组的努力。没有他们的工作和对标准化的贡献，这本书就不可能存在。

最后，非常感谢家人在撰写本书的漫长过程中给予我们的宽容和支持。

目 录

第 1 章

5G 概述

过去 40 年，世界见证了四代移动通信系统的发展。

第一代移动通信始于 1980 年左右，使用的是模拟传输，主要技术有北美制定的 AMPS（Advanced Mobile Phone System，高级移动电话系统）、北欧国家的公共电话网络运营商（当时由政府控制）联合制定的 NMT（Nordic Mobile Telephony，北欧移动电话），以及在英国等地使用的 TACS（Total Access Communication System，全接入通信系统）。基于第一代技术的移动通信系统只限于提供语音服务，不过，这是历史上移动电话首次可供普通民众使用。

第二代移动通信出现于 20 世纪 90 年代早期，其特点是在无线链路上引入了数字传输。虽然其目标服务仍然是语音，但是数字传输使得第二代移动通信系统也能提供有限的数据服务。最初存在几种不同的第二代技术，包括由许多欧盟国家联合制定的 GSM（Global System for Mobile communication，全球移动通信系统）、D-AMPS（Digital AMPS，数字高级移动电话系统）、由日本提出并且仅在日本使用的 PDC（Personal Digital Cellular，个人数字蜂窝），以及稍后发展出来的基于 CDMA 的 IS-95 技术。随着时间的推移，GSM 从欧洲扩展到世界，并逐渐成为第二代技术中的绝对主导。正是由于 GSM 的成功，第二代系统把移动电话从一个小众用品变成了一个世界上大多数人使用的、成为生活必需品一部分的通信工具。即使在今天，尽管第三代和第四代技术已经问世，在世界的许多地方 GSM 仍然起着主要作用，在某些情况下甚至是唯一可用的移动通信技术。

第三代移动通信，通常称为 3G，出现于 2000 年初期。3G 是朝着高质量移动宽带迈出的真正一步，尤其是借助于称为 3G 演进的 HSPA（High Speed Packet Access，高速数据包接入）[21] 技术，无线互联网的快速接入成为可能。此外，相对于早期的基于频分双工（Frequency-Division Duplex，FDD）对称频谱的移动通信技术（即网络到终端和终端到网络的链路各自使用不同的频谱，见第 7 章），3G 首次引入了非对称频谱的移动通信技术，它基于由中国主推的基于时分双工（Time Division Duplex，TDD）的 TD-SCDMA 技术。

从过去的几年到现在，作为主导的是以 LTE 技术 [28] 为代表的第四代移动通信。在

HSPA 的基础之上，LTE 提供更高的效率和增强的移动宽带体验，即终端用户的数据速率更高。这有赖于能提供更大传输带宽的基于 OFDM 的传输技术以及更先进的多天线技术。此外，相对于 3G 支持一种特殊的非对称频谱工作的无线接入技术（TD-SCDMA），LTE 支持在一个通用的无线接入技术之中实现 FDD 和 TDD 工作，即对称和非对称频谱的工作。这样，LTE 就实现了一个全球统一的移动通信技术，适用于对称和非对称频谱以及所有移动网络运营商。在第 4 章里，我们还会详细讨论 LTE 的演进是如何把移动通信网络的范围扩展到非授权频谱的。

图 1-1 展示了移动通信系统的发展史。

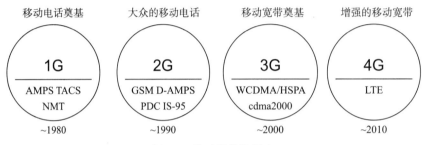

图 1-1　移动通信发展史

1.1　3GPP 和移动通信的标准化

移动通信成功的关键是存在被许多国家认可的技术规范和标准。这些规范和标准保证了不同厂家生产的终端和设备的可部署性和互操作性，以及终端在全球范围内的可用性。

正如之前提到的，第一代 NMT 技术就是由多个国家共同制定的，使得终端及其签约使用在这几个北欧国家范围内都能有效工作。接下来的 GSM 移动通信技术规范和标准的制定也由欧洲的许多国家共同完成。相关工作在 CEPT 进行，CEPT 后来改名为 ETSI（European Telecommunications Standards Institute，欧洲电信标准组织）。所以从一开始，GSM 终端及签约服务就能在很多国家正常工作，涵盖了大量的潜在用户。这个巨大的共同市场对终端有极大的需求，催生了五花八门的手机品牌，大大降低了终端的价格。

不过，随着 3G 技术规范，特别是 WCDMA 的制定，迈出了制定真正的全球性移动通信标准的脚步。一开始，3G 技术标准的制定工作也基于区域分别在欧洲（ETSI）、北美（TIA，T1P1）、日本（ARIB）等地进行。然而，GSM 的成功已经表明技术覆盖广度的重要性，特别是终端的通用性和成本方面。而且越来越清楚的是，虽然不同的地区性标准化组织都在分别进行自己的工作，但是研究的技术具有很多相似性。特别是欧洲和日本，都在研究不同的，但非常类似的 WCDMA（Wideband CDMA，宽带 CDMA）技术。

最终，在 1998 年，各个区域性标准化组织走到一起，成立了 3GPP（Third-Generation Partnership Project，第三代合作伙伴项目），其目标是基于 WCDMA 来完成 3G 技术规范的制定。稍后，一个平行的组织（3GPP2）也成立了，其任务是制定 3G 技术的替代技术——cdma2000，作为第二代 IS-95 的演进。这两个有着各自 3G 技术（WCDMA 和 cdma2000）的组织（3GPP 和 3GPP2）随后共存了许多年。不过，随着时间的推移，3GPP 完全占据主导，并且进一步延伸到 4G 和 5G 技术的制定，尽管名字还是保持为 3GPP。今天，3GPP 是世界上制定移动通信技术规范的唯一重要组织。

1.2   下一代无线接入技术——5G/NR

关于 5G 移动通信的讨论开始于 2012 年左右。在许多讨论中，5G 这个术语指的是特定的、新的 5G 无线接入技术。不过，5G 也常常用在更宽泛的语境中，意指未来移动通信能够支持的、可预见的大量新的应用服务。

1.2.1   5G 应用场景

谈到 5G，一般常会提到三种应用场景：增强的移动宽带通信（eMBB），大规模机器类型通信（mMTC），以及超可靠低时延通信（URLLC）（参见图 1-2）。

图 1-2   高层 5G 应用场景分类

- eMBB 大致是指今天的移动宽带服务的直接演进，它支持更大的数据流量和进一步增强的用户体验，比如，支持更高的终端用户数据速率。

- mMTC 指的是支持大量终端的服务，比如远程传感器、机械手、设备监测。这类服务的关键需求包括：非常低的终端造价，非常低的终端能耗，超长的终端电池使用时间（至少要达到几年）。一般而言，这类终端每台只消耗和产生相对来说比较小的数据量，因此不需要提供对高数据速率的支持。

- URLLC 类服务要求非常低的时延和极高的可靠性，这类服务的实例有交通安全、自动控制、工厂自动化。

需要指出的是，5G 应用场景分成这三个不同的类别在某种程度上是人为的，主要目的是为了简化技术规范的需求定义。在实际当中会有许多应用场景不能精确地归入这三类之中。比如，可能会有这样的服务，它需要非常高的可靠性，但是对于时延要求不高。还有的应用场景可能要求终端的成本很低，但并不需要电池的使用寿命非常长。

1.2.2   LTE 向 5G 演进

LTE 技术规范的第一个版本是在 2009 年提出的。之后，LTE 不断演进以提供增强的性能和扩展的能力。这包括对移动宽带的增强、支持更高的实际可达到的终端用户数据速率以及更高的频谱效率。它还包括扩展 LTE 的应用场景，特别是支持配有超长使用时长电池的低成本终端，类似于大规模 MTC 的应用。最近 LTE 在减少空口时延方面也有重要进展。

通过这些已完成的、正在进行中的以及未来的演进，LTE 将会支持 5G 的很多应用场景。从一个更广的角度来看，5G 不是一个特定的无线接入技术，而是由所支持的应用场景来定义，因此 LTE 应该被看作是 5G 整个无线接入解决方案的一个重要组成部分，参见图 1-3。虽然讲解 LTE 演进不是本书的主要目的，但第 4 章将会对 LTE 演进的当前状态做一个概述。

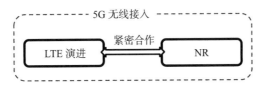

图 1-3 LTE 演进和 NR 共同提供 5G 无线接入的解决方案

1.2.3 NR——新的 5G 无线接入技术

尽管 LTE 是一个强有力的技术，但是 5G 的某些需求是 LTE 及其演进无法满足的。事实上 LTE 肇始于十几年前，在这十几年里又出现了许多更先进的技术。为了满足这些需求并且发挥新技术的潜能，3GPP 开始制定一种新的无线接入技术，称为 NR（New Radio，新空口）。2015 年秋天举行的一次研讨会确定了 NR 的范围，具体的技术工作则开始于 2016 年春季。NR 标准的第一个版本完成于 2017 年年底，这是为了满足 2018 年进行 5G 早期部署的商业需求。

NR 借用了 LTE 的很多结构和功能。但是，作为一种新的无线接入技术，NR 不需要像 LTE 演进那样考虑向后兼容的问题。NR 的需求也要比 LTE 的需求更多更广，因而技术解决方案也会有所不同。

第 2 章讨论了与 NR 有关的标准化活动，第 3 章是对频谱的概述，对 LTE 及其演进的简要描述在第 4 章。本书的主要部分（第 5 ~ 19 章）提供了一个对当前 NR 技术标准状态的详细描述，第 20 章是对 NR 未来发展的一个展望。

1.2.4 5GCN——新的 5G 核心网

除了定义 NR 这一新的 5G 无线接入技术，3GPP 也定义了一个新的 5G 核心网，称作 5GCN。新的 5G 无线接入将连接到 5GCN。不过，5GCN 也能为 LTE 的演进提供连接。同时，当 NR 和 LTE 运行在所谓的非独立组网模式（non-standalone mode）下时，NR 也可以连接到传统的 EPC 核心网，第 6 章将对此做进一步的描述。

第 2 章

5G 标准化

移动通信系统的研究、开发、实现和部署是国际上无线产业界通力合作的结果，而产业界对整个无线通信系统的统一的规范也是在这一过程中完成的。这一工作很大程度上依赖于全球和区域性的政府监管活动，特别是对于频谱使用的监管，这是所有无线技术面临的主要问题。本章描述了监管和标准化的环境，它们对于定义无线通信系统曾经是并且将继续是非常重要的方面。

2.1 标准化和监管概述

在移动通信领域，有许多组织参与技术规范制定、标准化和监管的相关活动。它们大致可以分为以下三种：标准化组织、监管机构、产业论坛。

标准化组织（Standards Developing Organization，SDO）为移动通信系统开发和制定技术标准，以便业界可以据此生产和部署标准化的产品，从而使产品之间具有互操作性。移动通信系统的绝大部分组件，包括基站和移动终端，在某种程度上都是标准化的。虽然厂家有一定的在其产品中提供其特有的解决方案的自由度，但通信协议的特点也决定了必须要有详细的标准。SDO 通常是非营利的行业组织，不为政府控制。不过，政府经常授权它们针对某一领域编写标准，这类标准通常会具有较高的级别。

有的国家有自己的 SDO，但由于通信产品的全球化趋势，绝大多数 SDO 是区域性的并且参与全球合作。比如，GSM、WCDMA/HSPA、LTE 和 NR 的技术标准都是由 3GPP 制定的，而 3GPP 是一个由欧洲（ETSI）、日本（ARIB 和 TTC）、美国（ATIS）、中国（CCSA）、韩国（TTA）和印度（TSDSI）等七个区域性和国家级 SDO 组成的全球性的组织。各个 SDO 的透明度和开放程度各有不同，但 3GPP 的所有技术规范、会议文档、报告、电子邮件讨论组都是公开的和免费的。

监管机构（regulatory bodies and administration）是政府性组织，它对移动系统和其他电信产品的销售、部署和运维提出法规方面的要求。它的最重要的任务之一就是管控频谱的使用，为移动运营商获得部分无线频谱（Radio Frequency，RF）及运营商设定授权条件。

另一个任务是通过认证流程对产品的"市场准入"进行监管，以保证终端、基站和其他设备通过型式认证（type approval），符合相关的监管要求。

频谱监管不仅在国家层面由国家机构执行，它也通过区域性机构比如欧洲的 CEPT/ECC、美国的 CITEL、亚洲的 APT 来进行。在全球层面，频谱监管是由国际电信联盟（International Telecommunications Union，ITU）负责的。监管机构规定频谱提供何种服务，以及设定更详细的要求，比如发射机无用发射的限制等。通过监管规定它们也间接地对产品标准提出要求。2.2 节进一步解释了 ITU 对移动通信技术提出要求的情况。

行业论坛（Industry forum）是产业界领导的组织，目的是推广特定的技术或者其他的产业热点。在移动产业界，行业论坛往往由运营商引导，但也有一些供应商创建的产业联盟。例如，GSM 联盟（GSM Association，GSMA）致力于推动基于 GSM、WCDMA、LTE 和 NR 的无线通信技术。还有下一代移动网络（Next Generation Mobile Networks，NGMN），它由运营商组织，对移动系统演进提出需求，还有 5G Americas，它是一个区域性的产业联盟，由之前的 4G Americas 演变而来。

图 2-1 展示了参与移动系统监管和技术规范制定的不同组织之间的关系。这张图还显示了移动工业界的图景，即供应商开发产品、提供给市场、同运营商议价，同时运营商采购并部署移动系统。这一流程强烈依赖于 SDO 所发布的技术标准，而市场准入则依赖于地区或者国家层面的产品认证。请注意，欧洲的地区性 SDO（ETSI）基于欧盟的要求制定用于产品认证（通过 CE 标志）的**和谐标准**（harmonized standard）。这些标准在欧洲以外的国家也被用来进行认证。图 2-1 中，实线箭头表示的是正式的文档，比如技术标准、建议书和监管授权，它们规定了技术和监管的要求。虚线箭头表示的是更间接的介入，比如通过联络函和白皮书的方式。

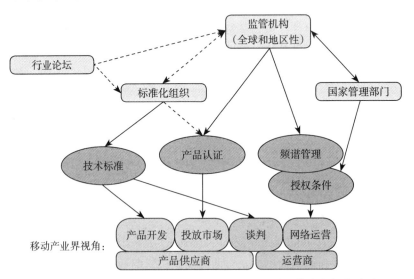

图 2-1　监管机构、标准化组织、行业论坛和移动通信业之间的关系

2.2　ITU-R 从 3G 到 5G 的活动

2.2.1　ITU-R 的角色

ITU-R 是国际电联的无线通信部门。ITU-R 负责确保所有无线通信服务都能够有效和经济地使用无线频谱。ITU-R 下属的各个子组和工作组分析和定义无线频谱的使用条件并撰写报告和建议书。ITU-R 的终极目标，是通过对无线电管理规定（Radio Regulations）和地区性协议的执行，"确保无线通信系统能够无干扰地工作"。无线电管理规定是关于无线频谱使用的、国际性的、具有约束力的条约。世界无线电通信大会（World Radio-communication Conference，WRC）每 3 ～ 4 年举行一次。WRC 对无线电管理规定进行修改和更新，从而对全球无线频谱的使用产生相应的影响。

考虑到移动通信技术（比如 NR、LTE 和 WCDMA/HSPA）的技术规范是在 3GPP 完成的，ITU-R 有责任把这些技术转变为全球标准，尤其是为那些没有被 3GPP 所包含的 SDO 所涵盖的国家。ITU-R 为不同的服务定义相应的无线频谱，包括移动服务，其中某些频谱被分配给国际移动电信（International Mobile Telecommunications，IMT）系统。ITU-R 的 5D 工作组（WP5D）负责 IMT 系统的无线系统方面的全部工作，也就是从 3G 开始及其以上的各代移动通信系统。WP5D 在 ITU-R 的最主要的任务就是负责 IMT 陆地部分的问题，包括技术、运营和频谱相关的问题。

WP5D 并不制定 IMT 的技术规范，而是和其他区域性标准化组织合作对 IMT 进行定义，维护一系列的 IMT 建议书和报告，包括一系列的无线接口规范（Radio Interface Specifications，RSPC）。这些建议书包括每一代 IMT 的无线接口技术（Radio Interface Technologies，RIT）"系列"，每一种技术都被平等对待。对于每个无线接口，RSPC 包含一个对它的概述，以及对详细规范的引用列表。实际的规范由各个 SDO 维护，RSPC 提供对这些规范的参考索引。以下是已有的和计划中的 RSPC 建议书：

- IMT-2000：ITU-R 建议书 M.1457[49] 包含六个不同的 RIT，包括 WCDMA/HSPA 等 3G 技术。
- IMT-Advanced：ITU-R 规范 M.2012[45] 包含两个不同的 RIT，其中最重要的是 4G/LTE。
- IMT-2020：新的 ITU-R 建议书，包含 5G 的 RIT，计划 2019 ～ 2020 年制定。

每个 RSPC 都会不断更新以反映其所参考的详细规范中的新的变化，比如 3GPP 的 WCDMA 和 LTE 规范。SDO 和伙伴项目（现在主要是 3GPP）提供更新所需的内容。

2.2.2　IMT-2000 和 IMT-Advanced

ITU-R 的第三代移动通信的工作开始于 20 世纪 80 年代。一开始的名字是未来公用陆地移动通信系统（Future Public Land Mobile Telecommunication Systems，FPLMTS），后来改名为 IMT-2000。在 20 世纪 90 年代后期，世界各地的 SDO 也在做与 ITU-R 类似的工作，即开发新一代的移动系统。IMT-2000 的第一个 RSPC 于 2000 年发布，3GPP 的 WCDMA 是其中一个 RIT。

接着 ITU-R 开始了 IMT-Advanced 的工作，它是指 IMT-2000 之后具有新无线接口、新能力的系统。ITU-R 在框架建议书 [41] 中定义了这些新的能力，图 2-2 展示了这张 "厢式货车图"。ITU-R 的 IMT-Advanced 的能力和 4G（即 3G 之后的下一代移动技术）相呼应。

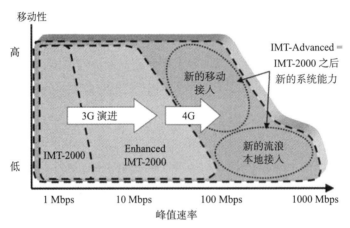

图 2-2　IMT-2000 和 IMT-Advanced 的能力，基于 ITU-R 建议书 M.1645[41] 所描述的框架

作为 IMT-Advanced 的候选技术之一，3GPP 向 ITU-R 提交了 LTE 演进技术。它是 3GPP LTE 规范的一个新版本（Release 10），也是不断演进的 LTE 的一个有机组成部分。

为了向 ITU-R 提交，它被命名为 LTE-Advanced（Release 10 也用了这个名字）。以 ITU-R 需求 [10] 为基础，3GPP 提出了自己的对 LTE-Advanced 的技术需求。

ITU-R 流程的目的就是通过民主协商对各个候选技术进行协调。ITU-R 最后决定在 IMT-Advanced 的第一个版本中包含两种技术，即 LTE-Advanced 和

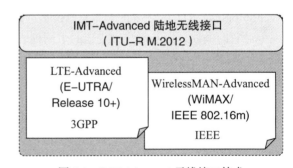

图 2-3　IMT-Advanced 无线接口技术

基于 IEEE 802.16m 的 WirelessMAN-Advanced [37]。这两者可以看作 IMT-Advanced 技术的 "姐妹"，如图 2-3 所示。不过两者之中，LTE 是当前 4G 的主导技术。

2.2.3　ITU-R WP5D 的 IMT-2020 流程

2012 年，ITU-R WP5D 开始着手下一代 IMT 系统的工作，即 IMT-2020。它着眼于 2020 年之后 IMT 陆地部分进一步的发展，对应于通常所说的 "5G"，即第五代移动系统。

ITU-R 建议书 M.2083[47] 对 IMT-2020 的框架和目标做了概述，这份建议书常被称作"愿景"建议书。它迈出了描绘 IMT-2020 发展的第一步：IMT 未来的角色；IMT 如何服务于社会；市场；用户和技术趋势；频谱形势，等等。考虑到用户趋势、未来的角色和市场，一系列的使用场景被提了出来，涵盖以人为中心的通信和以机器为中心的通信。这些确定的使用场景包括：增强移动宽带通信（eMBB）、超可靠低时延通信（URLLC）、大规模机器类型通信（mMTC）。

为了满足增强的移动宽带体验的需要以及新的、扩展的使用场景，IMT-2020 必须相应地扩展能力。愿景建议书[47] 描述了一系列关键能力以及相应的目标值，对 IMT-2020 的需求提供了总体的指导。2.3 节将进一步讨论关键能力和相应的使用场景。

ITU-R WP5D 同时还编写了一份关于"IMT 陆地系统未来技术趋势"[43] 的报告，重点关注 2015 ～ 2020 年。通过分析 IMT 系统的技术和操作特性，以及 IMT 的技术演进所提供的改善的可能性，它描述了 IMT 技术的未来趋势。这份技术趋势的报告实际上和 3GPP Release 13 及之后的 LTE 相关，而愿景建议书展望的是 2020 年以后的情况。IMT-2020 的一个新的特点是它可以在潜在的、新的 6 GHz 之上的 IMT 频段运行，包括毫米波。出于这个考虑，WP5D 专门编写了一个单独的报告来研究无线电波传播、IMT 特性、支持技术，以及在高于 6 GHz 的频带的部署问题[44]。

WRC-15 讨论了潜在的 IMT 新频段并为 WRC-19 增设了一个会议议程项 1.13，用来讨论为移动业务和未来 IMT 的发展分配额外频谱的可能性。在 24.25 ～ 86 GHz 之间的许多频段被认为是可能的候选。第 3 章将对特定的频段及其全球使用的可能性进行描述。

WRC-15 之后，ITU-R WP5D 根据愿景建议书[47] 和之前其他的研究成果，继续为 IMT-2020 系统定义需求、设计评估方法。这项工作按照 IMT-2020 的工作计划（图 2-4），于 2017 年中完成。它的成果是 2017 年末发布的三份文献，进一步定义了 IMT-2020 要实现的性能和特性。这些性能和特性也将用于评估阶段：

- 技术要求：ITU-R M.2410 [51] 报告针对 IMT-2020 无线接口技术性能定义了 13 项最基本的要求。这些要求很大程度上是基于愿景建议书（ITU-R，2015c）中对关键能力的描述。2.3 节对此有进一步的阐述。
- 评估指南：ITU-R M.2412[50] 报告定义了用来评估最基本要求的详细的方法论，包括测试环境、评估配置和信道模型。更多细节见 2.3 节。
- 提交模板：ITU-R M.2411[52] 报告定义了用来提交待评估的候选技术的具体模板。根据上面的两份报告 M.2410 和 M.2412，它还具体描述了评估标准，以及对业务、频谱和技术性能的要求。

IMT-2020 的流程以通函的形式告知了其他外部组织。在 2017 年 10 月举行了一次关于 IMT-2020 的研讨会之后，IMT-2020 流程正式开始接收候选建议。

如图 2-4 所示，ITU-R 计划在 2018 年开始对候选建议进行评估，目标是在 2020 年上半年发布 IMT-2020 的 RSPC。

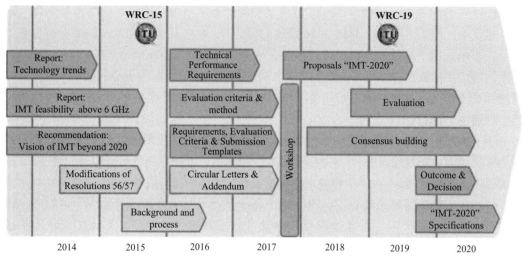

图 2-4　ITU-R WP5D[40] 的 IMT-2020 工作计划

2.3　5G 和 IMT-2020

　　图 2-4 描述了 ITU-R 的 IMT-2020 时间表中最重要的几个时间节点。首先 ITU-R 制定了 IMT-2020 的愿景建议书 ITU-R M.2083 [47]，勾勒出所期望的使用场景及相应的能力要求。然后定义了更详细的 IMT-2020 需求。正如评估指南所指出的那样，候选技术需要根据这些需求接受评估。需求和评估指南是在 2017 年中完成的。

　　在需求明确之后，候选技术就可以提交给 ITU-R 了。提交的候选技术将根据 IMT-2020 需求进行评估，满足需求的技术将在 2020 年下半年获得批准并被发布。关于 ITU-R 流程的进一步细节可参见 2.2.3 节。

2.3.1　IMT-2020 使用场景

　　5G 的一个主要推动力就是要满足大量新的使用案例。ITU-R 在 IMT 愿景建议书 [47] 中定义了三个使用场景。ITU-R 的 IMT-2020 流程采纳了移动通信产业界、不同区域性组织以及运营商组织的输入，并把它们综合为以下三个场景：

- 增强的移动宽带通信（Enhanced Mobile Broadband，eMBB）：使用 3G 和 4G 移动系统的主要驱动力来自移动宽带，对于 5G 而言移动宽带仍然是最重要的使用场景。不断增长的新的需求和新的应用对增强的移动宽带提出了新的需求。对它的使用无处不在，覆盖了许多不同的使用案例，也带来了各自的挑战，包括热点覆盖和广域覆盖，前者着眼于高速率、高用户密度和对高容量的需要，后者面临的挑战是移动性、无缝用户体验和低速率、低用户密度。增强的移动宽带场景主要是针对以人为中心的通信。

- 超可靠低时延通信（Ultra-Reliable and Low-Latency Communications，URLLC）：这一场景涵盖以人为中心的通信和以机器为中心的通信，后者常被称为关键机器类型通信（Critical Machine Type Communication，C-MTC）。这一场景的使用案例的特点是对时延、可靠性和高可用性有严格的要求。比如有安全要求的车辆间的通信、工业设备的无线控制、远程手术以及智能电网中的分布式自动化。两个以人为中心的用例是 3D 游戏和"触觉互联网"，其特点是低时延和超高数据速率。
- 大规模机器类型通信（Massive Machine Type Communications，mMTC）：这是一个纯粹的以机器为中心的使用场景，主要特点是终端数量巨大，数据量小且传输不频繁，对延迟不敏感。大量的终端可能导致局部连接的密度极高，当然真正的挑战是一个系统当中能容纳的总的终端数量以及如何降低终端成本。对于那些在人烟稀少的地点部署的 mMTC 终端，还要求它们的电池使用寿命非常长。

图 2-5 描述了这些使用场景以及一些相关的例子。这三个场景并没有涵盖所有可能的使用案例，而是提供了一个对大多数可预见的使用情况的分类，以用来分析、确定 IMT-2020 的无线接口技术所需要的关键能力。即便我们今天还无法预见或者描述，但将来肯定会有新的使用案例出现。这就意味着新的无线接口必须具有高度的灵活性以便能接纳这些新的用例，同时所定义的关键能力也要足够灵活，以支持那些来自新用例的新的需求。

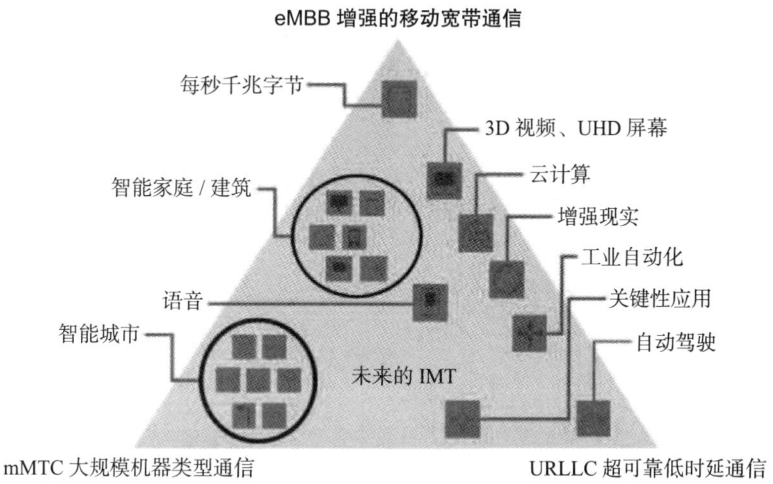

图 2-5　IMT-2020 用例和使用场景的匹配（节选自 ITU-R M.2083[47]）

2.3.2　IMT-2020 能力集

作为 IMT 愿景建议书[47] 所描述的 IMT-2020 框架的一部分，ITU-R 定义了一系列 IMT-2020 技术所需要的能力。这些能力是为了支持由区域性组织、研究项目、运营商、监管机构等提出的 5G 使用场景和用例。IMT 愿景建议书[47] 一共定义了 13 个能力，其中 8 个称为**关键能力**（key capabilities）。两个"蜘蛛网"描绘出这 8 个关键能力（见图 2-6 和

图 2-7）。

　　图 2-6 描述了 IMT-2020 关键能力及其示意性的目标值，其目的是为更详细的、目前正在制定的 IMT-2020 需求提供一个初步的宏观指导。可以看到，这些目标值有的是绝对数值，有的是相对于 IMT-Advanced 能力的相对数值。这些关键能力的目标值不需要同时达到，甚至某些目标在一定程度上还是相互排斥的。图 2-7 给出了第二个图，分别说明了为实现 ITU-R 设想的三种使用场景，每个关键能力的"重要性"。

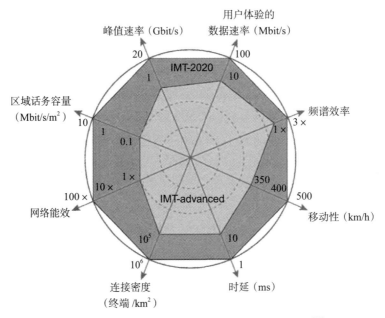

图 2-6　IMT-2020 关键能力（节选自 ITU-R M.2083[47]）

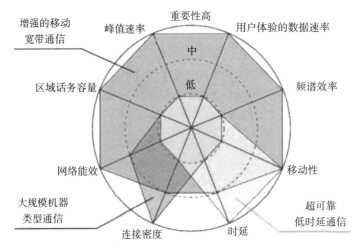

图 2-7　ITU-R 关键能力和三个使用场景之间的关系（节选自 ITU-R M.2083 [47]）

峰值数据速率（peak data rate）一直是一个备受关注的数字，但实际上它是一个理论话题。ITU-R 将峰值数据速率定义为在理想条件下可实现的数据速率的最大值，这意味着产品研发当中的瑕疵或者网络部署对传播的实际影响等并未考虑进去。所以它是一个依赖性的**关键性能指标**（Key Performance Indicator，KPI），因为它严重依赖于运营商部署时可用的频谱资源。此外，峰值数据速率取决于峰值频谱效率，即归一化带宽的峰值数据速率：

$$峰值数据速率 = 系统带宽 \times 峰值频谱效率$$

因为在 6 GHz 以下的 IMT 频段没有大的可用带宽，真正的高数据速率更容易在更高的频率所在的频段实现。结论是在室内和热点环境中可以实现最高的数据速率，因为在这些地方那些对较高频率不太有利的传播特性没有那么糟糕。

用户体验数据速率（user experienced data rate）是指对大多数用户而言、在一个大的覆盖区域中可实现的数据速率。它可以定义为 95% 的用户的数据速率。它不仅依赖于可用频谱，而且依赖于系统是如何部署的。5G 对城区和郊区的广域覆盖设定了 100 Mbit/s 的目标速率，对室内和热点环境则期望能提供一致的 1Gbit/s 的数据速率。

频谱效率（spectrum efficiency）给出了频谱的每赫兹和每个"扇区"的，或者更确切地说每单位无线设备（又称为**发射接收点**，Transmission Reception Point，TRP）的平均数据吞吐量。它是配置网络的重要参数。实际上 4G 系统已经实现了很高的水平，5G 的目标确定为 4G 的频谱效率的三倍，但实际能增长多少很大程度上取决于部署场景。

区域话务容量（area traffic capacity）是另一个依赖性的能力，它不仅依赖于频谱效率和可用带宽，而且还依赖于网络部署的密集程度：

$$区域话务容量 = 频谱效率 \times 带宽 \times TRP 密度$$

IMT-2020 假定了在更高频率处能有更多可用的频谱，以及可以采用非常密集的网络部署。在这一前提下，IMT-2020 设定的区域话务容量比 4G 增加了 100 倍。

如前所述，**网络能效**（network energy efficiency）作为一种能力其重要性与日俱增。ITU-R 设定的总体目标是 IMT-2020 无线接入网的能耗不应大于今天部署的 IMT 网络，即便它提供增强的能力。这个目标意味着网络能效——即每 bit 数据消耗的能量——减少因子至少和预期的 IMT-2020 相对于 IMT-Advanced 流量增加的因子持平。

前五个关键能力对于增强的移动宽带使用场景而言是最重要的，尽管移动性和数据速率能力不会同时具有同等重要性。例如，相对于广域覆盖场景，在热点环境中用户体验的数据速率和峰值数据速率会非常高，但移动性较低。

时延（latency）定义为无线网络对数据包从源地址传送到目的地址所用时长的贡献份额。这对 URLLC 使用场景而言是一个关键能力。ITU-R 认为需要比 IMT-Advanced 的时延减少十倍。

移动性（mobility）作为关键功能定义为移动速度，考虑到高铁的场景，它的目标是 500 公里 / 小时，仅比 IMT-Advanced 有适度增长。不过作为一项关键能力，它对于 URLLC 使用场景中高速车辆的关键通信至为重要，而且它要求同时具有低时延。请注意，所有使用场景都没有要求同时满足高移动性和高用户体验数据速率。

连接密度（connection density）定义为每单位面积连接的或可接入的终端总数。该目标与具有高密度连接终端数量的 mMTC 使用场景相关，不过 eMBB 场景中一个拥挤的办公室里也可以产生高连接密度。

除了图 2-6 中给出的八种能力，[47] 还定义了另外五种能力：

- **频谱和带宽灵活性**（spectrum and bandwidth flexibility）

频谱和带宽灵活性是指系统设计能灵活处理不同的场景，特别是指在不同频段上工作的能力，包括比今天更高的频率和更宽的带宽。

- **可靠性**（reliability）

可靠性是指所提供的服务可用性高。

- **可恢复性**（resilience）

可恢复性是指在自然或人为破坏期间及之后（例如主电源发生故障）网络继续正常运行的能力。

- **安全和隐私**（security and privacy）

安全和隐私包括用户数据和信令的加密和完整性保护、用户隐私等几个方面，它是为了防止未经授权的用户跟踪，保护网络免受黑客、欺诈、拒绝服务和中间人攻击等行为。

- **运行寿命**（operational lifetime）

运行寿命是指每单位存储能量的运行时间。这对于需要较长电池寿命（例如超过 10 年）的机器类型终端尤为重要，因为出于经济的或者实际的原因，对其进行常规维护非常困难。

需要注意的是，以上这些能力并不一定就不如图 2-6 中所示的能力重要，尽管后者被称为"关键能力"。它们的主要区别在于"关键能力"更容易量化，而其余五项能力不易量化，偏向于定性的能力。

2.3.3　IMT-2020 性能要求和评估

基于愿景建议书（ITU-R，2015c）中描述的使用场景和能力，ITU-R 制定了一系列 IMT-2020 技术性能的最低要求。这在 ITU-R M.2410 [51] 报告中体现，并将作为评估 IMT-2020 候选技术的基准（见图 2-4）。该报告描述了 14 个技术参数和相应的最低要求。表 2-1 对此做了总结。

ITU-R M.2412 [50] 给出了 IMT-2020 无线接口候选技术的评估指南，其模板遵循了之前对 IMT-Advanced 做评估时的形式。它描述了对 14 项技术性能的最低要求进行评估的方法，外加两项附加要求：频段的支持和大范围的业务支持。

表 2-1　IMT-2020 最低技术性能技术要求总览

参数	最低技术性能
峰值数据速率	下行：20 Gbit/s 上行：10 Gbit/s

（续）

参数	最低技术性能
峰值频谱效率	下行：30 bit/s/Hz 上行：10 bit/s/Hz
用户体验的数据速率	下行：100 Mbit/s 上行：50 Mbit/s
95% 的用户的频谱效率的第五个百分位（percentile）	3 倍于 IMT-Advanced
平均频谱效率	3 倍于 IMT-Advanced
区域流量容量	10 Mbit/s/m² (eMBB 室内热点)
用户面时延	eMBB 4ms; URLCC 1ms
控制面时延	20 ms
连接密度	每平方公里 1 000 000 终端
能效	eMBB： a. 高负荷时数据传输效率高 b. 空载时能量消耗低 所用技术应支持高休眠比和长休眠时长
可靠性	针对 URLLC 场景，在市区宏站的覆盖边缘，在 1ms 内传输 32 字节的层 2 PDU（Protocol Data Unit，协议数据单元），成功率为 $1-10^{-5}$
移动性	10、30 和 120 km/h 速度下归一化的业务信道数据速率，约为 IMT-Advanced 数值的 1.5 倍； 对 500 km/h 高速车辆的要求（IMT-Advanced 为 350 km/h）
移动中断时间	0 ms
带宽	至少 100 MHz，在高频段可达 1 GHz。应支持可伸缩的带宽

　　评估在愿景建议书 [47] 使用场景导出的五个**测试环境**（test environments）中进行。每个测试环境都有很多**评估配置**（evaluation configurations），这些配置描述了在评估的仿真和分析中所使用的详细参数。这五个测试环境是：

- 室内热点（Indoor Hotspot）-eMBB：办公室和购物中心的室内隔离环境，针对静止人群和行人，用户密度非常高。
- 密集市区（Dense Urban）-eMBB：具有高用户密度和业务流量的城市环境，针对行人和车辆用户。
- 郊区（Rural）-eMBB：农村环境，覆盖范围面积较大，针对行人、车辆和高速车辆。
- 市区宏站（Urban Macro）-mMTC：一个有连续覆盖范围的城市宏观环境，针对大量连接的机器类型终端。
- 市区宏站（Urban Macro）-URLLC：城市宏观环境，针对超可靠和低时延通信。

对每个候选技术，有三种基本方法可以评估其是否满足要求：

- **仿真**：这是评估一个要求的最细致的方法，包括无线接口的系统级或链路级仿真，或两者都做。对于系统级仿真，ITU-R 定义了部署场景，对应于一组测试环境，例如室内、密集市区等。进行仿真评估的要求包括：平均的和第五百分位频谱效率、连接密度、移动性和可靠性。

- **分析**：某些要求可以通过基于无线接口参数的计算来评估，或者从其他性能值导出。通过分析进行评估的要求包括峰值频谱效率、峰值数据速率、用户体验数据速率、区域流量大小、控制面和用户平面时延以及移动中断时长。
- **检查**：某些要求可以通过审核和评定无线接口技术的功能来评估。通过检查进行评估的要求包括：带宽、能效、大范围的业务支持和频带的支持。

一旦候选技术提交给 ITU-R 并进入流程，评估阶段就会开始。评估可以由提交者（"自我评估"）来做或者由外部评估小组完成，可以是对一个或多个候选提案进行完整评估，也可以是部分评估。

2.4　3GPP 标准化

有了 ITU-R 建立的 IMT 系统框架、WRC 指定的频谱以及对更高性能的不断增长的需求，对具体的移动通信技术进行规范的任务就落在 3GPP 等组织的身上。实际上，3GPP 编写了 2G GSM、3G WCDMA/HSPA、4G LTE 和 5G NR 的技术标准。3GPP 技术是世界上使用最广泛的移动技术。2017 年第四季度的数据显示，全球 78 亿移动用户中超过 95% 的用户 [30] 使用的是 3GPP 技术。为了理解 3GPP 的工作方式，有必要了解其规范的编写过程。

2.4.1　3GPP 流程

制定移动通信技术规范不是一次性的工作，而是一个持续的往复过程。为了满足对业务和功能的新的需求，规范是不断发展的。不同标准化组织的流程有所不同，但通常都包括图 2-8 所示的四个阶段：

1. **需求**，确定规范要达到的目标。
2. **架构**，确定主要构件和接口。
3. **详细规范**，详细规定每个接口。
4. **测试和验证**，确保接口规范适用于最终生产的设备。

图 2-8　标准化阶段和往复过程

这些阶段是重叠、循环往复的。例如，如果技术解决方案需要，在后期阶段可以添加、更改或删除需求。同样，具体规范中的技术方案也可以由测试和验证阶段发现的问题进行改变。

规范的制定从**需求**阶段开始，它确定规范要实现的目标。这个阶段通常较短。

架构阶段确认架构，即需求得以满足的原则。架构阶段包括确定参考点和标准化接口。这个阶段通常很长，可能会导致需求的改变。

架构阶段之后，详细规范阶段开始。它规定每个接口的详细信息。在接口的详细规范过程中，标准化组织可能会发现需要重新审视架构阶段甚至需求阶段的某些决策。

最后是测试和验证阶段。通常它不是实际规范的一部分，而是通过供应商自己的测试以及供应商之间的互操作测试来进行。这个阶段是对规范的最终验证。在测试和验证阶段，可能会发现规范中的错误，这些错误可能会导致对详细规范的变更。虽然不常见，但有可能也需要对架构或需求进行更改。要验证规范就需要产品，因此，在详细规范阶段之后（或期间）厂家会开始产品的实现。当用于验证设备是否满足技术要求的测试规范趋于稳定时，测试和验证阶段就结束了。

通常，从规范完成到商用产品面市大约需要一年时间。

3GPP 由三个技术规范组（Technical Specifications Groups，TSG）组成（见图 2-9），其中 TSG RAN（Radio Access Network，无线接入网）负责定义无线接入的功能、需求和接口。TSG RAN 包括六个工作组（working group，WG）：

1. RAN WG1，负责物理层规范。

2. RAN WG2，负责层 2 和层 3 无线接口规范。

3. RAN WG3，负责固定的 RAN 接口——例如 RAN 中的节点之间的接口，以及 RAN 和核心网之间的接口。

4. RAN WG4，负责射频（RF）和无线资源管理（radio resource management，RRM）性能要求。

5. RAN WG5，负责终端一致性测试。

6. RAN WG6，负责 GSM/EDGE 的标准化（以前在称作 GERAN 的单独的 TSG 中）和 HSPA（UTRAN）。

作为 IMT-2000、IMT-Advanced 的一部分，3GPP 在工作中会考虑相关的 ITU-R 建议书，其工作成果也会提交给 ITU-R，NR 现在作为 IMT-2020 的候选技术也会这样做。3GPP 的合作伙伴有义务确定自己的区域性要求，这些要求可能会导致不同的标准选项。例如该区域的频段和本地的特殊保护性要求。规范考虑了全球漫游和终端流通的要求。这意味着许多区域性要求本质上将是对所有终端的全球性要求，因为漫游终端必须满足所有区域要求当中最严格的要求。因此，相对于终端，规范中的区域性选项更多是针对基站的。

在每次 TSG 会议后，可能会对所有版本的规范进行更新。TSG 每年举行四次会议。3GPP 的文档分为不同的版本，其中每个版本与先前版本相比都有一些新添加的功能。这些功能是在 TSG 确定的工作项目中定义的。LTE 的规范从 Release 8 开始制定，LTE Release 10 是 ITU-R 批准的第一个 IMT-Advanced 技术版本，也是第一个被称作 LTE-Advanced 的版本。从 Release 13 开始，LTE 的市场名称更改为 LTE-Advanced Pro。有关

LTE 的概述，参见第 4 章。关于 LTE 无线接口的更多详细信息，参见 [28]。

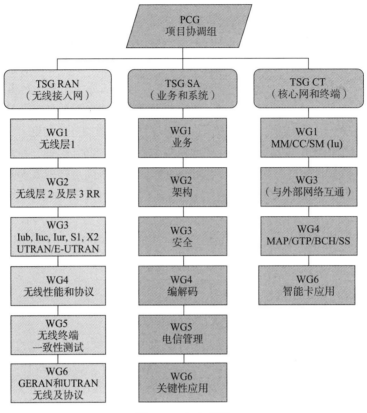

图 2-9　3GPP 组织

　　NR 的第一个版本是 3GPP Release 15。第 5 章是 NR 的概述，更多细节在本书其他章节中予以描述。

　　3GPP 技术规范（Technical Specification，TS）包含多个系列，编号为 TS XX.YYY，其中 XX 是规范系列的编号，YYY 是系列中的规范编号。以下规范系列定义了 3GPP 中的无线接入技术：

- 25 系列：UTRA（WCDMA / HSPA）的无线部分；
- 45 系列：GSM/EDGE 的无线部分；
- 36 系列：LTE，LTE-Advanced 和 LTE-Advanced Pro 的无线部分；
- 37 系列：与多种无线接入技术有关的部分；
- 38 系列：NR 的无线部分。

2.4.2　作为 IMT-2020 候选技术的 3GPP 5G 规范

　　当 ITU-R 开始着手下一代接入技术的定义和评估时，3GPP 也开始定义下一代 3GPP

无线接入技术。2014 年 3GPP 举办了关于 5G 无线接入的研讨会，并于 2015 年初举办了第二次研讨会，开始了制定 5G 评估标准的征程。评估将遵循 LTE-Advanced 所使用的流程，当时 LTE-Advanced 经评估提交给 ITU-R，并作为 IMT-Advanced 的一部分被批准为 4G 技术。NR 的评估和提交按照 2.2.3 节中描述的 ITU-R 时间表进行。

3GPP TSG RAN 在 TR 38.913 [10] 中规定了 5G 无线接入场景、需求和评估标准，这和 ITU-R 报告 [50] [51] 相一致。正如 IMT-Advanced 评估时的情况，3GPP 对下一代无线接入的评估可能比 ITU-R 对 ITU-R WP5D 定义的 IMT-2020 无线接口技术的评估覆盖的范围更广，并且要求更严格。

NR 的标准化工作开始于 Release 14 的一个研究项目，Release 15 又新建立了一个工作项目以继续这项工作，并制定出了第一批 NR 标准。Release 15 的第一批 NR 标准于 2017 年 12 月发布，完整的 NR 标准则于 2018 年中期面世。关于 NR 规范制定的时间安排和 NR 版本内容的更多信息，参阅第 5 章。

在 2018 年 2 月举行的 WP8D 会议上 3GPP 首次提交了作为 ITU-R IMT-2020 候选技术的 NR。NR 既是作为 RIT 本身提交，也和 LTE 一起作为 SRIT（set of component RITs）提交。本次共提交了以下三个候选技术，每个都包含 3GPP 制定的 NR：

- 3GPP 提交了一个名为"5G"的候选技术，包含两个提交内容：第一个是包含两个 RIT 组件的 SRIT，即 NR 和 LTE。第二个是一个单独的 RIT，即 NR。
- 韩国提交了作为 RIT 的 NR，它以 3GPP 为参考。
- 中国提交了作为 RIT 的 NR，也是以 3GPP 为参考。

3GPP 将根据图 2-4 中描述的流程向 ITU-R 做进一步的提交，以便提供作为 IMT-2020 候选技术的 NR 的更多细节。3GPP 针对 2019 年 ITU-R 的评估阶段，也已开始着手进行自我评估的仿真工作。

第 3 章

5G 频谱

3.1 移动系统的频谱

第一代和第二代移动业务的频段分配在 800 ～ 900MHz，但也有少数在更低或更高频率的频段。当 3G（IMT-2000）开始部署时，主要使用 2GHz 频段，随着 3G 和 4G 的 IMT 业务不断发展，新的更低和更高频段也被采用，目前已横跨 450MHz ～ 6GHz 的范围。虽然对每一代新的移动通信都会定义新的、以前未采用的频段，但用于前几代移动通信的旧的频段也会被用于新的一代。3G 和 4G 引入时是如此，5G 也是如此。

不同频率的频段特点不同。较低频率的频段，其传播特性适合城市、郊区和乡村环境的广域覆盖部署场景。高频的传播特性使它较难用于广域覆盖，并且正是出于这个原因，高频频带更多是用于在密集部署场景中增加容量。

随着 5G 的引入，更具挑战的 eMBB 使用场景和相关的新业务在密集部署场景中需要更高的数据速率和更大的容量。许多早期的 5G 部署将会使用前几代移动通信的频段，而 24GHz 以上的频段被视为对 6GHz 以下频段的补充。出于 5G 对极高数据速率和局部地区超高流量的要求，更高频段甚至高于 60GHz 的频段在部署时也会考虑。鉴于它们的波长，这些频段通常称为毫米波频段。

3GPP 一直在定义新的频段，主要是为 LTE 规范服务，但现在也要为新的 NR 标准做定义。许多新频段是专为 NR 定义的。NR 标准对于上下行链路隔离的对称频段，以及上下行链路共享单个频段的非对称频段都有定义。对称频段用于**频分双工**（Frequency Division Duplex，FDD），而非对称频段用于**时分双工**（Time Division Duplex，TDD）。NR 的双工方式在第 7 章中有进一步描述。请注意，一些非对称频段被定义为**补充下行链路**（Supplementary Downlink，SDL）频段或**补充上行链路**（Supplementary Uplink，SUL）频段。这些频段通过载波聚合与其他频段的上下行链路配对，如 7.6 节所述。

3.1.1 ITU-R 为 IMT 系统定义的频谱

ITU-R 规定供移动业务使用的频段，特别是用于 IMT 的频段。其中许多频段最初是分配给 IMT-2000（3G）的，新的频段则是随着 IMT-Advanced（4G）引入随后增加的。事实上，这些规定对于具体技术和哪一代而言是"中性"的，因为所做的规定都是针对 IMT 总体，无关哪一代或者哪种无线接口技术。ITU-R 针对不同业务和应用进行全球频谱指派的工作，结果体现在国际电联**无线电监管**[48] 中。全球 IMT 频段的使用在 ITU-R M.1036 建议书[46] 中描述。

国际电联无线电监管[48] 的频率列表中没有直接列出 IMT 使用的频段，而是列出为移动业务分配的频段，然后在脚注里说明该频段可供希望部署 IMT 的管理部门使用。规定主要是按区域划分，但在某些情况下也按国家和地区进行。所有脚注仅提及 IMT，因此没有具体提及是哪一代的 IMT。一旦 ITU-R 分配了一个频段，区域的或者地方的主管部门应该据此为所有的或者特定的某一代 IMT 技术定义一个频段。在许多情况下，区域的或者地方的管理部门是"技术中立"的，即他们允许频段用于任何类型的 IMT 技术。这意味着所有现有的 IMT 频段都是 IMT-2020（5G）的潜在频段，正如这些频段已用于之前的几代 IMT 系统。

世界无线电管理大会 WARC-92 确定了频段 1885 ～ 2025 和 2110 ～ 2200MHz 可用于 IMT-2000。在这 230MHz 的 3G 频谱中，MHz 用于 IMT-2000 的卫星部分，其余用于陆地部分。这一频谱中的部分频段在 20 世纪 90 年代用于部署 2G 蜂窝系统，特别是在美洲。2001 ～ 2002 年日本和欧洲 3G 的首次部署是在这个频段中完成的，因此它通常被称为 IMT-2000 "核心频段"。

考虑到 ITU-R 的预测，即 IMT-2000 还需要 160MHz 频谱，世界无线电通信大会[⊖] WRC-2000 为 IMT-2000 确定了附加频谱。它包括之前用于 2G 移动系统的 806 ～ 960 和 1710 ～ 1885MHz 频段，以及 2500 ～ 2690MHz 的"新"的 3G 频谱。对之前分配给 2G 的频段的重新指派也表明了对现有 2G 移动系统向 3G 演进的认可。WRC07 确定了 IMT 的附加频谱，包括 IMT-2000 和 IMT-Advanced。增加的频段为 450 ～ 470、698 ～ 806、2300 ～ 2400 以及 3400 ～ 3600MHz，但频段具体的适用性因地区和国家而异。WRC12 没有为 IMT 确定额外的频谱划分，但该议题列入了 WRC15 的议程。WRC12 还决定需要研究 694 ～ 790MHz 频段在 1 区（欧洲、中东和非洲）的移动业务中的使用。

WRC15 是一个重要的里程碑，它为 5G 奠定了基础。首先它为 IMT 确定了一组新的频段，其中许多频段在全球范围或几乎是全球范围被确定为 IMT 所用：

- 470 ～ 694/698MHz（600MHz 频段）：确定在美洲和亚太的一些国家使用。对于 1 区，它被列为 WRC-23 的 IMT 新议程，即将在 WRC-23 上讨论。
- 694 ～ 790MHz（700MHz 频段）：此频段确定用于 1 区，因而成为全球 IMT 频段。
- 1427 ～ 1518MHz（L 波段）：为所有国家和地区确定的新的全球波段。
- 3300 ～ 3400MHz：为许多国家和地区确定的全球频段，欧洲和北美除外。

⊖ 世界无线电管理大会（WARC）于 1992 年重组，更名为世界无线电通信大会（WRC）。

- 3400 ～ 3600MHz（C 波段）：为所有国家和地区的全球频段。之前已经在欧洲使用。
- 3600 ～ 3700MHz（C 波段）：为许多国家确定的全球波段，但非洲和亚太地区的一些国家除外。在欧洲自 WRC07 开始已经在使用。
- 4800 ～ 4990MHz：为亚太地区少数几个国家确定的新频段。

特别是 3300 ～ 4990MHz 的频率范围，对于 5G 很有意义，因为它是更高频段中的新频谱。这意味着它非常适合需要高数据速率的新的应用场景，并且也适用于大规模 MIMO 的实现，因为含有多个单元的天线阵列在这类频段上的实际尺寸可以设计得很合理。由于这一频率范围是目前尚未广泛应用于移动系统的新频谱，因此在此频谱中分配较大的频谱块将会更加容易，从而提供更宽的射频载波并最终达到更高的终端用户数据速率。

WRC15 关于 IMT 的第二个主要成果是为下一届 WRC 确立的新议程项（即 1.13 项），即确定 5G 移动业务在 24GHz 以上的高频频段。ITU-R 将对这些频段进行研究，并考虑在 WRC19 上为 IMT 做规定。这些频段的主要目的就是部署 IMT-2020。今天，大多数要研究的频段已经优先划分给移动业务，同时也包括固定和卫星业务。它们包含以下频段范围：

- 24.25 ～ 27.5GHz；
- 37 ～ 40.5GHz；
- 42.5 ～ 43.5GHz；
- 45.5 ～ 47GHz；
- 47.2 ～ 50.2GHz；
- 50.4 ～ 52.6GHz；
- 66 ～ 76GHz；
- 81 ～ 86GHz。

还存在一些有待研究的频段，目前还没有成为 IMT 移动业务可使用的首要资源，或者说移动业务还没有成为这些频段的首要分配对象：

- 31.8 ～ 33.4GHz；
- 40.5 ～ 42.5GHz；
- 47 ～ 47.2GHz。

完整的频段集如图 3-1 所示。

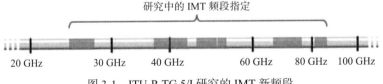

图 3-1　ITU-R TG 5/I 研究的 IMT 新频段

ITU-R 成立了一个特别任务组（TG 5/1）对新频段进行共用和兼容性研究，并为 WRC19 议程项 1.13 准备输入文稿。该任务组将根据研究结果，澄清频谱需求、技术和运营特性，包括对在所研究频段内或附近分配的现有业务的保护准则。研究的输入需要 IMT-2020 的技术和运营特性。NR 的特性由 3GPP 提供并已经在 2017 年 1 月的标准化早期阶段提供。

值得注意的是，还有大量其他频段被确定为**移动业务**所用，但并非专门针对 IMT。这些频段通常也用于某些地区或国家的 IMT 系统。在 WRC15 上有把 27.5 ～ 29.5GHz 用于 IMT 的研究兴趣，但最终未被纳入 5G/IMT-2020 频段的研究中。不过，至少美国和韩国有在该频段推出 5G 移动服务的计划。还有提议对 20GHz 以下的频段用于 5G/IMT-2020 进行研究，但最终未被包括进去。除了 ITU-R 所研究的频段，预计 6 ～ 20GHz 范围内的若干频段也将被用于移动业务，包括 IMT 的移动业务。比如 FCC 在调研 5925 ～ 7125MHz 频段的新用途，包括用于下一代无线宽带业务。

地区之间对分配给 IMT 的频段的使用各有不同，这意味着没有一个单独的频段可用于全球漫游。不过，各地区经过大量努力已定义了可用于全球漫游的最小频段集。通过这种方式，多频段终端可以提供有效的全球漫游能力。由于 WRC15 确定的许多新频段是全球性的或近乎全球性的，因此，终端只要支持较少的频段就可以实现全球漫游，这还有助于扩大设备和部署的规模效益。

3.1.2　5G 的全球频谱状况

世界各国都有强烈的意愿为 5G 的部署提供频谱。这是由运营商和行业组织推动的，比如全球移动供应商联盟（Global mobile Suppliers Association）[35] 和 DIGITALEUROPE [29]，但也得到了各个国家和地区的监管机构的支持。[56] 概述了 5G 频谱的状况。在标准化方面，3GPP 活动的重点放在明显引起兴趣的频段上（完整的频段列表见 3.2 节）。令人感兴趣的频谱可以分为低频、中频和高频频段：

低频频段对应于 2GHz 以下现有的 LTE 频段，适用于覆盖，即提供广域和深度的覆盖，包括室内覆盖。它的令人感兴趣的频段是 600 和 700MHz，对应于 3GPP NR 频段 n71 和 n28（更多细节见 3.2 节）。由于该频段不是很宽，因此预计最大的信道带宽是 20MHz。

对于 5G 的早期部署，美国考虑把 600MHz 频段用于 NR，而 700MHz 频段被欧洲定义为所谓的先锋频段之一。此外，在 3GHz 以下的许多额外的 LTE 频段被标记为可能的"重耕"频段并且已为它们分配了 NR 频段号。由于这些频段通常已经部署用于 LTE，因此预计 NR 将在后期逐步部署在这些频段上。

中频频段在 3 ～ 6GHz 的范围内，它可以通过更宽的信道带宽提供覆盖、容量和高数据速率。全球最感兴趣的是 3300 ～ 4200MHz 这一段，3GPP 已指定的 NR 频段 n77 和 n78 就在其中。由于频段较宽，信道带宽可高达 100MHz。长期来看，可以在该频率范围内为每个运营商分配高达 200MHz 的频率，然后通过使用载波聚合可以达到整个带宽的部署。

3300 ～ 4200MHz 的范围受全球关注，虽然各地区略有不同：3400 ～ 3800MHz 是欧洲的先锋频段，而中国和印度正在计划分配 3300 ～ 3600MHz，日本正在考虑 3600 ～

4200MHz。北美（3550 ～ 3700MHz 和初步讨论中的 3700 ～ 4200 MHz）、拉丁美洲、中东、非洲、印度、澳大利亚等地也考虑了类似的频率范围。WRC-15 上共有 45 个国家签署了为 IMT 确定的 3300 ～ 3400MHz 频段。中国（主要是 4800 ～ 5000MHz）和日本（4400 ～ 4900MHz）对更高的频段也很感兴趣。此外，在 2 ～ 6GHz 范围内许多潜在的LTE "重耕" 频带已被确定为 NR 频段。

高频频段指位于 24GHz 以上的毫米波。它们最适合于具有超高容量的本地热点覆盖，并且可以提供非常高的数据速率。最令人感兴趣的是 24.25 ～ 29.5GHz 的范围，其中3GPP 为 NR 分配了频段 n257 和 n258。这些频段的信道带宽高达 400MHz，而且通过载波聚合可以实现更高的带宽。

如前所述，毫米波频段对于 IMT 部署而言是新的。美国在较早时就确定了 27.5 ～28.35GHz 用于 5G，而 24.25 ～ 27.5GHz 这一段，也称为 "26GHz 频段"，是欧洲的先锋频段，注意并非所有 26GHz 频段都可用于 5G。全球各国也正在考虑使用更大的24.25 ～ 29.5GHz 范围内的不同部分。日本首先计划使用 27.5 ～ 29.5GHz 的范围，韩国计划使用 26.5 ～ 29.5GHz。总的来说，这个频段可以被视为具有地区性差异的全球频段。美国也计划使用 37 ～ 40GHz，包括中国在内的许多其他国家也在考虑大约 40GHz 的范围。

3.2　NR 的频段

NR 可以部署在现有的 IMT 频段上，也可以部署在 WRC 或地区性机构所确定的未来频段上。全球移动业务的一个基本特点就是无线接入技术能工作在不同频段上。大多数的2G、3G 和 4G 终端都有多频段支持能力，它们涵盖了世界不同地区所使用的频段，以提供全球漫游能力。从无线接入功能的角度来看，频段的影响有限，而且 NR 的物理层规范并不对频段做假定。不过，由于 NR 将横跨如此大范围的频谱，因此某些配置将仅适用于某些频率范围。这包括 NR 参数集的差异化应用（见第 7 章）。

许多 RF 要求都是针对不同的频段提出的。对于 NR 来说是这样，对前几代移动通信也是如此。频段特定 RF 要求的例子包括允许的最大发射功率、带外（Out-Of-Band，OOB）发射的要求和限制以及接收机阻塞水平。造成这种差异的原因是外部的限制，通常是由监管机构提出来的，还有一些限制是标准化过程中考虑运营环境的不同造成的。

对 NR 而言，由于频段范围非常宽，因此频段间差异更为明显。对于 24GHz 以上的毫米波频段上的 NR 工作，终端和基站都将采用部分新技术，并且将更多地使用大规模MIMO、波束赋形和高集成度的高级天线系统。这就造成了 RF 要求的差异对性能评估进行测量的差异以及对要求的取值范围的差异。因此，目前 3GPP 在 Release 15 中，将频段划分为两个范围：

- 频率范围 1（FR1）包括 6GHz 以下的所有现有的和新的频段。
- 频率范围 2（FR2）包括 24.25 ～ 52.6GHz 范围内的新的频段。

在未来的 3GPP 版本中，这些频率范围可以被扩展或者会增加新的频率范围。第 18

章将进一步讨论频率范围对 RF 要求的影响。

NR 使用的频段包括对称和非对称频谱，要求灵活的双工配置。因此，NR 既支持 FDD 也支持 TDD。NR 还为 SDL 或 SUL 定义了一些频段。7.7 节将对这些功能做进一步描述。

3GPP 定义了**工作频段**（operating band），一个工作频段是指由一组 RF 要求所规定的上行链路或下行链路，或者上下行链路的一个频率范围。每个工作频段都有一个编号，其中 NR 频段的编号为 n1、n2、n3 等。当相同的频率范围被定义为不同无线接入技术的工作频段时，它们使用相同的编号，但以不同的方式书写。4G LTE 频段用阿拉伯数字（1、2、3 等），而 3G UTRA 频段用罗马数字（Ⅰ、Ⅱ、Ⅲ 等）。被重新分配给 NR 的 LTE 工作频段通常称作"LTE 重耕频段"。

3GPP 为 NR 制定的 Release 15 规范包含频率范围 1 中的 26 个工作频段和频率范围 2 中的 3 个工作频段。NR 频段从 n1 到 n512 的编号方案遵从以下规则：

1. 对于 LTE 重耕频段中的 NR 频段，NR 复用 LTE 的频段号，只需在前面添加"n"。
2. NR 的新频段使用以下数字：

- n65 ～ n256 预留给频率范围 1 中的 NR 频段（其中某些频段可以额外用于 LTE）。
- 范围 n257 ～ n512 预留给频率范围 2 中的 NR 新频段。

该方案为 NR"预留"了频段号并且向后兼容 LTE（和 UTRA），并且不会造成任何新的 LTE 编号超过 256，这是目前可能的最大值。任何新的仅用于 LTE 的频段也可以使用小于 65 的未使用的数字。在 Release 15 中，频率范围 1 中的工作频段在 n1 ～ n84 的范围内，如表 3-1 所示。频率范围 2 中的频段在 n257 ～ n260 的范围内，如表 3-2 所示。图 3-2、3-3 和 3-4 对 NR 的所有频段进行了总结，它们还显示了相对应的 ITU-R 所定义的频率分配。

表 3-1 3GPP 针对频率范围 1 为 NR 定义的工作频段

NR 频段	上行范围（MHz）	下行范围（MHz）	双工方式	主要地区
n1	1920 ～ 1980	2110 ～ 2170	FDD	欧洲，亚洲
n2	1850 ～ 1910	1930 ～ 1990	FDD	美洲（亚洲）
n3	1710 ～ 1785	1805 ～ 1880	FDD	欧洲，亚洲（美洲）
n5	824 ～ 849	869 ～ 894	FDD	美洲，亚洲
n7	2500 ～ 2570	2620 ～ 2690	FDD	欧洲，亚洲
n8	880 ～ 915	925 ～ 960	FDD	欧洲，亚洲
n20	832 ～ 862	791 ～ 821	FDD	欧洲
n28	703 ～ 748	758 ～ 803	FDD	亚洲 / 太平洋地区
n38	2570 ～ 2620	2570 ～ 2620	TDD	欧洲
n41	2496 ～ 2690	2496 ～ 2690	TDD	美国，中国
n50	1432 ～ 1517	1432 ～ 1517	TDD	美洲
n51	1427 ～ 1432	1427 ～ 1432	TDD	美洲

（续）

NR 频段	上行范围（MHz）	下行范围（MHz）	双工方式	主要地区
n66	1710～1780	2110～2200	FDD	日本
n70	1695～1710	1995～2020	FDD	欧洲
n71	663～698	617～652	FDD	欧洲
n74	1427～1470	1475～1518	FDD	欧洲，亚洲
n75	N/A	1432～1517	SDL	欧洲，亚洲
n76	N/A	1427～1432	SDL	亚洲
n77	3300～4200	3300～4200	TDD	
n78	3300～3800	3300～3800	TDD	
n79	4400～5500	4400～5500	TDD	
n80	1710～1785	N/A	SUL	
n81	880～915	N/A	SUL	
n82	832～862	N/A	SUL	
n83	703～748	N/A	SUL	
n84	1920～1980	N/A	SUL	

表 3-2   3GPP 针对频率范围 2 为 NR 定义的工作频段

NR 频段	上下行范围（MHz）	双工方式	主要地区
n257	26 500～29 500	TDD	亚洲，美洲（全球）
n258	24 250～27 500	TDD	欧洲，亚洲（全球）
n259	37 000～40 000	TDD	美国（全球）

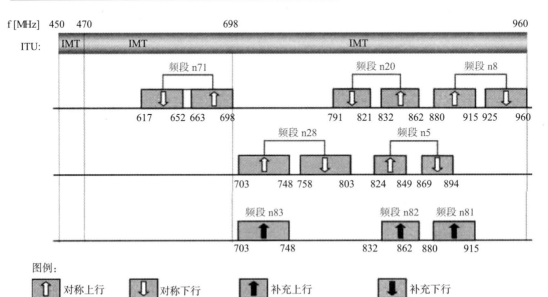

图 3-2   3GPP Release15 在低于 1GHz（FR1）处为 NR 指定的工作频段，以及对应的 ITU-R
分配。比例尺有调整

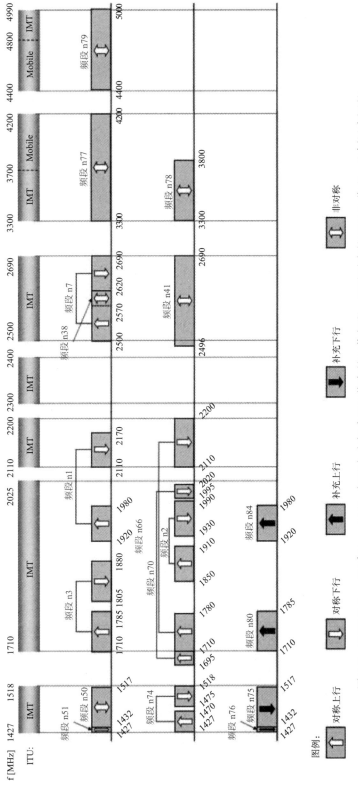

图 3-3 3GPP Release15 在 1～6GHz（FR1）之间为 NR 指定的工作频段，以及对应的 ITU-R 分配。比例尺有调整

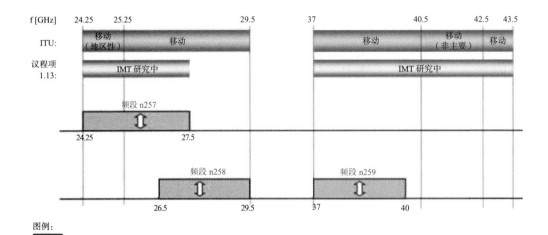

图 3-4   3GPP Release15 在 24GHz（FR2）以上区域为 NR 指定的工作频段，以及对应的
ITU-R 分配。指出了 IMT 议程项 1.13 中正在研究的部分。比例尺有调整

某些频段部分地或完全地重叠。大多数情况下，这可以解释为各地区对 ITU-R 定义的频段实施上的差异。同时，为实现全球漫游，频段之间尽可能地有重叠又是所期望的。通过最初全球的、区域性的以及当地的频谱管理工作，首批频段被指派给 UTRA。随后整个的 UTRA 频段在 3GPP Release 8 被转移到 LTE 的规范中。后续版本中又为 LTE 增加了其他频段。在 Release 15 中，许多 LTE 频段被转移到 NR 的规范中。

3.3   6GHz 以上的射频暴露

随着 5G 移动通信的频率范围扩展到 6GHz 以上，现有的关于人体暴露在 6GHz 以上的射频电磁场（Electromagnetic Fields，EMF）中的规定，可能将用户终端的最大输出功率限制在了一个远低于低频辐射允许的水平。即现有的规定对于 6GHz 以上的频段可能过于苛刻。

国际 RF EMF 暴露限值，例如**国际非电离辐射委员会**（International Commission on Non-Ionizing Radiation，ICNIRP）推荐的限值和美国联邦通信委员会（FCC）规定的限值，已经设定了足够宽的安全边际，以防止人体组织由于能量的吸收而过度发热。在 $6 \sim 10$GHz 的频率范围内，基本限值从特定的吸收率（w/kg）变为入射功率密度（w/m²）。这主要是因为随着频率的增高，人体组织中的能量吸收变得越来越微不足道，因而也更加难以测量。

事实证明，对于靠近身体使用的产品，最大允许输出功率是不连续的，因为暴露测度已从特定吸收率变成了基于功率密度的限值[27]。为了符合更高频率下 ICNIRP 的暴露限值，发射功率可能要比当前蜂窝技术使用的功率水平低 10dB。为 6GHz 以上频率设定的暴露限值，其安全边际甚至大于较低频率的安全边际，这没有任何明确的科学依据。

对于较低频段，多年来已有大量工作来描述暴露的情况并设定相关的限值。随着对使用 6GHz 以上频段进行移动通信的兴趣日益增加，研究工作可能也会增多，最终可能导致对暴露限值的修订。在 IEEE 公布的最新 RF 暴露标准（C95.1-2005，C95.1-2010a）中，频率转换处的不一致性不太明显。但是，这些限值尚未被任何国家的法规所采用，所以其他标准化组织和监管机构也必须努力解决这一问题。否则的话，这可能对较高频率的覆盖范围产生很大的负面影响，特别是对于那些在身体附近使用的用户终端，比如可穿戴设备、平板电脑和移动电话，其最大发射功率可能受到目前的射频暴露规定的极大限制。

第 4 章

LTE 概述

本书的重点是新的 5G 无线接入技术——NR。不过，作为后续章节的背景知识，先对 LTE 做一番简介是有益的。其中一个原因是 LTE 和 NR 都是由 3GPP 制定的，有共同的背景，且 NR 复用了 LTE 的若干技术构件。NR 许多设计上的选择也是基于 LTE 的经验。此外，LTE 是 5G 无线接入的重要组成部分，随着 NR 的发展，LTE 也会继续向前演进。有关 LTE 的详细描述，可参见文献 [28]。

LTE 的标准工作始于 2004 年年底，其总体目标是提供支持分组交换数据的新无线接入技术。LTE 规范的第一版（Release 8）于 2008 年完成，商用网络于 2009 年年底开始运营。Release 8 之后的版本在多个方面为 LTE 引入了更多的功能和能力，如图 4-1 所示。Release 10 和 13 特别有意义。Release 10 是 LTE-Advanced 的第一个版本，而 2015 年年末完成的 Release 13 是 LTE-Advanced Pro 的第一个版本。在本书写作时，3GPP 正在制定 Release 15，其中除了 NR 之外，还包含 LTE 进一步演进的内容。

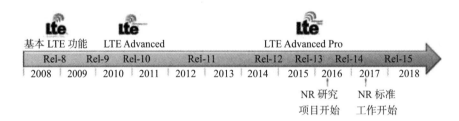

图 4-1　LTE 及其演进

4.1　LTE Release 8——基本的无线接入

Release 8 是第一个 LTE 版本，它构成了后续所有 LTE 版本的基础。在制定 LTE 无线接入方案的同时，3GPP 还制定了新的核心网规范，称作演进的分组核心网（Evolved Packet Core，EPC）[63]。

LTE 的一个重要诉求是频谱灵活性。在从小于 1GHz 到 3GHz 左右的载频范围内，它支持一系列不同的载波带宽，最高可达 20MHz。频谱灵活性的另一个表现，是 LTE 可以用一个通用的设计分别支持**频分双工**（Frequency-Division Duplex，FDD）和**时分双工**（Time-Division Duplex，TDD），即对称频谱和非对称频谱的使用，尽管二者的帧结构不同。LTE 规范制定工作的重点主要是针对有屋顶天线和小区相对较大的宏蜂窝网络。因此对 TDD 来说，上下行链路的时隙分配本质上是静态的，而且所有小区的上下行分配是一致的。

　　LTE 中的基本传输方案是**正交频分复用**（Orthogonal Frequency Division Multiplexing，OFDM）。OFDM 对时间色散的鲁棒性以及对时频域的灵活使用，使其成为一个有吸引力的选择。此外，当与 LTE 固有的空分复用（MIMO）技术结合使用时，它还能使接收机复杂度保持在合理的水平。由于 LTE 主要是为宏蜂窝网络设计的，且载频可高达几个 GHz，一个较好的子载波间隔选择是 15kHz，循环前缀大约为 4.7μs。在 20MHz 的频谱分配中，共有 1200 个子载波。

　　因为上行链路的可用传输功率明显低于下行链路，LTE 设计最后选择了一个具有低峰均比（peak-to-average ratio）的方案，以保证较高的功率放大器效率。选择 DFT 预编码的 OFDM 就是为了实现这一目的，它使用与下行链路相同的参数集。DFT 预编码 OFDM 的缺点是接收端复杂度较高，不过鉴于 LTE Release 8 不支持上行链路中的空分复用，当时并没有把它当作一个主要问题。

　　时域上，LTE 传输以 10ms 一帧为单位，每帧包括 10 个 1ms 的子帧。1ms 的子帧对应于 14 个 OFDM 符号，是 LTE 中的最小可调度单元。

　　小区特定参考信号是 LTE 的基础。不管下行链路是否有数据发送，基站都在连续发送一个或多个参考信号（每层一个）。对于 LTE 的设计目标而言——即针对相对较大的小区，每个小区有许多用户——这是一个合理的设计。小区特定参考信号有许多用处：用于相干解调的下行信道估计；用于调度的信道状态报告；用于终端侧频率误差校正；用于初始接入和移动性测量；等等。参考信号的密度取决于小区中传输层的数量，比如对于 2×2 MIMO 的场景，每隔两个子载波，每个子帧的 14 个 OFDM 符号中的四个将用于参考信号。因此，在时域中，两个参考信号时机之间大约是 200μs，在如此短的时间内，要想关闭发射机以降低功耗不太现实。

　　LTE 在上行链路和下行链路上的数据传输主要是动态调度的。为了顺应通常是快速变化的无线条件，可以使用基于信道的调度。对于每个 1ms 子帧，调度器决定哪些终端可以发送或接收以及使用哪些频率资源。而且还可以通过调整 Turbo 码的码率以及将调制方式从 QPSK 变为 64-QAM 来选择不同的数据速率。为了处理传输错误，LTE 使用了**基于软合并的快速 HARQ**（fast hybrid ARQ with soft combining）。在接收下行数据时，终端向基站指示解码的结果，然后基站可以重传被错误接收的数据块。

　　调度决策通过**物理下行控制信道**（Physical Downlink Control Channel，PDCCH）下发给终端。如果要在同一子帧中对多个终端进行调度——这是常见场景，则需要多个

PDCCH，每个调度一个终端。子帧的第一个到第三个 OFDM 符号用于下行控制信道的传输。每个控制信道跨越整个载波带宽，从而使频率分集最大化。这意味着所有终端必须支持全载波带宽，最大到 20MHz。终端的上行控制信令，比如用于下行调度的 HARQ 确认和信道状态信息，承载在**物理上行控制信道**（Physical Uplink Control Channel，PUCCH）上，它的基本持续时间是 1ms。

多天线方案，尤其是单用户 MIMO，是 LTE 的一个组成部分。借助于大小为 $N_A \times N_L$ 的预编码矩阵，多个传输层被映射到最多四个天线上，其中 N_L 是层数，也称为传输的秩（rank），它小于或等于天线数 N_A。传输秩以及具体的预编码矩阵，可以由网络根据终端计算和报告的信道状态测量结果来选择，这也称作**闭环空分复用**（closed-loop spatial multiplexing）。另一种做法是，在没有闭环反馈的情况下进行预编码的选择。下行链路中最多可以达到四层，不过商业部署通常仅用到两层。上行链路只可以进行单层传输。

空分复用时，若选择秩为 1 的传输，预编码矩阵变为 $N_A \times 1$ 的预编码矢量，这时它所做的就是（单层）**波束赋形**（beam-forming）。这种波束赋形可以更具体地称为**基于码本的**（codebook-based）波束赋形，因为它只能根据预先定义的有限的一组波束赋形（预编码器）矢量来进行赋形。

有了以上所述的基本功能，使用 20MHz 的双层传输，LTE Release 8 理论上能够在下行链路提供高达 150Mbit/s 的峰值数据速率，上行链路达到 75Mbit/s。时延方面，LTE 在 HARQ 协议中提供 8ms 往返时间，并且（理论上）在 LTE RAN 中提供小于 5ms 的单向延迟。在实际中，对于一个精心部署的网络，包括传输和核心网处理在内的总体端到端时延降到 10ms 左右是有可能的。

4.2 LTE 演进

3GPP Release 8 和 9 构成了 LTE 的基本版本，提供了一个功能强大的移动宽带标准。另外，为了满足新的需求和期望，基本版本之后的版本提供了其他新的功能和额外的增强功能。图 4-2 展示了自 LTE 推出 10 年以来，一些主要领域的发展。

LTE Release 10 标志着 LTE 演进的开始。Release 10 的一个主要目标是确保 LTE 无线接入技术完全符合 IMT-Advanced 的要求，因此 **LTE-Advanced** 这一名称通常指 LTE Release 10 及更高版本。但是，除了 ITU 的需求，3GPP 还为 LTE-Advanced 定义了自己的目标和要求[10]。这些目标和要求扩展了国际电联的要求，包含更具挑战的额外要求。其中一个重要的要求是**向后兼容**。实际上这意味着早期发布的 LTE 终端应该能够接入支持 LTE Release 10 的运营商网络，尽管这些终端无法使用该网络所有的 Release 10 功能。向后兼容原则很重要，所有 LTE 版本都支持这一原则，但这也限制了功能增强的可能性。在定义新的标准（比如 NR）时这些限制并不存在。

LTE Release 10 于 2010 年年底完成，通过载波聚合进一步增强了 LTE 频谱灵活性，扩展了对多天线传输的支持、对中继的支持，以及在异构网络部署中对小区间干扰协调的改进。

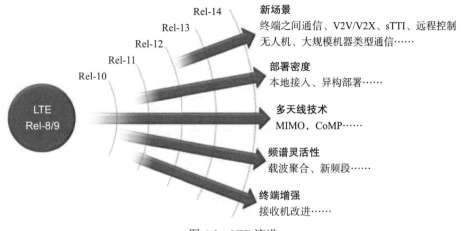

图 4-2　LTE 演进

LTE Release 11 进一步扩展了 LTE 的性能和功能。2012 年年底完成的 Release 11 最显著的特性之一是用于**多点协作**（coordinated multipoint，CoMP）发送和接收的无线接口功能。Release 11 中的其他改进包括载波聚合的增强、新的控制信道结构（EPDCCH）和对更先进的终端接收机的性能要求。

Release 12 于 2014 年完成，该版本聚焦微蜂窝，包括双连接、微蜂窝开关、（半）动态 TDD 等功能，以及引入直接的设备到设备通信和复杂性降低的机器类通信的新场景。

Release 13 于 2015 年年底完成，标志着 **LTE Advanced Pro** 的开始。有时市场营销人员也把它称为 4.5G，当作 LTE 早先发布的 4G 版本和 5G NR 空口之间的技术过渡。授权辅助接入（license-assisted access）支持非授权频谱作为授权频谱的补充，它改进了对机器类型通信的支持。Release 13 的其他亮点包括对载波聚合、多天线传输和设备到设备通信的增强。

Release 14 于 2017 年春季完成。除了对早期版本中引入的一些功能的增强，例如对非授权频谱操作的增强，它还增加了对车辆到车辆（Vehicle-to-Vehicle，V2V）通信的支持和车辆到任何对象（Vehicle-to-Everything，V2X）通信的支持，并减小了子载波间隔以支持广域广播。

Release 15 在 2018 年中期完成。这个版本中功能增强的例子有：通过 sTTI 功能显著减少时延；使用飞行器进行通信。

总之，把 LTE 扩展到传统移动宽带以外的新的使用场景是 LTE 后期版本的重点，未来 LTE 的演进也将继续。LTE 也是 5G 的重要组成部分，这表明 LTE 无论是现在还是将来都是一个重要的接入技术。

4.3　频谱灵活性

LTE 的第一个版本已经提供了一定的频谱灵活性，包括多带宽支持、FDD/TDD 联合设计。在后续版本中，通过使用载波聚合和授权辅助接入（LAA）所支持的对非授权频谱的使用，这种灵活性有了更进一步的提升，可以支持更高的带宽和碎片化的频谱。

4.3.1　载波聚合

LTE 提供了灵活的带宽（约 1 ~ 20MHz）以及对称和非对称的频段配置。LTE 的第一个版本（Release 8）已经为这些不同特点频谱分配的部署提供了大量的支持。LTE Release 10 提出的**载波聚合**（Carrier Aggregation，CA）则进一步扩展了传输带宽。载波聚合把多个分量载波聚合在一起，共同用于单个终端的收发。在 Release 10 中可以聚合最多五个分量载波，每个分量载波可以有各自不同的带宽，聚合后总的传输带宽高达 100MHz。所有分量载波需要有相同的双工工作方式，在 TDD 情况下，还要求各分量载波的上下行配置一致。后续的版本放宽了这一要求。可聚合的分量载波的数量增加到 32，从而总带宽可以达到 640MHz。由于每个分量载波使用 Release 8 的结构，从而确保了向后兼容。因此，对于 Release 8 和 Release 9 的终端，每个分量载波将表现为 LTE Release 8 载波，而对于有载波聚合能力的终端，则可以使用总的聚合带宽，以达到更高的数据速率。一般情况下，下行链路和上行链路可以聚合不同数量的分量载波。这非常有助于降低终端的复杂度，因为这使得可以只在需要很高数据速率的链路上支持聚合能力，比如下行链路，而不增加上行链路的复杂度。

分量载波在频率上可以是不连续的，所以它能够使用**碎片化的频谱**（fragmented spectra）。拥有碎片化频谱的运营商可以基于其总的可用频谱带宽来提供高速数据服务，即使其频谱不是连续的。

从基带来看，图 4-3 中的三个例子没有区别，LTE Release 10 都可以支持。但它们在射频上实现的复杂度有很大差别。第一种情况是复杂度最小的。因此，尽管基本的规范支持载波聚合，但并非所有终端都支持。此外，比起物理层和相关信令的规范，Release 10 的射频规范对载波聚合有一些限制。后续版本可以支持在更大数量的频带上的载波聚合。

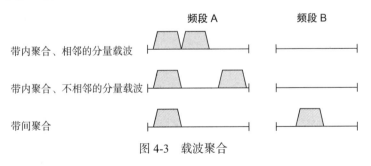

图 4-3　载波聚合

Release 11 为 TDD 的载波聚合提供了额外的灵活性。在 Release 11 之前，所有分量载波都需要有相同的上行和下行配置。在使用不同频段进行聚合的情况下，这可能造成不必要的限制，因为每个频段中的配置可能受限于与该频段中其他无线接入技术的共存。聚合不同上下行配置的一个值得注意的地方是终端可能需要同时接收和发送以便充分利用两个载波。因此，与先前版本不同，TDD 终端可能像 FDD 终端一样，需要一个双工滤波器。Release 11 还提出了对频带间和非连续带内聚合的射频要求，以及对更大的跨频带聚合场景的支持。

与仅支持一种双工类型内的聚合的早期版本不同，Release 12 定义了 FDD 和 TDD 载波之间的聚合。FDD 和 TDD 聚合可以有效利用运营商的频谱资产。它还可以用于通过 FDD 载波上的连续上行传输来改善 TDD 的上行覆盖。

Release 13 把可聚合的载波数量从 5 增加到 32，从而下行链路的最大带宽可达 640MHz，理论峰值数据速率约为 25Gbit/s。增加子载波数量的主要目的是容纳非授权频谱中非常大的带宽，这将在下面结合授权辅助接入进一步讨论。

载波聚合是迄今为止 LTE 最成功的功能增强之一，并且每个版本都添加了对新的频带组合的支持。

4.3.2　授权辅助接入

一开始，LTE 是为授权频谱设计的，即运营商拥有对特定频率范围的单独授权。授权频谱有很多好处，比如运营商可以进行网络规划并控制干扰情况，但是，获得授权频谱往往需要付出相应的成本，并且授权频谱的数量是有限的。因此，使用未经授权的频谱作为补充、在局部区域中提供更高的数据速率和更高的容量就成为一个有吸引力的选择。一种可能是用 Wi-Fi 作为 LTE 网络的补充，不过，通过授权和非授权频谱之间更紧密的耦合，可以实现更高的性能。因此，LTE Release 13 引入了**授权辅助接入**（License-Assisted Access，LAA），通过载波聚合机制在下行把非授权频谱中的载波（主要在 5GHz 范围内）与处于授权频谱中的载波聚合起来，如图 4-4 所示。移动性、关键控制信令和需要高服务质量的服务使用授权频谱中的载波，而要求较低的业务可以使用非授权频谱中的载波。使用场景是运营商控制的微蜂窝部署。与其他系统，特别是和 Wi-Fi 公平地共享频谱资源，是 LAA 的一个重要特征，因此它采用一种先听后说（listen-before-talk）机制。在 Release 14 中，授权辅助接入增加了对上行传输的支持。尽管 3GPP 标准中的 LTE 技术仅支持授权辅助接入，即它要求至少有一个授权载波，但是在 3GPP 外，MulteFire 联盟已经制定了基于 3GPP 标准的独立组网模式。

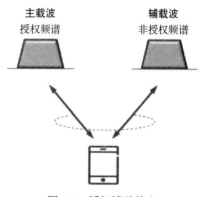

图 4-4　授权辅助接入

4.4 多天线增强

在 LTE 的不同版本中都有对多天线支持的增强，下行链路中的传输层数增加到 8 层，上行链路中引入的空分复用可达 4 层。其他增强包括全维度 MIMO 和二维波束赋形，以及多点协作的引入。

4.4.1 扩展的多天线传输

在 Release 10 中，对下行链路的空分复用进行了扩展，以支持多达 8 个传输层。这可以被看作对 Release 9 的 2 层波束赋形的扩展，以支持多达 8 个天线端口和 8 个对应的层。结合对载波聚合的支持，Release 10 中 100MHz 频谱中的下行链路数据速率高达 3Gbit/s，在 Release 13 中，如果使用 32 个载波、8 层空分复用和 256QAM，则可以增加到 25Gbit/s。

作为 LTE Release 10 的一部分，引入了多达 4 层的上行空分复用。结合上行载波聚合功能，在 100MHz 频谱中上行数据速率高达 1.5Gbit/s。上行空分复用包含一个基站控制的基于码本的方案，这意味着该框架也可用于上行发射端波束赋形。

LTE Release 10 中多天线增强的重要成果是引入增强的下行**参考信号结构**，从而进一步把信道估计和获取信道状态信息的功能分开。这样做的目的是更好地实现天线部署的创新，以及更好地引入新的功能，比如灵活地进行更精细的多点协作和传输。

在 Release 13 和 Release 14 中，引入了对大规模天线阵列的进一步支持，主要是提供更多的信道状态反馈信息。波束赋形的仰角和方位角可以有更大的自由度；大规模多用户 MIMO 的场景中，可以使用相同的时频资源同时为若干空间分离的终端提供服务；等等。这些增强有时被称为全维度 MIMO（full-dimension MIMO）。通过配置大量方向可控天线单元，这些增强成为迈向大规模 MIMO 的关键一步。

4.4.2 多点协作和传输

LTE 最初的版本就包含对传输点之间协作的特定支持，称为**小区间干扰协作**（Inter-Cell Interference Coordination，ICIC），它的目的是控制小区之间的干扰。不过，对这种协作功能的显著增强是在 LTE Release 11 中完成的，包括提供传输点之间更加动态的协作可能性。

Release 8 的 ICIC 仅定义了基站之间的某些消息，以辅助小区之间的协作。Release 11 则侧重于无线接口功能和终端功能，以提供对不同协作方式的支持，包括对多个传输点的信道状态反馈的支持。这些功能统一称作**多点协作**（Coordinated Multi-Point，CoMP）发送 / 接收。参考信号结构的改进也是 CoMP 支持的重要组成部分，同样，Release 11 引入的增强的控制信道结构也是如此，详见下文。

对 CoMP 的支持包括**多点协作**（multipoint coordination），即某个终端的传输由一个特定传输点实现，但调度和链路自适应在传输点之间进行协作；还有**多点传输**（multipoint transmission），即对终端的传输来自于多个传输点，传输可以在不同传输点之间动态切换（dynamic point selection，**动态点选择**），或者由多个传输点联合完成（joint transmission，**联合传输**）（见图 4-5）。

图 4-5　CoMP 的不同类型

同样，可以对上行进行类似的区分，即区分（上行）多点协作和多点**接收**（reception）。通常，上行 CoMP 主要是网络的实现问题，对终端的影响很小，几乎看不到对无线接口规范的影响。

Release 11 中的 CoMP 假定网络中存在"理想的"回传网络。实际上，这指的是使用低延迟光纤把集中式基带处理单元连接到天线站点。Release 12 引入了针对非集中式基带处理的较宽松回传场景的增强。这些增强主要包括在基站之间定义新的 X2 消息，用来交换 CoMP 假设信息，即潜在的资源分配以及相关的增益和开销信息。

4.4.3　增强的控制信道结构

在 Release 11 中，引入了一种新的补充性控制信道结构，以支持小区间干扰协作。这种补充性结构的引入，使我们不仅可以利用新参考信号结构的额外的灵活性来传输数据（Release 10 的情况），还可以把这种灵活性用于控制信令。因此，这种新的控制信道结构可以被视为许多 CoMP 方案的先决条件，尽管它也对波束赋形和频域干扰协调有好处。它还用于支持 Release 12 和 13 中 MTC 增强的窄带操作。

4.5　密集度、微蜂窝和异构部署

作为提供超高容量和数据速率的手段，微蜂窝和密集部署一直是 LTE 几个版本的关注点。中继、微蜂窝开关、动态 TDD 和异构部署是这些版本中功能增强的例子。4.3.2 节中讨论的授权辅助接入是另一个主要针对微蜂窝的功能。

4.5.1　中继

对 LTE 而言，**中继**意味着终端首先连接到**中继节点**，而中继节点通过 LTE 无线接口再连接到宿主小区（donor cell）（参见图 4-6）。从终端的角度，中继节点将显现为普通小区。这样做简化了终端的实现并且使得中继节点可以向后兼容，也就是说，LTE Release 8 和 Release 9 的终端也可以经由中继节点接入网络。本质上，中继是无线和网络之间的低功率基站。

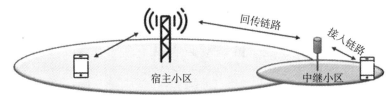

图 4-6 中继示例

4.5.2 异构部署

异构部署是指具有不同发射功率和重叠覆盖范围的网络节点的混合部署（图 4-7）。典型的例子是放置在宏小区覆盖区域内的微微蜂窝节点。尽管在 Release 8 中已经支持这样的部署，Release 10 引入了新的方法来处理可能的层间干扰，例如在微微蜂窝层和其上的宏蜂窝层之间的干扰。Release 11 引入的多点协作技术进一步丰富了用于支持异构部署的手段。Release 12 为改善微微蜂窝层和宏蜂窝层之间的移动性做了进一步的增强。

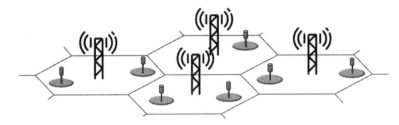

图 4-7 在宏蜂窝区域异构部署低功率节点的示例

4.5.3 微蜂窝开关

在 LTE 中，不管小区中的业务活动如何，小区都会不断发送小区特定的参考信号和系统信息。一个原因是要让处于空闲模式的终端能够检测到小区的存在：如果小区什么都不发送，则终端就没有任何信号可以测量，因此也不会检测到小区的存在。此外，在大的宏蜂窝部署中，在任一时刻很有可能至少有一部终端处于活跃状态，从而保证参考信号的连续传输。

但是，在许多使用相对较小小区的密集部署中，在某些场景下，在某一时刻很有可能并非所有小区都要为一个终端提供服务。这时对终端的下行干扰可能会很严重，因为来自相邻的甚至其中没有终端活动的小区的干扰信号，会使得终端体验到的信噪比极差，尤其是在存在大量视距传播的时候。为了解决这个问题，Release 12 引入了根据业务情况打开或者关闭各个小区的机制，以减少小区间的干扰并且降低功耗。

4.5.4　双连接

双连接意味着终端同时连接到两个小区，参见图 4-8。一般情况下，终端仅连接到单个小区。双连接的好处有：用户平面聚合，其中终端接收来自多个基站的数据传输；控制和用户平面分离；上行和下行分离，其中下行传输与上行接收使用不同的节点。在某种程度上，它可以被看作载波聚合扩展到非理想回传的情况。双连接框架也非常有助于将诸如WLAN 的其他无线接入方式集成到 3GPP 网络中。对于 NR 非独立组网模式的运行，双连接也是必不可少的，其中 LTE 提供移动性和初始接入。

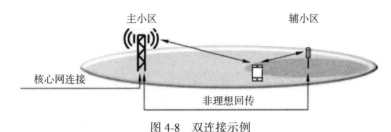

图 4-8　双连接示例

4.5.5　动态 TDD

在 TDD 中，上行链路和下行链路在时域中共享相同的载波频率。在 LTE 中以及许多其他的 TDD 系统中，资源静态地分配给上行链路和下行链路。

在较大的宏蜂窝中进行上下行的静态分配是合理的，因为有较多用户并且上行链路和下行链路中聚合的小区负载相对稳定。不过，随着对局部部署的兴趣的增加，与迄今为止的广域部署情况相比，TDD 将变得更加重要。一个原因是非对称的频谱分配在不适合广域覆盖的较高频段中更为常见。另一个原因是广域 TDD 网络中许多令人困扰的干扰问题在小基站、天线低于屋顶的部署场景中并不存在。现有的广域 FDD 网络可以通过使用 TDD的局部层得到补充，通常每个节点的输出功率较低。

为了更好地处理局部覆盖场景中高流量的动态变化，其中与局部覆盖节点交互的终端数量可能非常少，使用动态 TDD 很有益处。在动态 TDD 中，网络可以动态地把资源分配给上行或下行使用，以匹配瞬时的业务情况，相比于传统的上下行链路上的静态资源划分，动态 TDD 会改善用户性能。为了利用这些优势，LTE Release 12 包含了对动态TDD 的支持，3GPP 中对此功能的正式名称是：**增强型干扰抑制和业务自适应**（enhanced Interference Mitigation and Traffic Adaptation，eIMTA）。

4.5.6　WLAN 互通

3GPP 架构允许集成非 3GPP 接入，例如 WLAN，也可以把 cdma2000 集成进来 [12]。实际上，这些方案把非 3GPP 接入直接连接到 EPC，因此对于 LTE 无线接入网络而言是不可见的。这种 WLAN 互通方式的一个缺点是缺乏网络控制：即便驻留在 LTE 上可以有更好的用户体验，终端也许还是会选择 Wi-Fi。这种情况的一个例子是当 LTE 网络轻载而 Wi-Fi 网络负载很重的时候。因此，Release 12 引入了网络辅助终端进行选择的功能。简言之，网络配置一个信号强度阈值，以控制终端应何时选择 LTE，何时选择 Wi-Fi。

Release 13 进一步增强了 WLAN 互通的功能，即对于终端何时使用 Wi-Fi、何时使用 LTE，LTE RAN 给出了更明确的控制。此外，Release 13 还包括 LTE-WLAN 聚合功能，即通过使用非常类似于双连接的框架，LTE 和 WLAN 可以在 PDCP 层进行聚合。

4.6 终端增强

从根本上讲，终端供应商可以以任意方式设计终端接收机，只要它支持标准中所定义的最低要求即可。终端供应商也有动力提供性能有较大提升的接收机，因为这可以直接转化为更高的用户数据速率，从而促进终端的销售。但是，网络侧也许无法充分利用此类接收机的优势，因为它可能不知道哪些终端具有更佳的性能。因此，网络要按最低要求来部署。在某种程度上，对更高级的接收机类型的性能进行定义可以缓解这一矛盾，因为配备有高级接收机的终端的最低性能是已知的（即下限肯定符合规范定义的最低要求）。Release 11 和 Release 12 都致力于接收机的改进，比如 Release 11 取消了一些开销信号。Release 12 提供了更多的通用方案，包括**网络辅助的干扰消除与抑制**（Network-Assisted Interference Cancellation and Suppression，NAICS），其中网络侧可以为终端提供信息以协助小区间的干扰消除。

4.7 新场景

LTE 最初的设计是为了移动宽带系统，旨在提供高数据速率和广域的高容量。LTE 的演进增加了新功能，提高了容量和数据速率，同时也增强了 LTE 的功能以支持新用例。比如，支持在没有网络覆盖区域中的操作（例如在灾难区域中），就是通过 LTE 支持终端到终端的通信来实现的。另一个例子是大规模机器类型通信，其中有大量低成本终端连接到蜂窝网络，例如传感器。V2V/V2X 和远程控制无人机是新场景的其他示例。

4.7.1 设备到设备通信

包括 LTE 在内的蜂窝系统，其设计的出发点是终端需要连接到基站进行通信。在大多数情况下，这是一种有效的方式，因为终端感兴趣内容的服务器通常不在终端附近。然而，如果终端想要和相邻的终端进行通信，或者仅是检测一下附近是否存在感兴趣的终端，以网络为中心的通信可能不是最佳的方式。同样，在公共安全领域，例如在灾难情况下，搜救人员通常要求在没有网络覆盖的情况下也能进行通信。

为了解决这些问题，Release 12 引入了使用部分上行频谱、网络辅助的设备到设备通信（图 4-9）。在制定这一功能时，考虑了两种情况，即在覆盖范围内和覆盖范围外的用于公共安全的情况以及商用场景中发现相邻终端的情况。在 Release 13 中，引入中继解决方案以扩展设备到设备通信的覆盖范围。

设备到设备通信也是 Release 14 版本中 V2V 和 V2X 工作的基础。

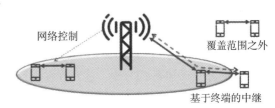

网络控制

覆盖范围之外

基于终端的中继

图 4-9　设备到设备通信

4.7.2　机器类型通信

机器类型通信（Machine-Type Communication，MTC）是一个非常宽泛的术语，基本涵盖了机器之间所有类型的通信。虽然 MTC 应用意指大量不同的应用，其中许多尚未出现，但可以把它们划分为两大类：大规模 MTC 和超可靠低时延通信（UltraReliable Low-Latency Communication，URLLC）。

大规模 MTC 场景的例子包括不同类型的传感器、机械手以及类似的终端。这些终端通常要求成本低廉、能耗极低，从而有超长的电池寿命。同时，这些终端产生的数据量通常很小，也不要求其满足超低时延的苛刻要求。URLLC 对应的应用则是诸如交通安全、交通控制或用于工业过程的无线连接之类的应用，以及需要非常高的可靠性、可用性和低时延的一般场景。

为了更好地支持大规模 MTC，从 Release 12 开始 3GPP 已经引入了一些增强功能，包括新的低端终端等级，即 Category 0，支持最高 1Mbit/s 的数据速率。为了降低终端功耗还定义了省电模式。Release 13 进一步改善了对 MTC 的支持，定义了有更大覆盖范围的 Category M1，以及支持 1.4MHz 的终端带宽——即不依赖于系统带宽，以进一步降低终端成本。对于网络而言，这些终端就是普通的 LTE 终端，尽管能力有限，但可以在一个载波上与功能更强大的 LTE 终端共存。

窄带物联网（Narrow-Band Internet-of-Things，NB-IoT）是 Release 13 中 LTE 的另一项成果，它针对比 Category M1 成本更低、数据速率更小的终端——支持 250kbit/s 或更低，带宽为 180kHz，并且具有进一步增强的覆盖范围。由于使用了子载波间隔为 15kHz 的 OFDM，NB-IoT 可以带内部署在 LTE 载波上、带外部署在单独分配的频谱中，或者部署在 LTE 的保护带中，为运营商提供了高度的灵活性。上行还支持在单频（single tone）上的传送，以最低的数据速率获得非常大的覆盖范围。NB-IoT 使用与 LTE 相同的高层协议（MAC、RLC 和 PDCP），并增加了适用于 NB-IoT 和 Category M1 的更快的连接建立功能，因此很容易集成到现有的网络部署中。

eMTC 和 NB-IoT 都将在 5G 网络中发挥重要作用，以实现大规模机器类型通信。为此，需要考虑在已用于大规模机器类型通信的现有载波上部署 NR 的特殊方法（见第 17 章）。

后来的 LTE 版本中增加了对 URLLC 的进一步支持。包括 Release 15 中的 sTTI 功能（见下文）以及 Release 15 中关于 URLLC 可靠性的工作。

4.7.3   降低时延——sTTI

在 Release 15 中，已经有降低总体时延的工作，并定义了所谓的**短 TTI**（short TTI，sTTI）功能。其目的是为需要超低时延的用例提供支持，例如工厂自动化。它使用的技术与 NR 中所用的类似，例如，几个 OFDM 符号的传输时长，以及终端处理时延降低并以向后兼容的方式添加到 LTE 中。这允许在现存网络中使用低时延的服务，当然这也意味着与 NR 的全新设计相比有某些局限性。

4.7.4   V2V 和 V2X

智能交通系统（Intelligent Transportation System，ITS）是指提高交通安全性和效率的服务。例如车辆到车辆的安全相关的通信，当前方车辆发生故障时向后方车辆传送消息。另一个例子是车队行驶，几辆卡车彼此非常接近，并且跟随车队的第一辆卡车行进，以节省燃料并且减少二氧化碳排放。车辆和基础设施之间的通信也很有用，例如，在拥堵时获取有关交通状况、最新天气和替代路线的信息（见图 4-10）。

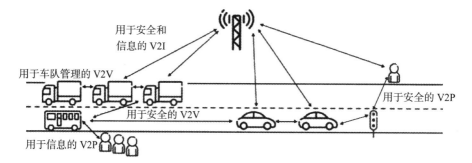

图 4-10   V2V 和 V2X 示例

在 Release 14 中，3GPP 基于 Release 12 中引入的设备到设备通信的技术和网络中的服务质量的增强特性，对该领域的功能做了进一步提升。对车辆之间的通信以及车辆和基础设施之间的通信使用相同的技术既可以提高性能，也可以降低成本。

4.7.5   飞行器

Release 15 中与飞行器相关的工作包括通过作为中继的无人机进行通信，以便为未覆盖到的区域提供蜂窝覆盖，它还可以为各种工业和商业应用提供对无人机的远程控制。由于地面与空中无人机之间的传播条件与地面网络不同，Release 15 研究制定了新的信道模型。对无人机的干扰也和对终端的干扰不同，因为对无人机可见的基站数目巨大，这需要采取波束赋形等干扰抑制技术，也要对功率控制机制进行增强。

第 5 章

NR 概览

图 5-1 描述了 3GPP 制定 NR 标准的时间表。基于 2015 年秋季的一次开题研讨会，作为 3GPP Release 14 的一个研究项目，NR 的技术工作于 2016 年春季开始。此阶段研究了不同的技术解决方案，但考虑到时间的紧迫，这个阶段已经做了一些技术决定（一般是在工作项目阶段做出技术决定）。该工作在 Release 15 时进入工作项目阶段，在 2017 年年底，即在 2018 年中期关闭 3GPP 版本之前，第一版 NR 标准问世。之所以在 Release 15 正式发布之前发布这个中间版本，是为了满足早期 5G 商业部署的要求。

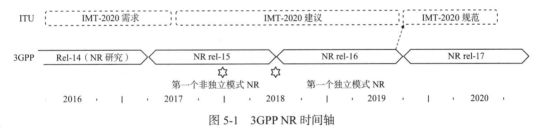

图 5-1　3GPP NR 时间轴

2017 年 12 月发布的第一个 NR 标准是本书描述的重点。这个标准仅限于 NR 非独立组网的场景（见第 6 章），即 NR 终端依赖于 LTE 对初始接入和其移动性的支持。最终的 Release 15 规范将增加对 NR 独立组网的支持。NR 独立和非独立组网之间的差异，影响的主要是高层和到核心网的接口，两种情况下的基本无线技术都是相同的。

Release 15 的重点是 eMBB 和一定程度上的 URLLC 类型的服务。对于大规模机器类型通信，仍然可以使用基于 LTE 的诸如 eMTC 和 NB-IoT [28, 58] 的技术，它们也可以提供很好的性能。NR 的设计考虑了在与 NR 载波重叠的载波上支持基于 LTE 的大规模 MTC（参见第 17 章），从而整合了整个系统处理各种业务的能力。对 mMTC 的原生 NR 支持以及对 3GPP 中称为**直通链路**（sidelink）的设备到设备的直接连接等特殊技术的支持，将在以后的版本中制定。

除了 NR 无线接入技术，3GPP 还制定了新的 5G 核心网，负责与无线接入无关但是对提供完整网络所需的功能。不过，NR 无线接入网也可以连接到称为**演进分组核心网**

（Evolved Packet Core，EPC）的传统 LTE 核心网。实际上，在非独立组网模式下就是这种情况，其中 LTE 和 EPC 处理连接建立和寻呼等功能，NR 负责提供数据速率和容量的增强。后期版本将引入独立组网模式，即把 NR 连接到 5G 核心网。

本章的其余部分对 NR 无线接入逐一概述，包括基本设计原则和 NR Release 15 最重要的技术构件。本章可以单独阅读，以便对 NR 有一个概览，也可以作为随后的第 6 ～ 19 章的一个引论，后续章节将提供更多细节。

与 LTE 相比，NR 有许多好处。主要是：
- 利用更高频率的频段作为额外的频谱，以支持超宽的传输带宽和高数据速率；
- **极简**（ultra-lean）设计，改进网络能效，减少干扰；
- 向前兼容性，为未来的未知用例和技术做好准备；
- 低延迟，以提高性能并支持新的用例；
- 以波束为中心的设计，广泛使用波束赋形和大规模天线，不仅用于数据传输（在某种程度上 LTE 已经提供了这一能力），还用于控制平面的流程，比如初始接入。

上述前三项可归类为设计原则（或设计要求），下面将首先对其进行讨论，然后会讨论 NR 使用的关键技术构件。

5.1　高频操作和频谱灵活性

NR 的一个主要特点是大幅拓展了用于部署无线接入技术的频谱范围。不久前 LTE 才开始支持 3.5GHz 的授权频谱和 5GHz 的非授权频谱，而 NR 从第一次发布起就支持从 1 GHz 到 52.6 GHz[⊖]之间的授权频谱，并且对非授权频谱的扩展也已在计划之中。

毫米波提供了大量的频谱和非常宽的传输带宽，可以实现非常高的业务容量和数据速率。然而，更高的频率也意味着更严重的无线信道衰减，从而限制网络覆盖范围。虽然先进的多天线发射和接收技术在某种程度上可以补偿这一衰减（这是 NR 采用以波束为中心的设计原则的原因之一），但仍然存在较大的覆盖范围的缩减，特别是在非视距（non-line-of-sight）和室外到室内的传播条件下。因此在 5G 时代，低频带的使用依然是无线通信的重要组成部分。尤其是较低和较高频谱（例如 2GHz 和 28GHz）的联合操作可以带来实质性的利好。尽管覆盖范围有限，但是更高频率处的大量频谱可以为大部分用户提供服务。这将减少带宽有限的低频频谱上的负担，从而使低频频谱可以为处于较差环境中的用户提供服务 [66]。

使用高频段的另一个挑战来自监管方面。出于某些非技术因素，辐射水平的监管规则定义以 6 GHz 为分界线，低于 6 GHz 时采用基于 SAR 的限制，高于 6GHz 则采用类似 EIRP 的限制。根据终端类型（手持终端、固定终端等）的不同，这可能会导致发射功率的下降，使链路预算比传播条件所允许的更加受限。不过这也进一步彰显出低频和高频联合操作的优势。

⊖　52.6 GHz 的上限是由于一些非常特殊的频谱现状造成的。

5.2　极简设计

当前移动通信技术的一个问题是，无论用户业务大小如何，网络节点总要承载一定的传输量。这些信号，有时被称为"常开"（always-on）信号，例如用于检测基站的信号、用于系统信息的广播信号以及用于信道估计的常开参考信号。在 LTE 的典型业务条件下，这种传输仅构成整个网络传输的一小部分，因此对网络性能的影响相对较小。但是，在高峰值数据速率的超密集网络中，每个网络节点的平均业务负载一般相对较低，相比之下常开信号的传输量就成为整个网络传输量不可忽视的一部分。

常开信号的传输有如下两个负面影响：

- 抬高了网络能耗的基线；
- 会对其他小区造成干扰，从而降低实际的数据速率。

极简设计原则旨在最大限度地减少常开信号的传输，从而实现更高的网络能耗性能和数据速率。

相比之下，LTE 的设计主要是基于小区特定参考信号，终端可以认为这些信号始终存在并在信道估计、跟踪、移动性测量等过程中使用它们。在 NR 中，基于极简设计原则，LTE 的许多这样的流程被重新考虑、修改。例如，与 LTE 相比，NR 中的小区搜索过程被重新设计，以支持极简设计原则。另一个例子是解调参考信号的结构：NR 对解调参考信号的需要主要是在发送数据的时候，其他时刻几乎没有这种需求。

5.3　向前兼容

NR 标准制定的一个重要目标是无线接口设计的高度向前兼容性。这里，向前兼容性指的是无线接口的设计为其未来的演进留出足够的空间，能够支持未来具有新需求和新特性的服务，同时仍能支持同一载波上的传统终端。

确实，本质上很难保证向前兼容性。不过，根据前几代移动通信演进的经验，3GPP 设定了以下几条与 NR 向前兼容性相关的基本设计原则[3]：

- 在不会对未来的向后兼容造成问题的前提下，最大化可以灵活使用的或者可以保留的时频域资源；
- 尽量减少常开信号的发送；
- 把和物理层功能相关的信号和信道放置在可配置、可分配的时频资源内。

根据上面第三点，3GPP 规范应尽可能避免规定在固定的时频资源上进行传送。这样可以对未来保持灵活性，允许今后引入新型传送方式，同时减少对传统信号和信道的影响。这不同于 LTE 中采用的方法，比如其中使用的同步 HARQ 协议，它意味着上行重传必须发生在初始传输之后的某个固定时间点上。与 LTE 相比，为避免不必要的资源阻塞，NR 中的控制信号要灵活得多。

请注意，NR 的这些设计原则部分地与上述极简设计目标一致。NR 中还可以配置**预**

留资源，即可以把某些时频资源配置为不用于任何传输，从而保留用于未来无线接口的扩展。在 LTE 和 NR 载波重叠的情况下，同样的机制也可用于 LTE 和 NR 共存。

5.4 传输方案、部分带宽和帧结构

与 LTE [28] 的情况相似，由于 OFDM 对时间色散的鲁棒性以及在定义不同信道和信号的结构时对时域和频域的易操控性，OFDM 是适合 NR 的波形。不过，不同于 LTE 把 DFT 预编码的 OFDM 当作上行链路中唯一的传输方案，NR 使用传统的、非 DFT 预编码的 OFDM 作为上行链路的基准传输方案，这是因为后者的接收机结构在结合空分复用之后变得更加简单，同时还源于一个总的诉求，即 NR 希望在上行链路和下行链路中使用相同的传输方案。不过，同样是出于与 LTE 中类似的缘故，在 NR 中 DFT 预编码可以用作上行链路传输机制的补充，它的优点是可以通过减少**立方度量**（cubic metric）[60] 来提高终端侧功率放大器的效率。立方度量是用来测量某个信号波形所需的额外功率回退的指标。

为了涵盖各种不同的部署场景，即从低于 1GHz 载波频率的大的小区到具有非常宽频段的毫米波部署，NR 支持灵活的 OFDM 参数集，子载波间隔范围可以从 15 ～ 240 kHz，其循环前缀时长相应地按比例变化。小的子载波间隔存在具有合理的开销提供相对较长（按绝对时间计）的循环前缀的优点，而更大的子载波间隔适合处理如高频下增大的相位噪声。尽管 NR 的最大总带宽为 400MHz，但它最多可使用的子载波可达 3300 个，对于子载波间隔 15/30/60/120kHz，最大载波带宽分别为 50/100/200/400MHz。如果要支持更大的带宽，可以使用载波聚合。

尽管 NR 的物理层规范是与频段无关的，但 NR 支持的参数集并不是与所有频段都相关（见图 5-2）。因此，对于每个频段，无线需求是针对参数集的某个子集来定义的，如图 5-2 所示。频率范围 0.45 ～ 6GHz 在规范中通常称为**频率范围 1**（Frequency Range 1，FR1），而 24.25 ～ 52.6GHz 称为 FR2。目前，在 6GHz 和 24.25GHz 之间没有指定 NR 的频谱。不过，基本的 NR 无线接入技术是与频谱无关的，NR 标准可以很容易地扩展到覆盖其他频谱，比如，从 6GHz 到 24.25GHz 之间的频谱。

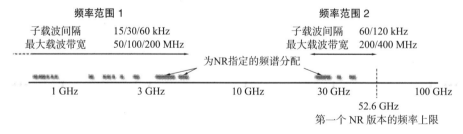

图 5-2 为 NR 指定的频谱以及相应的子载波间隔

在 LTE 中，所有终端都支持 20MHz 的最大载波带宽。但是，由于 NR 载波的带宽可能非常大，要求所有终端都支持最大载波带宽显然是不合理的。这造成了与 LTE 设计的几

点不同，例如稍后讨论的控制信道设计的不同。此外，NR 允许终端侧采用**接收机带宽自适应**（receiver-bandwidth adaptation）以降低终端能耗。带宽自适应是指使用相对较窄的带宽来监听控制信道和接收中等速率的数据，并且仅在需要支持非常高的数据速率时才动态打开宽带接收机。

　　为了应对这两个挑战，NR 定义了**部分带宽**（bandwidth part）的概念，用来指示当下终端假定的接收某个参数集的传输的带宽。如果终端能够同时接收多个部分带宽，原则上可以在单个载波上混合用于该终端的不同的参数集的传输，尽管 Release 15 在一个时刻仅支持单个活跃的部分带宽。

　　NR 时域结构如图 5-3 所示，其中 10ms 的无线帧被划分为 10 个 1ms 子帧。子帧又被划分为时隙，每个时隙包含 14 个 OFDM 符号，而以毫秒计的时隙的时长取决于参数集。对于 15kHz 的子载波间隔，NR 时隙具有与 LTE 子帧相同的结构，这有助于二者的共存。由于时隙被定义为固定数量的 OFDM 符号，因此较高的子载波间隔导致较短的时隙时长。原则上这可用于支持低时延传输，但由于循环前缀在子载波间隔增加时也会缩小，因此这在所有部署中不都是一种可行的办法。因此，NR 是通过允许在部分时隙（有时称作"微时隙"（mini-slot）传输）上进行传输来更有效地支持低时延的要求。这种传输还可以抢占另一个终端正在进行的、基于时隙的传输，以便允许低时延要求数据的即时传送。

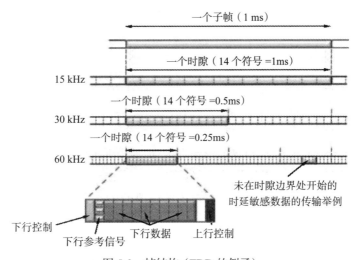

图 5-3　帧结构（TDD 的例子）

　　在时隙内部开始数据传输的灵活性对于非授权频谱的操作也是有用的。在非授权频谱中，发射机通常需要在开始传输之前确保无线信道未被其他传输占用，这个过程通常称为"先听后说"（listen-before-talk）。显然，一旦发现信道可用，应该立即开始发射而不是等到时隙的边界处才开始传输，以避免其他发射机在信道上发起传输。

　　毫米波中的工作是"微时隙"益处的另一个示例，这种部署中可用带宽通常非常大，甚至几个 OFDM 符号就足以承载可用净荷。特别是对于下面讨论的**模拟波束赋形**（analog beamforming）的情形，其中基站无法将使用不同波束的多个终端在频域上进行复用，仅能在时域复用。

与 LTE 不同，NR 没有小区特定参考信号，而是完全依赖于用户特定的解调参考信号来做信道估计。这不仅能够实现有效的波束赋形和多天线工作，而且还符合前述极简设计的原则。与小区特定参考信号不同，除非有数据要发送，否则不发送解调参考信号，从而提高网络能效并减少干扰。

NR 总体的时频域结构，包括部分带宽将在第 7 章中描述。

5.5 双工方式

选择何种双工方式通常由频谱的分配方式决定。在较低频段，频谱分配通常是成对的，意味着采用频分双工（FDD），如图 5-4 所示。在较高频段，越来越普遍的是分配非对称的频谱，需要使用时分双工（TDD）。鉴于 NR 比 LTE 支持的载波频率高很多，对非对称频谱的有效支持成为 NR 的一个非常重要的组成部分。

图 5-4　频谱和双工方式

NR 在对称和非对称频谱中的工作可以使用同一个帧结构，而不像 LTE 那样使用两个不同的帧结构（在 Release 13 中引入对非授权频谱的支持后扩展到三种）。基本的 NR 帧结构支持半双工和全双工操作。在半双工中，终端无法同时发送和接收。比如 TDD 和半双工 FDD。在全双工中，可以同时发送和接收，FDD 就是典型的例子。

如上所述，在更高频段，TDD 的重要性增加，非对称频谱的分配也更为常见。由于其传播条件，这些频段不太适用于广域覆盖的较大小区，但是对于局域覆盖的较小小区非常适用。此外，广域 TDD 网络中的一些干扰问题，在传输功率较低、天线安装低于屋顶的局域部署中不太明显。与具有大量活动终端的较大小区的部署相比，在小区较小、部署密集的情况下，每小区业务的变化很快。为了应对这种情况，动态 TDD，即在上下行传输方向之间动态分配和重分配时域资源，是 NR 的关键技术构件。这与上下行分配不随时间变化的 LTE 形成鲜明对比[⊖]。动态 TDD 能够应对业务的快速变化，业务快速变化在密集部署、每小区用户数量相对较少的场景中尤其明显。例如，如果一个用户单独在一个小区中并且需要下载一个很大的文件，那么大部分资源集中在下行，上行只占很小一部分。几秒钟后，情况可能就会有所不同，大部分容量需求可能就转移到上行方向。

⊖　在后来的 LTE 版本中，eIMTA 功能可以允许某些上下行分配的动态性。

动态 TDD 的基本原理是终端监听下行控制信令并遵循调度决策。如果终端被指示发送，则它在上行发送，否则将尝试接收任何下行的传输。上下行的分配完全在调度器的控制之下，任何业务变化都可以被动态地跟踪。确实，在某些部署场景下，可能不需要动态 TDD，此时可以通过对动态方式的动态进行限制的方式来满足要求，这比 LTE 中试图将动态添加到半静态设计中更为简单。例如，天线安装在屋顶上方的广域宏蜂窝网络中，小区间的干扰要求对小区之间上下行的分配进行协调。在这一场景下，仿照 LTE 的半静态分配进行工作比较合适。这可以通过适当的调度执行来实现。还可以半静态地配置某些或所有时隙的传输方向，这能够降低终端能耗，因为此时终端不必在已知预留给上行的时隙上，监听下行控制信道。

5.6　低时延支持

超低时延是 NR 的一个重要特征，并对 NR 的很多设计细节有影响。一个例子是使用"前置"的参考信号和控制信令，如图 5-3 所示。通过把参考信号和携带调度信息的下行控制信令置于发送的起始位置，并且不使用跨 OFDM 符号的时域交织，终端可以立即开始处理接收的数据而无须事先缓冲，从而最小化解码的时延。另一个例子是在部分时隙上进行发送（有时称为"微时隙"传输）。

与 LTE 相比，NR 中对终端（和网络）处理时间的要求显著提高。比如，终端必须在接收到下行数据传输之后大约一个时隙（甚至更短，取决于终端能力）的时间做 HARQ 确认响应。类似地，从收到上行授权到上行数据传输的时间也在大致相同的范围之内。

高层 MAC 和 RLC 协议的设计也考虑了低时延的情况，比如它的报头结构使得能够在不知道要传输的数据量的情况下开始进行处理（参见第 6 章）。这在上行方向上尤其重要，因为在接收到上行授权之后，到传输要开始之前，终端可能仅有几个 OFDM 符号。相比之下，LTE 协议的设计要求 MAC 和 RLC 协议层在任何处理发生之前知晓要传输的数据量，这使对超低时延的支持更具挑战。

5.7　调度和数据传输

无线通信的一个关键特征是，由频率选择性衰落、距离相关的路径损耗以及其他小区和终端的发射引起的随机干扰变化，导致的瞬时信道条件的大幅快速变化。与其试图对抗这些变化，不如通过信道相关调度来利用这些变化，**信道相关调度**（channel-dependent scheduling）支持用户间动态共享时频资源（详见第 14 章）。动态调度也用于 LTE 中，总体上 NR 调度框架与 LTE 的调度框架类似。基站中的调度器基于从终端获得的信道质量报告进行调度决策。发送给被调度终端的调度决策还考虑了不同的业务优先级要求和 QoS 要求。

每个终端监听若干条**物理下行控制信道**（physical downlink control channel，PDCCH），

通常每时隙一次，不过对于需要非常低时延的业务，可以配置更密集的监听频次。一旦检测到有效的 PDCCH，终端将服从调度决策，接收（或发送）NR 中称为传输块的一个数据单元。

在下行链路数据传输时，终端对下行传输进行解码。鉴于 NR 支持非常高的数据速率，信道编码数据传输采用低密度奇偶校验（low-density parity-check，LDPC）码[68]。LDPC 码易于实现，特别是在较高码率时它比 LTE 中使用的 Turbo 码复杂度低。

终端采用具有增量冗余的混合自动重传请求（HARQ）向基站报告解码的结果（详见第 13 章）。在数据接收出错时，网络可以重传数据，并且终端可以对多次传输尝试中的软信息进行合并。但是，在这种情况下重传整个传输块效率可能不高。因此，NR 支持更细粒度的重传，即**码块组**（code-block group，CBG）的重传。码块组在处理**抢占**（preemption）时也很有用。例如，到第二台终端的紧急传送也许仅使用一个或几个 OFDM 符号，因此仅会在某些 OFDM 符号上对第一台终端造成大的干扰。在这种情况下，仅重新传输受干扰的 CBG 可能就够了，而不必重传整个数据块。抢占发生时，可以通知第一台终端哪些时频资源会受到影响，从而终端在接收时可以考虑到这些影响。

虽然动态调度是 NR 的基本工作，但是也可以通过配置实现没有动态授权的操作。在这种情况下，终端被预先配置可用于上行数据传输（或下行数据接收）的资源。一旦终端有可用数据，它就可以立即开始上行传输而无须经过先调度请求、再获得授权的周期，从而实现更低的时延。

5.8　控制信道

NR 的操作需要一系列的物理层控制信道在下行链路中传送调度决策，并在上行链路中提供反馈信息。第 10 章提供了这些控制信道结构的详细描述。

下行控制信道称作 PDCCH（**物理下行控制信道**，Physical Downlink Control Channels）。它与 LTE 相比一个主要差异是时频结构更灵活，PDCCH 可以在一个或多个**控制资源集**（COntrol REsource SET，CORESET）中传输，不同于使用全载波带宽的 LTE，它可以配置为仅占用部分载波带宽。这是为了兼容具有不同带宽能力的终端，以及遵从向前兼容原则。与 LTE 相比的另一个主要差异是，对控制信道波束赋形的支持，它要求一种不同的参考信号设计，其中每个控制信道有其自己专用的参考信号。

上行控制信息——例如 HARQ 确认、用于多天线工作的信道状态反馈、用于待发送的上行数据的调度请求——使用**物理上行控制信道**（Physical Uplink Control Channel，PUCCH）传输。根据信息量和 PUCCH 传输持续时间的不同，有若干不同的 PUCCH 格式。**短 PUCCH** 在时隙的最后一个或两个符号中发送，并且可以支持非常迅速的 HARQ 确认反馈，以实现所谓的自包含时隙（self-contained slot），其从数据传输结束到终端接收确认的时延是一个 OFDM 符号的长度，大约几十微秒，具体取决于所使用的参数集。LTE

中这一数值接近 3 毫秒。这是低时延如何影响 NR 设计的另一个例子。如果短 PUCCH 的持续时间太短以至于不能提供足够的覆盖，采用更长的 PUCCH 持续时间是可能的。

物理层控制信道，由于其信息块大小比数据传输的小并且不使用 HARQ，采用的编码机制是极化码[17]。对于最小的控制净荷，采用的是 Reed-Muller 码。

5.9　以波束为中心的设计和多天线传输

支持用于发送和接收的、方向可控的、大量的天线单元是 NR 的一个关键特征。在较高频段，大量的天线单元主要用于波束赋形以扩展覆盖范围，而在较低频段，它们可实现全维度 MIMO，有时称为大规模 MIMO，并且可实现通过空间隔离来规避干扰。

NR 的信道和信号——包括用于控制和同步的信道和信号，其设计都支持波束赋形（图 5-5）。用于大规模多天线机制的信道状态信息（CSI）的获取，可以通过下行链路传输的 CSI 参考信号的 CSI 报告反馈来获取，也可以通过信道互易性的上行链路测量米获取。

为了保持产品实现的灵活性，NR 不仅支持模拟波束赋形，也支持数字预编码和数字波束赋形（参见第 11 章）。从实现角度来看，至少在最初阶段，高频段可能需要模拟波

图 5-5　NR 的波束赋形

束赋形，其波束是在数模转换之后赋形。模拟波束赋形的限制是，在给定时刻接收或发射波束只能在一个方向上形成，并且需要波束扫描，即相同的信号在多个 OFDM 符号中、不同的发射波束中重复。波束扫描保证了任何信号可以通过高增益、窄波束的传输达到整个预期的覆盖区域。

规范规定了用于波束管理过程的信令，例如发送给终端的一个指示，以辅助其选择一个用于数据和控制信号接收的接收波束（在模拟接收波束赋形的情况下）。当天线数量很大时，波束变得很窄因而波束跟踪可能失败，因此规范还定义了波束恢复过程，其中终端可以触发波束恢复过程。此外，一个小区可以有多个传输点，每个传输点具有波束，波束管理过程支持对终端透明的移动性，即在不同传输点的波束之间的无缝切换。并且，通过使用上行信号，可以实现以上行为中心的、基于互易性的波束管理。

随着大量天线单元在较低频段的应用，上下行链路用户空间分离的可能性增加，但这要求发射机对信道有了解。NR 扩展了对这种多用户空分复用场景的支持——通过使用 DFT 矢量线性组合的高分辨率信道状态信息反馈或者通过支持信道互易性的上行探测参考信号。

为了支持多用户 MIMO 的传输，规范规定了十二个正交的解调参考信号，而一个 NR 终端下行最多可以接收八个 MIMO 层，上行最多四层。此外，由于高频的相位噪声功率的增加可能降低较大调制星座图（例如 64QAM）的解调性能，在 NR 中还引入了一个相位跟踪参考信号的额外配置。

此外，NR 已准备好支持分布式 MIMO，尽管在 Release 15 中尚未完成。分布式 MIMO 意味着终端每时隙可以接收多个独立的物理数据共享信道（PDSCH），以实现从多个传输点到同一用户的同时数据传输。本质上，某些 MIMO 层是从一个站点传输，而其他层从另一个站点传输。

多天线传输以及关于 NR 多天线预编码的更详细内容将在第 11 章中描述，其中波束管理是第 12 章的主要内容。

5.10　初始接入

初始接入过程包括：终端找到要驻留的小区；接收必要的系统信息；通过随机接入请求连接。第 16 章描述的 NR 初始接入的基本结构类似于 LTE[28] 的相应功能：

- 有一对下行链路信号，即**主同步信号**（Primary Synchronization Signal，PSS）和**辅同步信号**（Secondary Synchronization Signal，SSS），用于终端查找、同步和识别网络；
- 一个与 PSS/SSS 一起发送的下行链路**物理广播信道**（Physical Broadcast CHannel，PBCH）。PBCH 携带最少量的系统信息，包括一个指其示剩余的广播系统信息在哪里传输的指示。在 NR 的语境中，PSS、SSS 和 PBCH 统称为**同步信号块**（Synchronization Signal Block，SSB）；
- 一个四阶段随机接入过程，一开始是在上行链路传送**随机接入前导码**（random-access preamble）。

但是，就初始接入而言，LTE 和 NR 之间存在一些重要区别。这些差异主要来自极简原则和以波束为中心的设计，这两者都影响了 NR 的初始接入过程，并部分导致了与 LTE 不同的解决方案。

在 LTE 中，PSS、SSS 和 PBCH 位于载波的中心，并且每 5ms 发送一次。因此，终端通过在至少 5ms 期间驻留在每个可能的载波频率上，就肯定能接收到至少一个 PSS/SSS/PBCH 传输——如果一个载波在特定频率上存在。在没有任何先验知识的情况下，LTE 终端必须在 100kHz 的载波栅格上搜索所有可能的载波频率。

为了遵从极简原则、实现更高的 NR 网络能效，默认情况下 SSB 每 20ms 发送一次。因为相继的 SSB 之间的时间较长，与 LTE 中的相应信号和信道相比，搜索 NR 载波的终端必须在每个可能的频率上停留更长的时间。为了在保持终端复杂度与 LTE 相当的同时缩短总体搜索时间，NR 支持一种用于 SSB 的**稀疏频率栅格**（sparse frequency raster）。这意味着与 NR 载波（**载波栅格**，carrier raster）可能的位置相比，SSB 潜在的频域位置可能更加稀疏。因此，SSB 通常不会位于 NR 载波的中心，这对 NR 的设计造成了影响。

　　稀疏的 SSB 栅格可以显著缩短小区初始搜索的时间，同时由于 SSB 周期较长，网络能效可以显著提高。

　　作为改善覆盖范围的一种手段，尤其是在较高频率的情况下，下行 SSB 发送和上行随机接入的接收都支持网络侧波束扫描。需要指出的是，波束扫描是 NR 设计提供的一种**可能性**，并不意味着必须使用它。特别是在较低频率，可能根本不需要波束扫描。

5.11　互通和与 LTE 共存

　　在较高频率上提供全覆盖比较困难，因此与较低频率上的系统进行互通就变得非常重要。上行链路和下行链路之间的不平衡是常见的情况，特别是如果二者处于不同的频段中。与移动终端相比，基站较高的发射功率使得下行链路可实现的数据速率通常是由于带宽受限导致的，这表明应该在更高的频谱上使用下行链路，那里提供的带宽可能也更大。相比之下，上行链路通常是功率受限的，因此它对较大带宽的需求减小。另外，尽管较低频谱可用带宽较少，但由于无线信道衰减较小，也可以实现更高的数据速率。

　　通过互通，高频 NR 系统可以作为低频系统的补充（详见第 17 章）。低频系统可以是 NR 或者 LTE，NR 可以与其中的任何一个互通。互通可以在不同层级上实现，包括 NR 内载波聚合、具有公共分组数据汇聚协议（PDCP）层的双连接以及切换。

　　然而，较低频段通常已被当前的技术（主要是 LTE）占用。此外，在不久的将来还有计划在额外的低频段上部署 LTE。因此，**LTE/NR 频谱共存**（spectrum coexistence），即运营商在与现有 LTE 部署相同的频谱中部署 NR 的可能性，已被确定为在较低频谱中实现早期 NR 部署而不减少 LTE 频谱数量的可行方式。

　　在 3GPP 中确定了两个共存场景并用以指导 NR 设计：

- 第一个场景，如图 5-6 的左侧部分所示，在下行链路和上行链路中都存在 LTE/NR 共存的情况。注意，这与对称和非对称频谱都相关，尽管图中只示例了对称频谱。
- 图 5-6 右侧部分所示的第二个场景中，仅在上行传输方向上有共存，通常在较低频率对称频谱的上行部分中，NR 下行传输是在 NR 专用的频谱中，通常在较高频率处。该场景试图解决上面讨论的上下行不平衡的问题。NR 支持的**补充上行**（Supplementary UpLink，SUL）是专门处理此场景的。

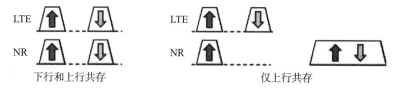

图 5-6　NR-LTE 共存示例

 Release 15 的 12 月版本只支持 NR 和 LTE 之间的双连接。NR 和 NR 之间的双连接是 Release 15 2018 年 6 月最终版本中。

　　基于 15kHz 子载波间隔且与 LTE 兼容的这一 NR 参数集，是实现二者共存的基本手段之一，它使得 NR 和 LTE 能够拥有相同的时频资源网格。此时，NR 灵活的、可以小到一个符号粒度的调度机制可以用来避免与关键的 LTE 信号发生冲突，例如 LTE 的小区特定参考信号、CSI-RS、用于 LTE 初始接入的信号和信道。为向前兼容而引入的预留资源（参见 5.3 节）也可用于进一步增强 NR 和 LTE 的共存。预留资源可以被配置为与 LTE 中的小区特定参考信号相匹配，从而在下行链路实现一个增强的 NR-LTE 叠加（overlay）。

第6章

无线接口架构

本章首先对 NR 无线接入网及其核心网的架构做一个总的概述,然后分别描述无线接入网的用户面和控制面协议。

6.1 系统总体架构

3GPP 除了制定 NR 无线接入技术,同时也重新考虑**无线接入网**(Radio-Access Network,RAN)和**核心网**(Core Network,CN)的总体系统架构,包括二者之间功能划分的问题。

RAN 负责整个网络所有无线相关的功能,例如调度、无线资源管理、重传协议、编码以及各种多天线方式。这些功能将在随后章节中详细讨论。

5G 核心网负责与无线接入无关但是提供一个完整网络所需要的功能。这包括鉴权、计费功能和端到端连接的设置。之所以把这些功能归在核心网而不是集成到 RAN 中,是因为这样做可以使核心网服务于多种无线接入技术。

事实上,也可以将 NR 无线接入网连接到称为**演进分组核心网**(Evolved Packet Core,EPC)的传统 LTE 核心网上。在非独立组网模式下运行 NR 时实际上就是这种情况,即用 LTE 和 EPC 处理连接建立和寻呼等功能。后期版本将引入独立组网模式,此时 NR 连接到 5G 核心网,LTE 也可以连接到 5G 核心网。因此,LTE 和 NR 无线接入方案和它们各自的核心网都密切相关,而不是像 3G 到 4G 时那样,4G LTE 无线接入技术无法连接到 3G 核心网。

虽然本书侧重于 NR 无线接入,但是作为背景材料,很有必要对 5G 核心网做简要的概述,比如它是如何连接到 RAN 的。

6.1.1 5G 核心网

5G 核心网建立在 EPC 的基础上,与 EPC 相比有三个方面的增强:**基于服务的架构**(service-based architecture)、支持网络切片、以及控制面和用户面分离。

基于服务的架构是 5G 核心网的基础。这意味着 3GPP 规范侧重于描述核心网提供的服务和功能，而不是核心网节点本身。这样做是很自然的，因为今天的核心网通常已经高度虚拟化，核心网功能一般都运行在通用计算机硬件上。

　　网络切片是 5G 讨论中常见的术语。一个网络切片是服务于特定业务或客户需求的一个逻辑网络，具体而言，它是通过对基于服务的架构中的功能进行选择、配置、组合而成。例如，类似于 LTE 提供的移动宽带服务，可以构造一个网络切片以支持具有完全移动性的移动宽带应用，或者可以构造另一个网络切片以支持特定的非移动但有低时延要求的工业自动化应用。这些切片将运行在共同的、基础性的物理核心网和无线网络上，但从最终用户应用的角度来看，它们像是运行在各自独立的网络中。在许多方面，网络切片类似于在同一个物理计算机上配置多个虚拟计算机。边缘计算——用户应用的一部分在靠近核心网边缘的地方运行以满足低时延要求——也可以是这种网络切片的一部分。

　　5G 核心网架构强调控制面和用户面的分离，包括两者容量的独立缩放（scaling）。例如，如果需要更多的控制面容量，则可以单独扩容控制面而不必同时对用户面扩容。

　　总体上，5G 核心网可以如图 6-1 所示。该图使用了基于服务的表示方法，其中服务和功能是关注的焦点。在 3GPP 标准中，还有一个替代性的参考点描述方法，侧重于功能之间的点到点的交互，但图 6-1 中没有对此进行描述。

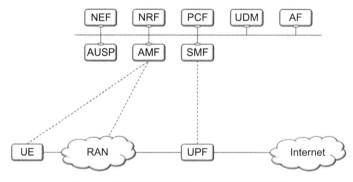

图 6-1　高层核心网架构（基于服务的描述）

　　用户平面的功能包括**用户面功能**（User Plane Function，UPF），它是 RAN 和诸如互联网之类的外部网络之间的网关，它负责处理数据包路由和转发、数据包检测、服务质量处理和数据包过滤、流量测量，等等。它还可以在需要时作为（RAT 间）移动性的锚点。

　　控制平面功能由几个部分组成。**会话管理功能**（Session Management Function，SMF）处理终端（也称为用户设备，User Equipment，UE）的 IP 地址分配、策略实施的控制以及一般会话管理功能等。**接入和移动性管理功能**（Access and Mobility Management Function，AMF）负责核心网和终端之间的控制信令、用户数据的安全性、空闲态移动性和鉴权。在核心网（更具体地说是 AMF）和终端之间运行的功能有时称为**非接入层**（Non-Access Stratum，NAS），以区别于**接入层**（Access Stratum，AS），接入层处理终端和无线接入网之间的功能。

此外，核心网还可以处理其他类型的功能，例如，负责策略规则的**策略控制功能**（Policy Control Function，PCF），负责鉴权认证和接入授权的**统一数据管理**（Unified Data Management，UDM），**网络能力开放功能**（Network Exposure Function，NEF），**NR 储存功能**（NR Repository Function，NRF），处理鉴权功能的**鉴权服务器功能**（Authentication Server Function，AUSF），以及**应用功能**（Application Function，AF）。这些功能在本书中没有进一步讨论，读者可以参考 [13] 以了解更多细节。

值得注意的是，核心网功能的具体实现可以是多种多样的。比如，所有功能可以在单个物理节点中实现，也可以分布在多个节点上，或者运行在云平台上。

以上描述的是新的 5G 核心网，它是和 NR 无线接入一起由 3GPP 同时制定的，能够处理 NR 和 LTE 无线接入。然而，为了能够在现有网络中尽早引入 NR，还可以将 NR 连接到 LTE 的核心网 EPC。在图 6-2 中这标示为"选项 3"，并且也被称为"**非独立组网**"（non-standalone operation），即在这一选项中控制面功能由 LTE 承载，例如初始接入、寻呼和移动性。标记为 eNB 和 gNB 的节点将在下一节中详细讨论。这里读者可以将 eNB 和 gNB 分别理解为 LTE 和 NR 的基站。

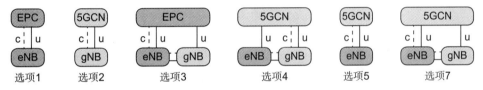

图 6-2　核心网和无线接入网的不同组合

在选项 3 中，eNB 连接到 EPC 核心网。所有控制面功能由 LTE 处理，NR 仅用于为用户面数据提供服务。gNB 连接到 eNB，来自 EPC 的用户面数据可以由 eNB 转发到 gNB。其他变种包括：选项 3a 和选项 3x。在选项 3a 中，eNB 和 gNB 的用户面直接连接到 EPC。在选项 3x 中，仅有 gNB 的用户面连接到 EPC，并且到 eNB 的用户面数据通过 gNB 来路由。

对于独立组网，gNB 直接连接到 5G 核心网，如图 6-2 的选项 2 所示。此时用户面和控制面功能均由 gNB 处理。选项 4,5 和 7 则表示了将 LTE 的 eNB 连接到 5GCN 的各种可能性。

6.1.2　无线接入网

无线接入网有两种连接到 5G 核心网的节点类型：
- gNB，通过使用 NR 用户面和控制面协议为 NR 终端提供服务
- ng-eNB，通过使用 LTE 用户面和控制面协议为 LTE 终端提供服务[⊖]

⊖ 图 6-2 已做了简化，它没有区分连接到 EPC 的 eNB 和连接到 5GCN 的 ng-eNB。

一个包含用于 LTE 无线接入的 ng-eNB 节点和用于 NR 无线接入的 gNB 节点的无线接入网称为 NG-RAN。为简单起见，下文将直接使用 RAN 来称呼这种无线接入网。此外，下文将假定 RAN 连接到 5G 核心网，因此将使用诸如 gNB 的 5G 术语。换句话说，这些描述将以 5G 核心网和基于 NR 的 RAN 为假设前提，如图 6-2 中的选项 2 所示。但是，如前所述，NR 的第一个版本采用的是选项 3，即 NR 连接到 EPC、非独立组网的模式。不过虽然节点和接口的命名略有不同，它们的原理是类似的。

gNB（或 ng-eNB）负责一个或多个小区中的所有无线相关的功能，例如无线资源管理、接入控制、连接建立、用户面数据路由到 UPF、控制面信息路由到 AMF 以及 QoS 流量管理。需要注意的是，gNB 是一个逻辑节点而不是产品的物理实现。gNB 的一个常见的产品实现形态是三扇区基站，其中基站处理三个小区的发射和接收信号。但是也可以有其他的实现方式，例如一个基带处理单元连接几个射频拉远单元。这些射频拉远单元可以是大量室内小区或沿高速公路部署的若干小区。因此，基站是 gNB 的一个可能的实现方式，但不是等价的概念。

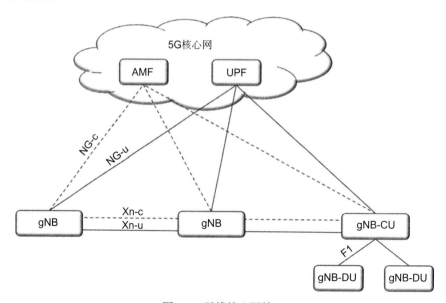

图 6-3   无线接入网接口

从图 6-3 中可以看出，gNB 通过 NG 接口连接到 5G 核心网，具体地说是通过 NG 用户面（NG-u）连接到 UPF，并通过 NG 控制面（NG-c）连接到 AMF。出于负载均衡和冗余的目的，一个 gNB 可以连接到多个 UPF 和 AMF。

gNB 彼此之间的 Xn 接口主要用于支持激活模式的移动性和双连接。该接口还可以用于多小区的**无线资源管理**（Radio Resource Management，RRM）功能。Xn 接口还可以通过数据包转发来支持相邻小区之间的无损的移动性。

还可以通过使用 F1 接口的标准化方式将 gNB 分成两个部分，即一个中央单元（gNB-

CU）和一个或多个分布式单元（gNB-DU）。在这种 gNB 分离的情况下，RRC、PDCP 和 SDAP 协议驻留在 gNB-CU 中，其余的协议（RLC、MAC、PHY）在 gNB-DU 中。

gNB（或 gNB-DU）与终端之间的接口称为 Uu 接口。

对于要进行通信的终端，至少需要在终端和网络之间建立一个连接。终端至少要连接到一个处理其所有上下行传输的一个小区。所有数据流——包括用户数据和 RRC 信令——都由该小区处理。这是一种简单而牢靠的方法，适用于各种部署场景。但是在某些情况下，终端通过多个小区连接到网络可能是有好处的。比如用户面聚合的情况，其中来自多个小区的数据流被聚合在一起以提高数据速率。另一个例子是控制面和用户面分离的场景，其中控制面的通信由一个节点处理，用户面的数据由另一个节点处理。把一个终端连接到两个小区[⊖]的场景称为**双连接**（dual connectivity）。

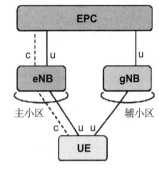

图 6-4　使用选项 3 的 LTE-NR 双连接

LTE 和 NR 之间的双连接特别重要，它是使用选项 3 进行非独立组网的基础，如图 6-4 所示。基于 LTE 的主小区处理控制面和（潜在的）用户面信令，基于 NR 的辅小区仅处理用户面的数据，从而提高数据速率。

NR 和 NR 之间的双连接没有包含在 2017 年 12 月 Release 15 的范围中，而是在 2018 年 6 月的最终版本中发布。

6.2　服务质量

LTE 已经可以处理不同的服务质量（QoS）请求，NR 继承了这些功能并对该框架做了进一步的增强。LTE 的主要原则被保留下来，即网络负责 QoS 的控制、5G 核心网感知服务、无线接入网不感知服务。QoS 处理对于网络切片的实现至关重要。

对于每个处于连接态的终端，都有一个或多个相对应的 PDU **会话**（PDU session），每个 PDU 会话都会有一个或多个对应的 QoS **流**（QoS flow）以及**数据无线承载**（data radio bearer）。IP 数据包根据 QoS 请求映射到 QoS 流上，这些请求可以是对延迟的要求或者对所需数据速率的要求。这属于核心网 UDF 功能的一部分。每个数据包可以使用 QoS **流标识符**（QoS Flow Identifier，QFI）进行标记以帮助上行链路对 QoS 的处理。下一步将 QoS 流映射到数据无线承载上，是在无线接入网中完成的。因此，核心网感知服务的要求，而无线接入网仅将 QoS 流映射到无线承载上。QoS 流到无线承载的映射不一定是一一对应的，多个 QoS 流可以映射到同一个数据无线承载（见图 6-5）。

⊖ 实际上是两个小区组，即主小区组和辅小区组，载波聚合当中所提及的主小区组和辅小区组意味着每个组中都存在多个小区。

在上行链路中，有两种控制 QoS 流到数据无线承载映射的方式：反射映射和显式配置。

反射映射方式是终端连接到 5G 核心网时 NR 提供的新功能。此时终端首先在 PDU 会话的下行数据包中检测到 QFI，并用它确定 IP 流和 QoS 流以及无线承载之间映射的关系。后对上行业务流，终端将会使用相同的映射关系。所以这种方式被称作反射映射。

在显式映射的情况下，QoS 流到数据无线承载的映射关系通过使用 RRC 信令配置给终端。

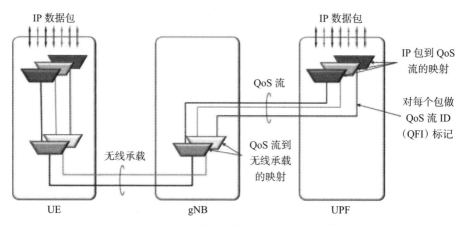

图 6-5　PDU 会话中的 QoS 流和无线承载

6.3　无线协议架构

在描述了网络整体架构之后，现在可以讨论支持用户面和控制面的 RAN 的协议架构。图 6-6 描述了 RAN 的协议架构（如前一节所述，AMF 不是 RAN 的一部分，但为了提供一个完整的描述，AMF 包含在图 6-6 中）。

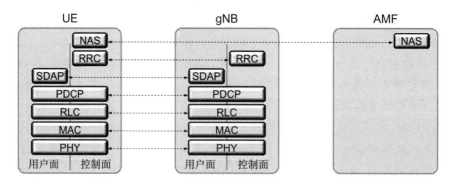

图 6-6　用户面和控制面协议栈

在下文中，6.4 节描述用户面协议，6.5 节描述控制面协议。如图 6-6 所示，许多协议实体对于用户和控制面是共享的，因此 PDCP、RLC、MAC 和 PHY 将仅在用户面部分中描述。

6.4　用户面协议

图 6-7 所示是 NR 用户面协议架构中下行链路的一个概观。尽管存在一些差异，NR 的协议层很多与 LTE 中的类似。其中一个区别，是当 NR 用户面连接到 5G 核心网时，NR 对 QoS 的处理方式。此时 SDAP 协议层支持一个或者多个 QoS 流，每个流承载不同 QoS 要求的 IP 报文。当 NR 用户面连接到 EPC 核心网时，不需要使用 SDAP。

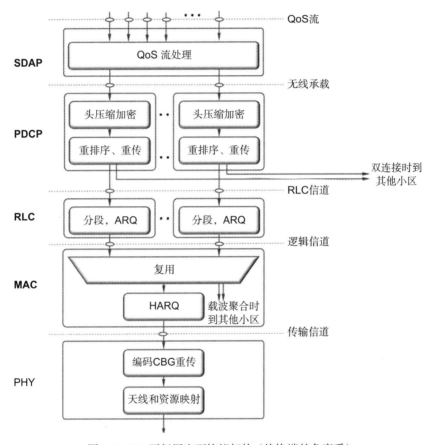

图 6-7　NR 下行用户面协议架构（从终端的角度看）

后续讨论中将进一步阐明，图 6-7 中所示的功能块并非在所有情况下都适用。例如，加密在基本系统信息的广播中就不适用。尽管在像传输格式选择和逻辑信道复用的控制方面存在一些差异，上行协议结构和图 6-7 中的下行结构是类似的。

下面对无线接入网络的不同协议实体做概述，后续章节将做更详细的描述。

- **服务数据调整协议**（Service Data Adaptation Protocol，SDAP）负责根据 QoS 要求将 QoS 承载映射到无线承载。LTE 中不存在该协议层，但在 NR 中当连接到 5G 核心网时，新的 QoS 处理需要这一协议实体。

- **分组数据汇聚协议**（Packet Data Convergence Protocol，PDCP）实现 IP 报头压缩、加密和完整性保护。在切换时，它还处理重传、按序递交和重复数据删除[⊖]。对于承载分离的双连接，PDCP 可以提供路由和复制，即为终端的每个无线承载配置一个 PDCP 实体。
- **无线链路控制**（Radio-Link Control，RLC）负责数据分段和重传。RLC 以 RLC 信道的形式向 PDCP 提供服务。每个 RLC 信道（对应每个无线承载）针对一个终端配置一个 RLC 实体。与 LTE 相比，NR 中的 RLC 不支持数据按序递交给更高的协议层，这是为了减少时延，下面将做解释。
- **媒体接入控制**（Medium-Access Control，MAC）负责逻辑信道的复用、HA ARQ 重传以及调度和调度相关的功能。用于上行和下行链路的调度功能居于 gNB 中。MAC 以**逻辑信道**的形式向 RLC 提供服务。NR 改变了 MAC 层的报头结构，从而相对于 LTE 来说，可以更有效地支持低时延处理。
- **物理层**（Physical Layer，PHY）负责编解码、调制、解调、多天线映射以及其他典型的物理层功能。物理层以**传输信道**的形式向 MAC 层提供服务。

图 6-8 以示例的方式总结了下行数据通过所有协议层的流程：给定的三个 IP 数据包，其中两个在一个无线承载上，一个在另一个无线承载上。在该示例中，有两个无线承载，并且一个 RLC SDU 被分段并在两个不同的传输中传送。上行传输的情况下数据流是类似的。

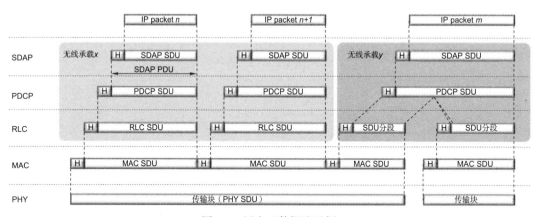

图 6-8 用户面数据流示例

SDAP 协议将 IP 数据包映射到不同的无线承载上，在该示例中，IP 数据包 n 和 n+1 被映射到无线承载 x 上，而 IP 数据包 m 被映射到无线承载 y 上。通常，来自或者去往更高协议层的数据实体称为**服务数据单元**（Service Data Unit，SDU），而来自或者去往较低协议层实体的数据实体称为**协议数据单元**（Protocol Data Unit，PDU）。因此，SDAP 的输

⊖ 3GPP 2017 年 12 月的版本不支持重复数据删除，2018 年 6 月的版本支持。

出是 SDAP PDU，等价于 PDCP SDU。

PDCP 协议对每个无线承载执行（可选的）IP 报头压缩，然后进行加密。根据配置，会决定是否添加 PDCP 报头，报头信息包含终端解密所需的信息以及用于重传和按序递交的序列号。PDCP 的输出被转发给 RLC。

如果需要，RLC 协议对 PDCP PDU 进行分段，并添加 RLC 报头，其中包含用于重传处理的序列号。与 LTE 不同，NR 中的 RLC 不向更高协议层提供数据按序递交服务。原因是，重排序的机制会引起额外的时延，这种延迟可能对需要非常低时延的服务造成损害。如果确实有需要，可以由 PDCP 层提供按序递交。

RLC PDU 被转发到 MAC 层，MAC 层对多个 RLC PDU 进行复用并添加 MAC 报头以形成新的传输块。请注意，MAC 报头分布在 MAC PDU 之中，即与某个 RLC PDU 相关的 MAC 报头紧挨着该 RLC PDU 之前。这与 LTE 不同，LTE 中所有报头信息都处于 MAC PDU 开始的位置。NR 之所以做此改变，是为了高效地处理低时延的场景。NR 的这种结构允许"在线"组装 MAC PDU，因为在报头字段计算出来之前，不需要组装完整的 MAC PDU。这减少了处理时间，从而减少了整体时延。

本章的其余部分对 SDAP、RLC、MAC 和物理层进行概述。

6.4.1　服务数据调整协议

服务数据调整协议（Service Data Adaptation Protocol，SDAP）负责 5G 核心网的一个 QoS 流和一个数据无线承载之间的映射，以及对上、下行链路中的数据包做 QoS 流标识符（Quality-of-service Flow Identifier，QFI）的标记。在 NR 中引入 SDAP 的原因是，当连接到 5G 核心网时，与 LTE 相比需要新的 QoS 处理。在这种情况下，如 6.2 节所述，SDAP 负责 QoS 流和无线承载之间的映射。如果 gNB 连接到 EPC，就像在非独立组网模式的情况下，则不需要使用 SDAP。

6.4.2　分组数据汇聚协议

分组数据汇聚协议（PDCP）执行 IP 报头压缩以减少通过无线接口传输的比特数。报头压缩机制基于鲁棒性报头压缩（ROHC）框架[38]，这是一组标准化的报头压缩算法，也被用于其他几种移动通信技术。PDCP 还负责加密以防止窃听，对于控制平面，它还提供完整性保护以确保控制消息来自正确的信息源。在接收端，PDCP 执行相应的解密和解压缩操作。

PDCP 还负责重复数据包的删除和（可选的）对数据包的按序递交，用于如 gNB 内切换的场景。在切换时，PDCP 将未送达的下行数据包从旧的 gNB 转发到新的 gNB。在切换时，由于 HARQ 的缓存被清空，终端中的 PDCP 实体还将负责对尚未送达 gNB 的所有上行数据包进行重传。在这种情况下，一些 PDU 可能被重复接收，即通过旧 gNB 和新 gNB 两个连接。在这种情况下，PDCP 将删除重复接收的数据包。PDCP 还可以被配置为执行重排序功能以便确保 SDU 按序递交到更高层协议（如果需要的话）。

PDCP 中重复数据包处理功能也可用于提供额外的分集功能。在发射端，数据包首先被复制，然后在多个小区中发送，增加了至少有一个副本被接收到的可能性。这对需要超高可靠性的业务而言非常有用。在接收端，PDCP 的重复删除功能则删除掉所有重复项。这实质上相当于选择分集。

双连接是另一个 PDCP 发挥重要作用的领域。在双连接中，终端连接到两个小区，通常是两个小区组[⊖]，即主小区组（MCG）和辅小区组（SCG）。两个小区组可以由不同的 gNB 负责。一个无线承载通常由一个小区组处理，但是也存在承载分离的场景，在这种情况下，一个无线承载由两个小区组共同处理。此时，PDCP 负责在 MCG 和 SCG 之间分配数据，如图 6-9 所示。

Release 15 的 2018 年 6 月版本对双连接提供广泛支持，而 2017 年 12 月的版本则仅限于 LTE 和 NR 之间的双连接——这对于选项 3 的非独立组网尤其重要，如图 6-4 所示。基于 LTE 的主小区负责控制面及（可选的）用户面信令，而基于 NR 的辅小区仅负责处理用户平面，主要是为了提高数据速率。

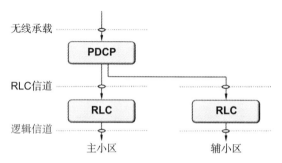

图 6-9   承载分离的双连接

6.4.3   无线链路控制

RLC 协议负责将来自 PDCP 的 RLC SDU 分割为适当大小的 RLC PDU。它还对错误接收的 PDU 进行重传处理，以及删除重复的 PDU。根据服务类型，RLC 可以配置为以下三种模式之一：透明模式、非确认模式和确认模式，以实现部分或全部这些功能。顾名思义，透明模式是透明的，并且不添加报头。非确认模式支持分段和重复检测，而确认模式还额外支持错误数据包的重传。

与 LTE 相比，一个主要差异是 RLC 不能确保向上层按序递交 SDU。从 RLC 中删除按序递交功能会减少总的时延，因为后续数据包不必等待之前的数据包（可能由于丢失，还在底层进行重传），就直接递交给高层进行处理。另一个区别是从 RLC 协议中去掉级联功能，从而在收到上行链路调度授权之前，可以预先组装 RLC PDU。这也有助于减少整体时延，如第 13 章所述。

作为 RLC 的主要功能之一，图 6-10 示例了分段的功能。该图中还包括了相对应的 LTE 功能，在 LTE 中它还支持级联。根据调度器所做出的决定，选择一定数量的数据，

⊖   之所以提出"小区组"这个概念还有一个目的，就是用于载波聚合的场景，此时对于小区组中的多个小区，其每个小区都对应聚合的载波。

也就是传输块的大小。作为 NR 整体的低时延设计的一部分，在传输之前，也就是几个 OFDM 符号的时长之前，上行传输的调度决策会告知终端。在 LTE 级联的情况下，在获知调度决策之前无法组装 RLC PDU，这导致额外的时延，不能满足 NR 的低时延要求。通过从 RLC 中去掉级联，可以预先组装 RLC PDU，并且在接收到调度决策时，终端仅需将适当数量的 RLC PDU 转发到 MAC 层，而该数量取决于调度的传输块大小。为了完全填充该传输块，最后一个 RLC PDU 可以只包含 SDU 的一段。分段的操作很简单。在接收到调度授权时，终端把填充传输块所需的数据包含进去，并更新报头以指明它是分段的 SDU。

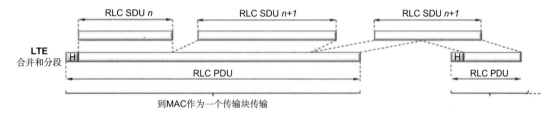

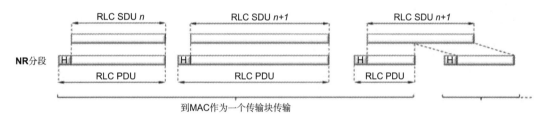

图 6-10　RLC 分段

RLC 重传机制还负责向更高层提供无差错的数据传送。为此，在接收机和发射机中的 RLC 实体之间运行有重传协议。通过监测接收到的 PDU 报头中所指示的序列号，接收 RLC 可以识别丢失的 PDU（RLC 序列号独立于 PDCP 序列号）。然后状态报告被反馈给发送方的 RLC 实体，以请求重发丢失的 PDU。基于所接收到的状态报告，发射机的 RLC 实体可以做出适当的反应并在需要时重新发送丢失的 PDU。

尽管 RLC 能够处理由于噪声、不可预测的信道变化等引起的传输错误，但是在大多数情况下，无差错传输是由基于 MAC 的 HARQ 协议来处理。因此，在 RLC 中使用重传机制似乎是多余的。但是，正如将在第 13 章中讨论的那样，实际并非如此。事实上，反馈信令的不同决定了要使用基于 RLC 和 MAC 的两种重传机制。

RLC 的细节将在 13.2 节中进一步描述。

6.4.4　媒体接入控制

MAC 层负责逻辑信道复用、HARQ 重传、调度以及调度相关功能，包括处理不同的参数集。当使用载波聚合时，它还负责跨多个分量载波的数据复用和解复用。

1. 逻辑信道和传输信道

MAC 以逻辑信道的形式向 RLC 提供服务。逻辑信道由其携带的信息类型所定义，通常分类为控制信道——用于传输 NR 系统运行所需的控制和配置信息，以及业务信道——用于用户数据。NR 的逻辑信道类型包括：

- **广播控制信道**（Broadcast Control Channel，BCCH），用于从网络向小区中的所有终端发送系统信息。在接入系统之前，终端需要获取系统信息以了解系统的配置方式以及在小区内正常运行所需遵守的规则。请注意，在非独立组网模式下，系统信息是由 LTE 系统提供的，NR 没有 BCCH。
- **寻呼控制信道**（Paging Control Channel，PCCH），用于寻呼网络中所在小区信息未知的终端。因此，寻呼消息需要在多个小区中发送。请注意，在非独立组网模式下，寻呼由 LTE 系统提供，NR 没有 PCCH。
- **公共控制信道**（Common Control Channel，CCCH），用于在随机接入的时候传输控制信息。
- **专用控制信道**（Dedicated Control Channel，DCCH），用于在网络和终端之间传输控制信息。该信道用于单独配置一个终端，例如配置各种参数。
- **专用业务信道**（Dedicated Traffic Channel，DTCH），用于在网络和终端之间传输用户数据。这是一个用于传输所有的单播上下行用户数据的逻辑信道类型。

LTE 系统中通常也存在上述的逻辑信道并且功能类似。但是，LTE 还为 NR 中尚未支持的功能（但可能会在即将发布的版本中引入）提供了额外的逻辑信道。

物理层以传输信道的形式为 MAC 层提供服务。传输信道是由信息通过无线接口传输的方式和特性来定义的。传输信道上的数据被组织成**传输块**（transport block）。在每个**传输时间间隔**（Transmission Time Interval，TTI）中，最多一个大小动态可变的传输块通过无线接口发送到终端或者由终端发出（在多于四层的空分复用的情况下，每个 TTI 有两个传输块）。

每个传输块有一个相关联的**传输格式**（Transport Format，TF），它指定了如何通过无线接口传送传输块。传输格式包括传输块的大小、调制编码方式以及天线映射的信息。通过改变传输格式，MAC 层可以实现不同的数据速率，这一过程称为**传输格式选择**（transport format selection）。

NR 定义了以下传输信道类型：

- **广播信道**（Broadcast Channel，BCH）具有固定的传输格式，由 3GPP 规范指定。它用于传输部分 BCCH 系统信息，更具体地说即**主信息块**（Master Information Block，MIB），如第 16 章所述。
- **寻呼信道**（Paging Channel，PCH）用于传输 PCCH 逻辑信道的寻呼信息。PCH 支

持**不连续接收**（Discontinuous Reception，DRX），允许终端只在预先定义的时刻醒来接收 PCH 信息，从而节省电池电量。

- **下行共享信道**（Downlink Shared Channel，DL-SCH）是用于在 NR 中传输下行数据的主要传输信道。它支持 NR 的关键特性，例如时域和频域中的动态速率自适应和信道相关调度、具有软合并的 HARQ 和空分复用。它也支持 DRX 以降低终端功耗，同时也提供始终在线的体验。DL-SCH 还用于传输未映射到 BCH 的部分 BCCH 系统信息（参见上面的**广播信道**）。每个终端在其连接的每个小区中都有一个 DL-SCH。从终端的角度来看，在接收系统信息的那些时隙中，存在一个额外的 DL-SCH。

- **上行共享信道**（UL-SCH）是 DL-SCH 的上行对应信道，即用于传输上行数据的上行链路传输信道。

此外，尽管不承载传输块，**随机接入信道**（Random-Access Channel，RACH）也被定义为传输信道。

MAC 功能的一部分是对不同逻辑信道的复用以及逻辑信道到相应的传输信道的映射。逻辑信道类型和传输信道类型之间的映射如图 6-11 所示。该图清楚地表明 DL-SCH 和 UL-SCH 是下行链路和上行链路主要的传输信道。图中还包括相应的物理信道（后面会有进一步的描述），并且展示了传输信道和物理信道之间的映射。

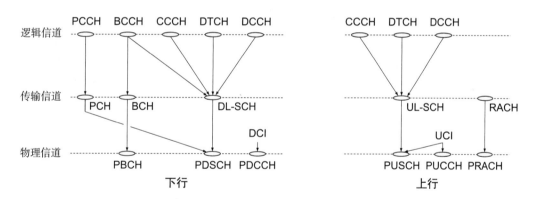

图 6-11　逻辑信道、传输信道和物理信道之间的映射

为了支持优先级处理，MAC 层可以将多个逻辑信道复用到一个传输信道上，其中每个逻辑信道拥有自己的 RLC 实体。在接收端，MAC 层负责相应的解复用并将 RLC PDU 转发至它们各自的 RLC 实体。为了支持接收端的解复用，需要使用 MAC 报头。与 LTE 相比，MAC 报头的放置方式得到了改进，这是为了进一步支持低时延。所有的 MAC 报头信息不再固定放置在 MAC PDU 的开始处——这意味着 MAC PDU 的组装不能在调度决策明确之前开始，而是把对应于某个 MAC SDU 的子报头直接放在该 SDU 之前，如图 6-12 所示。这就使得在接收到调度决策之前可以对 PDU 进行预处理。如果有必要，可以附加

填充比特使传输块大小与 NR 中所支持的传输块大小保持一致。

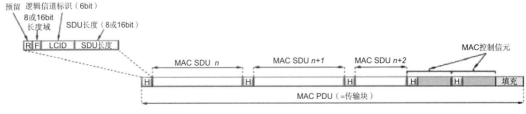

图 6-12   MAC SDU 复用和报头插入（上行链路）

子报头包含接收 RLC PDU 的逻辑信道的**逻辑信道标识**（LCID）和 PDU 的长度（以字节为单位）。还有一个指示长度指示器大小的标志以及一个供将来使用的预留比特。

除了复用不同的逻辑信道，MAC 层还可以将 MAC 控制信元插入到传输块中，并通过传输信道传输。MAC 控制信元用于带内控制信令，并用 LCID 字段中的预留值标识，其中 LCID 值指示控制信息的类型。取决于它们的具体用法，固定和可变长度的 MAC 控制信元都有支持。对于下行传输，MAC 控制信元位于 MAC PDU 的开始处，而对于上行传输，MAC 控制信元位于填充（如果存在）之前的末尾处。同理，这种放置方式是为了方便终端的低时延工作。

如上所述，MAC 控制信元用于带内控制信令。它提供了比 RLC 更快的发送控制信令的方式，而不必受制于物理层 L1/L2 的控制信令（PDCCH 或 PUCCH）在有效净荷大小和可靠性方面的限制。有用于各种目的的多个 MAC 控制信元，例如：

- 与调度相关的 MAC 控制信元，如用于协助上行调度的缓存状态报告和功率余量报告，如第 14 章所述，以及在配置半持续调度时使用的可配置的授权确认 MAC 控制信元；
- 随机接入相关的 MAC 控制信元，例如 C-RNTI 和竞争解决 MAC 控制信元；
- 定时提前 MAC 控制信元，处理定时提前量，如第 15 章所述；
- 激活去激活先前的配置；
- 与 DRX 相关的 MAC 控制信元；
- 激活 / 去激活 PDCP 重复检测；
- 激活 / 去激活 CSI 报告和 SRS 传输（参见第 8 章）。

在载波聚合的情况下，MAC 实体还负责在不同分量载波之间或者小区之间分发来自每个流的数据。载波聚合的基本原理是分量载波在物理层是被分别处理的，包括控制信令、调度和 HARQ 重传，同时载波聚合在 MAC 层之上也是不可见的。因此，载波聚合主要体现在 MAC 层，如图 6-13 所示，其中逻辑信道（包括所有 MAC 控制信元）被复用以形成每个分量载波的传输块，每个分量载波有自己的 HARQ 实体。

载波聚合和双连接都可以使终端连接到多个小区。尽管它们之间存在这种相似性，但本质上还是有差异的，主要看不同小区之间是如何密切协作的以及它们是否位于相同的

gNB 中。

载波聚合意味着非常紧密的协作，所有小区属于同一个 gNB。通过一个联合调度器对终端连接的所有小区进行共同的调度决策。

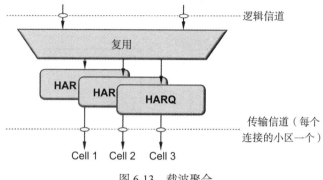

图 6-13 载波聚合

双连接则允许小区间更松散的协作方式，不同小区可以属于不同的 gNB，甚至不同的无线接入技术，比如非独立组网模式下的 NR-LTE 双连接的情形。

载波聚合和双连接还可以结合起来，这也是引入主小区组和辅小区组这两个术语的原因。在每个小区组中，可以使用载波聚合。

2. 调度

NR 无线接入的一个基本原则是共享信道传输，即在用户之间动态共享时频资源。**调度器**（scheduler）是 MAC 层的一部分（不过通常看作是单独的实体），它以频域中的**资源块**（resource block）以及时域中的 OFDM 符号和时隙为单位来控制上下行链路资源的分配。

调度器的基本工作方式是动态调度，其中 gNB 通常每个时隙进行一次调度决策，并将调度信息发送给所选择的一组终端。尽管每时隙调度是通常情况，但是调度决策和实际数据传输并不局限于必须在时隙边界处开始或者结束。突破这一限制对于低时延以及第 6 章中所提到的未来会使用到的非授权频谱都非常有帮助。

上行和下行的调度在 NR 中是分开的，而且上行和下行调度决策可以彼此独立地进行（在半双工的情况下受制于双工方式的限制）。

下行调度器负责（动态地）控制对哪些终端进行发送，以及这些终端用于传输其 DL-SCH 的资源块集。传输格式选择（传输块大小的选择、调制方式和天线映射）和下行传输的逻辑信道复用是由 gNB 控制的，如图 6-14 的左侧部分所示。

上行调度器功能类似，即（动态地）控制哪些终端将在它们各自的 UL-SCH 上进行发送以及为此使用哪些上行的时频资源（包括分量载波）。尽管 gNB 调度器决定终端的传输格式，不过需要指出的是，上行调度决策并没有显式地对逻辑信道做调度，而是由终端来完成。因此，虽然 gNB 调度器控制被调度终端的净荷，但是，从哪一个或哪几个无线承载来获取数据则是由终端根据一组规则（其参数可以由 gNB 配置）来选择的。图 6-14 的右侧部分对此进行了说明，其中 gNB 调度器控制传输格式，而终端控制逻辑信道复用。

尽管调度策略依赖于具体的产品实现并且 3GPP 对此没有做特别的规定，不过一般而言，大多数调度器的总体目标是利用终端之间的信道变化，优先选择当下处于较有利的时频域信道条件下的终端进行传输，这通常称作**信道相关调度**（channel-dependent scheduling）。

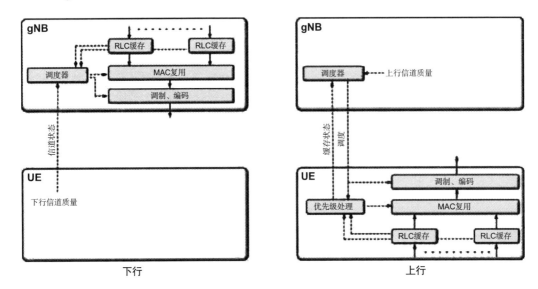

图 6-14   在下行和上行链路中的传输格式选择

信道状态信息（Channel-State Information，CSI）为下行信道相关调度提供支持。CSI 是由终端报告给 gNB 的，反映了时频域中当前的下行信道质量，以及空分复用的情况下，对天线做适当的处理所需的信息。对于上行，如果 gNB 想要估计某些终端的信道质量以便进行信道相关调度，所需的信道状态信息可以基于该终端所发送的**探测参考信号**（sounding reference signal）来获得。为了帮助上行调度器做决策，终端可以使用 MAC 控制信元将缓存状态和功率余量信息发送给 gNB。不过，仅当终端获得有效的调度授权时，才能传送此信息。否则，作为上行 L1/L2 控制信令结构的一部分，终端需要提供一个指示，表明自己需要上行的资源（参见第 10 章）。

虽然动态调度是基本的工作模式，但是在没有动态授权的情况下，也存在发送和接收的可能性，以减少控制信令的开销。此时，下行和上行的方式会有所不同。

在下行中，使用的是类似于 LTE 中的半持续调度方案。终端会事先收到一个半静态调度模式的配置通知，然后在 L1/L2 控制信令激活之后——该控制信令还包括诸如要使用的时频资源和调制编码方式等参数，该终端根据预先配置的模式开始接收下行数据的传输。

在上行中，有两种略有不同的方式，称作类型 1 和类型 2，区别在于如何进行激活。在类型 1 中，RRC 配置所有参数，包括要使用的时频资源和调制编码方式，然后终端根据配置的参数激活上行传输。另一方面，类型 2 类似于半持续调度，由 RRC 配置调度模式，然后使用 L1/L2 信令完成激活，该信令包含所有必要的传输参数（除了周期是由 RRC 信令提供的）。类型 1 和类型 2 的一个共同点是，终端只在有数据要传输时才在上行发送。

3. 带软合并的 HARQ

带软合并的 HARQ 对传输差错具有鲁棒性。由于 HARQ 重传速度很快，许多业务容许一次或多次重传，因此 HARQ 形成了隐式（闭环）的速率控制机制。HARQ 协议是 MAC 层的一部分，实际的软合并[⊖]由物理层处理。

并非所有类型的业务都适用于 HARQ。例如广播传输，相同的信息旨在传送给多个终端，通常不依赖于 HARQ。因此，HARQ 仅用于 DL-SCH 和 UL-SCH，当然最终的使用取决于 gNB 的具体实现。

HARQ 协议使用与 LTE 类似的多个并行的停止 – 等待进程。当接收到传输块时，接收机尝试对传输块进行解码，并通知发射机解码的结果，这是通过一个 1 bit 的确认位来实现的，它指示解码是否成功或者是否需要重传传输块。显然，接收机需要知道所接收到的确认与哪一个 HARQ 进程相关联。这可以通过确认信息和某个 HARQ 进程的定时关系来解决，或者在同时发送多个确认的情况下，通过识别确认信息在 HARQ 码本中的位置来解决（更多细节见 13.1 节）。

异步 HARQ 协议既用于上行也用于下行，也就是说，需要一个显式的 HARQ 进程号来指示它所对应的是哪个进程。在异步 HARQ 协议中，对重传的调度原则上与对初传的调度类似。之所以使用异步上行协议而非 LTE 的同步协议，是支持动态 TDD 所必需的，因为动态 TDD 没有固定的上行、下行配置。它的另一个优点是为数据流和终端之间的优先级处理提供了更好的灵活性，这有利于未来对非授权频谱的扩展[⊖]。

NR 最多可支持 16 个 HARQ 进程。之所以比 LTE[⊜]支持更大的 HARQ 进程数，是考虑到射频拉远单元的可能性——它会引起一定的前传时延，以及高频时更短的持续时间。不过需要注意的是，更大的最大 HARQ 进程数并不意味着更长的环回时延，因为并非就要使用所有的进程，它只是可能的进程数量的上限。

对终端使用多个并行的 HARQ 进程（如图 6-15 所示）可能导致数据在 HARQ 机制下不再能够按序递交。例如，图 6-15 中的传输块 3 在传输块 2 之前被成功解码，而传输块 2 需要重传。对于许多应用来说这是可以接受的，否则，也可以通过 PDCP 协议提供按序递送。在 RLC 协议中不提供按序递交是为了减少等待时间。如果在图 6-15 中强制执行按序递交，则在将数据包递交到更高层之前，必须延迟数据包 3、4 和 5，直到数据包 2 被正确

⊖ 软合并是在信道解码之前或者作为信道解码的一部分来完成的，所以很明显是物理层的功能。每 CBG 重传处理也正式属于物理层的范围。

⊖ 为了支持 LAA，LTE 做了改变，采用异步上行 HARQ 协议。

⊜ 在 LTE 中，根据上下行的配置，FDD 使用 8 个进程，TDD 最多使用 15 个进程。

接收；如果没有按序递交，则一旦正确接收单个数据包就可以转发。

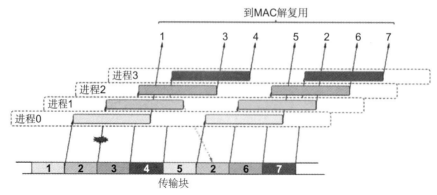

图 6-15   多个并行的 HARQ 进程

与 LTE 相比，NR 中的 HARQ 机制的一个增强功能是**码块组**（codeblock groups）重传，这一增强对于非常大的传输块或者一个传输块被另一个优先级较高的传输干扰时有益处。作为物理层信道编码的一部分，传输块被分割成一个或多个码块，纠错编码应用于最大为 8448 bit[⊖]的每个码块，以便保持信道编码合理的复杂度。因此，即便对于适中的数据速率，每个传输块也可以有多个码块，而在 Gbps 数据速率下，每个传输块可以有高达数百个码块。在许多情况下，特别是如果干扰是突发性的并且只干扰了少量时隙中的 OFDM 符号，传输块中可能只有少量码块遭到破坏，而大多数码块被正确接收。所以为了正确接收传输块，只要重新传送错误的码块就足够了。同时，如果 HARQ 机制需要对单个码块进行寻址，则控制信令的开销将会太大。因此就提出了**码块组**（codeblock groups，CBG）这个概念。如果配置了 CBG 重传，则每个 CBG 会提供反馈，从而仅有错误接收的码块组会被重传（见图 6-16）。这比重新传输整个传输块消耗更少的资源。尽管 CBG 重传是 HARQ 机制的一部分，但它对 MAC 层是不可见的，实际上是在物理层中进行处理的。个中原因不是技术性的，而是完全与 3GPP 规范的结构相关。从 MAC 的角度来看，在正确接收所有的 CBG 之前，传输块不能算是已正确接收。在同一个 HARQ 进程中，不能将属于某个传输块的新 CBG 的传输和属于另一个错误接收传输块的 CBG 的重传混在一起。

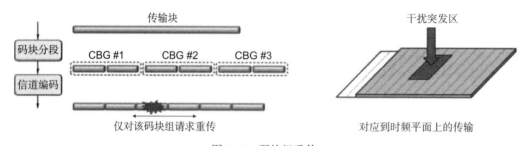

图 6-16   码块组重传

⊖   当编码速率低于 1/4 时，码块大小是 3840。

　　HARQ 机制能够快速纠正由噪声或不可预测的信道变化引起的传输差错。如前所述，RLC 也可以请求重传，乍一看这似乎是没必要的。不过，通过反馈信令可以一窥存在两个重传机制的端倪：HARQ 可以提供快速重传，但由于反馈中存在错误，残留错误率通常太高以至于不能确保提供比如较好的 TCP 性能；RLC 可以确保几乎无差错的数据递交，但是它比 HARQ 协议的重传要慢。因此，HARQ 和 RLC 一起，就可以提供一个有吸引力的短环回时间和可靠数据递交的组合。

6.4.5　物理层

　　物理层负责编码、物理层 HARQ 处理、调制、多天线处理以及将信号映射到相应的物理时频资源上。它还负责传输信道到物理信道的映射，如图 6-11 所示。

　　如导言中所述，物理层以传输信道的形式向 MAC 层提供服务。上下行链路中的数据传输分别使用 DL-SCH 和 UL-SCH 传输信道类型。在 DL-SCH 或 UL-SCH 的每个 TTI 上，一个终端最多有一个传输块（在下行链路多于四层的空分复用的情况下，最多有两个传输块）。在载波聚合的情况下，终端可以看到每个分量载波有一个 DL-SCH（或 UL-SCH）。

　　一个**物理信道**对应于一组用来传送一个特定传输信道的时频资源，每个传输信道映射到相应的物理信道上，如图 6-11 所示。有的物理信道具有对应的传输信道，有的物理信道没有对应的传输信道。后者称作 L1/L2 控制信道，用于传送**下行控制信息**（Downlink Control Information，DCI）——即为终端提供用于正确接收和解码下行数据传输的必要信息，以及**上行控制信息**（Uplink Control Information，UCI）——为调度器和 HARQ 协议提供关于终端状况的信息。

　　NR 定义了以下物理信道类型：

- **物理下行共享信道**（Physical Downlink Shared Channel，PDSCH），用于单播数据传输的主要物理信道，也用于传输寻呼信息、随机接入响应消息和部分系统信息。
- **物理广播信道**（Physical Broadcast Channel，PBCH），承载终端接入网络所需的部分系统信息。
- **物理下行控制信道**（Physical Downlink Control Channel，PDCCH），用于传输下行控制信息，主要是调度决策，用于接收 PDSCH 的必要信息以及用于使能 PUSCH 上传输的调度授权。
- **物理上行共享信道**（Physical Uplink Shared Channel，PUSCH），是 PDSCH 的上行对应信道。每个终端的每个上行分量载波最多有一个 PUSCH。
- **物理上行控制信道**（Physical Uplink Control Channel，PUCCH），终端使用它来发送 HARQ 确认——以便向 gNB 指示是否已成功接收到下行传输块，发送信道状态报告以协助下行信道相关调度，以及请求发送上行数据的资源。
- **物理随机接入信道**（Physical Random-Access Channel，PRACH），用于随机接入。

请注意，用于下行和上行控制信息的物理信道（PDCCH 和 PUCCH）没有相应的传输信道映射。

6.5 控制面协议

控制面协议主要负责连接建立、移动性和安全性。

NAS 控制面功能位于核心网的 AMF 和终端之间。它包括鉴权、安全性和不同的空闲态过程，比如寻呼（如下所述）。它还负责为终端分配 IP 地址。

无线资源控制（Radio Resource Control，RRC）控制面功能位于 gNB 中的 RRC 和终端之间。RRC 负责处理 RAN 相关的控制面过程，包括：

- 系统信息的广播，终端需要这些信息以便与小区通信。第 16 章介绍了系统信息的获取。
- 发送来自 MME 的寻呼消息，以通知终端收到的连接请求。当终端未连接到小区，并处于 RRC_IDLE 状态（下面有进一步的描述）时，系统会使用寻呼。
- 系统信息更新的指示是寻呼机制的另一种用途，公共告警系统也是如此。
- 连接管理，包括建立承载和移动性。这涉及建立 RRC 上下文，即配置终端和无线接入网之间通信所需的参数。
- 移动性功能，比如小区（重新）选择。
- 测量配置和报告。
- 终端能力的处理，当建立连接时，终端将告知网络它具有哪些能力，因为并非所有终端都能支持规范中所描述的所有功能。

RRC 消息通过**信令无线承载**（Signaling Radio Bearer，SRB）发送给终端，其使用的协议层（PDCP、RLC、MAC 及 PHY）和 6.4 节所描述的相同。在连接建立期间，SRB 被映射到公共控制信道（CCCH），一旦连接建立起来，则被映射到专用控制信道（DCCH）上。MAC 层可以复用控制面数据和用户面数据，且这些数据可以在相同的 TTI 中传送给终端。在低时延比加密、完整性保护和可靠传输更重要的某些特殊情况下，上述 MAC 控制信元还可用于控制无线资源。

6.5.1 RRC 状态机

对于绝大多数无线通信系统，根据业务活动的不同，终端可以处于不同的状态。NR 也是如此，而且 NR 终端可以处于三种 RRC 状态之一，即 RRC_IDLE、RRC_ACTIVE 和 RRC_INACTIVE 中（见图 6-17）。前两个 RRC 状态 RRC_IDLE 和 RRC_CONNECTED 类似于 LTE 中的对应状态，而 RRC_INACTIVE 是在 NR 中引入的新状态，在最初的 LTE 设计中并不存在。此外，取决于终端是否已建立与核心网的连接，还存在核心网状态 CN_IDLE 和 CN_CONNECTED，此处不进一步讨论。

图 6-17　RRC 状态

在处于 RRC_IDLE 状态时，无线接入网中还不存在 RRC 上下文——即还不存在终端和网络之间通信所需的参数，此时终端不属于任一小区。从核心网的角度来看，此时终端处于 CN_IDLE 状态。由于终端为了减少电池电量消耗大部分时间处于休眠状态，所以极有可能没有数据传输发生。在下行，处于空闲态的终端周期性地醒来以便从网络接收寻呼消息（如果有的话）。此时终端对移动性的处理是通过小区重选（参见 6.5.2 节）来实现的。上行同步也不会被维护，唯一可能发生的上行传输是第 16 章中讨论的为转移到连接态进行的随机接入。作为转移到连接态的一部分，在终端和网络之间建立起 RRC 上下文。

在 RRC_CONNECTED 状态时，RRC 上下文已建立起来，终端和无线接入网络之间通信所需的全部参数对于两者也是已知的。从核心网的角度来看，此时终端处于 CN_CONNECTED 状态。终端所属的小区也已知，并且用于终端和网络之间信令目的的终端标识，即**小区无线网络临时标识**（Cell Radio-Network Temporary Identifier，C-RNTI）也已配置完成。连接态用于向终端发送或者从终端接收数据，不过，此时也可以配置**不连续接收**（discontinuous reception，DRX）以降低终端的功耗（在 14.5 节中对 DRX 有更详细的描述）。由于连接态下在 gNB 中已建立了 RRC 上下文，因此离开 DRX 并开始接收或发送数据相对较快，因为此时不需要通过相关信令建立连接。此时移动性由无线接入网络管理，即终端向网络提供相邻小区测量报告，网络控制终端执行相关的切换操作。此时上行时间有可能对齐也可能不对齐，但都需要使用随机接入建立起来，并按照 16.2 节所做的描述对其进行维护，以便进行数据传输。

LTE 仅支持空闲态和连接态。因而为了减少终端功耗，实际常见的情况是使用空闲态作为主要的睡眠状态。然而，由于对许多智能手机应用而言，小数据包的传输很频繁，结果导致核心网中大量的空闲态和激活态之间的转换。这些转换是以信令负荷和时延为代价的。因此，为了减少信令负荷和时延，NR 中定义了第三种状态：RRC_INACTIVE 状态。

在 RRC_INACTIVE 状态时，RRC 上下文保持在终端和 gNB 中。核心网连接也保持不变，即从核心网络角度看，终端处于 CN_CONNECTED 状态。因此，转换到连接态以进行数据传输的速度很快，不需要核心网信令参与。RRC 上下文已经在网络中，空闲态到激活态的转换可以在无线接入网中处理。同时，终端睡眠的方式与空闲态下的睡眠方式类似，移动性的处理也依然是通过小区重选的方式进行，即不需要网络的介入。因此，

RRC_INACTIVE 可以视为空闲态和连接态的混合[⊖]。

从上面的讨论可以看出，不同状态之间的一个重要区别是相关的移动机制。高效的移动性处理是任何一个移动通信系统的关键部分。对于空闲态和非激活态，移动性由终端通过小区重选来处理，而对于连接模式，移动性由无线接入网基于测量报告来处理。下面描述了不同的移动机制。首先谈一下空闲态和非激活态的移动性。

6.5.2 空闲态和非激活态的移动性

空闲态和非激活态下的移动机制，其目的是确保网络可以联系到终端。网络通过寻呼消息来通知终端完成此操作。发送此类寻呼消息的区域是设计寻呼机制的关键，在空闲态和非激活态，由终端控制何时更新该信息。有时这称作小区重选。基本上，终端搜索和测量候选小区，类似于第 16 章中描述的小区初始搜索。一旦终端发现有接收功率足够高于其当前小区的小区，它就认为这是最好的小区，然后如有必要，终端通过随机接入和网络联系。

6.5.2.1 终端跟踪

原则上，网络可以通过在每个小区广播寻呼消息以在整个网络覆盖范围内寻呼终端。然而，这显然意味着非常高的寻呼消息传输开销，因为绝大多数寻呼在目标终端不在的小区发送。另一方面，如果寻呼消息仅在终端所在的小区中发送，则需要在小区级别上跟踪终端。这意味着每当终端移出一个小区的覆盖范围而进入另一个小区的覆盖范围时，该终端必须通知网络。这也会导致非常高的系统开销，因为在这种情况下，终端需要使用信令通知网络最新的位置。因此，通常采用的是这两个极端之间的折衷方案，仅在小区组级别上跟踪终端：

- 仅当终端进入当前小区组之外的小区时，网络才接收有关终端位置的新的信息；
- 寻呼终端时，寻呼消息仅在小区组内的所有小区上广播。

在 NR 中，尽管在空闲态和非激活态这两种情况下分组有所不同，但跟踪的基本原则对于二者是相同的。

如图 6-18 所示，NR 的小区组成更大的 RAN 区（RAN Area），每个 RAN 区由一个 RAN 区标识符（RAN Area Identifier, RAI）标识。RAN 区组成更大的**跟踪区**（Tracking Area），每个跟踪区由一个**跟踪区标识符**（Tracking Area Identifier, TAI）标

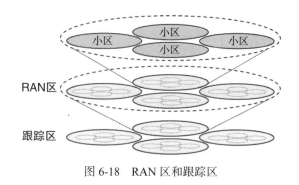

图 6-18　RAN 区和跟踪区

识。因此，每个小区属于一个 RAN 区和一个跟踪区，它们的标识是小区系统信息的一部分。

跟踪区是核心网级别的终端跟踪的基础。每个终端由核心网指派一个 **UE 注册区**（UE Registration Area），它包含一个跟踪区标识符列表。当终端进入一个不属于所指派的 UE 注册区的跟踪区中的小区时，它就接入网络，包括核心网，并执行 **NAS 注册更新**（NAS Registration Update）。核心网登记终端的位置并更新终端的 UE 注册区，实际上就是为终端提供包含新 TAI 的新 TAI 列表。

为终端分配一组 TAI（即一组跟踪区）的原因是，如果终端在两个相邻跟踪区的边界上来回移动，则它可以避免重复的 NAS 注册更新。通过将旧 TAI 保持在更新的 UE 注册区内，如果终端移回旧的 TAI，则不需要做新的更新。

RAN 区是无线接入网络级别的终端跟踪的基础。处于非激活态的 UE 可以被分配一个 **RAN 通知区**（RAN Notification Area），该区域包括以下任意一项：

- 小区标识列表；
- RAI 列表，实际上就是 RAN 区列表；
- TAI 列表，实际上就是跟踪区列表。

请注意，若第一项等价于每个 RAN 区仅包含一个小区，而最后一项等价于 RAN 区与跟踪区重叠的情况。

RAN 通知区更新的流程类似于 UE 注册区的更新。当终端进入一个无论直接或间接（通过 RAN 区或者跟踪区）都不包含在 RAN 通知区内的小区时，终端就接入网络执行 RRC RAN 通知区更新。无线网络登记终端的位置并更新终端的 RAN 通知区。由于跟踪区的改变总是隐含着终端 RAN 区的改变，因此每当终端执行 UE 注册区更新时，都附带有 RRC RAN 通知区的更新。

为了跟踪其在网络中的移动，终端搜索和测量 SSB，类似于第 16 章中所描述的小区初始搜索。一旦终端发现某个 SSB 的接收功率超过其当前 SSB 的接收功率的一定阈值，它读取新小区的系统信息（SIB1）以便获取关于跟踪和 RAN 区的信息。

6.5.2.2　寻呼消息发送

类似于系统信息的发送，寻呼消息通过普通的基于调度的 PDSCH 来传输。为了节省终端能耗，允许终端在特定时刻醒来（比如每 100ms 甚至更长时间苏醒一次）以监听寻呼消息。寻呼消息由 DCI 内部携带的特定 PI-RNTI 来指示。一旦检测到这样的 DCI，该终端就解调、解码相应的 PDSCH 以提取寻呼消息。请注意，在一个寻呼发送中可以包含与不同终端相对应的多个寻呼消息。因此，PI-RNTI 是一个共享的标识。

6.5.3　连接态的移动性

在连接状态下，终端和网络之间建立了连接。连接态移动性的目的是确保终端在网络内移动时，可以保持连接而不会出现任何中断或明显的变差。

为了确保这一点，终端会在当前载波频率（频率内测量）上和其他已被告知的载波频率（频率间测量）上不断搜索新的小区。这种测量可以在 SSB 上完成，其方式基本上与在空闲态和非激活态下的初始接入和小区搜索相同（参见上文）。但是，测量也可以在配置的 CSI-RS 上进行。

在连接态下，终端在切换到不同小区时，自己不做任何决定。而是基于不同的触发条件，比如测量的 SSB 与当前小区相比的相对功率，终端把测量结果报告给网络。基于该报告，网络决定终端是否要切换到新小区。需要指出的是，该报告是通过 RRC 信令完成的，也就是说，它不包含在 L1 的测量和报告框架（参见第 8 章）中，这个框架的用例之一是波束管理。

除了非常小且彼此紧密同步的小区之外，终端的当前上行发送定时通常与终端预计要切换进的新小区不匹配。因此，为了建立与新小区的同步，终端必须执行类似于第 16 章中所描述的随机接入的过程。不过，这是一次非竞争的随机接入，终端可以使用专门分配给它的资源而不必担心冲突，专用资源仅用于与新小区建立同步。因此，仅需要随机接入过程的头两个步骤，即发送前导码和相应的随机接入响应——它为终端提供更新的发送定时。

第 7 章

总体传输结构

在具体讨论 NR 的上下行传输细节之前，本章描述了基本的 NR 传输时频资源，具体包括：**部分带宽**（BWP）、补充上行、载波聚合、双工方式、天线端口以及准共址等概念。

7.1　传输机制

　　OFDM 不但具有良好的时间色散鲁棒性，而且可以为各种物理信道和信号灵活地定义时频资源，所以 NR 采用 OFDM 作为其上下行传输的基本机制。不同于 LTE 下行使用 OFDM 而上行使用 DFT 预编码 OFDM，NR 的上下行传输均采用了 OFDM 传输机制。同时 NR 也把 DFT 预编码 OFDM 作为上行传输的可选机制。引入 DFT 预编码 OFDM 的好处是可以降低**立方度量**（cubic metric），使终端可以获得较高的功放效率。但是 DFT 预编码也会存在下列缺点：

- 导致空分复用接收机，或者说 MIMO 接收机的设计非常复杂。这在最初的 LTE 设计中不是问题，因为 LTE 协议的最初版本上行是不支持空分复用的。但是随着网络的演进，人们发现上行空分复用越来越重要。

- 上下行传输机制保持一致的设计在某些场景下会带来好处。上行特有的 DFT 预编码 OFDM 会破坏这种一致性，比如为了支持**直通链路**（sidelink，即终端间的直接通信），LTE 的终端必须同时实现 OFDM 接收机和 DFT 预编码 OFDM 接收机。而未来 NR 终端则只需要实现 OFDM 接收机就可以支持直通链路。

- DFT 预编码 OFDM 意味着上行信号必须放置在连续的频域位置上。有些情况下，非连续频域分配可以让上行接收获得一些好处，比如可以让上行接收获得频率分集增益。

　　因此，NR 标准使用 OFDM 作为上行传输的基本传输机制，而把 DFT 预编码作为**可选**。同时 NR 还限制 DFT 预编码只能在单层传输中使用，而 OFDM 可以支持上行最大 4 层传输。终端必须支持 DFT 预编码 OFDM，这样网络可以在需要的时候配置终端上行传输使用 DFT 预编码。请注意，对于随机接入的上行传输机制，网络是通过系统消息来通知终端的。

　　OFDM 设计的一个主要课题就是选择合适的**参数集**（numerology），特别是子载波间隔和**循环前缀**（cyclic prefix）的长度。选择较大的子载波间隔可以减小频偏和相噪对接收性能的影响。子载波间隔越大，一定长度的循环前缀所引入的相对开销也会随之增加。因此在选择子载波间隔的时候，需要综合考虑循环前缀的开销以及频偏和相噪产生的影响。

　　对 LTE 而言，主要的应用场景是 3GHz 以下的载波频率，用以支持室外蜂窝小区的部署。因此 LTE 选择了 15kHz 的子载波间隔和大约 4.7μs 的循环前缀这种配置。而 NR 需要支持更多的场景，单一的配置已经无法满足各种场景。对于低频载波，载波的频率从不到 1GHz 到若干 GHz。因为低频载波可以支持半径比较大的小区，所以循环前缀的长度需要足够长才能够抵抗较大的时延扩展。NR 使用和 LTE 类似的子载波间隔，比如 15kHz 或者 30kHz。对于高频毫米波载波，相噪的影响会更加明显，因此需要更大的子载波间隔。由于高频的传播特性，小区半径一般比较小，时延扩展会比较小。同时高频一般都会采用波束赋形技术，这也有助于降低时延扩展。因此在高频应用场景下，则需要配置更高的子载波间隔和更短的循环前缀。

　　基于上面的讨论，NR 需要一个可以扩展的参数集。NR 标准以 15kHz 的子载波间隔为基线，支持灵活的子载波间隔配置。更大的 NR 子载波间隔等于基线子载波间隔 15kHz 乘以 2 的幂。之所以选择 15kHz 为基线，主要考虑 NR 和 LTE 以及基于 LTE 的 NB-IoT 技术的共存问题。共存问题对 NR 非常重要，有些运营商采用了 NB-IoT 或者 eMTC 技术支持机器类型通信。和一般的智能机不同的是，这种类型终端的服务期一般会很长，有的甚至达到 10 年乃至更久。如果不能很好地处理共存问题，运营商不得不推迟 NR 标准的升级直到现有的机器类型通信终端退网。另一个例子是，有些运营商频谱资源受限。频谱受限的问题使得运营商不得不考虑通过时分复用把 LTE 和 NR 部署在同一个载波上，这样也就对 NR 提出了和 LTE 共存的要求。LTE 共存的问题将会在第 17 章展开讨论。

　　NR 的子载波间隔可以从 15kHz 扩展到 240kHz，循环前缀的长度则如表 7-1 所示等比例下降。注意 240kHz 的配置只能用于 SSB（参见 16.1 节），而不能用在常规的数据传输上。对不同的频段，NR 仅要求终端支持参数集的一个子集，具体参见第 18 章描述的射频特性和要求。

表 7-1　NR 支持的子载波间隔列表

子载波间隔（kHz）	有用符号长度 T_U（μs）	循环前缀 T_{CP}（μs）
15	66.7	4.7
30	33.3	2.3
60	16.7	1.2
120	8.33	0.59
240	4.17	0.29

　　为了精确描述定时相关概念，NR 标准规定了一个基本时间单位 $T_c=1/（480\,000 \times 4\,096）$。

所有 NR 相关时间的定义都被描述为这个基本时间单位的整数倍。这个基本时间单位 T_c 对应子载波间隔 480kHz 下，4096 点 FFT 的收发机时域抽样的间隔。这一点和 LTE 定义基本时间单位的方法类似，只不过 LTE 的基本时间单位 $T_s=64T_c$。

如上所述，15kHz 的基线子载波间隔主要考虑和 LTE 的共存。高效的共存需要在时域上对齐，因此子载波间隔为 15kHz 的 NR 时隙结构设计需要考虑和 LTE 的设计对齐，即第一个和第八个 OFDM 符号的循环前缀会比其他符号的循环前缀略长。更大的 NR 子载波间隔是基线子载波间隔乘以 2 的幂，也可以看成每个参数集都是把基线子载波间隔的 OFDM 的符号长度切成 2 的幂个 OFDM 符号（参见图 7-1）。2 的幂这种设计有助于不同参数集下 OFDM 符号边界对齐，使得不同参数集配置在同一个载波上的设计更加简单。

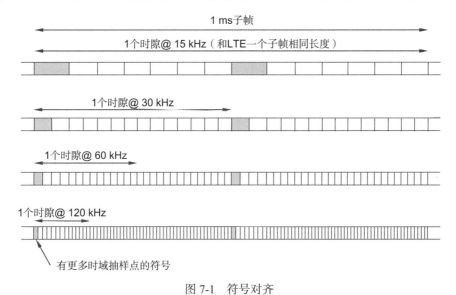

图 7-1　符号对齐

一个 OFDM 符号持续时间包括有效符号时间 T_u 和循环前缀时间 T_{CP}。有效符号时间 T_u 取决于子载波间隔，如表 7-1 所示。而循环前缀时间 T_{CP} 在 LTE 的设计中采用了两组不同的定义，即常规循环前缀和扩展循环前缀。扩展循环前缀造成了更多的开销，但能够更好地抵抗传输过程中造成的时延扩展，因此 LTE 设计了扩展循环前缀。但是在实际的 LTE 部署中，扩展循环前缀并没有被广泛地采用（除了用于 MBSFN 传输）。这使得在 LTE 单播传输中，扩展循环前缀成为一个事实上无用的设计。考虑到这个情况，NR 标准只定义了常规循环前缀。但是有一个特殊情况，就是 60kHz 的子载波间隔仍然定义了常规循环前缀和扩展循环前缀，具体原因后续解释。

7.2　时域结构

时域上来看，NR 标准的传输由 10ms 帧组成。每个帧被划分为 10 个等时间长度的子

帧，每个子帧 1ms。每个子帧又被进一步划分为若干个时隙，每个时隙由 14 个 OFDM 构
成。具体每个时隙的时间长度由参数集决定，如图 7-2 所示。从无线高层协议看来，每个
帧都被一个系统帧号（system frame number，SFN）标识。SFN 可以用来标识一些较长周
期（超过一个帧）的传输，比如寻呼休眠模式周期。SFN 是一个以 1024 为模的循环计数器，
即循环周期为 1024 个帧或者 10.24 秒。

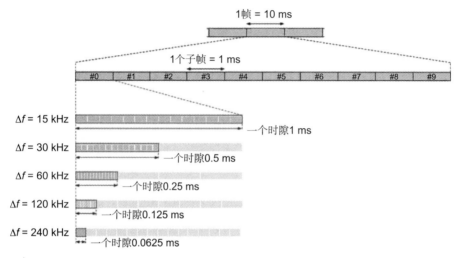

图 7-2　NR 中关于帧、子帧和时隙的定义

对于 15kHz 子载波间隔，NR 的时隙结构和长度与 LTE（配置常规循环前缀的情况下）
完全相同，如上所述，这有助于两者的共存。请注意，NR 无论哪种参数集，子帧都是
1ms 的长度。这样多种参数集就可以混合配置在同一个载波上。

时隙是调度的基本单元，同时时隙也是由固定数目的 OFDM 符号组成。更高的子载
波间隔会导致更小的时隙长度，或者更小的时间调度粒度，从原理上来说就会更加适合时
延要求高的传输。为了保证循环前缀开销不会过大，循环前缀也会随着子载波间隔增加而
相应减小，这样就不太适合高时延扩展的传输。

对这种情况，NR 标准引入了一种特殊的配置，即子载波间隔配置为 60kHz，同时又
保持循环前缀和 15kHz 配置的循环前缀长度相似。也就是在 60kHz 子载波间隔的配置下
引入了扩展循环前缀，通过增加循环前缀的传输开销来满足传输时延的要求。因此在为特
定的部署场景选择子载波间隔的时候，应该综合考虑如载波频率、空口传输带来的时延扩
展、是否需要和 LTE 在同一个载波上共存等问题。

另一个支持时延敏感业务的方法就是把传输的持续时间和时隙的长度解耦。不同于通
过调整子载波间隔来控制时隙长度的方法，对时延敏感的业务，解耦这种方法可以依据业
务量的大小，选择占用任意个数的 OFDM 符号进行传输。也就是说 NR 可以使用一个时隙
的一部分来传输数据，我们也称之为**微时隙**（mini-slot）传输。这样时隙就仅仅是一个和

参数集相关的时间单位，其与传输持续时间解耦。

　　NR 标准定义这种仅仅占用部分时隙来传输的方法有多个原因，如图 7-3 所示。一个原因是如上讨论，可以支持时延敏感业务的传输。而且这种传输可以抢占另一个终端正在进行中且持续时间较长的传输。这一点会在 14.1.2 节中详细讨论。

　　第二个原因是可以支持模拟波束赋形，这会在第 11 章和第 12 章中详细讨论。模拟波束赋形在一个时刻只能发出一个波束，网络需要通过时分复用来服务不同终端，这样每个终端都可以占用非常大的带宽。几个 OFDM 符号的传输持续时间就可以满足绝大多数业务传输的需要。

　　最后一个原因是有利于在非授权频谱的部署。尽管非授权频谱的支持在 NR 标准 Release 15 版本中没有引入，但是会在后续版本中陆续引入。在非授权频谱中，普遍使用**先听后说**（Listen Before Talk，LBT）的技术。只有发送端确认无线空口信道空闲了，才能够发送自己的信号。如果发现无线空口空闲下来，终端或者网络会希望能够立即发送自己的信号，以防止其他终端占用无线空口信道。如果发送端需要等待一个时隙的开始才能够发送数据，为了保证对无线空口的占用，发送端必须传输空数据或预留信号。而这样做从整个系统的角度来看，整体效率会大大降低。

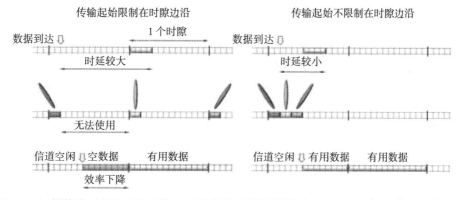

图 7-3　解耦传输时间和时隙边沿，可以获得更低的传输时延（上），更加有效的波束扫描（中）和更好的支持非授权频谱（下）

7.3　频域结构

　　LTE 的最初设计是要求所有的 LTE 终端都能够处理 20MHz 的带宽。因为 LTE 一个载波的最大带宽只有 20MHz，所以要求所有终端都能够支持整个载波带宽是合理的。但是 NR 标准需要支持更大的载波带宽，一个载波最大可以支持 400MHz 的带宽。强制所有 NR 终端去支持这么大的载波带宽从设备成本的角度来考虑是不合理的，因此协议允许终端只支持一部分的载波带宽。同时为了提高载波的利用效率，不同终端所使用的部分带宽不能局限在载波中心频点附近，这意味着 NR 必须有不同于 LTE 的**直流子载波**处理方案。

LTE 不使用直流子载波进行传输。因为直流子载波非常容易受到一些干扰的影响，比如本振泄漏造成的干扰。所有的 LTE 终端支持整个载波带宽，因此它们是共享同一个直流子载波，即载波的中心频点。直接丢弃直流子载波是非常简单有效的机制[⊖]。但是 NR 的终端由于支持的部分带宽被分配在不同的频域位置上，对应的直流子载波也对应到不同的位置。如图 7-4 所示，NR 必须处理直流子载波信号质量下降的问题。

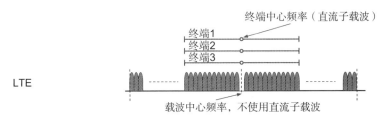

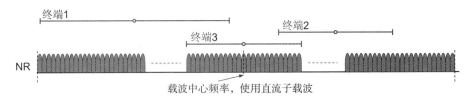

图 7-4　LTE 和 NR 如何处理直流子载波

资源单元（resource element）定义为一个 OFDM 符号上的一个子载波。资源单元是 NR 标准里最小的物理资源。如图 7-5 所示，在频域上 12 个连续的子载波称为一个资源块（resource block）。

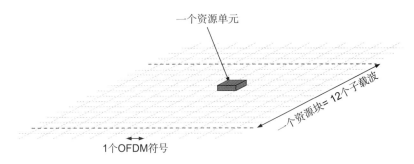

图 7-5　资源单元和资源块

请注意，NR 标准对资源块的定义和 LTE 不同。一个 NR 的资源块是一个在频域上一维的度量。而 LTE 对资源块的定义是一个两维的度量，即频域上 12 个子载波，时域上一个时隙。NR 中采用了新的资源块定义方法，主要是因为 NR 的传输在时域上是非常灵活

⊖　在载波聚合的情况下，如果多个载波使用同一个功放，直流子载波也会和各个载波的中心频点不同。

的，而 LTE 中一次传输就会固定占用一个完整的时隙[⊖]。

NR 标准在一个载波上可以支持多种参数集，为此，相应定义了多个**资源网格**（resource grid），每一个资源网格都对应一个参数集（图 7-6）。虽然一个资源块固定包括 12 个子载波，但是由于不同的子载波间隔，不同的参数集在频域上占用的实际带宽却并不相同。不过 NR 规定不同参数集下的资源块之间的起始位置是始终保持对齐的。因此在完全相同的频率范围内，系统可以配置两个子载波间隔为 Δf 的资源块，也可以配置一个子载波间隔为 $2\Delta f$ 的资源块。

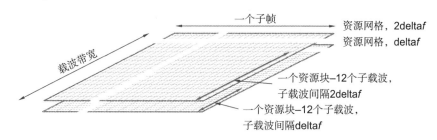

图 7-6　两个不同子载波间隔对应的资源网格

在 NR 标准中，为了便于描述不同参数集的资源块在频域上的位置以及不同参数集的 OFDM 符号在时域上的位置，引入了资源网格的概念。每个天线端口（天线端口概念的介绍参见 7.9 节），每一种子载波间隔都有一个对应的资源网格。

在 LTE 中，由于只有一种参数集，所有的终端都支持整个载波带宽，所以容易定义资源块位置。但是在 NR 中，如果终端仅仅支持部分带宽，同时又存在若干参数集，想标识资源位置就需要一个公共的参考点，这个公共参考点称为 A 点（point A）。配合 A 点这个概念，NR 标准又引入了**公共资源块**（common resource block）和**物理资源块**（physical resource block）两个概念[⊖]。参考 A 点位于 0 号公共资源块的 0 号子载波位置。不同的子载波间隔在频域上 A 点的位置是相同的。这个点作为一个频域标识位置的参考点，可以在实际载波频域范围之外。初始接入过程中，当终端检测到 SSB 之后，系统通过系统消息 SIB1 将 A 点的具体位置发给终端。

物理资源块的概念用来描述资源块在实际传输中的相对位置。如图 7-7 所示，对于子载波间隔为 Δf 的物理配置资源块，相对于参考点 A，0 号物理资源块实际上是第 m 个公共资源块。类似地，对于子载波间隔为 $2\Delta f$ 的物理配置资源块，相对于参考点 A，0 号物理资源块实际上是第 n 个公共资源块。每一个参数集都会独立定义一个物理资源块在公共资源块中的起始位置（即在图 7-7 的例子中，m 和 n 即为参数集子载波间隔为 Δf 和子载波间隔为 $2\Delta f$ 的起始位置）。为了满足载波的带外发射要求（参见第 18 章），系统需要设计滤

⊖　在 LTE 中，有一些特殊情况，比如 LTE/TDD 中，在特殊子帧 DwPTS 的传输就不会占用整个时隙。

⊖　第三种类型资源块定义，称为虚拟资源块（virtual resource block）。虚拟资源块和物理资源块一一映射，用来描述 PDSCH/PUSCH（参考第 9 章：传输信道处理）的映射。

波器。为每种参数集都定义一个独立的起始位置，可以方便为不同的参数集设计不同的滤波器参数。因为子载波间隔越大，所需要的保护带宽就越大，因此不同的参数集就需要设计不同的起始位置。如图 7-7 所示，子载波间隔为 2Δf 的物理配置资源块离载波边缘更远，可以避免过于陡峭的滤波器要求；而子载波间隔为 Δf 的物理配置资源块离载波边缘更近，这样频谱的利用效率就更高。

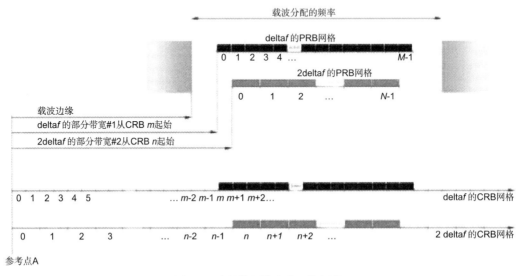

图 7-7　公共资源块和物理资源块

对终端而言，第一个可用的资源块就是频域上资源网格的起始位置，是由网络端通知终端。请注意，部分带宽的第一个资源块和第一个可用的资源块可以相同也可以不同，具体参考 7.4 节部分带宽。

NR 的载波最多配置 275 个资源块，也就对应 275×12=3300 个子载波。这也就限制了 NR 可以支持的最大载波带宽，也就是说对应子载波间隔 15/30/60/120kHz，最大载波带宽为 50/100/200/400MHz。对于最小的载波带宽的定义，尽管在射频指标里面规定（参见第 18 章）为 11 个资源块的频域宽度，但是如果一个载波需要支持终端发现载波并同步到该载波上，则必须支持最少 20 个资源块以容纳 SS block。

7.4　部分带宽

如上文所述，在 LTE 的设计中，是默认所有终端均能够处理最大 20MHz 的整个载波带宽。这避免了协议的复杂性，比如简化了前面描述的如何处理直流子载波的问题。虽然这种硬性规定会略微提高终端的成本，但是并不明显，还能让控制信道占用的频域资源分散到整个载波带宽里，获得一定的频率分集增益。

由于 NR 需要支持非常大的载波带宽，让所有的终端都可以接收整个载波带宽是不合理的。NR 标准设计需要考虑如下因素：

- 如果不要求所有终端都具备接收整个载波带宽的能力，NR 标准就需要为如何处理不同带宽能力的终端引入特别设计。
- 如果要求所有终端都可以接收整个载波带宽，除了前面说的终端成本需要考虑之外，终端接收大带宽信号所引起的功耗增加也是一个重要的考虑因素。像 LTE 那样，把下行控制信道占用的频域资源分散到整个带宽内会显著提高终端的功耗。

因此在 NR 标准设计中，引入了一个新的技术，即**接收带宽自适应**（receiver-bandwidth adaptation）。通过接收带宽自适应技术，终端只在一个较小的带宽上监听下行控制信道，以及接收少量的下行数据传输，当终端有大量的数据接收的时候，则打开整个带宽进行接收。

为了更好地支持这两种功能（支持没有能力处理整个载波带宽的终端以及接收带宽自适应），NR 标准定义了一个新的概念：**部分带宽**（Bandwidth Part，BWP，见图 7-8）。部分带宽定义了从公共资源块的某个位置起始的，一组连续的资源块。每个部分带宽都对应一种参数集（子载波间隔和循环前缀长度）。

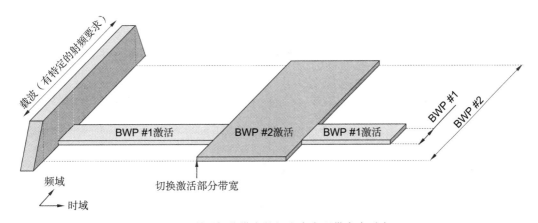

图 7-8　利用部分带宽的概念来实现带宽自适应

当一个终端进入连接态，终端会通过 PBCH 信道获得**控制资源集**（Control Resource Set，CORESET，参见 10.1.2 节）。通过 CORESET，终端可以知晓如何找到调度剩余系统信息的控制信道信息。从 PBCH 中获得的 CORESET 同时还定义和激活了下行的**初始部分带宽**。而上行初始部分带宽的信息则是从下行 PDCCH 调度的系统信息中获得。

当终端连接网络后，在每个服务小区，最多可以被配置 4 个下行部分带宽和最多 4 个上行部分带宽。对 SUL 操作（参见 7.7 节），在补充上行载波上可以配置 4 个额外的上行部分带宽。

在任意一个特定时刻，服务小区只会有一个配置的下行部分带宽被称为**激活下行部分带宽**（active downlink bandwidth part），同样，服务小区也只会有一个配置的上行部分带宽被称为**激活上行部分带宽**（active uplink bandwidth part）。对非对称频谱，终端可以默认激活下行部分带宽和激活上行部分带宽的中心频点相同。这样，终端可以用一个本振支持上行和下行传输，简化了实现。gNB 可以利用下行控制信令（调度信息，参见第 10 章）来激活或者去激活部分带宽，因此可以在不同的部分带宽间快速地切换。

网络在准备下行传输的时候，会认为终端没有能力接收激活部分带宽之外的信号。也就是说，发送给该终端的 PDCCH 或者 PDSCH 都必须处在激活部分带宽之内，而且，在 Release 15 里，发送给该终端的 PDCCH 和 PDSCH 也必须使用激活部分带宽所对应的参数集。如果网络需要终端对激活部分带宽之外的频域进行移动性相关测量，需要配置相应**测量间隔**（measurement gap）给终端。在测量间隔期间，网络会认为由于终端在测量激活部分带宽之外的频域，因此终端不会监听下行控制信道。

对上行传输，终端仅支持在激活上行部分带宽传输 PUSCH 和 PUCCH。

通过上面的讨论，一个自然的问题是在 NR 标准中，为什么需要设计载波聚合和部分带宽两种机制，而不是只定义载波聚合一种机制？从某种程度上说，载波聚合和带宽自适应功能相似。但是从射频的指标来看，二者有明显区别。对载波聚合机制，每个**分量载波**（component carrier）都有一系列的射频要求，比如带外发射指标（参见第 18 章），但是在一个载波内部的部分带宽没有这些射频要求，标准仅针对载波提出射频指标要求。而且从 MAC 层的实现来看二者也有区别，比如混合自适应重传就不能中途改变分量载波。

7.5 NR 载波频域位置

从原理上来说，一个 NR 的载波可以在任意频点上配置。和 LTE 类似，NR 的物理层协议上，并没有什么设计会限制 NR 载波中心频点或者载波所处的频带。但实际上 NR 仍然需要限制可能的载波的中心频点位置。这样不仅能够简化射频部分的实现，还便于协调处于同一个频段但来自不同运营商的载波配置。例如在 LTE 中，就定义了 100kHz 的载波栅格（raster），NR 中也定义了类似的概念。和 LTE 略有不同的是 NR 的栅格粒度有多个等级：

小于 3GHz 的载波频率，使用 5kHz 的栅格粒度；

3GHz ～ 24.25GHz 的载波频率，使用 15kHz 的栅格粒度；

24.25GHz 以上的载波频率，使用 60kHz 的栅格粒度。

这种和频段，或者说和子载波间隔相关的栅格粒度设计，可以较好地兼容 100kHz 栅格粒度的 LTE 部署（载波频点在 3GHz 以下）。

在 LTE 中，载波栅格决定了一个终端在做初始接入过程中需要搜寻的载波频点位置。因此，随着 NR 的载波带宽越来越大，NR 支持的频段越来越多，栅格的粒度也越来越细，终端在小区初搜过程中就需要花费越来越多的时间去找寻具体频点所处的位置。为了降低终端的实现复杂度，同时也为了降低小区搜索的时延，NR 又定义了一个更稀疏的**同步栅格**（synchronization raster），也就是 NR 终端初始接入过程中频域上搜寻的粒度。这样，

NR 就和 LTE 不同，LTE 的同步信号始终配置在载波中心，而 NR 由于不同栅格的限制，同步信号可能并不在载波中心（参见图 7-9 以及第 16 章）。

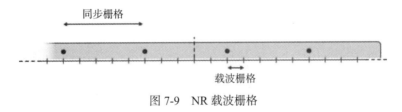

图 7-9　NR 载波栅格

7.6　载波聚合

NR 标准的第一个版本就定义了载波聚合的功能。和 LTE 载波聚合类似，多个 NR 的载波可以聚合在一起，同时为一个终端服务。这样就可以使该终端获得更大的服务带宽，相应地也就获得更大的传输速率。载波聚合并不需要所有载波在频域上连续，甚至不需要限制载波处在同一个频段内，这样就形成了三种场景：

- 频带内聚合，每个分量载波在频域上连续分布
- 频带内聚合，每个分量载波在频域上非连续分布
- 频带间聚合，每个分量载波在频域上非连续分布

尽管从标准上来说，三种情况类似。但是在实现中，射频部分设计复杂度会有很大差别。

NR 标准的载波聚合可以支持最多 16 个载波的聚合。这些载波可以是不同的载波带宽，也可以是不同的双工方式。通过 16 个载波的聚合，可以为终端汇集 $16 \times 400\text{MHz} = 6.4\text{GHz}$ 的服务带宽，这远远超出了典型的频率分配需求。

从终端看来，支持载波聚合的终端可以同时在多个分量载波上收发数据，不支持载波聚合的终端则可以接入一个分量载波收发数据。因此，除非特别指出，下面章节的物理层相关描述在载波聚合配置下都可以用于每个分量载波。这里需要指出的是，如果配置为跨频段、多个半双工（TDD）载波的聚合，在特定时刻，各个载波的收发方向是可以不同的。这就意味着一个具备载波聚合能力的 TDD 终端需要设计双工滤波器，而这对无载波聚合能力的终端而言是不必要的。

NR 标准对载波聚合的描述中，也经常使用小区这个名词。也就是说，支持载波聚合的终端可以从多个小区收发数据。这些聚合的小区中，只有一个小区称为**主小区**（Primary Cell，PCell），这个小区是终端接入使用的小区，其他小区则称为**辅小区**（Secondary Cell，SCell），是进入连接态后由网络配置的。网络可以快速地激活或者去激活辅小区来满足业务需求的变化。不同的终端可以配置不同的小区作为主小区，或者说主小区配置是针对每个终端的。

此外，上行和下行可以聚合不同的载波（或者小区），实际部署中，往往下行比上行聚合更多的载波。背后的原因一是下行业务通常比上行业务量大，二是因为同时支持多个上

行载波聚合，相对于同时支持多个下行载波聚合，终端射频的实现复杂度高。

图 7-10 自调度和跨载波调度

调度授权可以和传输数据在同一个载波上发送，这种情况称为**自调度**（self scheduling）。也可以将调度授权和传输数据放在不同的载波上发送，这种情况称为**跨载波调度**（cross-carrier scheduling），如图 7-10 所示。大多数情况下网络都使用自调度。

控制信令

上文描述了下行的控制信令，载波聚合同时也需要上行的控制信令。比如 gNB 需要终端通过上行反馈 HARQ 的确认信息，这样 gNB 就可以知道下行数据传输成功与否。载波聚合的基线设计，是把上行反馈信息在主小区上传输，这样规定便于支持非对称载波聚合（终端支持的下行载波和上行载波数不同）。但是如果一个终端被配置多个下行载波，却配置了一个上行载波，上行载波将承载大量的反馈信息。为了避免上行过载，NR 标准允许配置两个 PUCCH 组，第一个组配置在上行主小区，另一个组配置在**主辅小区**（Primary Second Cell，PSCell），如图 7-11 所示。

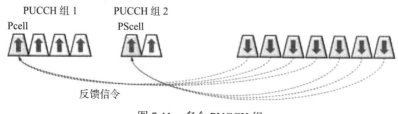

图 7-11 多个 PUCCH 组

如果配置了载波聚合，终端可以在多个载波上接收或者发送数据（这一般只有在需要最高速率的时候才需要）。因此，在保持载波聚合配置不变的情况下，NR 可以去激活一些不使用的载波。激活或者去激活分量载波都是通过 MAC 层信令来完成（具体来说就是 MAC 控制信元，参见 6.4.4 节）。MAC 层控制信令包括一个位图，每个比特指示一个配置的辅小区是否应该激活或者去激活。

7.7 补充上行

除了载波聚合，NR 标准还支持**补充上行**（Supplementary Uplink，SUL）技术。如图 7-12 所示，补充上行表明一个传统的包含上行和下行的载波对，会有一个关联或者补充的上行载波。该补充上行载波一般都部署在低频。比如一个载波工作在 3.5GHz 频段，会配置一个 800MHz 的补充上行载波。图 7-12 描述的是一个传统的包含上行和下行的对称频谱，和一个补充上行载波。但是要注意补充上行载波也可以补充非对称频谱，即 TDD 载波。比如 SUL 的传统载波对可以配置为 3.5GHz 非对称频谱。

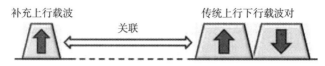

图 7-12　补充上行载波配合传统上行下行载波对

载波聚合的主要目的是通过增加终端的可用频率资源来达到更高的速率。而补充上行主要目的是扩展上行覆盖，通过使用低频载波提高功率受限区域的上行速率。此外，非补充上行载波的上行带宽会比补充上行载波的上行带宽大很多，这样，在空口质量比较好的情况下，比如终端离基站距离很近，终端可以使用非补充上行载波来获得较高的速率，而当空口质量变差的时候，由于低频载波路损较小，终端就会使用处在低频的补充上行载波来获得相对非补充载波较高的速率。所以，补充上行的目的就是获得两个载波上行速率的包络。在任意时刻，终端只能使用一个上行载波，这样做可以简化协议的设计，特别是射频实现的难度（比如规避各种互调问题）。

这样，就可以总结出载波聚合和补充上行的区别：

- 在载波聚合中，两个或者多个载波被聚合在一起。一般各个载波都有类似的带宽，并且工作在相邻的频点上。聚合载波的目的是聚合载波的带宽，或者说频率资源，以获得较高的速率。
- 上行载波聚合，每个上行载波都有自己对应的下行载波，可以很方便地支持多个上行载波同时调度。而补充上行，NR 标准不允许终端同时在补充上行载波以及非补充上行载波同时发送数据。

图 7-13 示例一个补充上行的应用场景。在 LTE 的频谱资源里配置补充上行载波。这样补充上行载波就需要处理 LTE 和 NR 共存的场景（具体参见第 17 章）。在很多对称频谱 LTE 的部署中，LTE 承载的上行流量显著小于下行流量，因此对称频谱的 LTE 上行频谱就没有得到充分利用。这样在 LTE 上行频谱部署一个 NR 的补充上行载波，就既能明显提高 NR 的用户体验，又不会对已有的 LTE 产生太大影响。

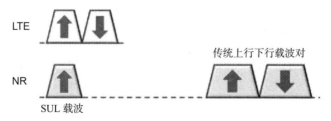

图 7-13　补充上行载波和 LTE 上行载波共存

最后，补充上行还可以降低时延。TDD 系统的上行和下行传输是通过时域进行划分的，这样何时能够进行上行传输就会有明确的限制。但是如果绑定 TDD 载波和部署在对称频谱上的补充上行载波，一些时延敏感的数据就可以无视 NR 正常载波的上下行时间限制，通过补充载波立即发送上行，从而达到降低传输时延的效果。

7.7.1 与载波聚合的关系

尽管补充上行和上行载波聚合相似，但二者有一些本质区别。

在载波聚合中，每个上行载波都有一个与之关联的下行载波。每个下行载波都对应一个小区，这样不同的上行载波在载波聚合的场景下，对应不同的小区（如图 7-14 左半部分）。

图 7-14　载波聚合和补充上行

与此对应，补充上行载波没有一个关联的下行载波，补充上行载波和传统上行载波一起共享相同的下行载波。因此补充上行载波没有一个对应的单独属于自己的小区。在补充上行的场景下，小区有一个下行载波和两个上行载波（如图 7-14 右半部分）。

请注意，从原则上来说，载波聚合可以把多个小区聚合在一起，那么其中被聚合的小区就可以是补充上行小区，只不过该补充上行小区多了一个补充上行载波而已。但是现有标准还没有定义任何频段可以支持这种载波聚合和补充上行的组合。

一个相关的问题是，如果有补充上行，那么有没有补充下行？答案是有。因为载波聚合允许下行载波的数量大于上行载波的数量，这样就可以把一些下行载波看成补充下行载波。比如一个常见的场景是在非对称频谱上部署一个额外下行载波，然后和一个在对称频谱上的载波聚合来提高系统容量。要支持这些应用场景，在现有载波聚合的基础上，没有必要再定义额外的机制。因此补充下行这个概念主要用于讨论频谱相关话题（参见第 3 章）。

7.7.2 控制信令

终端通过网络显式的信令配置（通过 RRC 信令），知道 PUCCH 的传输是通过补充上行载波，还是通过传统（非补充上行）载波传输。

对于 PUSCH 的传输，可以配置终端在 PUCCH 所在的载波上发送 PUSCH，也可以配置终端在补充上行载波和非补充上行载波上动态切换。如果是要支持动态切换，在网络下发的上行调度授权（scheduling grant）信令中，就需要包括补充上行或非补充上行的指示（SUL/non-SUL indicator）。该指示用来指明网络调度 PUSCH 在哪个载波上发送。终端不会在补充上行载波和非补充上行载波上同时发送 PUSCH。

如 10.2 节所述，当一个终端通过 PUCCH 传输 UCI 的时候，在同一个载波上恰巧也被调度传输 PUSCH，这个终端需要把 UCI 复用在 PUSCH，然后仅传输 PUSCH。对补充上行也有相同的规定，即终端不能同时在 PUSCH 和 PUCCH 上发送信号，即使 PUSCH和 PUCCH 在不同的载波上，也不允许同时发送。在这种情况下，终端还是要把 UCI 复用在 PUSCH 上，然后仅传输 PUSCH。

还有一种技术可以达到补充上行类似效果，称为双连接。终端可以同时连接低频的LTE 和高频的 NR。这样如果让上行的数据传输由 LTE 承载，终端也可以获得类似在补充上行传输数据的效果。但是这个时候，和 NR 下行传输相关的上行控制信令只能在 NR 的上行载波上传输，因为每个系统的层 1 和层 2（L1/L2）的控制信令只能在系统内部传输。而使用补充上行，不光上行数据可以在低频传输，上行控制信令也可以在低频传输，最大化地利用低频上行覆盖好的特点。还有一种替代补充上行的配置方法是使用载波聚合，但是载波聚合必须在低频也配置一个下行载波，这可能会导致和 LTE 共存的问题。

7.8　双工方式

NR 标准的一个关键特性就是灵活的频谱利用。除了可以灵活配置下行传输带宽，NR的基础架构还支持在频域或者时域上分离上行传输和下行传输，这样不管是半双工还是全双工，NR 都有一套统一的帧结构，极大地提高了频谱利用的灵活性（参见图 7-15）：

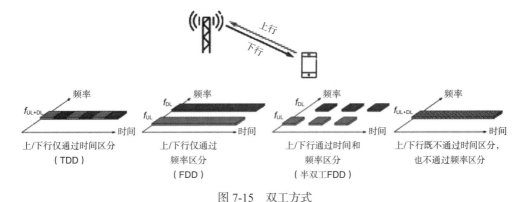

图 7-15　双工方式

- TDD（时分双工）：上行传输和下行传输使用同一个载波频率，仅仅通过时间来区分；
- FDD（频分双工）：上行传输和下行传输使用不同的频率，但是可以同时收发；
- 半双工 FDD：上行传输和下行传输使用不同的频率以及不同的时间，适合工作在对称频谱上的低成本的终端。

原理上来说，NR 的基本结构支持全双工。全双工的上行传输和下行传输既不需要时间来区分，也不需要频率来区分。当然这样会引入严重的下行对上行干扰问题，相应的解决办法还在研究阶段。

LTE 也支持 TDD 和 FDD，但是和 NR 不同的是，LTE 为 TDD 和 FDD 分别定义了一套帧结构[⊖]，NR 则只定义了一套帧结构。除此之外，不同于 LTE 上下行的分配不随时间动态变化[⊖]，NR 还可以动态改变上下行在时域上的分配。这种动态 TDD 也是 NR 的一项关键技术。

7.8.1 时分双工

在 TDD 下，单个载波在时域上被划分为上行传输部分和下行传输部分，这种划分是小区级的。上行传输和下行传输在时间上是不会重叠的。所以从一个小区或者从终端看来，TDD 被划归为半双工操作。

在 LTE 中，上行和下行在时域上的资源是半静态配置，也就是配置之后一直保持不变。NR 使用了动态 TDD 技术，可以由调度器动态配置一个时隙或者部分时隙为上行或下行。通过这种动态配置，系统可以快速适应上下行业务需求的变化。特别是在密集部署的情况下，每个基站只服务于少数几个终端，所以动态适应上下行业务需求变化对密集部署尤为重要。对于密集部署，或者一些和周边小区相对隔离的小区，基站间干扰可以得到较好的控制。基站不需要过多考虑周边基站的上下行情况，可以独立地调整上下行配置。如果无法满足站间隔离的要求，基站也可以通过站间协调来做出上下行配置的决定。当然如果需要，也可以直接限制上下行动态调整，改为静态操作。这和 LTE Rel-12 版本中引入的 eIMTA 技术非常相似。

但是对于传统的宏站覆盖，静态上下行配置是一个更好的选择。这会避免麻烦的站间干扰问题。比如一个 LTE 载波和一个 NR 载波使用同一个站址以及同一个频带，静态或者半静态的 TDD 分配也会有助于和 LTE 共存。这种静态或者半静态在 NR 中也非常容易实现，因为调度器既然可以动态调整，就可以一直使用一种模式配置上下行。参见 7.8.3 节，NR 也可以半静态地配置一些或者所有的时隙为上行或者下行。因为对于终端，如果提前知道一些时隙被配置为上行，就不需要再检测下行控制信道，这样会降低终端能耗。

TDD 系统本质上是一个半双工系统，所以就必须为上行和下行的切换配置一个足够长的保护间隔。这个间隔不用于下行或者上行传输，仅仅是为了方便设备从下行状态切换到上行状态，反之亦然。保护间隔通过时隙格式定义，保护间隔的长度设计一般考虑这样几个因素：

- 保护间隔必须足够长，以保证网络和终端的电路能够从下行切到上行。现在设备一般都能够在很短的时间完成切换，可以达到 20μs 这个级别乃至更小，这样在绝大多数 TDD 应用场景下，保护间隔带来的开销都是可以接受的。
- 保护间隔长度必须能够确保上行信号和下行的信号不会冲突。为了保证上行信号在

⊖ 最初 LTE 只支持为 FDD 设计的帧结构类型 1，以及为 TDD 设计的帧结构类型 2。但是在后期的 LTE 版本中，又加入了帧结构类型 3，用来支持非授权频谱。

⊖ 在 LTE Rel-12 版本中，eIMTA 可以支持上下行分配随着时间变化。

基站端切换到下行状态之前能够到达基站，终端需要提前发送上行信号。这个提前量是由定时提前（timing advance）机制来保证（参见第15章）。这样保护间隔就必须足够长，终端从完成接收网络发送的下行信号之后切换到上行发送状态，依然能够满足上行发送的定时提前。定时提前与终端到基站的距离成正比，小区半径越大，则需要的保护间隔越大。

- 最后选择保护间隔还需要考虑基站间的干扰。在一个多小区的网络中，当相邻小区的下行信号经过一定的传播时延到达本小区的时候，要么本小区处在保护间隔内，要么本小区虽然处在上行接收状态，但是邻小区的下行信号已经衰减到非常低的水平，不足以影响上行信号的接收。因此保护间隔必须足够大，否则邻站的下行信号就会干扰本小区的上行接收。在实际网络部署中，邻站干扰的大小和传播环境非常相关，即便设计了一个足够大的保护间隔，依然可能有一些残留的干扰会影响上行接收开始的一部分。因此会尽量避免把干扰敏感的上行信号放在上行开始的时候传输。

7.8.2　频分双工

在FDD下，上行传输和下行传输分别被承载在不同的载波上，在图7-15中，分别由f_{UL}和f_{DL}来表示。因此上行传输和下行传输在时域上是可以同时发生的，上下行的隔离也是通过接收、发射滤波器，也就是双工滤波器来完成。当然频域上需要保证上下行双工有足够的隔离带宽。

尽管FDD小区上下行可以同时工作，但是某些终端可能只支持半双工，即终端不支持上下行同时工作。因为不需要采用全双工滤波器，半双工可简化终端的实现复杂度，降低终端成本。这对一些价格敏感的低端终端非常重要。另外，在一些特定的频带，过小的双工频率间隔给双工滤波器的实现带来很大挑战，这种情况下终端也会采用半双工。对于这种情况，全双工是否支持与频段有关。一个终端可以在某些频段上只支持半双工，在其他频段上支持全双工。需要注意全双工或者半双工能力都是终端的特性，无论连接何种能力的终端，基站都需要统一支持全双工。也就是说，基站需要在接收一个终端的上行信号的同时，为另一个终端发送下行信号。

对网络而言，半双工仅仅意味着某个终端最高的上下行速率受到限制，但是对整个小区的容量影响不大。因为基站可以同时调度多个终端，这样网络依然可以同时进行上行和下行传输。网络因为事实上工作在全双工模式，也不需要定义一个保护时间间隔。传输的定时关系对全双工和半双工FDD是完全一样的，小区仅仅是在调度的时候考虑特定终端半双工能力的限制。

7.8.3　时隙格式和时隙格式指示

回到7.2节对时隙结构的讨论，有一组时隙用于上行传输，一组时隙用于下行传输，因此需要定义两组时隙。两组的定时有一个时间偏移，这个偏移由前面说的**定时提前**决定。但在不强调定时提前的情况下，有时也会在描述中忽略这个时间偏移，把两组时隙画成相同的定时。

依赖于终端是否支持全双工，比如 FDD，或者半双工，比如 TDD，一个时隙有时不会全部用于上行或者下行传输。如图 7-16 所示，下行传输必须在时隙结束前提前结束，以使终端可以提前切换到上行状态。为了支持各种场景，NR 标准定义了一组时隙格式。每个时隙格式都规定了时隙哪些 OFDM 符号可以用于上行，哪些 OFDM 符号可以用于下行，哪些 OFDM 符号可以灵活定义。灵活这种状态的定义下文还会详细描述，但是灵活 OFDM 符号的一个典型应用就是在半双工模式下定义必要的保护间隔。所有 NR 支持的时隙格式有一部分在图 7-17 中描述。从图中可以看出有完全下行的时隙格式和完全上行的时隙格式，这两种时隙格式一般用在全双工模式（FDD），或者用在半双工模式（TDD）里面一部分全是上行的时隙或者一部分全是下行的时隙。

保护间隔是在时隙格式中定义
（下行在上行开始前结束）
定时提前产生的保护时间
上行
下行
时隙
定时提前

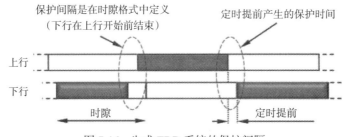

图 7-16　生成 TDD 系统的保护间隔

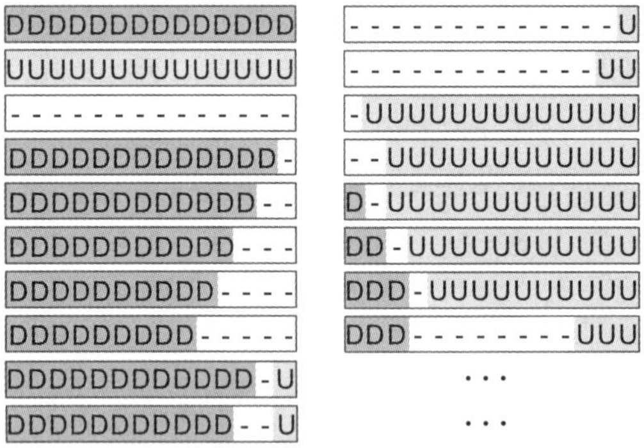

DDDDDDDDDDDDDD
UUUUUUUUUUUUUU
- - - - - - - - - - - - - -
DDDDDDDDDDDDD-
DDDDDDDDDDDD- -
DDDDDDDDDDD- - -
DDDDDDDDDD- - - -
DDDDDDDDD- - - - -
DDDDDDDDDDDD-U
DDDDDDDDDDD- -U
- - - - - - - - - - - - -U
- - - - - - - - - - - -UU
-UUUUUUUUUUUUU
- -UUUUUUUUUUUU
D-UUUUUUUUUUUU
DD-UUUUUUUUUUU
DDD-UUUUUUUUUU
DDD- - - - - - - - UUU
…
…

图 7-17　部分 NR 支持的时隙格式（“D”表示下行，“U”表示上行，“-”表示灵活）

时隙格式的称呼有时候会让人误以为 NR 标准仅仅把时隙划分为上行或者下行时隙，忽略了 NR 支持一个时隙既有上行也有下行的配置。即便对一个下行时隙的时隙格式，应该理解为下行传输占用了标志为下行或者灵活的 OFDM 符号。同样，对一个上行时隙的时隙格式，应该理解为上行传输占用了标志为上行或者灵活的 OFDM 符号。TDD 系统需要的任何保护间隔都应该利用标志为灵活的 OFDM 符号。

如上所述，NR 标准支持的一个关键技术是动态 TDD，即网络调度器可以动态地决定传输方向。对半双工的终端，因为不能同时收发信号，所以网络必须把资源分开，分别用作上行传输和下行传输。在 NR 中，网络支持三种不同的信令方式，来通知终端上行和下行的资源：

- 动态信令通知被调度的终端；
- 使用半静态的 RRC 信令通知；
- 一组终端共享的动态时隙格式指示。

这些方法可以混合使用来决定瞬时传输的方向。尽管 NR 描述的是动态 TDD，这个框架可以用于半双工操作，包括半双工 FDD。

第一种方法，即动态信令通知被调度的终端，是让终端监听下行控制信令，然后根据下行信令里的调度授权或调度分配来进行相应的接收或者发送。对半双工终端，终端会假设所有的 OFDM 符号都是下行符号，直到收到了上行发送的指令。至于半双工终端上下行不能同时工作的限制，是由基站调度器来保证的。对于全双工终端就没有这些限制，基站调度器可以独立地对上行和下行进行调度。

这种方法提供了一个简单但灵活的框架，但是如果网络事先知道未来的上下行分配，比如为了和现存的 TDD 终端共存或者满足一些频谱管理规定，网络也可以将这类信息提前通知终端。举个例子，如果终端知道接下来一组 OFDM 符号会被分配给上行传输，就没有必要再去监听和这些 OFDM 符号上下行分配相关的控制信令。这样有助于减少终端能耗。因此 NR 标准提供了使用半静态的 RRC 信令通知终端上下行的分配方法，这是一种可选的方法。

RRC 信令的模式把 OFDM 符号划分为下行符号、上行符号，以及灵活符号。对于半双工终端，如果一个符号被标记为下行符号，则该终端就不能进行上行传输，同样，如果一个符号被标记为上行符号，该终端也不能进行下行接收。灵活符号的意思是终端没有办法通过该 RRC 信令判断究竟是上行还是下行方向。对这些灵活符号，终端依然需要去监听调度控制信令，如果发现了调度信息，则根据调度信息进行上行或是下行的传输。因此完全依赖调度信令实现动态 TDD，和 RRC 信令里面把所有 OFDM 符号标记为灵活符号是等效的。

RRC 信令模式包含最多两个"下行 – 灵活 – 上行"的指示序列。序列可以指示以 0.5 ～ 10ms 为周期的一段时间内 OFDM 符号的传输方向，这个周期也是可配的。除此之外，可以配置两组模式：一种是小区级的上下行指示，该指示通过系统消息通知终端；另一种是终端级的上下行指示，该指示通过 RRC 信令单独通知给终端。终端如果收到这两种配置，会把两种模式合并起来。一些小区级的灵活符号会被终端级的上行或者下行所替换。如果小区级和终端级都指示为灵活符号，那么合并后这个符号依然为灵活符号，如图 7-18 所示。

第三种模式是通过动态的信令来把上行下行分配发送给一组终端。这组终端会同时监听一个特殊的下行控制信息，该控制信息称为时隙格式指示（Slot Format Indicator，SFI）。和前面两种机制类似，该机制也是指示 OFDM 符号是下行、上行还是灵活符号。该信令可以指示一个或者多个时隙。

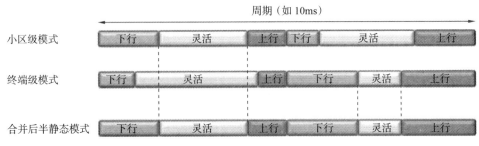

图 7-18　小区级和终端级上下行模式配置合并示例

终端从控制信令中收到 SFI 的值，该值就是 SFI 表格的索引。这里 SFI 表格指的是一张通过 RRC 信令在终端配置的表格，表格里面每一行都对应了一组预设的下行、灵活、上行的模式。NR 标准里预定义了很多种可能的模式，如图 7-17 或者图 7-19 左半部分所示。SFI 表格里预定义的模式均选自 NR 标准，如图 7-19 所示。SFI 这种指示方式也可以用于小区间交互上下行模式的信息（跨载波指示）。

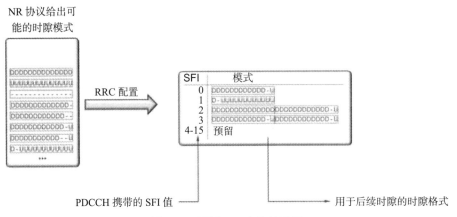

图 7-19　配置 SFI 表格的示例

因为接收动态调度的终端可以通过调度信令得知载波目前是用于上行传输还是下行传输，所以被一组终端共享的动态时隙格式指示这种配置方式主要用于非调度（non-scheduled）终端。这为网络提供了一种否决先前配置的方法。比如网络先前配置了终端周期性发送上行探测信号（uplink Sounding Signal，SRS），或者网络先前配置了终端测量下行的信道状态信息参考信号（Channel-State Information Reference Signal，CSI-RS）。如第 8 章所述，这些用于评估信道质量的操作，是通过半静态方式配置给终端的。而动态覆盖这些周期型配置对实现动态 TDD 的网络很有帮助（参见图 7-20 的示例）。

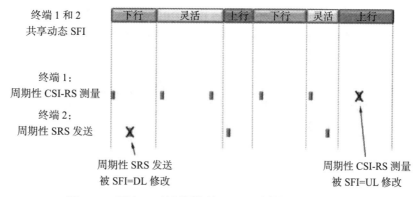

图 7-20　通过 SFI 控制周期性 CSI-RS 测量以及 SRS 发送

但是 SFI 不能改变半静态的 RRC 信令配置的上下行配置，也不能改变上下行动态信令配置的上下行配置。终端会无视 SFI，依然按照半静态配置或动态信令配置进行上行传输或者下行传输。但是 SFI 可改写那些被半静态或动态信令配置为灵活的符号，令这些原来是灵活的符号可以被 SFI 配置为下行或者上行。SFI 还可以配置预留 OFDM 符号，当 SFI 和半静态信令都指示一个符号是灵活符号，那么这个符号就会被预留下来不进行传输，这是一个非常有用的配置方法。比如可以为其他无线接入技术或者后续的 NR 标准演进提供一些预留资源。

上面的描述主要聚焦在半双工终端特别是 TDD 技术上。但实际上，SFI 完全可以用在全双工，比如 FDD 技术。比如在 FDD 系统中用来改写周期性 SRS 发送。只不过 FDD 有两个独立的载波，一个是下行载波，一个是上行载波。这样就需要两个 SFI，每个载波对应一个 SFI。在协议里，两个 SFI 的需求是通过多时隙来实现的，SFI 的一个时隙用来指示下行，另一个时隙用来指示上行。

7.9　天线端口

下行多天线技术是 NR 标准的一项关键技术。不同的天线的下行的信号会使用不同的多天线预编码（参见第 9 章），通过不同的无线信道到达终端接收机[⊖]。

通常来说，终端需要能够知道不同的下行信号经历的无线信道之间的关系。比如终端需要知道对一个特定的下行传输数据，哪些参考信号可以用来进行信道估计。再比如终端需要知道如何给网络上报信道状态信息，这些信道信息可以帮助网络进行调度和链路自适应。

基于这样的考虑，NR 标准引入了天线端口（antenna port）这个概念，这个概念和 LTE 天线端口的定义类似。一个天线端口定义为当一个 OFDM 符号通过一个天线端口传

　⊖　一个未知的发送端预编码，从接收端看来都是整体无线信道的一部分。

输，它所经历的信道和在该天线端口传输的其他 OFDM 符号传输经历的信道是相同的。或者换个表述方式，终端认为两个传输的信号是否经历相同的无线信道取决于这两个信号是否通过同一个天线端口发送[⊖]。

表 7-2 NR 支持的天线端口

天线端口	上行	下行
0- 系列	PUSCH 和关联的 DMRS	-
1 000- 系列	SRS，预编码 PUSCH	PDSCH
2 000- 系列	PUCCH	PDCCH
3 000- 系列	-	CSI-RS
4 000- 系列	PRACH	SSB

实际上，至少对下行而言，每个天线端口都可以对应一个特定的参考信号。终端可以用这个参考信号来进行信道估计，该信道估计的结果可用来接收该天线端口发出的数据。参考信号也可以帮助终端来得到信道状态信息。

表 7-2 中列举了 NR 标准定义的天线端口。从该表可看出，天线端口的编号是有一定结构的。这种结构化的天线端口编号对不同用途的天线端口进行分类。比如从 1000 开始编号的下行天线端口用于 PDSCH 传输。不同 PDSCH 传输层采用不同的编号，比如 1000 和 1001 标记了一个双层 PDSCH 传输。不同的端口和对应的用途会在后续的章节中详细描述。

这里需要强调的是，天线端口的概念是一个逻辑概念，并不和一个特定的物理天线对应：

- 两组不同的信号，每组都是以相同的方式通过多个物理天线发送。从终端接收机的角度来看，两组信号通过一个相同的等效信道传播。两组信号实际上是经历了多个天线信道"加和"所产生的信道，可以看成一个单独的天线端口发送出两组信号。
- 两组信号，每组都是通过相同的多个物理天线，但是不同的预编码方式（发送端预编码不为终端所知）发送。因为对于所有不为终端所知的发送端预编码都可以看成整个无线信道的一部分，所以两组信号从接收机看来实际上经过了不同的信道，也就是从不同的天线端口发出。需要注意的是，如果发送端预编码为终端所知，这样两组信号又可以看成从同一个天线端口发出。

这些概念的理解有助于引入下一节准共址的概念。

7.10 准共址

两组信号通过不同的物理天线发送，也就是两组信号经历的等效信道不同。尽管经历的信道不完全相同，但是等效信道的大尺度特性在很多情况下是相同的。比如，从同一个

⊖ 对一个特定的天线端口，更具体地说是天线端口对应的解调参考信号，这个天线端口对应的等效信道只有在一个调度周期内才能认为是不变的。

终端看来，从同一个站址但是不同物理天线端口上发出来的两组信号，信号经历的信道会不相同，但是如多普勒扩展、多普勒频偏、平均时延扩展还有平均增益这些大尺度特性还是相近的。如果终端知道两个天线端口有相近的大尺度特性，会帮助接收机设置信道估计参数。

对单天线发送，准共址的概念很好理解，但是 NR 标准大量使用诸如：多天线传输、波束赋形、多个物理位置的基站天线对同一终端同时发送等技术。这些情况下，一个小区多个天线端口有可能在大尺度特性上也不相同。

因此相对于天线端口，NR 标准又引入了**准共址**（Quasi-Colocation，QCL）的概念。一个终端接收机可以认为准共址的天线端口发送的信号所经历的信道是不同的，但是从大尺度上来说又是相同的，包括上述的平均时延扩展、多普勒扩展和多普勒频偏、平均时延扩展、平均增益和空域接收机参数。网络会通过信令显式地通知终端不同的天线端口是否是准共址。

准共址这个概念其实已经在 LTE 后续的版本中引入。但是由于 NR 更广泛地使用了波束赋形技术，准共址的概念被扩展到了空域。空域的准共址（或者说空域接收参数）是波束管理的一个重要部分。在实际应用中，空域准共址描述了两组信号通过同一个物理站址和同一个方向的波束进行发送。在这个情况下，当接收端知道从一个接收波束方向可以较好地接收其中一组信号，那么使用相同的接收波束，另一组准共址信号也可以获得较好的接收性能。

一个典型场景，NR 会配置特定传输信号之间准共址，比如 PDSCH 和 PDCCH 传输和一些参考信号准共址，这些参考信号可以是 CSI-RS 或者 SSB。这样终端可以基于参考信号的测量，选择出最优的终端接收波束。而这个最优的接收波束对下行数据 PDSCH 和 PDCCH 的接收也是一个很好的选择。

第8章

信道探测

在无线通信技术中，发送端经常利用探测到的无线信道信息来辅助传输。这些无线信道信息可以是非常粗略的，比如无线信道的路损。知道路损相关信息，就可以在发送端进行发射功率控制。无线信道信息也可以是非常详尽的，发送端知道无线信道在时域、频域以及空域上准确的信道幅度和相位信息。发送端甚至可以利用接收端受到的干扰等信息来辅助传输。

这些信息可以通过一条无线链路的发送端或者接收端测量获得。比如关于下行信道的特性可通过终端的测量获取。测量得到的信息会上报给网络，这样网络就可以依据这些测量来为后续下行传输设置合适的发送参数。还可以依据信道的互易性，即认为上行和下行信道在有些信道特性上是相同的，这样网络可通过测量上行信道来估计相关下行信道的信息。

对于上行信道信息的获取，原则上和下行类似：

- 网络可以通过测量得到上行信道特性，然后直接通知终端，或者直接控制后续的上行传输参数。
- 依据信道互易性，终端可以通过下行测量直接获得上行信道信息。

不管使用何种方式获取信道信息，都需要通过特定的信号来测量、估计无线信道的特性。这个过程称为**信道探测**（channel sounding）。

这一章将会描述 NR 是如何支持信道探测的。我们会详细描述参考信号，包括：下行**信道状态信息参考信号**（Channel-State-Information Reference Signal，CSI-RS）和上行**探测参考信号**（Sounding Reference Signal，SRS）。一般性的探测都是基于这两种参考信号。我们还会描述 NR 下行物理层测量的框架，以及相应的终端如何向网络上报。

8.1 下行信道探测：CSI-RS

LTE 第一个版本的（Release 8）协议中，下行信道的信息是完全依赖终端对**小区特定参考信号**（Cell Specific Reference Signal，CRS）的测量获取的。LTE 的 CRS 在每一个长度为 1ms 的 LTE 子帧上在整个小区内满带宽发送。终端可以认为，当接入一个 LTE 网络之后，CRS 信号总是存在并且是可以测量的。

到了 LTE Release 10，引入了 CSI-RS 信号来辅助 CRS。和 CRS 不同，LTE 的 CSI-RS 不必连续发送。网络会通过信令通知终端 CSI-RS 相关信息，如果没有通知，则终端不会有任何关于 CSI-RS 存在的假设。

LTE 最初引入 CSI-RS 这个信号是为了扩展 LTE 空分复用能力，以支持超过 4 层的下行传输。对超过 4 层的空分复用，基于 LTE Release 8 的 CRS 是无法实现的。但是很快人们就发现，相对于 CRS，CSI-RS 是一个非常灵活并且有效的信道探测工具。在后续的 LTE 版本中，CSI-RS 的概念被进一步扩展，比如加入干扰估计和多点传输的功能。

如前所述，NR 的一个重要的设计原则就是尽可能避免**常开**（always on）信号。基于这个设计原则，像 CRS 这样的全带宽常开信号就没有在 NR 中引入。注意，NR 唯一的常开信号就是**同步信号块**（见第 16 章），而且和 LTE CRS 信号相比，同步信号块只在非常有限的带宽上发送，并且发送的周期也更长。同步信号块可以支持终端的功率测量以估计路损和平均信道质量等性能。但由于无线信道在时间和频率上快速变化，而同步信号块又只集中在非常有限的带宽里发送，并且发送时间周期也很长，因此同步信号块并不适合做详细的下行信道探测。

因此，NR 标准再次引入了 CSI-RS 这个概念，而且在 LTE 的基础上进一步扩展了功能。比如支持波束管理和移动性作为对 SSB 的补充。

8.1.1　CSI-RS 基本结构

CSI-RS 最多可以支持 32 个不同的天线端口，每一个天线端口都是一个需要探测的信道。

在 NR 标准里，每个终端都可以独立地配置 CSI-RS。这里需要注意的是，这并不意味着每个发送的 CSI-RS 信号都只能被一个终端接收。标准允许同一个 CSI-RS 被配置给多个终端，也就是这个 CSI-RS 被上述的多个终端共享。

如图 8-1 所示，一个资源块、一个时隙内，单端口的 CSI-RS 只占用一个资源单元。原则上，CSI-RS 可以配置在资源块的任意位置，但实际上为了避免和其他的下行物理信道或者物理信号冲突，CSI-RS 的配置会有一些限制。一个终端会假设一个配置的 CSI-RS 不会和下列信号冲突：

- 任何为该终端配置的 CORESET。
- 与 PDSCH 传输相关的解调参考信号。
- 同步信号块。

一个多端口的 CSI-RS 可以看成多个互相正交的信号复用在一组资源单元上。复用的方法一般包括：

- **码域复用**（Code-Domain Sharing，CDM），意味着不同的天线端口的 CSI-RS 实际

上使用了完全相同的一组资源单元,发送端通过正交的码字来将不同的 CSI-RS 信号复用调制在一起。

- **频域复用**(Frequency-Domain Sharing,FDM),意味着不同的天线端口的 CSI-RS 实际上使用了一个 OFDM 符号内不同的子载波。
- **时域复用**(Time-Domain Sharing,TDM),意味着不同的天线端口的 CSI-RS 实际上使用了一个时隙内不同的 OFDM 符号。

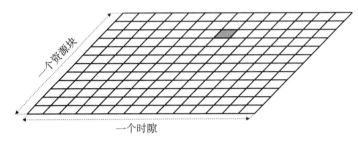

图 8-1 一个资源块 / 时隙内的单端口 CSI-RS,由一个资源单元组成

如图 8-2 所示,不同天线端口的 CSI-RS 之间的 CDM 可以是:

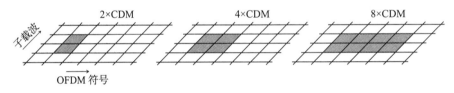

图 8-2 不同 CDM 方式复用多天线端口 CSI-RS

- 在频域连续的两个相邻子载波上的 CDM(2×CDM),这样就可以支持两个天线端口 CSI-RS 的码域复用。
- 在频域连续的两个相邻子载波以及在时域连续的两个 OFDM 符号上的 CDM(4×CDM),这样就可以支持 4 个天线端口 CSI-RS 的码域复用。
- 在频域连续的两个相邻子载波以及在时域连续的 4 个 OFDM 符号上的 CDM(8×CDM),这样就可以支持 8 个天线端口 CSI-RS 的码域复用。

不同的 CDM 方式(如图 8-2),再联合 FDM 和(或)TDM 一起使用,就可以支持不同的多天线端口 CSI-RS 的映射。通常来说,一个 N 端口的 CSI-RS 在一个资源块 / 时隙内,总共会占用 N 个资源单元[⊖]。

图 8-3 描述了如何把两端口 CSI-RS 通过 CDM 复用在两个相邻的资源单元上。换句话说,两端口 CSI-RS 和图 8-2 中描述的 2×CDM 的结构是完全一样的。

当超过两个天线端口的 CSI-RS 映射的时候,从某种程度上来说得到了一定的灵活性,即对于一个给定的天线端口数,可以有多种 CSI-RS 结构,这些结构分别使用了不同的

⊖ 有一个例子,为支持 TRS,NR 定义了"密度为 3"的 CSI-RS(详见 8.1.7 节)。

CDM、TDM 和 FDM 的组合。

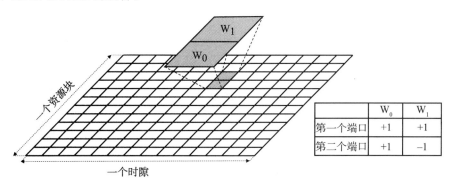

图 8-3　两端口 CSI-RS 使用 2×CDM 复用的结构，以及端口间正交模式

这里列举一个 8 端口 CSI-RS 的例子，通过不同的正交模式，产生了三种结构（参见图 8-4）：

- 频域上，每两个相邻的资源单元使用一次 2×CDM，总共使用 4 次频域复用（图 8-4 左）。所有的 CSI-RS 资源全部集中在一个 OFDM 符号的 8 个子载波上。
- 频域上，每两个相邻的资源单元使用一次 2×CDM，然后同时使用时域复用和频域复用（图 8-4 中）。所有的 CSI-RS 资源全部集中在两个 OFDM 符号的 4 个子载波上。
- 4 个资源单元使用一次 4×CDM，然后同时使用时域复用和频域复用（图 8-4 右）。所有的 CSI-RS 资源全部集中在两个 OFDM 符号的 4 个子载波上。

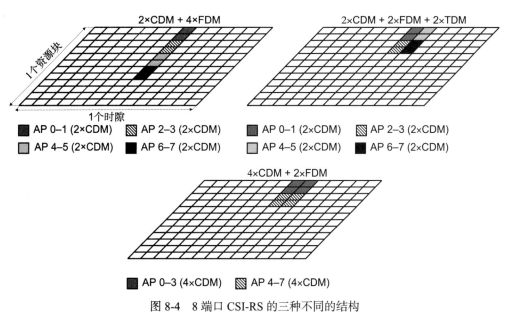

图 8-4　8 端口 CSI-RS 的三种不同的结构

最后，图 8-5 描述了一种可能的 32 端口的结构，其中包括了 8×CDM，然后同时使

用 4 次频域复用。这个例子还表明如果是频域复用，实际上可以不占用连续的子载波。同样，如果是时域复用，也可以使用非连续的 OFDM 符号。

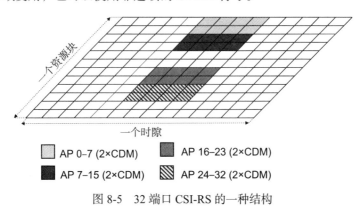

AP 0–7 (2×CDM)   AP 16–23 (2×CDM)

AP 7–15 (2×CDM)   AP 24–32 (2×CDM)

图 8-5   32 端口 CSI-RS 的一种结构

对多天线端口的 CSI-RS，端口是从码域开始顺序编号，然后是频域，最后是时域。如图 8-4 所示，对 2×CDM，相邻两个天线端口 CSI-RS 通过 CDM 复用在一起，而对 4×CDM，相邻四个天线端口 CSI-RS 通过 CDM 复用在一起。对于 FDM+TDM 的情况（参见图 8-4 中），端口 0 到端口 3 是在相同的 OFDM 符号内发送，端口 4 到端口 7 一起在另外一个 OFDM 符号内发送。

8.1.2 CSI-RS 配置的频域结构

当针对某部分带宽配置 CSI-RS 的时候，CSI-RS 的频域就限制在对应的部分带宽之内，同时使用该部分带宽对应的参数集。

从频域上看，CSI-RS 可以配置在整个部分带宽上，也可以只配置在其中一部分上。对一部分这种情况，CSI-RS 占据的带宽以及起始位置都是 CSI-RS 配置的参数。

在配置的 CSI-RS 带宽内，可以为每个资源块都配置 CSI-RS。这种模式称为 CSI-RS 密度为 1。也可以每两个资源块配置一个 CSI-RS，这种模式称为 CSI-RS 密度为 1/2。对后一种情况，CSI-RS 的配置信息必须指出这两个资源块中具体是哪个承载 CSI-RS（奇数资源块还是偶数资源块）。但是对 4、8 和 12 个天线端口的 CSI-RS，目前协议不支持 CSI-RS 密度 1/2 的配置。

对于单端口的 CSI-RS 配置，协议支持配置 CSI-RS 密度为 3。这种配置表明在一个资源块内有三个子载波承载 CSI-RS。这种 CSI-RS 配置会用于**跟踪参考信号**（Tracking Reference Signal，TRS）（具体见 8.1.7 节）。

8.1.3 CSI-RS 配置的时域特性

上文描述的每个资源块或每两个资源块发送 CSI-RS，都是在某个特定的发送 CSI-RS 的时隙。从时域上来看，通常 CSI-RS 可以配置为周期性发送、半持续发送或者非周期性发送。

对于 CSI-RS 周期性发送，终端会认为 CSI-RS 的传输每第 N 个时隙就会重复一次。这里 N 的取值最小可以到 4，就是说 CSI-RS 每 4 个时隙就会发送一次。N 的取值最大可以到 640，就是说 CSI-RS 每 640 个时隙才发送一次。除了周期，终端还需要知道在周期内的时隙偏移，才能正确找到 CSI-RS 的时域位置，参见图 8-6。

图 8-6　CSI-RS 的周期和时隙偏移

对于半持续 CSI-RS 发送，也会配置一个 CSI-RS 的发送周期和时隙偏移，这一点和周期性 CSI-RS 发送完全一样。但是实际上 CSI-RS 是否真正发送取决于 **MAC 控制信元**（MAC Control Element，MACCE）（参见 6.4.4 节）。MAC 控制信元可以激活 / 去激活 CSI-RS 的发送。当 CSI-RS 的发送被激活后，终端会认为 CSI-RS 将按照配置的周期以及时隙偏移周期性地发送，直至收到显式的去激活命令。类似地，当 CSI-RS 的发送被去激活，终端会认为网络不再发送 CSI-RS 直到重新激活。

对于非周期性 CSI-RS 发送，网络不会配置 CSI-RS 的周期或者时隙偏移。网络会通过 DCI 信令通知终端每一次 CSI-RS 的发送。

需要注意的是，严格来说，周期性发送、半持续发送或非周期性发送都不是 CSI-RS 的特性，而是 CSI-RS **资源集**（resource set）（见 8.1.6 节）的特性。因此，不论是激活 / 去激活半持续 CSI-RS，还是触发一次非周期性 CSI-RS 发送，都是针对 CSI-RS 资源集的操作。

8.1.4　CSI-IM 干扰测量

通过对 CSI-RS 的测量，终端可以获得 CSI-RS 所在的信道信息。当然除了估计信道信息之外，终端还可以通过把 CSI-RS 所在时频资源上接收到的总信号刨除 CSI-RS 的信号，获得干扰相关的信息。

NR 标准还设计了一种专门用来估计干扰水平的资源，称为 CSI-IM（Interference Measurement）。如图 8-7 所示，列举了两种不同的 CSI-IM 结构。每种结构都使用了 4 个资源单元，但是时频结构不同。和 CSI-RS 类似，CSI-IM 的资源在资源块和时隙的分布也是灵活的，时频分布位置也是 CSI-IM 的配置参数的一部分。

CSI-IM 资源的时域特性和 CSI-RS 一样，也可以分为周期性发送、半持续发送（通过 MAC CE 来激活或者去激活）和非周期发送（通过 DCI 来触发）。除此之外，CSI-IM 周期性发送和半持续发送的周期配置范围也和 CSI-RS 的配置范围一致。

在典型的配置下，CSI-IM 对应的资源单元上不会发送任何信号，也就是说本小区在这些资源上是保持静默的。而在邻小区，对应资源上依然进行正常的下行发送，因此通过对诸如 CSI-IM 资源的功率测量，就可以让终端估计出由邻区下行传输所产生的干扰水平。

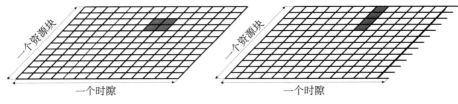

图 8-7　CSI-IM 的可选结构

CSI-IM 的配置是针对终端的，但是需要保证小区级在 CSI-IM 资源上没有任何信号发送。其他终端使用 CSI-IM 资源所在的资源块进行下行传输之前，网络需要事先通知终端避开 CSI-IM，即将相应的资源单元配置为 ZP-CSI-RS（下一节描述细节）。

8.1.5　零功率 CSI-RS

上面关于 CSI-RS 的描述，实际上是针对**非零功率**（Non-Zero-Power，NZP）CSI-RS。实际上，NR 标准还定义了**零功率**（Zero-Power，ZP）CSI-RS。

如果一个终端被调度了 PDSCH 传输，所占用的资源包括了一些配置了 CSI-RS 的资源单元。那么这个终端就需要在 PDSCH 速率匹配以及资源映射的时候，跳过这些资源单元，这对同一个终端是没有什么问题的。但是如果一个终端调度的 PDSCH 传输资源块里包括了为其他终端配置的 CSI-RS 资源单元，也需要让该终端跳过这些 CSI-RS 占用资源。问题是该终端并不知晓这些需要它跳过的 CSI-RS 资源，所以 NR 标准设计了零功率 CSI-RS 这个概念，来通知终端传输 PDSCH 的时候跳过相应的 CSI-RS 资源。

一个 ZP-CSI-RS 对应一组资源单元，这些资源单元和 NZP-CSI-RS 有相同的结构。对于 NZP-CSI-RS，终端对其进行测量，得到相关信道信息。对于零功率 CSI-RS，终端仅仅认为其占用的资源单元不能被 PDSCH 占用。

需要强调的是，尽管协议在取名的时候有零功率这样的字眼，但是终端不能认为这些资源单元上没有任何发送功率。如上所述，一个 ZP-CSI-RS 可能是其他终端配置的 NZP-CSI-RS。在 NR 标准里，一个终端不能做出关于 ZP-CSI-RS 的资源上有何承载的假设，唯一能确认的就是 PDSCH 传输不能占用这些 ZP-CSI-RS 所处的资源单元。

8.1.6　CSI-RS 资源集

除了配置 CSI-RS，网络可以为终端配置一个或者多个 CSI-RS 资源集，正式的名称是 NZP-CSI-RS 资源集。每个资源集都包括一个或者多个配置的 CSI-RS[⊖]。资源集用在测量上报配置中，用来指示终端需要做的测量和上报对象（详见 8.2 节）。尽管 NZP-CSI-RS 资源集的名字包含 CSI-RS，实际上，该集合还可以包括指向一组同步信号块的指针（参见第 16 章）。在一些终端的测量中，尤其是关于波束管理和移动性相关的测量，终端可以依赖

　　⊖　严格来说，资源集实际上是引用了若干已配置的 CSI-RS。

集合中包括的 CSI-RS 或者同步信号块。

　　如上所述, CSI-RS 可以配置为周期发送、半持续发送或者非周期发送。上文也说, 这些特性严格来说不是 CSI-RS 的特性, 而是 CSI-RS 资源集的特性。所有包含在一个半持续资源集里的 CSI-RS 会被 MAC CE 命令同时激活或者去激活。同样的, 对非周期资源集里面的所有 CSI-RS, 都会被 DCI 命令同时触发。

　　类似地, 一个终端也会被配置 CSI-IM 资源集, 该资源集包含了若干 CSI-IM。对半持续配置的资源集, 整个集合会被同时激活; 对非周期配置的资源集, 整个集合也会被 DCI 同时触发。

8.1.7　跟踪参考信号

　　由于晶振的非理想性, 为了保证成功的下行接收, 终端必须在时域和频域上不停地去跟踪并补偿。网络可以配置跟踪参考信号辅助终端完成这个任务。跟踪参考信号并不是 CSI-RS, 而是一个资源集。该资源集包含多个周期性发送的 NZP-CSI-RS。更准确地说, 一个跟踪参考信号包含 4 个单端口、密度为 3 的 CSI-RS。这些 CSI-RS 分布在两个连续的时隙上 (参见图 8-8)。资源集内的 CSI-RS, 也就是 TRS, 可以配置周期为 10、20、40 或者 80ms。注意 TRS 具体使用的资源单元 (包括子载波和 OFDM 符号) 依配置命令而不同, 但是每个时隙内的两个 CSI-RS 在时域上的间距恒定为 4 个 OFDM 符号。参考信号在时域上的间隔就限制了最大可以估计的频率误差。类似地, 参考信号在频域上的间隔 (4 个子载波) 就限制了最大可以估计的定时误差。

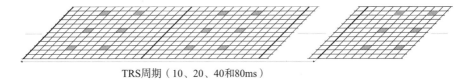

TRS 周期 (10、20、40 和 80ms)

图 8-8　TRS 包括 4 个单端口、密度为 3 的 CSI-RS, 分布在两个连续的时隙上

　　NR 标准还定义了一种 TRS 结构。这种结构和图 8-8 所述的 TRS 在每个时隙内的结构是一样的。但是这种 TRS 只包括两个 CSI-RS, 分布在一个时隙内。而图 8-8 所述的 TRS 包括 4 个 CSI-RS, 分布在两个连续的时隙内。

　　对 LTE, CRS 就起到了 TRS 的作用。但是和 LTE 的 CRS 相比, NR 的 TRS 因为只有一个天线端口, 并且在 TRS 周期内也只占用两个时隙, 因此比 LTE 引入更少的开销。

8.1.8　物理天线映射

　　在第 7 章中, 我们描述了天线端口的概念, 也介绍了天线端口和参考信号的关系。而一个多端口 CSI-RS 则定义为可以为一组天线端口对应的信道提供探测的参考信号。但是一个 CSI-RS 端口经常并不是直接映射到一个物理天线上, 也就是说终端通过 CSI-RS 探测的信道往往不是物理无线对应的无线信道。更常见的配置是在 CSI-RS 映射到物理天线前，先对 CSI-RS 进行各种变换（尤其是线性变换），或者说通过一个空间滤波器，如图 8-9 中字母 F 所示。此外，存在物理天线个数（如图 8-9 中字母 N 所示）远远大于 CSI-RS 端口个数的情况⊖。当终端通过 CSI-RS 进行信道探测的时候，无论是 N 个物理天线，还是空间滤波器 F，对终端都是不可见的。从终端看来，就是一个针对 M 端口 CSI-RS 进行信道估计，得到 M 个"信道"的过程。

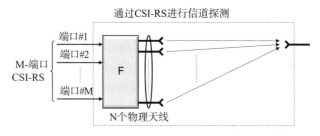

图 8-9　在映射到物理天线之前, CSI-RS 会通过空间滤波器（F）

针对不同的 CSI-RS 端口，空间滤波器 F 的设计可能也各不相同。比如网络可以对每一个配置的 CSI-RS 都设计一个不同的空间滤波器，这样可以把 CSI-RS 波束赋形到不同的方向，如图 8-10 所示。

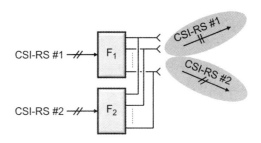

图 8-10　不同的 CSI-RS 使用不同的空间滤波器

尽管实际上两个 CSI-RS 使用同一组天线和同一组物理信道，但是从终端看来，就是网络通过两个不同的信道，发送了两个 CSI-RS。

尽管空间滤波器 F 对终端不可见，但是终端依然需要对滤波器 F 做出一定假设。F 和第 7 章介绍的天线端口的概念相关，如果两个信号使用相同的物理天线以及相同的空间滤波器进行发送，终端就可以认为这两个信号是从同一个天线端口发送的。

比如在下行多天线传输（参考第 11 章）中，一个终端通过测量 CSI-RS，向网络上报下行传输推荐的预编码矩阵。网络则依照终端的建议，把推荐的预编码矩阵用于传输层到天线端口的映射。也就是说，当终端推荐预编码矩阵的时候，终端会假设网络未来进行下行数据传输的时候，会把通过预编码映射到天线端口的数据再经过相同的空间滤波器最终映射到物理天线上。这个空间滤波器就是 CSI-RS 向物理天线映射时使用的空间滤波器。

8.2　下行测量和上报

基于网络的配置，NR 终端可以执行不同的测量。对大多数配置的测量，终端需将测量结果上报给网络。测量的配置和对应的上报方式通过**上报配置**（report configuration）来完成，在 3GPP 协议[15]中，称为 CSI-ReportConfig⊖。上报配置包括：

⊖　让端口数目大于天线数目没有实际意义。

⊖　注意，这里我们讨论的是物理层测量和上报，并不是讨论通过 RRC 信令进行的高层上报。

- 测量上报数量，多少测量项需要上报。
- 测量对象，下行测量的物理资源。
- 实际上报的方式，比如何种上行物理信道承载上报。

8.2.1　上报数量

一个测量报告需要明确指出终端需要报告多少测量项。比如一个测量报告可以包括三项：**信道质量指示**（Channel-Quality Indicator，CQI）、**秩指示**（Rank Indicator，RI）和**预编码矩阵指示**（Precoder-Matrix Indicator，PMI），合起来称为**信道状态信息**（Channel-State Information，CSI）。当然测量报告可以只包括一项，比如指示报告接收信号强度，或者称为**参考信号接收器功率**（Reference-Signal Received Power，RSRP）。RSRP 是一项关键的测量，一般用在高层**无线资源管理**（Radio-Resource Management，RRM）。NR 标准不但在无线资源管理中沿用了 RSRP 测量上报，同时也在层 1 引入了 RSRP 上报，比如用在波束管理功能（详见第 12 章）。在层 1 的 RSRP 上报一般就直接称为 L1-RSRP，表明该上报不是那种层 3 的、供高层使用并需要长时间滤波的 RSRP 上报。

8.2.2　测量资源

一个测量除了需要指明测量项，还需要指明测量针对的是哪些资源或者说哪些下行信号。这是通过将上报配置和一个或者若干个资源集关联起来完成的（资源集的概念描述详见 8.1.6 节）。

一个测量资源配置会和至少一个 NZP-CSI-RS 资源集相关联，终端会利用该 NZP-CSI-RS 资源集对信道特性进行测量。如 8.1.6 节所述，NZP-CSI-RS 资源集可以包括一组配置的 CSI-RS 或者一组同步信号块。比如用于波束管理的 L1-RSRP 测量上报，就是针对一组同步信号块或者一组 CSI-RS 进行的。注意资源配置总是关联一个资源集。通常情况下，测量上报都是针对一组 CSI-RS 或者一组同步信号块。

有些情况下，资源配置里有可能只包括单个参考信号。比如和传统支持链路自适应以及多天线预编码的方式类似，终端仅仅配置了一个资源集，该资源集只包含一个多端口 CSI-RS。终端通过对这一个多端口 CSI-RS 的测量，向网络上报 CQI、RI 和 PMI。

与之对应的是，有些关于波束管理的应用，需要配置多个 CSI-RS 或者多个同步信号块。每个 CSI-RS 或者每个同步信号块都对应一个波束。终端需要对资源集里面的一组参考信号进行测量，然后上报网络，以支持波束管理功能。

在有些情况下，终端执行的测量并不需要向网络上报。一个例子就是终端需要执行下行发送过程中，接收端（即终端）波束赋形的测量，这会在第 12 章详细讨论。在这种情况下，终端需要使用不同的接收波束来测量下行发送的参考信号。但是测量的结果并不需要向网络上报，该测量结果仅仅供终端自己内部接收使用。尽管不需要向网络上报测量结果，网络依然需要向终端配置测量的参考信号。在这种情况下，需要上报的传输数目为无（None）。

8.2.3 上报类型

一个测量除了需要指明测量项和测量针对的是哪些资源，上报配置还需要指明终端可以何时基于何种承载向网络上报测量结果。

和 CSI-RS 的传输方式类似，终端测量上报也可以分为：周期性上报、半持续上报和非周期上报。

顾名思义，周期性上报需要配置一定的上报周期。周期性上报总是通过物理信道 PUCCH 承载。因此对周期性上报，资源配置需要包括用来上报的周期性 PUCCH 资源。

对半持续上报，一个终端需要配置周期性发生上报的实例，这一点和周期性上报一致。但是，实际上上报是否发生完全由 MAC 层信令控制（MAC CE 通过激活、去激活命令控制）。半持续上报可以通过分配的 PUCCH 承载，也可以通过半持续分配的 PUSCH 承载。后者往往用来承载净负荷比较大的上报。

非周期上报则通过 DCI 信令触发，更准确地说是通过上行调度授权（DCI format 0-1）里面的 CSI-Request 域来指示。DCI 为之分配了最多 6 个 bit 来指示。6 个 bit 的每种组合都对应一个配置的非周期上报，也就是说最多可以激活 63 个不同的非周期上报[⊖]。

非周期上报总是通过调度 PUSCH 来承载。因为 PUSCH 的调度也需要上行调度授权，所以触发非周期上报的命令也同样包含在上行调度授权里面，而不是其他的 DCI 格式。

需要注意，对非周期上报，上报配置可以包括需要测量的多个资源集，每个资源集都有自己的参考信号（包括 CSI-RS 或者同步信号块）。DCI 的 CSI-Request 域为每个资源集分配了一个特定的值。通过 CSI-Request，网络可以针对不同测量对象进行相同类型的上报。当然这种配置效果原则上也可以通过配置多个上报配置来达到，即每个上报配置里都有相同的上报配置和上报类型，但是却针对不同的资源配置。

这里请不要混淆周期性、半持续和非周期上报和在 8.1.3 节描述的周期性、半持续和非周期 CSI-RS。比如非周期上报和半持续上报都可以基于针对周期性 CSI-RS 的测量。同时，周期性上报仅仅能够建立在对周期性 CSI-RS 的测量上。表 8-1 列举了协议允许的关于上报类型和资源类型的各种组合。

表 8-1　NR 支持的上报类型和资源类型的组合

上报类型	资源类型		
	周期性	半持续	非周期
周期性	Yes	-	-
半持续	Yes	Yes	-
非周期	Yes	Yes	Yes

8.3　上行信道探测：SRS

为了对上行信道进行探测，网络会配置终端发送探测参考信号 SRS。因为 SRS 和 CSI-RS 都是用来探测信道的（只不过方向不同），所以二者有很多相似之处。SRS 和 CSI-

---

⊖　如果是全零，则表明没有一个被激活。

RS 还可以作为 QCL 的参考，即网络可以配置其他物理信道和 SRS 或 CSI-RS 准共址。因此，如果网络和终端通过 SRS 和 CSI-RS 得知合适的接收波束，接收机就可以把该接收波束用于接收其他尚不知最优接收波束的物理信道。

但是 SRS 和 CSI-R5 在具体实现细节上还是有很大区别的：

- SRS 最多支持 4 个天线端口，而 CSI-RS 最多支持 32 个天线端口。
- 作为上行信号，SRS 信号具有较低的**立方度量**[60]，这样可以提高终端功放的效率。

SRS 基本的时域、频域结构如图 8-11 所示。一般情况下，SRS 会扩展到 1 个、2 个或者 4 个连续的 OFDM 符号，而放置 SRS 的 OFDM 符号会配置在一个时隙 14 个符号中的最后 6 个符号。在频域上，SRS 的位置呈**梳状结构**（comb），也就是每第 N 个子载波才会选择一个子载波承载 SRS。这里 N 可以配置为 2 或者 4，一般称为 comb-2 或者 comb-4。

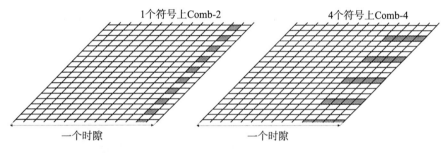

图 8-11   SRS 时频资源结构

不同终端发送的 SRS 信号会通过频域复用在相同的频率范围上，也就是分配不同的 comb，即对应于不同的频率偏移。对 comb-2 配置，每个终端发送的 SRS 会占用每两个子载波中的一个，这样就可以实现 2 个 SRS 的频域复用。同样的道理，对 comb-4 配置，最多配置 4 个 SRS 的频域复用。图 8-12 就显示了 comb-2 配置下，2 个 SRS 的复用的例子。

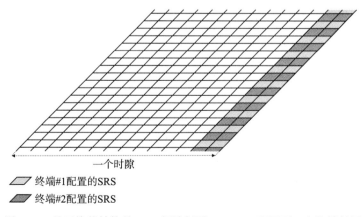

图 8-12   基于梳状结构的 SRS 频域复用，comb-2 配置下 2 个终端复用

8.3.1　SRS 序列和 Zadoff-Chu 序列

SRS 发送序列的设计基于 Zadoff-Chu 序列 [25]。由于 Zadoff-Chu 序列的特殊性质，NR 标准中多处使用了该序列，特别是上行传输方向。同样在 LTE 中也广泛使用了 Zadoff-Chu 序列 [28]。

一个长度为 M 的 Zadoff-Chu 序列定义如下：

$$z_i^u = e^{-j\frac{\pi ui(i+1)}{M}} ; \ 0 \leqslant i < M \qquad (8\text{-}1)$$

由式 8-1 可知，一个 Zadoff-Chu 序列由参数 u 决定。一般称 u 为 Zadoff-Chu **根 索引**（root index）。对一个固定长度（为 M）的 Zadoff-Chu 序列，有一些根索引能生成唯一 Zadoff-Chu 序列。这种根索引的个数就等于与 M **互质**（relative prime）的整数个数。因此人们往往关注 M 恰为质数的情况，因为这个长度会拥有最多可用的 Zadoff-Chu 序列。准确地说，在序列长度 M 为质数的情况下，可以找到 $M-1$ 个不同的 Zadoff-Chu 序列。

Zadoff-Chu 序列一个关键的特点就是经过离散傅里叶变换，生成的新序列依然是 Zadoff-Chu 序列⊖。从式 8-1 可知，Zadoff-Chu 序列的另外一个特点就是恒定的幅度，时域信号的恒定幅度有助于提高功放效率。而且由 Zadoff-Chu 序列经过傅里叶变换依然是 Zadoff-Chu 序列可知，Zadoff-Chu 序列从时域上看是恒定幅度，从频域上看，也是恒定幅度。频域上恒定幅度则意味着序列经过任意非零循环移位与原序列零相关。这也就是说，同一个 Zadoff-Chu 序列在时域上的经过不同的循环移位所产生的两个序列信号之间是正交的，注意这里时域上的循环移位等效于频域上连续的相位旋转。

尽管引入一个长度为质数的 Zadoff-Chu 序列，就可以获得更多的可用 Zadoff-Chu 序列。但是由于 SRS 的序列长度并不是质数，因此采用了扩展 Zadoff-Chu 序列来生成 SRS 序列。扩展 Zadoff-Chu 序列是基于一个长度为质数 M 的 Zadoff-Chu 序列，M 是小于或者等于期望的 SRS 序列长度的最大质数。而扩展 Zadoff-Chu 序列就是将该长度为 M 的 Zadoff-Chu 序列在频域上进行循环扩展生成。因为是在频域上扩展生成，所以依然保持完美的循环自相关，但是在时域上幅度会产生波动。

对于长度等于或者超过 36 的 SRS，都会使用扩展 Zadoff-Chu 序列。长度为 36 的 SRS 恰好对应 comb-2 下 6 个资源块的 SRS 或者 comb-4 下 12 个资源块的 SRS。对于长度小于 36 的 SRS，NR 标准通过计算机穷举的方法，找到了一组合适的序列，这些频域上平坦的序列具有良好的时域包络特性。至于为什么小于 36 的 SRS 不使用扩展 Zadoff-Chu 序列，主要是因为找不到足够的可用 Zadoff-Chu 序列。

NR 标准中，对使用 Zadoff-Chu 序列的信号，都会使用和 SRS 相同的上述设计准则（诸如上行 DM-RS，参见 9.11.1 节）。

⊖ 逆操作显然也成立，对 Zadoff-Chu 序列进行逆 DFT 操作，依然生成 Zadoff-Chu 序列。

8.3.2　多端口 SRS

如果 SRS 需要支持多天线端口的信道探测，NR 标准规定不同的端口使用相同的资源单元，并且使用相同的基础 SRS 序列。各个天线端口发送的 SRS 通过把基础序列进行不同的相位旋转来相互区别，如图 8-13 所示。

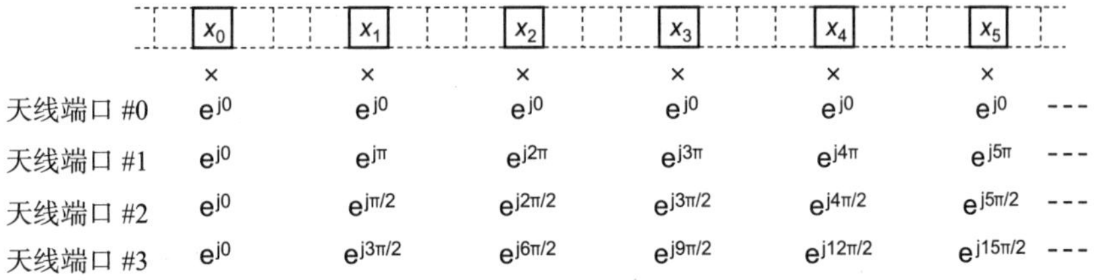

	x_0	x_1	x_2	x_3	x_4	x_5	
	×	×	×	×	×	×	
天线端口 #0	e^{j0}	e^{j0}	e^{j0}	e^{j0}	e^{j0}	e^{j0}	---
天线端口 #1	e^{j0}	$e^{j\pi}$	$e^{j2\pi}$	$e^{j3\pi}$	$e^{j4\pi}$	$e^{j5\pi}$	---
天线端口 #2	e^{j0}	$e^{j\pi/2}$	$e^{j2\pi/2}$	$e^{j3\pi/2}$	$e^{j4\pi/2}$	$e^{j5\pi/2}$	---
天线端口 #3	e^{j0}	$e^{j3\pi/2}$	$e^{j6\pi/2}$	$e^{j9\pi/2}$	$e^{j12\pi/2}$	$e^{j15\pi/2}$	---

图 8-13　对频域基础 SRS 序列进行不同的相位旋转来区分天线端口（comb-4 SRS）

如上所示，频域的相位旋转可以等效为时域的循环移位。尽管此操作数学上可以称为频域的相位偏移，但 NR 标准中统一称为**循环移位**（cyclic shift）。

8.3.3　SRS 时域结构

和 CSI-RS 类似，SRS 可以配置为周期性、半持续和非周期传输：

- 周期性 SRS 发送：网络会配置 SRS 的周期，以及将周期内的时隙偏移信息给终端，终端依照网络配置进行周期性地发送。
- 半持续 SRS 发送：和周期性 SRS 类似，网络也会配置 SRS 周期和时隙偏移。和半持续 CSI-RS 相似，网络需要通过 MAC CE 信令激活或者去激活半持续 SRS 发送。
- 非周期 SRS 发送：网络通过 DCI 命令来触发 SRS 的发送。

需要注意的是，和 CSI-RS 类似，无论激活、去激活半持续 SRS 发送，还是触发非周期 SRS 发送，都是针对一个特定的 SRS 资源集，而不是一个 SRS。而一个 SRS 资源集往往包括多个 SRS。

8.3.4　SRS 资源集

和 CSI-RS 类似，网络可以为一个终端配置一个或者多个 SRS 资源集，每个 SRS 资源集都包含一个或者多个 SRS。如上描述，一个 SRS 可以周期性发送、半持续发送或非周期发送，但是在一个 SRS 资源集中的所有 SRS 都必须是同一类型。或者说，周期性、半持续或者非周期是一个 SRS 资源集的特性。

网络为终端配置多个 SRS 资源集可以有多种目的，可能是为了上行和下行的多天线预编码，也有可能为了上行和下行的波束管理。

终端发送非周期 SRS，或者准确地说，发送一个非周期 SRS 资源集里包括的一组 SRS，是由 DCI 命令触发的。标准规定 DCI 格式 0-1（上行调度授权）和 DCI 格式 1-1（下行调度分配）均可触发非周期 SRS 发送。DCI 命令里面包括 2 比特的 SRS-request 来激活传输，也就是说网络可以最多指示终端配置的 3 个 SRS 资源集中的一个发送 SRS（2 个比特可以表示 4 种状态，3 种表示激活哪个 SRS 资源集，1 种表示不激活）。

8.3.5 物理天线映射

和 CSI-RS 类似，SRS 端口一般不会直接映射到物理天线，而是通过某个空间滤波器 F 把 M 个 SRS 端口映射到 N 个物理信道上，具体可见图 8-14。

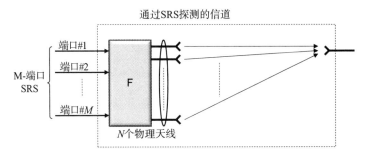

图 8-14　在映射到物理天线前，会对 SRS 进行空间滤波（F）

为了保证终端不管如何旋转，依然可以和网络保持连接，NR 终端会以很高的频率调整终端多个天线面板的指向。在这种情况下，SRS 会通过滤波器 F 将 SRS 天线端口映射到天线面板上的一组物理天线。这样每个天线面板都会有一个不同的空间滤波器 F，如图 8-15 所示。

尽管空间滤波器对网络接收端不可见，而是被当成等效信道的一部分，但它确实有实际的影响。比如网络会要求终端发送 SRS 来探测

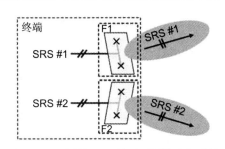

图 8-15　不同的 SRS 使用不同的空间滤波

信道，然后网络就会基于测量结果向终端推荐上行发送的预编码矩阵。而终端需要将预编码矩阵和 SRS 的空间滤波器 F 合并用以上行传输。再比如，网络调度终端使用与 SRS 发送天线端口相同的天线端口进行上行传输，这不但意味着终端会使用和 SRS 传输相同的空间滤波器 F，还意味着终端使用和 SRS 传输相同的天线面板或波束。

第9章

传输信道处理

本章将重点介绍上下行物理层功能，如信道编码、调制、多天线预编码、资源块映射和参考信号结构。

9.1 概述

物理层以传输信道的形式向 MAC 层提供服务，如 6.4.5 节所述。NR 标准为下行传输定义了三种不同的传输信道：下行共享信道（Downlink Shared Channel，DL-SCH）、寻呼信道（Paging Channel，PCH）以及广播信道（Broadcasting Channel，BCH），不过后两种信道在 NR 非独立组网中不使用。NR 为上行传输只定义了一种传输信道[⊖]：上行共享信道（Uplink Shared Channel，UL-SCH）。NR 传输信道处理和 LTE 基本类似（如图 9-1），但是映射到物理信道 PBCH 的传输信道 BCH 结构和 LTE 略有不同，RACH 也是如此，见 16.1 节。

每个**传输时间间隔**(Transmission Time Interval，TTI) 内的每个分量载波上，一个传输信道会递交最多两个长度可变的传输块给物理层，然后通过空口传输给对端。两个传输块只适用于空分复用超过四层的情况，而这种情况只会出现在下行信噪比极高的场景。因此，在绝大多数场景下，每个 TTI 以及每个分量载波上只会有一个传输块被递交。

MAC层递交一个（或两个）
长度不定的传输块

CRC

LDPC编码

速率匹配，HARQ

加扰

调制

层映射

DFT预编码（上行）

多天线预编码

资源映射

物理天线映射

图 9-1　传输信道处理流程

⊖　严格来说，随机接入信道也可以定义为一种传输信道类型（参考第 16 章）。但是 RACH 只发送层一的前导码，不会发送传输块形式的用户数据。

每个传输块都会添加一个 CRC 来检测传输错误，同时还会利用 LDPC 编码来纠正错误。速率匹配以及物理层的 HARQ 功能，把编码比特的数目适配到调度的物理资源上。信道编码后的数据被加扰之后进入调制器，并最终以调制符号的形式映射到包括空域在内的物理资源上。上下行的区别是：上行系统有可能配置 DFT 预编码，而下行不支持 DFT 预编码。除此之外，上下行的区别主要集中在天线映射和与之相关的参考信号设计上。

下面的章节会依次介绍传输信道处理的各个步骤。对于载波聚合，处理的步骤在各个分量载波上相同。因为上下行的处理基本一致，因此会对每个步骤都同时介绍上下行。当然如果上下行处理有所区别，也会特别指出。

9.2 信道编码

图 9-2 描述了一个信道编码的基本流程，后续章节会一一详细介绍。首先对每个传输块都会添加 CRC，用以检测错误，然后将码块分段。对每个码块都会分别进行 LDPC 编码和速率匹配，其中速率匹配需要支持物理层 HARQ 处理。接下来再将编码的数据级联起来形成一个编码传输块的比特序列。

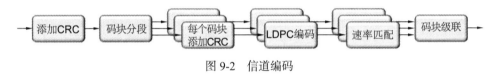

图 9-2　信道编码

9.2.1　每个传输块添加 CRC

处理的第一步就是为每个传输块计算一个 CRC，并且将 CRC 添加到传输块的尾部。CRC 可以帮助接收端检测解码的传输块是否有错，如果有错，系统可以通过 HARQ 来激活一次重传请求。

CRC 的大小取决于传输块的长度。如果传输块长度大于 3824bit，那么 CRC 的长度为 24bit，如果小于 3824 bit，那么 CRC 的长度为 16 bit。

9.2.2　码块分段

NR 标准使用的 LDPC 编码器支持一定的码块长度。对于**基图 1**（base graph 1）最大码块长度为 8424 bit；对于**基图 2**，最大码块长度为 3840 bit。当真实的码块长度超过这个最大长度的时候，就需要执行码块分段。码块连同 CRC 一起会被切割为若干个长度相同⊖的码块。如图 9-3 所示，码块分段也会带来额外的 CRC，和前面的传输块 CRC 相同，也是 24bit。每个分段后形成的码块都会添加一个 CRC。当然如果不需要分段，则不会添加任何额外的码块级别的 CRC。

⊖　NR 可能的传输块长度总能被划分为等长的小码块。

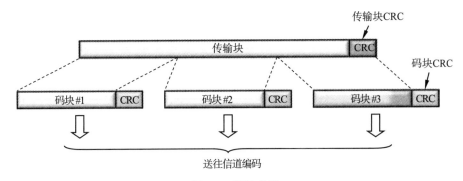

图 9-3　码块分段

码块分段的情况下传输块的 CRC 似乎是冗余的，并会带来不必要的开销因为每个码块的 CRC 合在一起就隐含着这个传输块的正确性信息。但是为了能够处理码块分组（Code-Block Group，CBG）级别的重传（第 13 章会详细描述），为每个码块提供错误检测的能力是需要的。这里 CBG 重传意味着只有那些有错的码块组会被重传，而不是把整个传输块重传，这会有效提高频谱效率。即便终端没有配置 CBG 重传，每个码块的 CRC 依然有助于接收端在重传的时候仅仅针对那些有错的码块解码，有助于降低终端处理负荷。此外，码块级 CRC 也可以提高系统的错误检测能力。注意，码块分段只是针对那些大的传输块，因此增加传输块 CRC 的相对开销并不大。

9.2.3　信道编码

NR 信道编码采用 LDPC 编码。尽管 LDPC 编码在 20 世纪 60 年代就被设计出来[34]，却一直被世人所忽视。到了 20 世纪 90 年代[59]，人们又重新发现了 LDPC 的好处。从纠错能力上来说，LDPC 和 LTE 中的 turbo 编码性能近似，但 LDPC 的实现复杂度低，特别是高码率时有明显优势，所以 NR 标准采用了 LDPC 编码。

LDPC 基于一个稀疏（低密度）奇偶校验（sparse parity check）矩阵 H，所生成的每个码字 c 都满足 $Hc^T=0$。设计一个好的 LDPC 某种程度上就是找到一个好的稀疏奇偶校验矩阵 H，这里"稀疏"意味着相对简单的解码。一般通过一张连接顶部 n 个变量节点和底部 $n-k$ 个限制节点的图来表示稀疏奇偶校验矩阵。这种标记方法可以方便人们分析 (n, k) LDPC 码。这也是为什么在 NR 标准里使用基图来描述 LDPC。关于 LDPC 原理的详细描述超出了本书的范围，有兴趣的读者可以参考 [68]。

NR 标准采用的是奇偶校验矩阵的核心部分具有**双对角**（dual-diagonal）结构的**准循环**（Quasi-cyclic）LDPC 码。这种 LDPC 码的解码复杂度和码字长度成正比，而且编码的操作也很简单。NR 定义了两个基图，即 BG1 和 BG2，每个基图都代表一个基矩阵。NR 设计两个基图而不是统一为单个基图是为了能够有效处理不同的净荷长度和编码速率。当编码器以中、高编码速率支持一个非常大的净荷长度（意味着高速的上传或者下载）的时候，使用适用于低编码速率的 LDPC 效率会很低。但是 NR 为了适应某些恶劣的空口环境，又必须支持非常低的编码速率。所以，最终 NR 采用 BG1，用于编码速率 1/3 ~ 22/24（换算成小数形式就是 0.33 ~ 0.92）；同时采用 BG2，用于编码速率 1/5 ~ 5/6（换算成小数形式就是 0.2 ~ 0.83）。经过速率匹配，最高的编码速率可以增加至 0.95，超出该最高速率终端就无法解码。参见图 9-4，NR 会根据传输块大小以及编码速率决定使用 BG1 还是 BG2。

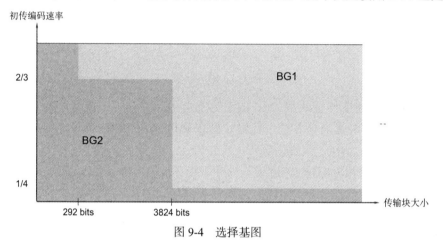

图 9-4　选择基图

基图，或者说该基图对应的基矩阵定义了 LPDC 的编码结构。为了支持可变的净荷长度，NR 标准定义在基矩阵上可以使用 51 种不同的扩充尺寸（lifting size）和移位因子（shift coefficient）。简单来说对一个任意的扩充尺寸 Z：基矩阵中的 "1" 都可以被替换为一个维度为 $Z \times Z$ 矩阵，该矩阵由一个单位矩阵经过 "移位因子" 个循环移位产生；而基矩阵中的 "0" 则被一个 $Z \times Z$ 的全零矩阵代替。这样就可以在保持 LDPC 结构基本不变的情况下，根据不同的净荷大小，灵活生成不同大小的奇偶校验矩阵。NR 标准定义了 51 种奇偶校验矩阵，为了支持这 51 种矩阵支持的长度之外的净荷，可以在编码前添加已知的填充比特以满足校验矩阵的需要。由于 NR 的 LDPC 码是系统码，所以在传输之前可以移除这些填充比特。

9.3　速率匹配和物理层 HARQ 功能

速率匹配和物理层 HARQ 功能的引入主要有两点目的：一是为了提取出合适数量的编码比特以匹配到分配的传输物理资源上；二是为了替 HARQ 协议生成不同的冗余版本。PDSCH 或者 PUSCH 究竟能传输多少比特不仅仅取决于调度的资源块和 OFDM 符号数目，还取决于调度资源中有多少资源单元用于其他用途。这些用于其他用途的资源单元包括承载参考信号的资源单元、控制信道的资源单元以及系统消息的资源单元。除此之外，下行有可能定义一些预留的资源单元用于向后兼容，支持未来的新特性（参见 9.10 节）。所有这些都会影响调度资源中真正能用于承载数据的资源单元的数目。

速率匹配会针对每个码块独立执行。首先，将固定数目的系统比特打孔，取决于码块大小，被打孔的系统比特比率可以高达 1/3。剩余的编码比特会被写入一个环形缓冲区，从没有被打掉的系统比特开始写入，然后是奇偶校验比特，如图 9-5 所示。这样每次传输究竟要传输哪些比特就取决于环形缓冲区中要传输的比特长度以及起始位置，而起始位置则取决于冗余版本（Redundancy Version, RV）。这样，针对同一组信息比特，通过选择不同的冗余版本，就产生了不同的编码比特。其中 RV0 和 RV3 对应环形缓冲区读取的起始位置，可以支持自解码，或者说在绝大多数场景包含系统比特。这也是为

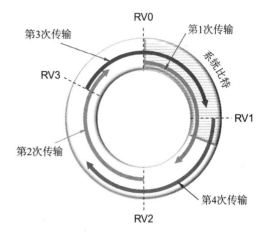

图 9-5　用于增量冗余的环形缓冲区示例

什么 RV3 对应的起始位置不是正好九点钟方向，如图 9-5 所示。RV3 起始位置在 9 点位置之后，这样可以包含更多的系统比特。

在接收机端，通过**软合并**（soft combining）来支持 HARQ，如 13.1 节所述。接收到的软比特会写入缓冲区，这样如果有 HARQ 重传，重传的比特都会和缓冲区中以前传输的软比特合并，这样每次解码就会得到两种类型的增益。一种是两次传输对应同一个编码比特，这就会在接收端得到能量合并的增益；另一种得到额外的奇偶校验比特，这会在接收端得到编码增益（等效于编码速率下降）。

软合并需要在接收端准备一个缓冲区，但是由于绝大多数的传输会在第一次就成功，这就会导致缓冲区的利用率不高。同时缓冲软比特需要考虑最大的传输块，对终端有较高的内存要求。因此需要在成本和性能之间寻求平衡，如图 9-6 所示，NR 标准把终端支持的环形缓冲区的大小看是终端的一项能力，允许部分终端仅仅支持有限的缓冲区大小。

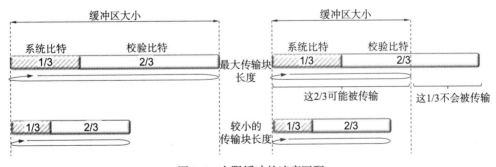

图 9-6　有限缓冲的速率匹配

对于下行传输，终端最多需要支持缓冲区的大小为最大传输块 2/3 编码速率对应的软比特。这种对软比特缓冲区的限制仅仅针对最大的传输块长度，或者说限制了最大速率。如果

终端传输比较小的传输块，依然可以缓冲所有的软比特，甚至缓冲低至母码速率的软比特。

对于上行传输，一般认为 gNB 拥有足够的缓冲区，所以网络需要支持缓冲区的大小为最大可能的传输块编码对应的所有软比特。当然对一些缓冲区大小受限的 gNB，也可以通过 RRC 信令配置，像下行传输那样设置对软比特缓冲区的限制。

发送端速率匹配最后的步骤是通过块交织器，把编码数据进行交织然后比特收集。从环形缓冲区中读取的数据会按照一行接着一行的方式写入块交织器，然后再按照一列接着一列的方式从交织器读出。交织器的行数和调制阶数有关，这样可以让一列中的比特正好对应一个调制符号[⊖]（如图 9-7）。交织的目的是让系统比特能够在调制符号中分散开来，这样可以提升性能。最后比特收集把各个码块的比特级联在一起。

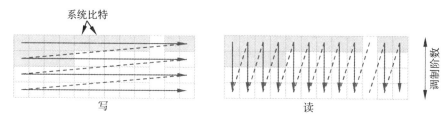

图 9-7   比特交织（图例为 16QAM 调制模式）

9.4   加扰

加扰是将 HARQ 码块输出的编码比特和一个加扰序列进行比特级的乘法。没有加扰的话，至少从原理上来说，接收机无法有效压制干扰。对相邻小区的下行传输采用不同的扰码，或者对不同的终端上行发送采用不同的扰码，干扰信号解扰后就会被随机化。这种随机化非常有助于充分利用信道编码的处理增益。

上行和下行的加扰序列都和终端的标识，也就是 C-RNTI 有关。每个终端都会配置一个扰码标识，如果没有配置扰码标识，则默认采用物理层小区标识。这样就可以保证终端之间或者小区之间拥有不同的加扰序列。此外，如果对一次下行传输使用了两个传输块（用于支持高于 4 层的传输），那么这两个传输块会使用不同的扰码序列。

9.5   调制

调制的目的是把加扰后的比特转换为一组复数表示的调制符号。NR 标准的上行传输和下行传输支持的调制模式包括：QPSK、16QAM、64QAM 以及 256QAM。除此之外，在使用 DFT 预编码的情况下，NR 的上行传输还支持 π/2-BPSK，这样可以降低立方度量[60]，提升功放效率，进而可以提高覆盖。注意，不配置 DFT 预编码，立方度量主要受限于 OFDM，所以没有必要支持 π/2-BPSK。

⊖   这个结构可以提高高阶调制的性能

9.6　层映射

层映射的目的是将调制的符号映射到各个层上。映射的方式和 LTE 类似，以层数为模，把第 n 个符号映射到第 n 层上。一个编码的传输块最多可以映射到 4 层上。对下行传输，可以支持 8 层，则将另一个传输块映射到 5 ~ 8 层上，映射方式和前 4 层映射方式一致。

这里所描述的多层传输都是指 OFDM 传输，对于部分上行传输使用的 DFT 预编码，则仅支持单层传输。对于 DFT 预编码，如果要支持多层传输，会给接收机带来较高的复杂度。而引入 DFT 预编码的初衷是为了提高覆盖。而在覆盖受限的场景下，接收信噪比往往很低，无法支持空分复用，所以单个终端不需要支持多层传输。

9.7　上行 DFT 预编码

DFT 预编码仅仅用于上行传输。对于下行传输，或者没有配置 DFT 预编码的上行传输，这个步骤是透明的。

对用于上行的 DFT 预编码，多个数据块（每块长度为 M 个符号）需要通过一个长度为 M 的 DFT，如图 9-8 所示。这里 M 代表的物理意义是此次传输分配的子载波数目。使用 DFT 预编码的目的是降低立方度量，提升功放效率。从 DFT 实现的复杂度考虑，DFT 的长度应该被限制为 2 的幂。但是这个规定会限制上行传输分配的资源数目，从而影响调度器的灵活性。从灵活性的角度，应该支持各种长度的 DFT。NR 标准最终规定采用了和 LTE 类似的折中方案，即分配的资源大小的质因数只能是 2、3 和 5。比如 60、72 或者 90 都是允许的长度，但是 84 就不可以[⊖]。这样 DFT 的实现就可以简化为相对简单的基 2、基 3 和基 5 的 FFT 处理的组合。

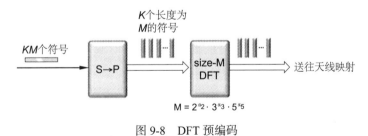

$$M = 2^{a_2} \cdot 3^{a_3} \cdot 5^{a_5}$$

图 9-8　DFT 预编码

9.8　多天线预编码

多天线预编码的目的是将若干传输层通过预编码矩阵映射到一组天线端口。在 NR 标准里，上下行的预编码和多天线操作是不同的，基于码本的预编码只对上行传输可见。详

⊖　上行资源分配总是以资源块为单位，而一个资源块包含了 12 个子载波，所以 DFT 的长度总是 12 的倍数。

细的描述请参考第 11 和 12 章。

9.8.1 下行预编码

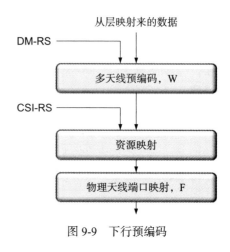

对下行传输，解调参考信号（DM-RS）被用于
信道估计，所以 DM-RS 和 PDSCH 传输会使用相
同的预编码（如图 9-9 所示）。所以，预编码对接
收机而言并不可见，接收机会把预编码看成整体信
道的一部分。这与第 8 章描述 CSI-RS 和 SRS 的空
间滤波器对接收端透明的机制相似。从本质上来
说，任何下行传输，多天线预编码都可以看成一个
对接收端透明的空间滤波器。

但是为了支持 CSI 上报，终端需要假设一个
网络使用的预编码矩阵 W。终端会假设下行数据

图 9-9 下行预编码

通过多天线预编码被映射到 CSI-RS 的天线端口，同时终端可以通过 CSI-RS 测量天线端
口并上报网络。尽管终端上报了 CSI-RS 的测量结果，网络依然可以按照自己的理解改变
预编码矩阵。

为了处理接收端波束赋形，可以定义 QCL 关系。通过配置 QCL，网络关联了 DM-RS
端口组（也就是用于 PDSCH 传输的天线端口[⊖]）和 CSI-RS、SSB 使用的天线端口。调度信
令中会包括传输配置索引（Transmission Configuration Indication，TCI）信息，该信息指示
了 QCL 的关系，这样终端就可以知道应该如何进行接收端波束赋形，具体信息请参考第
12 章。

解调参考信号 DMRS 会通过分配的下行资源传输，终端也会通过 DM-RS 来估计信
道，又包括用于 PDSCH 的预编码 W 和空间滤波器 F。

原则上说，参考信号之间相关性的信息，不论是空口相关性还是预编码相关性，如果
终端知道这些信息都会有助于信道估计的提升。然而在时域上，NR 标准并不允许终端对
两次 PDSCH 传输的参考信号间的相关性做出任何假设。这么做的目的是允许网络灵活的
波束赋形或者空分复用。在频域上，终端可以对参考信号相关性做出一定的假设。这种相
关性范围定义为一个物理资源块组（Physical Resource-block Groups，PRGs）。终端可以
认为在一个 PRG 内的下行预编码保持一致，这种假设可以提升信道估计性能。但是不同
PRG 之间，终端不能假设下行预编码是否保持一致。所以这实质上是在预编码灵活性和信
道估计性能之间寻找一种平衡。PRG 越大，信道估计性能越好，但是预编码的灵活性越
差，反之亦然。如图 9-10 所示，gNB 需要指示终端 PRG 的大小，可以是 2 个资源块，也

⊖ 多 TRP 传输情况下，NR Release 15 的协议尚未支持两个 DMRS 端口组的配置，不过计划在后续协议版本
中支持。对于两个 DMRS 端口组的配置，PDSCH 传输的一些层可以通过一个端口组发送，另外的层通过
另一个端口组发送。

可以是 4 个资源块，甚至可以是整个调度的带宽。网络可以直接配置一个值给终端用于 PDSCH 传输，也可以通过 DCI 动态调制 PRG 大小。除此之外，网络还可以配置终端将整个调度带宽设为 PRG 大小。

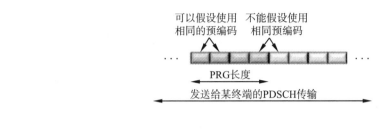

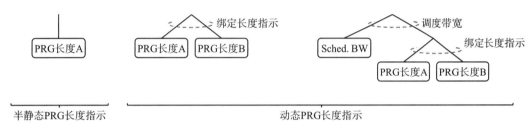

图 9-10　物理资源块组（上）和对应指示（下）

9.8.2　上行预编码

和下行类似，上行的解调参考信号也会采用和 PUSCH 相同的预编码。因此上行预编码对接收机而言不可见，依然被看作整体信道的一部分（如图 9-11）。

然而从调度器的角度看来，因为网络可以通过 DCI 命令中的预编码信息（precoding information）和天线端口（antenna port）两个信元来直接指定一个预编码矩阵 W 用于上行 PUSCH 的传输，因此实质上网络有可能知道上行多天线预编码信息。终端会使用该网络指定的预编码把不同的层映射到天线

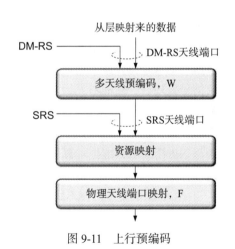

图 9-11　上行预编码

端口。DCI 命令指定的这些天线端口上会配置 SRS，而网络就是依赖测量这些 SRS 得到预编码矩阵。因为预编码矩阵 W 是从码本中选择出来，所以这种预编码技术也称为基于码本的预编码。注意终端选择空间滤波器 F 本质上也可以看成一种预编码。虽然网络不能直接控制 F，但是可以通过 DCI 命令里面的 SRS 资源指示（SRS Resource Indicator，SRI）限制终端 F 的选择范围。

NR 标准还支持网络基于非码本的预编码。对这种非码本的配置，W 退化为单位矩阵，

也就是说这个时候预编码完全由 F 控制，而 F 是由终端推荐的。

基于码本的预编码以及非基于码本的预编码都会在第 11 章中详细描述。

9.9　资源映射

资源块映射就是将发往各个天线端口的调制符号映射到资源块内的资源单元上。这些资源块是由 MAC 层调度器为此次传输分配的。如 7.3 节所述，传输使用的每个资源块频域上等于 12 个子载波的宽度，时域上包括若干个 OFDM 符号。当然调度的资源块内有些或全部资源单元也许不会承载传输信道传输，而是用于：

- 解调参考信号（可能包含多用户 MIMO 场景下其他被一起调度的终端的参考信号），在 9.11 节中详述。
- 其他类型的参考信号，比如 CSI-RS 和 SRS，参考第 8 章。
- 下行 L1 或者 L2 的控制信令，参考第 12 章。
- 同步信号以及系统消息，参考第 16 章。
- 下行预留的资源，为了提供向前兼容，参考 9.10 节。

调度器会使用虚拟资源块和一组 OFDM 符号来定义用于某次传输的时频资源。调制符号会按照先频域，后时域的顺序映射到调度器指定的时频资源。这种先频域后时域的顺序可以降低时延。对高速率传输，每个 OFDM 符号都包含多个码块，终端接收机不需要等待接收完所有的 OFDM 符号，就可以对已收到的 OFDM 符号内的码块进行解码。同样，发射机可以一边处理后续 OFDM 符号，一边发送已经处理好的 OFDM 符号，从而通过这种流水线操作降低时延。如果是按照先时域映射的方式，则发射机必须完成整个时隙的信号处理后，才能够开始发送。

包含调制符号的虚拟资源块会映射到部分带宽内 BWP 内的物理资源块上。如图 9-12 所示，依据传输所使用的 BWP，最终可以决定载波资源块以及在载波上准确的频域位置。这里 NR 标准引入虚拟资源块和物理资源块以及相互之间看似复杂的映射过程，是为了适应各种使用场景。

NR 标准定义了两种不同的虚拟资源块向物理资源块的映射方式：非交织映射（图 9-12 上部所示）以及交织映射（图 9-12 下部所示）。网络可以通过 DCI 命令里面的一个比特来动态控制选择哪种映射方式。

非交织映射意味着一个 BWP 内的虚拟资源块直接映射为该 BWP 的物理资源块。在网络知晓物理资源块空口质量的情况下，调度器通过非交织映射直接选定空口质量好的物理资源块。如图 9-12 所示，6 ～ 9 号物理资源块信号质量好，因此调度器通过非交织映射指定传输使用这 4 个物理资源块。

交织映射将虚拟资源块交织映射到物理资源块上。选定的物理资源块以两个或四个为一组，不同的组打散到整个部分带宽上。交织映射会使用一个两行的块交织器，两个或四个为一组的资源块会按列写入、按行读出。当然网络是通过高层信令来通知终端在交织映射中是使用两个还是四个资源块。

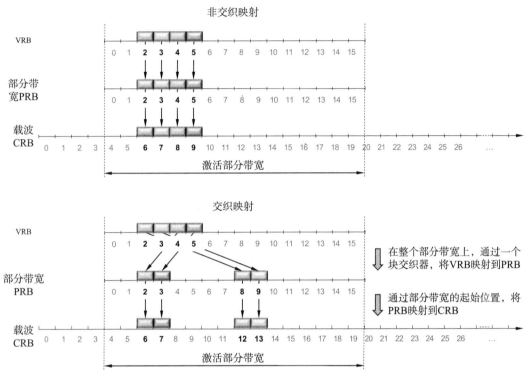

图 9-12 虚拟资源块到物理资源块再到载波资源块的映射

引入资源块交织映射是为了获得频率分集，不论大量资源分配，还是少量资源分配，交织资源映射都能带来好处。

对少量资源分配，典型的例子就是语音业务。一般不会让调度器依据信道质量进行调度，因为探测信道质量所需要的反馈信令带来的相对开销太大了。在某些特殊场景下，比如终端快速移动，也会让调度器无法得知准确的信道质量。在这些情况下，通过频域的分集，将传输分散到频域不同位置，本质上也是一种利用信道频域波动的方法。尽管频率分集增益也可以通过 type 0 资源分配方式（参看 10.1.10 节）获得，但是 type 0 资源分配需要较大的控制信令开销，尤其是对少量资源分配的业务非常不划算。相反，可以使用更加紧凑的 type 1 资源分配方式，由于这种分配方式只能支持连续的资源分配，所以再加上虚拟资源块到物理资源块的交织映射，就可以用较小的控制信令开销得到频率分集。这种方法和 LTE 的分布式资源映射机制非常类似。另外由于 type 0 已经支持非常灵活的资源分配，所以交织映射只在 type 1 资源分配方式下支持。

对于大量的资源分配（传输几乎占据了这个 BWP 大部分的资源块），频率分集依然有其优势。对于一个大的传输块，或者说非常高的传输速率，如 9.2.2 节所述，编码后的数据实际上被分为多个码块。编码后的数据是按照先频域再时域的方式进行映射，这样就会导致每个码块实际上都被分配到一小段连续的物理资源块上。如果频域上信号质量波动较大，一些码块就会经受比其他码块差的多的传输质量，最终导致整个传输块解码失败。即便空口较为平坦，射频器件的非理想性也有可能造成这种频域上信号质量的波动。如果使用资源块交织映射方式，一个码块尽管占据了连续的虚拟资源块，但是通过交织映射最终会被映射到频域上不同位置的物理资源块。也就是说这种交织的 VRB 到 PRB 的映射本质上就是对一个码块进行频域上信号质量的平均，最终有助于这个传输块的成功解码。LTE 的设计中没有这种资源块映射的考虑，一方面是数据速率没有 NR 这样高，另一方面也是因为 LTE 的码块间是经过交织的。

上面的讨论主要是围绕下行传输。对于上行，NR 在 Release 15 中仅仅规定了对连续分配的射频性能要求，也就是说只有下行支持交织映射。如果想在上行支持频率分集，需要配置跳频模式。调度授权仅指示时隙当中第一组 OFDM 符号上数据传输使用的资源块，接下来的 OFDM 符号上会使用不同的资源块，这些不同的资源块和第一个 OFDM 上使用的资源块之间的偏移量是由网络配置的。网络通过 DCI 命令中的一个比特来动态控制跳频的开启。

9.10 下行预留资源

NR 标准一个关键的设计目标是支持向后性。向后的意思是说如果 NR 标准未来引入新的特性，这些特性可以容易地引入系统，即不会对原有已经部署的 NR 终端、系统造成太大的影响。为了支持向后，NR 设计了若干机制，最重要的一个机制就是为下行传输定义了预留资源。预留资源由网络通过半静态的方式进行配置，从而预留一部分时频资源。系统配置的预留资源可以：

- 针对一个 LTE 载波。预留资源会规避 LTE 载波的小区参考信号，这样就能在 LTE 载波上进行 NR 的传输详见第 17 章。
- 针对一个 CORESET。
- 针对一组由位图指示的资源集。

NR 标准对上行没有设计预留资源。如实际系统需要避免在一些特定资源上传输，可以通过调度来实现[⊖]。

配置针对一个 CORESET 的预留资源，可以动态控制控制信令的资源是否可以为数据传输所重用（参考 10.1.2 节）。在这种情况下，gNB 可以动态指示这些预留资源是否可以被 PDSCH 使用，这样这些预留资源不必周期性出现，而是在需要的时候可以立刻预留出来。

第三种配置预留资源针对一组有位图指示的资源集，如图 9-13 所示，通过 2 个位图

⊖ 另一个原因在 Release 15 协议中，上行仅仅支持频域连续分配。如果使用 bitmap-1 指示预留资源，会导致频域非连续分配。

可以描述预留资源的配置：

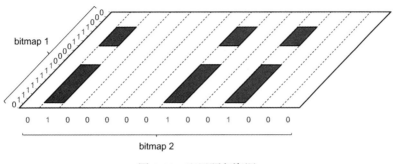

图 9-13　配置预留资源

- 第一个是关于时域的位图，NR 标准称之为"bitmap-2"。该位图指示一个时隙（或者一对时隙）内的一组 OFDM 符号（或者一对时隙）。
- 在 bitmap-2 指示的一组 OFDM 符号内，NR 标准规定了另一个位图，称为"bitmap-1"。该位图指示任意一组需要被预留的资源块（每个资源块包括 12 个资源单元）。

如果资源集的定义针对整个载波，那么 bitmap-1 的长度就必须和整个载波的资源块总数相等。如果资源集的定义针对特定的 BWP，那么 bitmap-1 的长度就必须和 BWP 的资源块总数相等。

所有由 bitmap-2 指示的 OFDM 符号都拥有相同的 bitmap-1，换句话说，所有被 bitmap-2 指示的 OFDM 符号都会预留相同的资源单元。除此之外，频域上所有预留资源的配置单位都是资源块（由 bitmap-1 指示），也就是说一个（频域）资源块内所有的资源单元或者被预留或者不被预留。

配置为预留的资源，究竟是预留还是用于 PDSCH 传输是通过半静态或者动态的方式控制的。

对于半静态配置，NR 标准使用第三个位图（bitmap-3）来指定由 bitmap-1 和 bitmap-2 描述的预留资源或者针对一个 CORESET 的预留资源在哪些时隙上有效。bitmap-3 的颗粒度等于 bitmap-2 的长度（即一个或两个时隙），其长度为 40 个时隙，这样由 bitmap-1、bitmap-2、bitmap-3 共同定义了 40 个时隙长度的时域周期内哪些资源是预留资源。

对于动态激活、去激活事先半静态配置的预留资源，是通过调度分配命令里面的一个指示位来表明特定传输是否需要预留资源。请注意图 9-14 假设调度是按照一个时隙的时间粒度进行，实际上如果传输的持续时间小于一个时隙，预留指示依然可以工作。所以 DCI 中的预留资源激活、去激活指示不应该看成对一个特定时隙的指示，而是应该看成对一个特定传输的指示。也就是说 DCI 激活该 DCI 调度的传输中占用的预留资源，或者去激活该 DCI 调度的传输中占用的预留资源。

终端可以最多配置 8 个不同的预留资源集，每个资源集可以针对一个 CORESET 或者通过位图来描述。通过配置多个资源集，可以组合成多种预留资源模式，如图 9-15 所示。

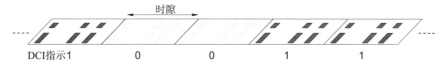

图 9-14   通过 DCI 指示，动态激活、去激活资源集

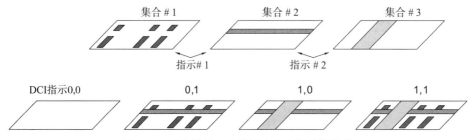

图 9-15   动态激活、去激活多个配置的资源集

尽管可以为终端配置 8 个不同的资源集并且每个都可以动态激活，但是这 8 个配置并不能通过调度分配命令完全独立地激活、去激活。事实上，为了保证合理的控制信令开销，一个调度分配命令里面最多包含两个指示。每个资源集会被归属于这两个指示中的一个，当其中一个指示发出激活、去激活命令之后，属于这个指示的所有资源集都会被相应地激活、去激活。图 9-15 的例子就是配置了 3 个资源集，其中资源集 #1 和资源集 #2 隶属于指示 #1，资源集 #2 和资源集 #3 隶属于指示 #2。注意图 9-15 的设计模式只是用于说明问题，并不一定在实际网络中使用。

9.11   参考信号

参考信号是事先定义的信号，其占用特定的下行时频资源单元。NR 标准规定了若干种不同的参考信号，以及不同的发送模式，用于不同场景下的接收。

LTE 的下行解调依赖于常开的小区特定参考信号，同样信道质量的估计、定时以及频率跟踪也依赖于小区特定参考信号。和 LTE 不同，NR 标准则针对不同的用途使用不同的下行参考信号，这样有助于优化用于特定目的的参考信号。而且这样做也和极简传输的原则相符，不同的参考信号只有在需要的时候才会被传输。其实 LTE 的后续演进版本也逐步向这个方向靠拢，但是 NR 可以最大化这种设计思想，因为 NR 完全不需要像 LTE 那样考虑对传统终端的影响。

NR 的参考信号包括：

- 解调参考信号 DM-RS，用于终端信道估计并进行 PDSCH 的相关解调。这类参考信号仅仅在 PDSCH 传输的资源块中出现。类似的，用于 PUSCH 的 DM-RS 也帮助 gNB 能够相干解调 PUSCH。用于 PDSCH 和 PUSCH 的 DM-RS 是本节的重点，而用于 PDCCH 和 PBCH 的 DM-RS 则会在第 10 和 16 章中详细描述。

- 相位跟踪参考信号 PT-RS，可以看成是用于 PDSCH 或者 PUSCH 的 DM-RS 的一个扩展，以支持相位噪声补偿。和 DM-RS 相比，PT-RS 在时域上更加密集，但是在频域上相对稀疏。PT-RS 如果被配置使用，一定是和 DM-RS 一起出现，相关细节后续描述。
- 信道状态信息参考信号 CSI-RS，用于帮助终端获取下行信道状态信息。还可以配置 CSI-RS 为终端提供定时、频率跟踪以及移动性测量。CSI-RS 信号已在 8.1 节中详细描述。
- 跟踪参考信号 TRS，是一种稀疏的参考信号，用来帮助终端进行定时、频率跟踪。TRS 实际上是一组特定的 CSI-RS 配置，参见 8.1.7 节。
- 探测参考信号 SRS，是一种由终端发送的上行参考信号，用来帮助网络进行上行信道状态估计。SRS 具体在 8.3 节中详细描述。

在下面的章节中，会详细描述用于 PDSCH 或 PUSCH 相干解调的解调参考信号。从每个 OFDM 符号上来看，上行和下行的 DM-RS 拥有相同的结构。对于上行 DFT 预编码的 OFDM，参考信号基于在 LTE 中大量使用的 Zadoff-Chu 序列，这样可以提高功放效率，但局限是调度器只能调度连续的上行频域分配，以及单层传输。本节最后还会讨论 PT-RS 相关内容。

9.11.1　基于 OFDM 的上下行传输所使用的 DM-RS

NR 标准对 DM-RS 的设计满足了不同部署场景和用例：前置的设计可以降低处理时延；支持最多 12 个正交的天线端口可以有效地支持 MIMO 的应用；一个时隙可以配置多达 4 个参考信号实例可以有效支持高速移动的场景。

将 DM-RS 放置在传输的前面，或者称为前置参考信号，有助于系统获得更低的处理时延。这种设计允许接收机更早进行信道估计。而一旦接收机获得了信道估计，无论传输是否结束，接收机可以立刻对已经缓存的接收数据进行相关解调，而不需要将所有数据全部接收缓存下来才能进行处理。这一点也是资源映射的时候先映射到频域的原因。

NR 标准支持两种主要的时域结构，主要区别是第一个 DM-RS 符号的位置不同：

- **映射类型 A**（mapping type A），第一个 DM-RS 符号位于时隙内第 2 个或者第 3 个 OFDM 符号。这种映射方式不管实际数据传输的起始位置，始终把 DM-RS 放置在时隙相对边缘的位置。这种映射方式主要用于数据传输占据了时隙绝大部分符号的场景。而放置在第 2 个或者第 3 个 OFDM 符号主要是希望 DM-RS 能够放置在时隙最开端的 CORESET 之后。
- **映射类型 B**（mapping type B），第一个 DM-RS 符号位于放置数据传输分配的第一个 OFDM 符号中。DM-RS 的位置不是相对于时隙的起始位置，而是相对于数据传输的起始位置而定。这种映射方式最初主要考虑数据传输占据了一个时隙的一小部分符号的情况，有助于减小时延。

对 PDSCH 传输，DM-RS 不同的映射类型通过 DCI 动态地通知接收端（详见 9.11 节）。而对 PUSCH 的传输，DM-RS 不同的映射类型需要半静态配置。

尽管前置参考信号对于降低时延有帮助，但是由于时域上分布不够密集，就不能很好适应信道的快速变化。为了支持高速移动的场景，一个时隙内可以最多配置额外三个 DM-RS 发送时刻。接收机的信道估计器可以利用这些额外的发送时刻进行更加准确的信道估计，比如通过一个时隙内时域上多个 DM-RS 时刻之间进行插值。但是接收机不能对不同时隙间的 DMRS 进行插值，因为不同的时隙有可能发送给不同的终端或者使用不同的波束。这一点和 LTE 有非常大的区别，LTE 允许跨时隙的信道估计插值以提高信道估计性能，但这会限制多天线处理或者波束赋形的灵活性。

DM-RS 在时域上不同的分配可以参见图 9-16。图中包括了持续时间为单个符号的 DM-RS 和持续时间为两个符号的 DM-RS。设计两个符号的 DM-RS 主要是为了支持更多的天线端口。注意时域 DM-RS 的位置依赖于调度数据的传输持续时间。除此之外，不是所有的图 9-16 示意的模式都能够用于 PDSCH，比如 PDSCH 映射类型 B 仅仅支持持续时间 2、4 和 7。

一次 DM-RS 发送可以包括多个正交的参考信号。这些参考信号通过频域或者码域进行区分。对持续 2 个符号的 DM-RS，也通过时域进行区分。NR 标准支持两种映射类型的配置，类型 1 和类型 2。两种类型在频域上的映射方式不同，因此支持的最大正交参考信号个数也不同。对单个符号 DM-RS，类型 1 可以支持最多 4 个正交的 DM-RS 信号；对两个符号的 DM-RS，可以支持最多 8 个正交的 DM-RS 信号。对单个符号 DM-RS，类型 2 可以支持最多 6 个正交的 DM-RS 信号；对两个符号的 DM-RS，可以支持最多 12 个正交的 DM-RS 信号。注意这里不要混淆参考信号类型（1 或者 2）和参考信号映射类型（A 或者 B），不同的映射类型可以和不同的参考信号类型混合搭配。

从频域上看，发送的参考信号功率谱最好具有较小的波动，这有助于获得频域上类似的信道估计质量。这就意味着参考信号在时域的自相关能量要集中。基于 OFDM 的调制，参考信号采用了一个伪随机序列，更准确地说采用了一个长度为 $2^{31}-1$ 的 Gold 序列。这个序列的自相关能量高度集中。序列生成对应的是频域上所有的公共资源块（CRB），但是实际传输的时候，没有理由去估计传输使用的频率资源之外的信道，因此只会选取数据传输使用的那些资源块对应参考信号进行传输。为所有的资源块统一产生参考信号序列，在不同的终端使用相同的时频资源时就提供了一套相同的序列，这一点在 MU-MIMO 模式下非常有用（如图 9-17 所示，在 MU-MIMO 模式下，相同资源块对应相同的序列，不同用户可以在这个相同的伪随机序列之上再叠加正交序列，以保持用户间的隔离，后续会进行具体描述）。如果每个终端在使用相同的时频资源的时候底层的伪随机序列是不同的，即便在之上叠加一个正交序列，也没有办法保证参考信号之间的正交性。伪随机序列通过一个可配置的标识来生成，类似于 LTE 中的虚拟小区 ID 的概念。如果网络没有配置标识，则默认采用物理层小区 ID。

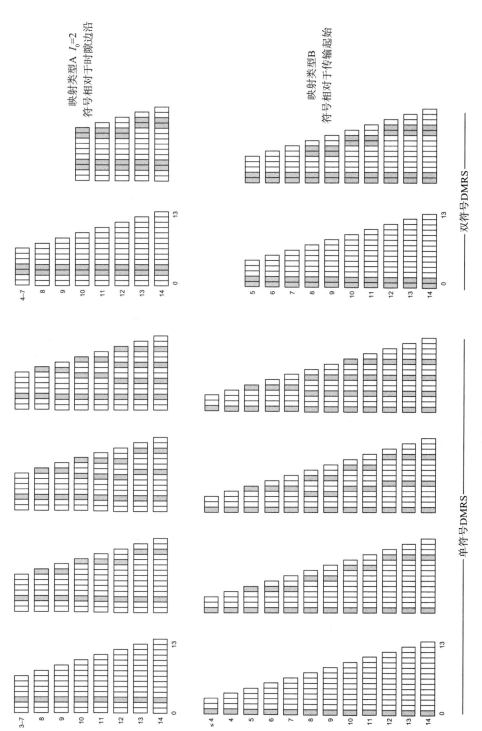

图 9-16 DMRS 时域分布

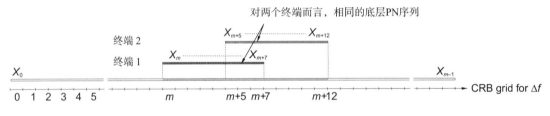

图 9-17 基于公共资源块 0 产生的 DM-RS 序列

回到类型 1 参考信号，在配置了参考信号传输的 OFDM 符号上，频域上每隔一个子载波会映射一个参考信号的伪随机序列。如图 9-18 就是一个仅有前置参考信号配置示例，天线端口[⊖]1000 和 1001 在频域上使用了偶数编号的子载波。在频域上，在伪随机序列上叠加长度为 2 的正交序列，为这两个端口产生相互正交的两个参考信号。如果可以认为信道在四个连续的子载波上是平坦的，那么接收机端接收的两个参考信号也是正交的。天线端口 1000 和 1001 的参考信号使用相同的子载波，被称为属于 CDM 组 0，二者通过正交序列相互区分。而天线端口 1002 和 1003 的参考信号属于 CDM 组 1，二者共同使用奇数编号的子载波，也是通过正交序列相互区分。在频域上一个 CDM 组内天线端口参考信号是通过码分来相互正交，不同 CDM 组间天线端口参考信号通过频分来相互正交。如果需要配置超过 4 个正交的天线端口，会使用两个相邻的 OFDM 符号来承载，上述的在一个 OFDM 符号上的频分和码分方法会在时域上相应扩展，最终可以支持多达 8 个正交的参考信号。

类型 2 参考信号（如图 9-19）和类型 1 参考信号的结构类似，但是有一些区别，特别是可以支持的天线端口个数。类型 2 参考信号的每个 CDM 组占用相邻的 2 个子载波，然后通过长度为 2 的正交码区分 CDM 组内的 2 个天线端口。每个 CDM 组在一个资源块内只占用 2 组子载波（每组为 2 个相邻子载波），因此总共有 12 个子载波的一个资源块就最多可以支持 3 个 CDM 组。和类型 1 参考信号类似，系统通过两个 OFDM 符号进行进一步扩展，最多支持 12 个正交的类型 2 参考信号。尽管类型 1 和类型 2 在结构上非常近似，但是二者还是有所区别。类型 1 在频域上更加密集，而类型 2 某种程度上牺牲了频域的密度，换得更多的复用容量，或者说更多支持的正交参考信号。在多用户 MIMO 配置下，这有助于支持更多同时传输的终端。

⊖ 这里使用了下行天线端口的编号，对于上行传输，仅仅是天线端口的标号不同。

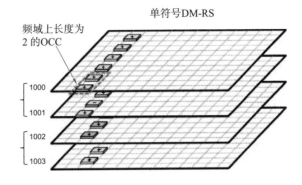

单符号DM-RS

频域上长度为2的OCC

1000
1001
1002
1003

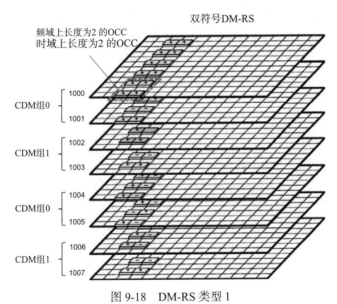

双符号DM-RS

频域上长度为2的OCC
时域上长度为2的OCC

CDM组0
1000
1001

CDM组1
1002
1003

CDM组0
1004
1005

CDM组1
1006
1007

图 9-18　DM-RS 类型 1

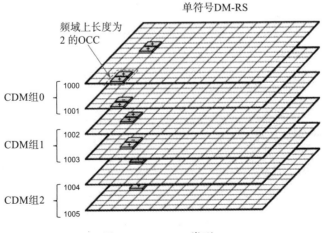

单符号DM-RS

频域上长度为2的OCC

CDM组0
1000
1001

CDM组1
1002
1003

CDM组2
1004
1005

图 9-19　DM-RS 类型 2

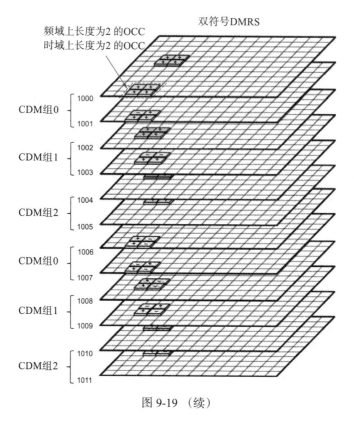

图 9-19 （续）

传输中使用的参考信号结构是由高层配置以及动态调度命令共同决定的。如果高层配置双符号参考信号，调度命令会指示终端在某次传输中应该使用单符号还是双符号参考信号。调度命令还会通知终端哪些参考信号会被其他终端使用（或者更准确地说是哪些 CDM 组会被其他终端在此次调度传输中同时使用，参见图 9-20）。这样终端在数据映射的时候会避开自己和其他终端的参考信号，这一点就使得网络调度器可以灵活决定多用户 MIMO 配置下同时调度的用户数。对单用户空分复用，或者说单用户 MIMO 配置多个层传输，也是使用这种方法，每一层传输都把一些资源单元预留不用，这些资源单元对应不属于同一个 CDM 组的同一终端的其他层参考信号。通过这种预留操作，就可以避免对其他层参考信号产生层间干扰。

上述参考信号设计既用于上行又可以用于下行。注意对于基于预编码的上行传输（如图 9-11 所示），上行参考信号是在预编码之前加入的。因此最后传输的参考信号不是上述的结构，而是上述结构预编码后的[⊖]。

⊖ 一般来说，传输的参考信号还会经过和具体实现相关的多天线处理，也就是 9.8 节描述的空间滤波器 F。因此这里的"传输"指的是从协议定义的角度看来。

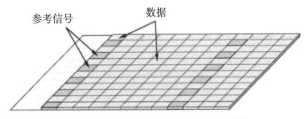

没有同时调度的其他CDM组 – 全部用于数据传输

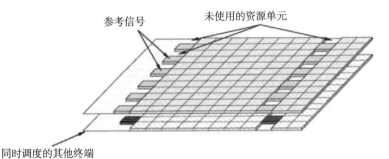

同时调度多个CDM组，预留一些资源单元

图 9-20 对同时调度的 CDM 组进行速率匹配

9.11.2 基于 DFT 预编码的 OFDM 上行传输所使用的 DM-RS

DFT 预编码的上行传输只支持单层传输，主要适用于覆盖受限的场景。由于 DFT 预编码的主要目的就是降低立方度量，提升功放效率，进而可以提高覆盖。因此参考信号的结构也会和基于 OFDM 的传输使用的参考信号结构有所不同。从原理上来说，参考信号和上行信号在频域进行复用，都会让终端最终发送的总信号立方度量增加，从而降低功放效率。因此 NR 标准用时隙内的特定 OFDM 符号专门承载 DM-RS 的传输，也就是参考信号和传输数据在 PUSCH 上进行时分复用。这样参考信号自身的结构就保证了在这些符号里较低的立方度量。

在时域，上行参考信号和上述的类型 1 下行参考信号的映射方式一致。因为 DFT 预编码 OFDM 主要是用在覆盖受限的场景下，因此不需要支持类型 2 参考信号那样的结构，也就是说对多用户 MIMO 的支持能力不需要那么高。此外，因为多用户 MIMO 不是 DFT 预编码的主要应用场景，所以不需要针对所有的公共资源块来定义一个参考信号序列，针对特定传输的物理资源块定义序列就足够了。

如上节所述，从频域上看，发送的参考信号频域功率谱最好具有较小的波动，这有助于获得频域上对于参考信号占用的所有频率类似的信道估计质量。对于 OFDM 传输，这个目标是通过定义一个有较好自相关特性的伪随机序列来达到的。对 DFT 预编码 OFDM，一方面需要保证时域上功率波动小，以便得到较好的立方度量；另一方面又必须满足在不同的长度，或者是针对不同的调度带宽的情况下，都能够找到足够数量的参考信号序列。

一种典型的能够满足这两方面要求的序列就是在第 8 章讨论的 Zadoff-Chu 序列。每个 Zadoff-Chu 序列都有一个组索引和序列索引，此外参考信号序列可以通过简单的线性相位旋转得到一组可用的序列，如图 9-21 所示。这一点和 LTE 设计原则完全一致。

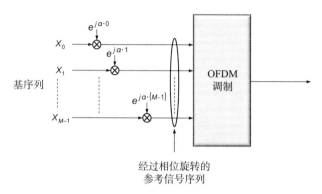

图 9-21　通过对基序列进行相位旋转得到上行参考信号序列

9.11.3　相位跟踪参考信号

相位跟踪信号（Phase-Tracking Reference Signals, PT-RS）可以看作 DM-RS 的一种扩展。PT-RS 设计用来跟踪在整个传输周期（比如一个时隙）内相位的波动，相位波动可能来自本振的相位噪声，一般越高的载波频率就会对应越大的相位噪声。这种参考信号的设计是在 NR 标准中才引入，在 LTE 的设计中就没有类似的信号。这主要是因为 LTE 关注的是低载波频率，因此相位噪声不是特别大的问题。同时 LTE 有小区特定参考信号，某种程度上也能用于跟踪相位波动。因为 PT-RS 设计用来跟踪相位噪声，因此 PT-RS 在时域上密集而在频域上稀疏。PT-RS 只会和 DM-RS 一起出现，而且只有网络配置了 PT-RS 的情况下才会发送 PT-RS。同样，根据当前使用的是 OFDM 还是 DFT-OFDM，PT-RS 的结构也会有所不同。

对 OFDM，PT-RS 占用 PDSCH 或者 PUSCH 传输分配的第一个符号，并从该起始符号开始按 OFDM 符号计数，每计数到 L，PT-RS 就会占用一个 OFDM 符号并复位计数器，然后继续对后续符号计数。重复计数每次遇到 DM-RS 也会复位，因为并不需要在 DM-RS 后面立即插入一个 PT-RS 来估计相位噪声。时域的密度以可配置的方式和调度的 MCS 相关。

在频域上，PT-RS 每两个或者四个资源块发送一次，这是一种较为稀疏的频域结构。频域的密度和调度传输的带宽相关，较高的调度带宽配合较低的 PT-RS 频域密度。对于最小的调度带宽，不需要 PT-RS 传输。

为了降低相同频域资源上不同终端 PT-RS 相互冲突的风险，PT-RS 使用的子载波和资源块的具体位置和终端的 C-RNTI 相关。传输 PT-RS 的天线端口就是 DM-RS 天线端口组内编号最小的天线端口，如图 9-22 所示就是一种 PT-RS 的配置。

对 DFT 预编码 OFDM 上行传输，频域上 PT-RS 插入在 DFT 预编码之前，而时域上的映射和 OFDM 的方式完全一致。

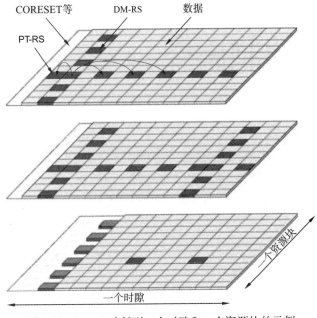

图 9-22　PT-RS 映射到一个时隙和一个资源块的示例

第 10 章

物理层控制信令

为了支持上下行传输信道的数据传输，需要设计一套与之相关的控制信令。这些控制信令一般被称为 L1/L2 **控制信令**，即来自于物理层（L1）和 MAC 层（L2）的控制信令。

本章详细描述下行控制信令（包括调度授权和调度分配），以及上行控制信令上承载的终端反馈。

10.1 下行

下行 L1/L2 控制信令包括下行调度分配（使终端知晓如何在一个分量载波上正确接收、解调、解码 DL-SCH）和上行调度授权（使得终端知晓上行分配的资源以及上行 UL-SCH 传输应使用的传输格式）。除此之外，下行控制信令还包括一些特殊功能：比如通知终端一组时隙里上下行的符号信息、抢占指示和功率控制。

NR 标准只定义了一种控制信道，即**物理下行控制信道**（Physical Downlink Control Channel，PDCCH）。总体上来说，NR 的 PDCCH 处理和 LTE 类似，都是让终端从可能发送 PDCCH 的一个或者多个搜索空间中盲检 PDCCH。然而由于 NR 和 LTE 拥有不同的设计目标，并且基于 LTE 的一些部署经验，NR 对 PDCCH 做了一定程度的优化：

- NR 中 PDCCH 占用的资源不会像 LTE 那样，扩散到整个载波带宽上。如第 5 章所描述的，并不是所有的 NR 终端都能够接收整个载波带宽，所以需要设计一种更加通用的控制信道结构。
- NR 中 PDCCH 的设计考虑了针对终端的波束赋形，这一点和 NR 的以**波束为中心**（beam-centric）的设计理念一致。波束赋形对高频带来的链路预算问题非常有帮助。

上述两点在 LTE Release 11 的 EPDCCH 设计中其实已经被涵盖。但是在实际 LTE 网络部署中，除了 eMTC 之外，EPDCCH 并没有被大规模使用。

LTE 中还定义了另外两种下行控制信道：PHICH 和 PCFICH。在 NR 标准里不需要这两种控制信道。对 PHICH，LTE 是用来处理上行重传的，主要用于服务上行同步 HARQ 传输机制。但是由于 NR 的 HARQ 不论上行还是下行，都统一使用异步 HARQ，所以 NR

就不再需要 PHICH。而对于 PCFICH，因为 NR 中**控制资源集**（CORESET）的大小不会动态变化，而且将未使用的控制资源用于数据传输也是通过不同于 LTE 的方式完成的（具体方式下文详细描述），因此 NR 也不再需要 PCFICH。

在下面的章节中，将会详细介绍 NR 下行控制信道 PDCCH，包括 CORESET 的概念以及 PDCCH 传输所使用的时频资源。首先介绍 PDCCH 的处理，包括信道编码和调制，接着介绍 CORESET 的结构。一个载波可以有多个 CORESET，控制资源集会将资源单元映射到**控制信道单元**（Control Channel Element，CCE）。一个或者多个 CCE 聚合在一起承载 PDCCH。终端会通过盲检测，在搜索空间中检测网络是否有 PDCCH 发送给该终端。如图 10-1 所示，一个 CORESET 可以对应多个搜索空间。在本章最后，会描述**下行控制信息**（Downlink Control Information，DCI）。

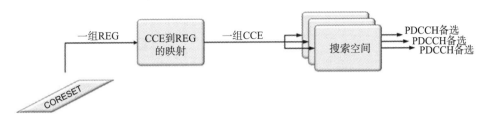

图 10-1　NR 中 PDCCH 处理概览

10.1.1　物理下行控制信道

PDCCH 的处理过程如图 10-2 所示，总体上说，相对于 LTE PDCCH，NR 标准的 PDCCH 处理和 LTE 的 EPDCCH 处理方式更为接近，而不是 LTE 的 PDCCH，即每个 PDCCH 独立处理。

PDCCH 上承载的净荷被称为**下行控制信息**（DCI）。其中会添加 24bit 的 CRC 校验来帮助检测传输错误并帮助接收机解码。相对于 LTE，CRC 的长度增加，这样就能更好地避免错误接收控制信息，并且可以帮助终端接收机及早停止后续接收与解码。

和 LTE 的设计类似，通过扰码操作利用终端标识修改了发送的 CRC。当收到 DCI 之后，终端会采用相同的过程，根据接收的净荷计算加扰的 CRC，然后和收到的 CRC 比较。如果相同，就表明 DCI 被正确接收，并且属于该终端。因此，终端的标识是终端接收 DCI 并检测 CRC 的前提，而不是在 DCI 消息中显式标明。这会减小 PDCCH 承载的净荷长度，而且从终端的角度来看，一个 CRC 校验错误的 DCI 和一个发送给其他终端的 DCI 是没有区别的。注意终端的标识并不是一定就是 C-RNTI，有时候组 RNTI 或者公共 RNTI 也可以用来标识终端，比如指示终端寻呼或者随机接入响应。

PDCCH 信道编码基于极化码，这是一种较新的编码方式。极化码的核心思想就是把多个无线信道变化为一组无噪声的信道和一组完全为噪声的信道，然后将信息比特在无噪声信道上传输。解码可以有多种实现方式，典型的方法是依次消去法和列表解码。列表解码是利用 CRC 作为解码过程的一部分，这意味着错误检测的能力相应降低。比如列表解码的列表长度为 8 就会导致错误检测损失 3bit 能力。由此 24bit 的 CRC 最终和 21bit 的 CRC 错误检测能力相仿。这也是 NR 比 LTE 采用更多 CRC 比特的一个原因。

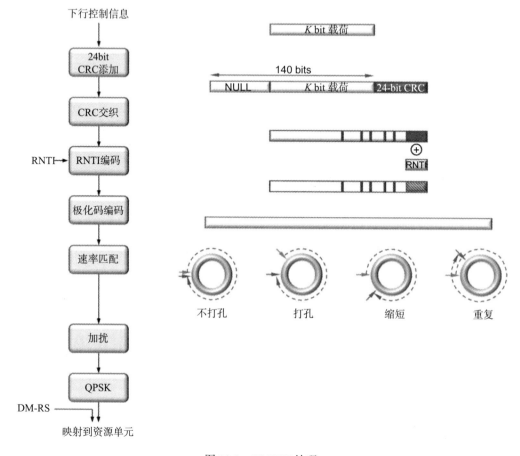

图 10-2 PDCCH 处理

不同于传统 LTE 中的咬尾卷积码，极化码需要事先定义信息比特的最大长度，而咬尾卷积可以处理任意长度的信息比特。在 NR 标准中，极化码设计为下行 PDCCH 最大支持 512 个编码比特（速率匹配前）和最多 140 个信息比特。这种长度的定义当然超过了 Release 15 的最大 DCI 长度，这主要是为了支持 NR 对 DCI 净荷未来可能的扩展。为了能够提前终止解码处理，CRC 不是添加在信息比特的尾部，而是分散插入，然后再进行极化编码。解码器也可以根据极化码路径度量提前终止解码处理。

速率匹配把编码比特匹配到 PDCCH 传输可用的资源。速率匹配包括缩短、打孔、重复三种模式，将编码比特分为 32 个子块进行块交织之后再速率匹配。缩短、打孔、重复三种模式中具体使用哪一个以及何时使用，其规则主要是考虑哪种能够最大化接收性能。

最终经过编码和速率匹配的比特会被加扰，然后调制为 QPSK 模式，映射到 PDCCH 的资源单元上（具体见下文描述）。每一个 PDCCH 都有自己的参考信号，也就是说 PDCCH 可以充分利用天线波束赋形的增益。完整的 PDCCH 处理流程在图 10-2 中描述。

编码和调制后的 DCI 到资源单元的映射是通过**控制信道单元**（Control-Channel Element, CCE）和**资源单元组**（Resource Element Group, REG）来完成的。尽管这两个名字都是从 LTE 的设计中重用来的，但是具体的大小以及 CCE 到 REG 的映射都与 LTE 不同。

NR 中一个 PDCCH 可以使用 1、2、4、8、16 个连续的 CCE，其中使用的 CCE 的个数又可以称为**聚合等级**（aggregation level）。CCE 是终端在进行盲检时搜索空间的组成单元，具体参见 10.1.3 节。一个 CCE 包括 6 个 REG，每一个 REG 包括一个 OFDM 符号上的一个资源块。考虑到 DM-RS 的开销，每个 CCE 的 PDCCH 传输有 54 个可用资源单元（考虑 QPSK 调制，即 108bit）。

CCE 到 REG 的映射有交织模式和非交织模式。NR 标准设计两种不同模式的目的和 LTE 设计 EPDCCH 两种映射模式的目的相同，都是通过交织模式来提高频率分集增益，通过非交织模式来提供频选调度的能力以及干扰控制。具体 CCE 到 REG 的映射，在下一节 CORESET 的介绍中会详细描述。

10.1.2　控制资源集

NR 下行控制信令引入了一个核心概念：控制资源集（CORESET）。一个控制资源集就是一个时间和频率的资源，在该资源上终端试图使用一个或者多个搜索空间解码可能的 PDCCH。CORESET 的大小和时频位置是由网络半静态配置的。因此，CORESET 在频域上是有可能小于载波带宽的。这对 NR 非常重要，因为 NR 的载波可能带宽非常大，最多达到 400MHz，因此很多终端无法接收整个带宽信号的。

LTE 没有 CORESET 的概念。LTE 标准规定在频域上，PDCCH 利用整个载波带宽来传输，在时域上，1 ~ 3 个 OFDM 符号（如果是最小的载波带宽可以扩充至第 4 个 OFDM 符号）可以传输 PDCCH，也被称为控制区域。如果非要给 LTE 定义 CORESET，那么这个控制区域就是 LTE 的"CORESET"。LTE 让控制信道扩散到整个载波带宽上，一方面是因为 LTE 的终端都支持 20MHz 的最大载波带宽（至少对 LTE Release 8 的版本而言是这样），另一方面也是因为这样做可以获得较好的频率分集增益。但是在后续的 LTE 版本中，比如在 LTE Release 12 中引入的 eMTC 终端，也允许终端不必支持整个载波带宽。LTE 这种将 PDCCH 扩散到整个带宽的设计会导致干扰控制、干扰协调非常难于实现，相邻小区下行 PDCCH 之间很难在频域上相互协调。因此，从 LTE Release 11 开始引入的 EPDCCH 就是为了解决这些问题。但是 LTE 网络依然需要用 PDCCH 支持初始接入，以及为不支持 EPDCCH 的终端提供支持，因此 EPDCCH 并没有在 LTE 现有网络中大规模使用。而 NR 就没有 LTE 这样的兼容性问题，NR 从第一个版本就要求支持灵活的控制信道结构。

CORESET 的起始位置可以是时隙内任意位置，频域上也可以是载波上的任意位置，如图 10-3 所示。但是终端不会去处理任何激活部分带宽之外的 CORESET。NR 标准规定 CORESET 是小区级配置而不是针对各个部分带宽的配置，这样做的主要原因就是希望能够在部分带宽之间重用 CORESET。比如在 14.1.1 节讨论带宽自适应的例子里就会出现这种重用。

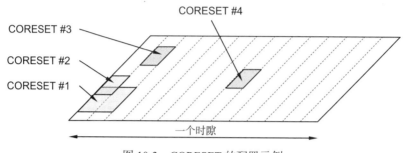

图 10-3　CORESET 的配置示例

第一个 CORESET（CORESET 0）的信息属于初始部分带宽配置信息的一部分。CORESET 0 的信息是由**主信息块**（Master Information Block，MIB）提供给终端的。通过 CORESET 0，终端可以得到控制信息，知道如何接收剩余的系统消息。当建立连接之后，网络会通过 RRC 信令为终端配置多个 CORESET，这些 CORESET 可能重叠。

在时域，CORESET 最长为 3 个 OFDM 符号，而且可以在一个时隙的任意位置。不过一般为了方便接收数据，都会把 CORESET 放在一个时隙的起始位置。这一点和 LTE 非常类似，LTE 也是把控制信道放在一个子帧的起始位置。但是在 NR 标准里，在某些情况下将 CORESET 配置在非起始位置是有意义的，比如：为了取得非常低的时延，当网络准备好发送的时候，一个时隙已经开始了，如果能够把 CORESET 放在中间，就可以不必等待下一个时隙再发送。这里需要理解 CORESET 是针对一个终端定义的，而且 CORESET 仅仅指示这个终端有可能收到 PDCCH 的位置，并不代表 gNB 是否会发送 PDCCH。

依赖于前置的 PDSCH 解调参考信号 DM-RS 的具体位置（起始于一个时隙的第 3 个或者第 4 个 OFDM，参见 9.11.1 节），最大 CORESET 的时域长度为 2 个或者 3 个 OFDM 符号。因为典型的配置下 CORESET 位于下行参考信号和下行数据前面。在频域，一个 CORESET 是 6 个资源块的整数倍，最多可以到整个载波带宽。

LTE 控制区域的 OFDM 符号长度可以动态变化，并由 PCFICH 来指示当前子帧控制区域的具体长度。而 NR 的 CORESET 的长度是固定的，这有助于网络和终端的实现。从终端看来，如果可以直接解码 PDCCH 而不是先去解码 PCFICH，这种流水线操作更为简单。同时从频谱利用率的角度来看，控制资源和数据传输资源之间动态共享确实能够提升效率。因此 NR 不但支持 PDSCH 的数据在 CORESET 结束后立即发送，而且允许终端使用未使用的 CORESET 资源来传输数据，如图 10-4 所示。为了达到这种目的，NR 定义了一个通用的机制（预留资源）来处理这种问题，详见 9.10 节。预留资源可以和 CORESET

重叠，这样通过 DCI 指示的信息就可以让终端知道这些未使用资源是否承载了用户数据。如果 DCI 指示预留，对 PDSCH 的速率匹配就会将数据绕过这些预留资源，也就是绕过 CORESET。如果 DCI 指示可用，PDSCH 就使用这些预留资源来传输数据，也就是使用未占用的 CORESET 资源来传输数据。当然，对调度这个 PDSCH 的 DCI 命令，终端认为承载此 DCI 命令的 PDCCH 资源上面不会承载任何 PDSCH。

数据发送可以从PDCCH
结束前开始

在该CORESET里的PDCCH
（指示为预留）

数据传输占用未使用
CORESET的资源

图 10-4　数据传输不重用（左图）CORESET 资源和重用（右图）CORESET 资源，该例中终端配置两个 CORESET 资源

每个 CORESET 都有一个相关的 CCE 到 REG 的映射方式，映射方式是通过 REG **捆绑**（bundle）这个概念来描述的。REG 捆绑是指终端可以认为一组 REG 的预编码是相同的。和 PDSCH 的资源块绑定类似，这个信息有助于提升信道估计的性能。

上文说过 CCE 到 REG 的映射可以分为交织模式和非交织模式，具体选择哪种取决于系统希望获得频率分集增益还是频率选择增益。一个 CORESET 只能有一种映射模式，但一个终端配置的多个 CORESET 可以配置为不同的映射模式。为一个终端同时配置不同映射模式在有的时候非常有用，比如若干 CORESET 被配置为非交织模式，这样终端可以获得频选调度模式，同时其余 CORESET 被配置为交织模式，从而当终端由于高速移动无法获得准确的信道状态信息的时候，终端可以随时回落到交织模式。

非交织映射的实现相对简单，REG 捆绑大小固定为 6。这样终端可以认为预编码在整个 CCE 上都是不变的。连续的 6 个 REG 形成一个 CCE。

而交织映射的实现略微复杂。在交织映射模式下，REG 捆绑的大小有两种可能。一种 REG 捆绑大小是 6，对各种 CORESET 的持续时长都可用。另一种 REG 捆绑大小依赖于 CORESET 持续时长，如果 CORESET 持续 1 个或者 2 个 OFDM 符号，则 REG 捆绑大小可以是 2 或者 6；如果 CORESET 持续 3 个 OFDM 符号，则 REG 捆绑大小可以是 3 或者 6。在交织模式下，组成一个 CCE 的 REG 捆绑通过一个块交织器扩展到频域上，由此获得频率分集。块交织器的行数是可配置的，如图 10-5 所示，这有助于处理不同的部署场景。

作为 PDCCH 接收处理的一部分，终端需要利用和候选 PDCCH 相关的参考信号来进行信道估计。PDCCH 使用单天线端口，也就是说网络发送是否使用发射分集或者多用户 MIMO 这些特性对 PDCCH 接收机都是透明的。

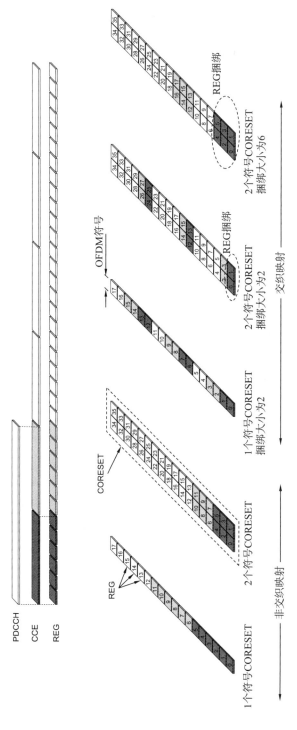

图 10-5 CCE 到 REG 映射示例

PDCCH 拥有自己的解调参考信号，解调参考信号对应的伪随机序列生成方法和 PDSCH 解调参考信号的伪随机序列生成方法相同。频域上都是针对所有公共资源块生成伪随机序列，但是只在发送 PDCCH 的资源块上传输（例外情况会在下文讨论）。但在初始接入阶段，由于公共资源块的位置在系统信息里广播，终端还不知道公共资源块的位置，因此对 PBCH 配置的 CORESET 0，其对应的随机序列是自 CORESET 里面第一个资源块开始生成。

一个候选 PDCCH 的解调参考信号会映射到 REG 中每 4 个子载波中的一个，也就是说引入解调参考信号的开销为 1/4，这个参考信号的密度是高于 LTE 的（LTE 的密度是 1/6）。LTE 之所以可以降低参考信号密度，是因为 PDCCH 解调使用的是小区参考信号，不管是否有 PDCCH，网络都会发送小区参考信号，所以终端可以通过时域和频域的插值获取更好的信道估计质量。使用 PDCCH 特定的参考信号确实会增加参考信号的开销，但是也会带来好处，比如能够针对各个终端进行波束赋形。通过对控制信道的波束赋形（相对于 LTE 广播的 PDCCH[⊖]），NR 控制信道的覆盖和性能都有所提升，这也符合 NR 以波束为中心的设计理念。

当终端尝试对占用了若干个 CCE 的特定候选 PDCCH 进行解码的时候，终端首先计算 REG 捆绑的大小，然后进行信道估计。考虑到网络可能在不同 REG 捆绑间使用不同的预编码，所以信道估计针对每个 REG 捆绑单独进行。一般来说，这种捆绑已经能够提供较好的 PDCCH 信道估计性能了。但是网络有可能配置终端以假设一个 CORESET 内所有连续的资源块都使用相同的预编码。这种情况下，终端可以进行频域插值以获得更好的信道估计性能。终端可以利用 PDCCH 之外的参考信号来估计信道，这有时也称为宽带参考信号，如图 10-6 所示。从某种程度上来说，这可以看作 LTE 小区参考信号的模仿版，当然对波束赋形也提出了一定的限制。

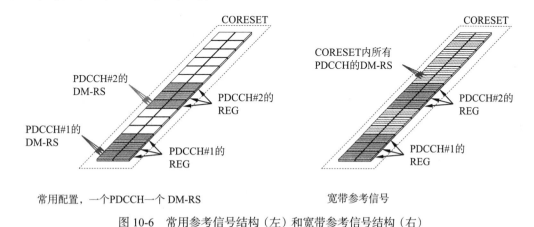

图 10-6　常用参考信号结构（左）和宽带参考信号结构（右）

⊖　LTE 的 EPDCCH 也引入了终端特定参考信号来支持波束赋形。

　　和信道估计相关的还有准共址概念。如果终端知道两个参考信号是准共址的，可以提高信道估计的性能，这对 PDCCH 非常有用（具体参见第 12 章关于波束管理和空域准共址的描述）。为了实现准共址，每个 CORESET 都会被配置一个**传输配置指示**（Transmission Configuration Indication，TCI），它提供了 PDCCH 天线端口和哪些天线端口准共址的信息。如果终端的一个 CORESET 和一个 CSI-RS 空间共址，终端可以利用 CSI-RS 决定如何接收这个 CORESET 里面的 PDCCH，如图 10-7 所示。在所示例子中，网络为终端配置了 2 个 CORESET，一个 CORESET 的 DM-RS 和 CSI-RS #1 QCL，另一个 CORESET 的 DM-RS 和 CSI-RS #2 QCL。根据对 CSI-RS 的测量，终端可以选择对两个 CSI-RS 分别最优的接收波束。根据 QCL 信息，当终端在 CORESET #1 上监听可能的 PDCCH 的时候，就会使用合适的接收波束进行接收，同样的原则也适用于 CORESET #2。通过这个方法，终端可以在盲检测的框架下处理多个接收波束。

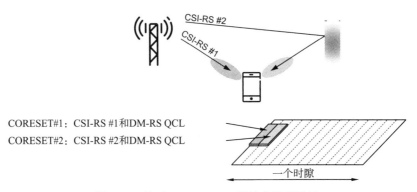

图 10-7　基于 PDCCH QCL 的波束管理示例

　　如果没有为 CORESET 配置 QCL 相关信息，终端就会默认 PDCCH 和 SSB 之间 QCL，也就是说时延扩展、多普勒扩展、多普勒频移、平均时延以及空域接收参数都和 SSB 相同。这是一个合理的假设，因为这个时候终端已经可以接收并解码 PBCH。

10.1.3　盲解码和搜索空间

　　PDCCH 可以承载多种不同的 DCI 格式，而某次传输的 DCI 格式对终端而言事先并不可知。因此终端需要盲检 DCI 格式。在 LTE 中，DCI 格式和 DCI 的大小是相关的，因此检测 DCI 格式某种程度上就是检测 DCI 的长度。

　　但是在 NR 中，DCI 的格式和 DCI 的长度不完全相关。不同的格式可以有不同的长度，但是也有多种格式的 DCI 拥有相同的长度。这就允许 NR 未来添加更多的 DCI 格式而不需要增加 DCI 的长度。一个 NR 终端需要监听最多四种不同的 DCI 大小：一种适用于回退 DCI 格式；一种用于下行调度分配；一种（除非上下行非回退 DCI 格式大小相同）用于实现上行调度授权；除此之外，根据网络配置，终端还可能需要监听第四种大小的 DCI 格式，用作时隙格式指示和抢占指示。

上节描述的 CCE 的结构可以帮助终端降低盲解码的尝试次数，但是依然不够。因此需要设计一种机制来进一步限制终端需要监听的候选 PDCCH 个数。显然从调度器的角度，并不希望限制可用的聚合等级，因为这样会降低调度灵活性，同时让发送端更加复杂。但要求终端在所有配置的 CORESET 里监听所有可能的 CCE 聚合等级，确实给终端的实现带来了过高的复杂度。为了能够一方面限制终端盲解码尝试的最大次数，另一方面尽可能不给调度器引入限制，NR 标准引入了搜索空间这个概念。一个搜索空间是一组拥有相同聚合等级的由 CCE 构成的候选控制信道。因为有多个聚合等级，因此一个终端会有多个搜索空间。一个 CORESET 也可以有多个搜索空间，同时一个终端可以配置多个CORESET。终端不会在激活部分带宽之外尝试解码 PDCCH。此外搜索空间的监听对象也是可配置的，如图 10-8 所示。

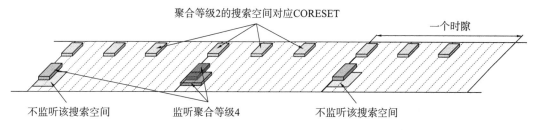

聚合等级2的搜索空间对应CORESET

一个时隙

不监听该搜索空间　　　　　监听聚合等级4　　　　　不监听该搜索空间

图 10-8　PDCCH 监听示例

在一个为搜索空间配置的监听时机，终端会试图在该搜索空间内解码候选的 PDCCH。NR 标准总共定义了 5 种不同的聚合等级：1、2、4、8、16 个 CCE，也就是说有 5 种搜索空间。最高的聚合等级 16 在 LTE 中是不支持的，而 NR 为了能够支持更高的覆盖要求，支持聚合等级 16。每个搜索空间（或者说每个聚合等级）中可以支持的最大候选 PDCCH个数是可以配置的。因此 NR 可以在不同聚合等级上灵活分配不同的盲解码次数，这一点比 LTE 更加灵活（LTE 各个聚合等级盲解码的个数是固定的），这主要是因为 NR 的部署场景更加广泛。比如对一个较小的小区，最高的聚合等级很少使用。因此对于有限的盲解码尝试次数，网络最好配置终端在较低的聚合等级上以使用这些尝试次数，而不是让终端在那些几乎不能使用的聚合等级上去尝试解码。

当终端尝试对一个候选 PDCCH 进行解码时，如果 CRC 校验正确，终端会认为这个控制信道信息是有效的，并处理相应信息（比如调度分配、调度授权等）。如果 CRC 校验不正确，终端会认为这个控制信息要么在传输过程中产生了无法恢复的错误，要么认为这个控制信息是发送给其他终端的，无论何种原因，该 PDCCH 会被终端忽略。

只有当网络将承载控制信息的 PDCCH 放在终端搜索空间的 CCE 上时，才可以将控制信息发送给该终端。比如图 10-9 中，终端 A 不会从 CCE 20 开始收到 PDCCH，而终端B 则可以。同样，终端 A 可以使用 CCE 16 ～ 23 接收 PDCCH，而这个时候，终端 B 就不可以在 CCE 聚合等级 4 上接收 PDCCH，因为所有的聚合等级 4 支持的 CCE 都被终端 A

占用了。因此，为了更加有效地使用 CCE，网络需要将不同用户的搜索空间尽可能错开。每个终端都会被配置一个或者多个终端特定的搜索空间。终端特定的搜索空间一般小于网络在该聚合等级上需要传输的 PDCCH 个数，因此网络需要设计一种机制来决定终端特定的搜索空间包含哪些 CCE。

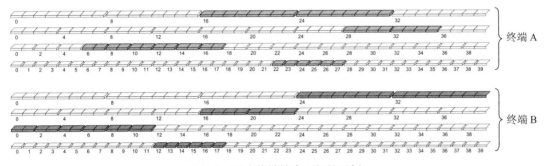

图 10-9   两个终端搜索空间的示例

一种可能是网络为每个终端都定义一个终端特定的搜索空间，类似于 CORESET 的配置方式。但是这需要信令通知终端并且需要在切换的时候重配置。另一种方式是终端特定搜索空间不是通过信令配置来决定，而是由终端标识，即由 C-RNTI[⊖] 来决定。此外，某个终端在特定聚合等级上监听的 CCE 应该也随着时间进行变化，这样就可以避免两个终端之间始终相互阻塞。如果这两个终端在某个时刻相互冲突，那么在下一个时刻很有可能就不再相互冲突。在每个搜索空间内，终端都会利用终端特定的 C-RNTI 来解码 PDCCH。如果能够发现有效的控制信息，比如调度授权，则终端会依照调度命令进行接下来的操作。

有时候网络希望将信令传输给一组终端，还有一种情况是在随机接入过程中，网络希望将信令传输给一个还没有分配唯一标识的终端。对这些情况，网络需要调度不同的预定义 RNTI。比如用 SI-RNTI 来指示调度系统消息的传输；用 P-RNTI 来指示寻呼消息的传输；用 RA-RNTI 来指示随机接入的传输；用 TPC-RNTI 来指示上行功率控制响应；INT-RNTI 用于指示抢占；SFI-RNTI 用于传递时隙相关信息。这些信息均不能依赖单个终端特定的搜索空间，因为会有多个终端需要同时监听该 PDCCH。在这种情况下，NR 标准定义了公共搜索空间的概念[⊜]。公共搜索空间是一组预定义的 CCE，这个空间被所有的终端所知晓，无论这些终端被分配何种标识。

盲解码的尝试次数依赖于子载波间隔（或者说一个时隙的长度）。对于 15、30、60、120kHz 的子载波间隔，每个时隙相应最多可以支持 44、36、22、20 个解码尝试，这些尝试包括不同的 DCI 净荷长度。NR 标准定义的最大解码尝试数目提供了终端实现复杂度

⊖   有时候会使用其他的标识，比如 CS-RNTI，用于半静态调度，详见第 14 章。

⊜   虽然 NR 标准根据监听不同种类的 RNTI 定义了多个类型的公共搜索空间，不过对理解搜索空间的概念没有影响。

和调度灵活性之间的平衡。当然，最大解码尝试数目并不是终端 PDCCH 处理复杂度的唯一来源，信道估计也是一个主要来源。因此 NR 也定义了对 15、30、60、120kHz 的子载波间隔，所有的 CORESET 加在一起，一个时隙内终端最多可以支持 56、56、48、32 个 CCE。这样，依赖于网络配置，最终候选 PDCCH 的个数就受限于盲解码尝试次数或者信道估计数目。最后，为了限制终端复杂度，NR 定义了"3+1"DCI 长度预算，也就是说，单个终端最多可以利用 C-RNTI 监听 3 个不同的 DCI 长度（时延敏感），利用其他 RNTI 监听一个 DCI 长度（时延不敏感）。

对载波聚合，上述盲解码过程可以直接应用于每个分量载波。相对于单载波，信道估计的数目以及盲解码最大尝试的次数都会相应增加，但是并不会随着分量载波的个数增加而线性增加。

10.1.4　下行调度分配：DCI 格式 1-0 和 1-1

上面主要描述如何通过 PDCCH 传输 DCI，下面介绍 DCI 的具体内容。首先介绍下行调度分配相关 DCI。下行调度分配 DCI 分为**非回退格式**（non-fallback format）1-1，以及**回退格式**（fallback format）1-0。

非回退格式 1-1 支持所有的 NR 特性。根据系统配置的特性，一些信息域有可能出现或者不出现。比如网络没有配置载波聚合这个特性，就不需要在 DCI 中添加和载波聚合相关的信息域。因此 DCI 格式 1-1 的大小实际上并不是一个固定的数，而是和配置相关。但是由于各个终端都知道自己配置的特性，所以就知道 DCI 的大小，因此终端可以进行盲检。

回退格式 1-0 的净荷比 1-1 少，因此能支持的 NR 特性也相对有限。格式 1-0 的信息域通常不可配，因此大小也相对固定。这种回退模式的使用场景，一是用在网络给终端配置一些特性，但是尚不确认终端配置生效的时间段，例如由于传输错误导致终端的配置没有生效；另一个应用场景是减小控制信令的开销，很多情况下对调度一些较小数据的传输使用回退格式就足够了。

两种 DCI 格式的部分内容是相同的，如表 10-1 所示。但是由于支持不同的能力，DCI 格式也有些不同。DCI 格式承载的下行调度信息可以分成多个组，不同组的信息域随着 DCI 格式的不同而不同。

表 10-1　下行调度使用的 DCI 格式 1-0 和 1-1

信息域		格式 1-0	格式 1-1
格式指示		•	
资源信息	载波指示		•
	BWP 指示		•
	频域资源分配	•	•
	时域资源分配	•	•

（续）

信息域		格式 1-0	格式 1-1
资源信息	VRB 到 PRB 映射	•	•
	PRB 捆绑大小指示		•
	预留资源		•
	零功率 CSI-RS 触发指示		•
传输块相关	MCS	•	•
	NDI	•	•
	RV	•	•
	MCS，第二个 TB		•
	NDI，第二个 TB		•
	RV，第二个 TB		•
HARQ 相关	进程号	•	•
	DAI	•	•
	PDSCH 到 HARQ 反馈定时	•	•
	CBGTI		•
	CBGFI		•
多天线相关	天线端口		•
	TCI		•
	SRS 请求		•
	DM-RS 序列初始化		•
PUCCH 相关	PUCCH 功控	•	•
	PUCCH 资源指示		•

下行调度分配的 DCI 格式内容描述如下：

- DCI 格式指示（1bit）。这个信息头指示了 DCI 是下行分配还是上行授权。在多种 DCI 格式的长度相同的情况下，这个指示位可以帮助终端区分 DCI 格式（比如 DCI 回退格式 0-0 和 1-0 的长度就是相同的）。
- 资源信息，包括：
  - 载波指示（0 或者 3bit）。当跨载波调度被配置之后，就需要这个信息域来指示该 DCI 是针对哪个分量载波。比如给多个终端配置公共信令的时候，回退格式 DCI 里就不包含载波标识。因为不是所有的终端都支持或者配置了载波聚合。
  - 部分带宽指示（0 ～ 2bit），用于激活高层配置的 1 到 4 个部分带宽，在回退 DCI 中不存在。
  - 频域资源分配。这个信息域指示终端需要接收的 PDSCH 分配在分量载波的哪些资源块上。这个信息域的长度取决于带宽的大小、资源分配的类型（比如类型 0、类型 1 或者在类型 0 和类型 1 之间动态切换，具体参考 10.1.10 节）。回退格式 1-0 只支持资源分配类型 1，不需要支持完全灵活的分配类型。

- 时域资源分配（1 ~ 4bit）。这个信息域指示时域上的资源分配（具体参考 10.1.11 节）。
- VRB 到 PRB 映射（0 ~ 1bit）。这个信息域指示采用交织或者非交织的 VRB 到 PRB 的映射（具体参考 9.9 节），仅仅用于资源分配类型 1。
- PRB 大小指示（0 ~ 1bit）。这个信息域指示 PDSCH 捆绑大小（具体参考 9.9 节）。
- 预留资源（0 ~ 2bit）。这个信息域指示终端是否在 PDSCH 传输中使用预留资源（具体参考 9.10 节）。
- 零功率 CSI-RS 触发指示（0 ~ 2bit），参考 8.1 节关于 CSI 参考信号的讨论。

- 传输块相关信息：
  - MCS（5bit）。这个信息域指示终端调制方式、编码速率和传输块大小，下文还会详细描述。
  - NDI（1bit）。这个信息域指示新传数据，用以指示终端清除软缓存中的初传数据，见 13.1 节。
  - RV（2bit）。这个信息域指示冗余版本，见 13.1 节。
  - 如果调度 2 个传输块（仅当在 DCI 格式 1-1 中，使用空分复用调度 4 层以上的传输时），上述 3 个信息域会为第二个传输块重复出现一遍。

- HARQ 相关信息：
  - HARQ 进程号（4bit）。这个信息域指示终端此次传输应该使用哪个 HARQ 进程进行软合并。
  - DAI（下行分配索引，0、2 或者 4bit）。这个信息域只有在配置了动态 HARQ 码本的情况下才出现，具体参考 13.1.5 节。DCI 格式 1-1 支持 0、2 或者 4bit，而 1-0 仅仅支持 2bit。
  - PDSCH 到 HARQ 反馈定时（3bit）。这个信息域指示相对于 PDSCH 传输，HARQ 反馈在何时发送。
  - CBGTI（CBG 传输信息，0、2、4、6 或者 8bit）。这个信息域指示重传码块组信息，具体参考 13.1.2 节。只有配置了 CBG 重传，并且在 DCI 格式 1-1 的情况下该信息域才会出现。
  - CBGFI（CBG 刷新信息，0 或者 1bit）。这个信息域指示软缓存刷新，具体参考 13.1.2 节。只有配置了 CBG 重传，并且在 DCI 格式 1-1 的情况下该信息域才会出现。

- 多天线相关信息（只有在 DCI 格式 1-1 下才会出现）：
  - 天线端口（4 ~ 6bit）。该信息域指示数据传输所使用的天线端口，以及其他终端使用的天线端口，具体参考第 9 章和第 11 章。
  - TCI（传输配置指示，0 或者 3bit）。该信息域指示下行传输的 QCL 关系，具体参考第 12 章。

- SRS 请求（2bit）。该信息域指示探测参考信号传输请求，具体参考 8.3 节。
- DM-RS 序列初始化（0 或者 1bit）。该信息域用来选择 2 个预配置的 DM-RS 序列初始值。
- PUCCH 相关信息：
  - PUCCH 功率控制（2bit）。该信息域用来通知终端调整 PUCCH 发射功率。
  - PUCCH 资源指示（3bit）。该信息域通知终端从一组配置的资源中选择 PUCCH 的传输资源，具体参考 10.2.7 节。

10.1.5 上行调度授权：DCI 格式 0-0 和 0-1

上行调度授权 DCI 分为**非回退格式**（non-fallback format）0-1 和**回退格式**（fallback format）0-0。区分回退和非回退两种模式和下行调度分配 DCI 的原因一致，即：回退模式的使用场景，一是用在网络给终端配置一些特性，但是在 RRC 重配期间尚不确认终端配置是否生效；另一个应用场景是为了减小控制信令的开销，很多情况下对调度一些小报文的传输使用回退格式就足够了。在非回退模式下，信息域出现与否和终端是否配置相应的特性有关。

上行 DCI 格式 0-1 和下行 DCI 格式 1-1 两种 DCI 格式的长度，通过填充冗余比特对齐，这样可以减小盲解码的尝试次数。

不同 DCI 格式部分信息域的内容是相同的，参见表 10-2。但是随着终端能力的不同，有些内容是不同的。

上行调度授权 DCI 格式的信息可以分成多个组，每个组内部的信息域随着 DCI 格式不同而不同。

表 10-2 上行调度使用的 DCI 格式 0-0 和 0-1

信息域		格式 0-0	格式 0-1
格式指示		•	•
资源信息	载波指示		•
	UL 或者 SUL 指示	•	•
	BWP 指示		•
	频域资源分配	•	•
	时域资源分配	•	•
	跳频标志	•	•
传输块相关	MCS	•	•
	NDI	•	•
	RV	•	•
HARQ 相关	进程号	•	•
	DAI		•
	CBGTI		•

（续）

信息域		格式 0-0	格式 0-1
多天线相关	DM-RS 序列初始化		•
	天线端口		•
	SRI		•
	预编码信息		•
	PT-RS 和 DM-RS 关联		•
	SRS 请求		•
	CSI 请求		•
功率控制	PUSCH 功率控制	•	•
	Beta 偏移		•

上行调度授权的 DCI 格式 0-1 和 0-0 的内容描述如下：

- DCI 格式指示（1bit）。这个信息头指示了 DCI 是下行分配还是一个上行授权。
- 资源信息，包括：
  - 载波指示（0 或者 3bit）。当配置了跨载波调度之后，就需要这个信息域来指示该 DCI 是针对哪个分量载波。回退格式 DCI 0-0 里不包含载波标识。
  - UL 或者 SUL 指示（0 或者 1bit）。该信息域用来指示该授权和一个 SUL 相关还是和一个普通上行传输相关，参考 7.7 节。该信息域只有在网络通过系统信息配置了 SUL 的情况下才会出现。
  - 部分带宽指示（0 ~ 2bit），用于激活高层信令配置的 1 ~ 4 个部分带宽，在回退 DCI 格式 0-0 中不存在。
  - 频域资源分配。这个信息域指示在一个分量载波上为终端发送 PUSCH 所分配的资源块。这个信息域的长度取决于带宽的大小、资源分配的类型（比如类型 0、类型 1 或者类型 0 和类型 1 之间动态切换，具体参考 10.1.10 节）。回退格式 0-0 只支持资源分配类型 1，不需要支持其他的分配类型。
  - 时域资源分配（0 ~ 4bit）。这个信息域指示时域上的资源分配（具体参考 10.1.11 节）。
  - 跳频标志（0 或 1bit）。这个信息域指示在资源分配类型 1 的情况下，是否使用跳频。
- 传输块相关信息：
  - MCS（5bit）。这个信息域指示终端调制方式、编码速率和传输块大小，下文还会详细描述。
  - NDI（1bit）。这个信息域指示该授权是用于新传数据还是重传数据。
  - RV（2bit）。这个信息域指示冗余版本。
- HARQ 相关信息：
  - HARQ 进程号（4bit）。这个信息域指示终端此次传输应该使用哪个 HARQ 进程。
  - DAI（下行分配索引）。这个信息域指示当 UCI 在 PUSCH 上传输的时候，HARQ

的码本信息。DCI 格式 0-0 不支持该信息域。

- CBGTI（CBG 传输信息，0、2、4 或 6bit）。这个信息域指示重传码块组信息，具体参考 13.1 节。只有配置了 CBG 重传，并且在 DCI 格式 0-1 的情况下该信息域才会出现。

- 多天线相关信息（只有在 DCI 格式 1-1 下才会出现）：
  - DM-RS 序列初始化（1bit）。该信息域用来选择 2 个预配置的 DM-RS 序列初始值。
  - 天线端口（2 ～ 5bit）。该信息域指示数据传输所使用的天线端口，以及其他终端使用的天线端口，具体参考第 9 章和第 11 章。
  - SRS 资源指示（SRI）。该信息域用以指示 PUSCH 发送使用的天线端口和发送波束，具体参考 11.3 节。该信息域的长度取决于配置的 SRS 组的个数以及使用基于码本还是非码本的预编码。
  - 预编码信息（0 ～ 6bit）。该信息域用来选择预编码矩阵 W 和基于码本的预编码层数，具体参考 11.3 节。位数取决于天线端口的数目以及终端支持的最大秩。
  - PT-RS 和 DM-RS 关联（0 ～ 2bit）。该信息域指示 PT-RS 和 DM-RS 之间的关联。
  - SRS 请求（2bit）。该信息域指示终端发送 SRS 信号，具体参考 8.3 节。
  - CSI 请求（0 ～ 6bit）。该信息域指示终端发送 CSI 报告，具体参考 8.1 节。
- 功率控制相关信息：
  - PUSCH 功率控制（2bit）。该信息域用来通知终端调整 PUSCH 发射功率。
  - Beta 偏移（0 或 2bit）。在配置了动态 beta 偏移信令的时候，该信息域用来控制在 PUSCH 上传输的 UCI 所占用的资源，仅用在 DCI 格式 0-1 上，具体参考 10.2.8 节。

10.1.6　时隙格式指示：DCI 格式 2-0

DCI 格式 2-0 用于通知终端**时隙格式指示**（Slot Format Indicator，SFI），具体参考 7.8.3 节。SFT 通过 PDCCH 采用 SFI-RNTI（多个终端共享该 RNTI）来传输。为了帮助终端的盲解码，终端可以配置最多 2 个候选 PDCCH，只有在这些 PDCCH 上才会传输 SFI。

10.1.7　抢占指示：DCI 格式 2-1

DCI 格式 2-1 用于通知终端抢占指示。抢占指示通过 PDCCH 采用 INT-RNTI（多个终端共享该 RNTI）来传输。抢占指示相关细节在 14.1.2 节中详细描述。

10.1.8　上行功率控制命令：DCI 格式 2-2

DCI 格式 2-2 用于通知终端功率控制命令，作为下行调度分配和上行调度授权里功率控制命令的补充。引入 DCI 格式 2-2 的主要目的是支持半静态调度的功率控制。对于半静态调度，由于没有动态的调度分配或者调度授权，网络无法通过动态调度传递 PUCCH 或者 PUSCH 的功控信息。因此，NR 标准引入了另外一种功控机制：DCI 格式 2-2。功控消息可以针对一组终端，这组终端都使用相同的与该组相关的 RNTI，消息里面包含每一个终端的功率控制比特。DCI 格式 2-2 和 DCI 格式 0-0 或者 1-0 的大小相同，这样可以减小盲解码的复杂度。

10.1.9　SRS 控制命令：DCI 格式 2-3

DCI 格式 2-3 用于通知终端上行 SRS 传输的功率控制命令，该信令让 SRS 的功率控制和 PUSCH 功率控制解耦，这样 PUSCH 和 SRS 就可以独立控制发射功率，或者在网络没有配置 PUCCH 或者 PUSCH 的情况下调整 SRS 发射功率。DCI 格式 2-3 和 2-2 的结构类似，不过每个终端可以配置最多 2bit 的 SRS 请求以及 2bit 的功率控制。DCI 格式 2-3 和 DCI 格式 0-0 或者 1-0 的大小相同，这样可以减小盲解码的复杂度。

10.1.10　指示频域资源的信令

为了指定用于发送或者接收的频域资源，DCI 里定义了两个信息域：资源块分配域以及部分带宽指示。

资源块分配域指定了数据传输使用的激活部分带宽上的资源块。NR 标准定义了两种不同的资源块分配方式，即类型 0 和类型 1。这两种类型都是从 LTE 的设计中继承过来的，在 LTE 中被称为下行资源分配类型 0 和类型 2。此外，LTE 的资源块分配是针对一个载波上的资源块进行分配，而 NR 是针对激活的部分带宽。

类型 0 是一种基于位图进行分配的模式。当位图的长度和部分带宽上的资源块数目相同的时候，类型 0 就是最灵活的资源分配指示方式。这种位图模式允许网络以任意方式调度频域资源，但是这也就意味着在大带宽的配置下需要非常大的位图。比如一个部分带宽包含 100 个资源块，这样 PDCCH 需要承载 100bit 的位图。考虑到 DCI 还包含其他相关信息，这样不但会导致非常大的控制信令开销，而且会导致下行覆盖受限（一个 OFDM 符号上承载 100bit 等效于 15kHz 子载波间隔下数据速率达到 1.4Mbit/s，或者在更大的子载波间隔配置下更高的速率）。因此需要压缩位图的大小，同时又保持一定的资源分配灵活性。这是通过位图中每个 bit 指示的不是单独的一个资源块，而是一组连续的资源块来达到的。如图 10-10 上半部分所示，每个资源块组的大小是由部分带宽的大小来决定的。对每种部分带宽都可以有两种不同的配置，每种配置会导致不同的资源块组大小。

资源块分配类型 1 不依赖于位图，相反，类型 1 是将分配的资源块通过起始位置以及长度来描述的。因此这种类型也就不支持任意种类的资源块分配，而只能支持频域连续的分配方式，这样就可以减小资源分配的信令开销。

综上所述，网络配置资源分配的机制有三种：类型 0、类型 1 以及在 DCI 中动态选择类型 0 还是 1。回退 DCI 仅仅支持类型 1，因为对回退模式而言，开销较小远比配置非连续资源的灵活性更为重要。

图 10-10　资源块分配类型图例（示例使用的部分带宽包含 25 个资源块）

两种资源分配类型都是针对虚拟资源块（具体参考 7.3 节关于资源块类型的讨论）来进行分配。对于分配类型 0，VRB 到 PRB 的映射采用非交织映射，意味着 VRB 直接映射到对应的 PRB 上。而对于分配类型 1，VRB 到 PRB 的映射可以采用交织映射或者非交织映射。DCI 信令中通过 VRB 到 PRB 映射比特（仅仅用在下行调度）来指示分配的信令究竟采用交织还是非交织映射。

回到部分带宽指示，这个信息域用来切换激活部分带宽。这既可以指向当前激活部分带宽，也可以指向并激活其他部分带宽。当指向当前激活带宽的时候，这个 DCI 域解释为资源分配应用于当前部分带宽。

但是如果部分带宽指示指向非激活部分带宽，情况会略微复杂。一般网络会为每个部分带宽配置传输参数，这样 DCI 的净荷长度在不同的部分带宽上也有可能不一样，比如每个部分带宽的频域大小不同，频域资源分配的比特数也会不一样长。

而终端进行盲检的时候，会根据当前的激活部分带宽对应的 DCI 长度，而不是根据 DCI 指示的新部分带宽（此时终端还不知道新的部分带宽）对应的 DCI 长度。如果协议强制要求终端对每个部分带宽对应的 DCI 长度分别进行盲检，会给终端引入很大的复杂度。因此从当前激活部分带宽上获得的 DCI 信息必须"转换"到新的部分带宽上。这种转换不仅面临长度的变化，还包括一些新的传输参数，比如 TCI 状态就是针对每个部分带宽配置的。转换是通过对 DCI 信息域填充或者打孔来匹配目标部分带宽的需求。通过转换，DCI 中指示的新的部分带宽会成为新的激活部分带宽，该调度授权也会用于新的部分带宽。在终端"3+1"DCI 长度预算不够用的情况下，类似转换方法也用于转换 DCI 格式 0-0 和 1-0。

10.1.11　指示时域资源的信令

DCI 动态指定发送或者接收的时域资源。DCI 可以指定一个时隙的一部分用于下行接收或者上行发送，而且这种时域资源的分配在不同时隙上可变，这就非常好地支持了动态 TDD（会导致下行或者上行传输只使用时隙的一部分，并且这种上下行分配在每个时隙都是变化的）或者上行控制信令使用的资源的动态变化。此外，究竟在哪个时隙传输也在时域资源分配信令中指示，对于下行传输，信令和数据传输通常发生在同一个时隙。但是对于上行传输，信令和数据传输往往发生在不同的时隙。

最简单的指示方法是分别指示时隙号、起始 OFDM 符号以及使用的 OFDM 符号数目。但是这样可能导致大量无谓的开销。NR 标准采用基于可配表格的方法，在 DCI 中，时域资源分配对应的信息域仅仅是这个表格的索引。网络提前通过 RRC 信令来配置时域资源分配的表格，具体参考图 10-11。

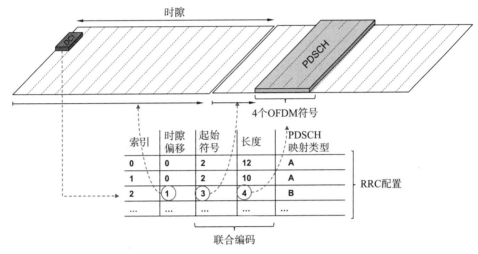

图 10-11　时域资源块分配（下行）

对上行调度授权和下行调度分配，各自有一张表。每张表最多可以配置 16 行，每一行包括：

- 时隙偏移：也就是分配的时隙和 DCI 所在的时隙之间的偏移。对于下行，时隙偏移可以是 0 ～ 3 之间的任意数，而对于上行，可以是 0 ～ 7 之间的任意数。之所以上行的范围定义得那么大，主要是考虑上行传输调度未来需要和 LTE TDD 系统共存。
- 起始 OFDM：数据传输在一个时隙内使用的第一个 OFDM 符号。
- 时隙中的传输时长（以 OFDM 符号长度计）：不是所有的起始 OFDM 符号和持续长度的组合都可以放在一个完整的时隙里面。比如从 OFDM 符号 12 开始并持续 5 个 OFDM 符号，显然超出了一个时隙的边界，这就是一个无效的组合。因此，NR 标准要求起始 OFDM 和长度联合编码，以保证有效的组合（在图 10-11 中，两者分为两列显示是为了举例说明这个问题）。
- 对于下行，表格中 PSDCH 映射类型这一项来标明 DM-RS 的位置，具体参考 9.11 节。相比于单独指示映射类型，这种方式提供了更大的灵活性。

NR 允许配置时隙聚合，也就是说一个传输可以在最多 8 个时隙上重复相同的传输块，但这不是利用基于表格的动态信令来指示的，而是通过一条单独的 RRC 信令来配置。时隙聚合主要用来解决覆盖受限的问题，因此对动态调整的需求比较低。

10.1.12 指示传输块大小的信令

为了正确接收下行传输，除了需要知道使用的资源块，终端还需要知道传输使用的调制方式、传输块大小。这些信息是通过 5bit 的 MCS 来隐式提供的。从原理上来说，NR 标准采用了和 LTE 类似的方法，也就是用一个表格来描述传输块大小，终端需要通过 MCS 以及分配的资源块来查表得到正确的传输块大小。但是 NR 需要支持更大的带宽，更宽范围的传输持续时间，以及更多种的开销（依赖于其他特性，比如 CSI-RS 的配置）。这些都需要更大的表格来处理大范围变化的传输块长度，从而导致 NR 需要修改 LTE 的传输块大小描述方法。NR 使用基于公式的方法和基于表格的方法，联合定义传输块大小以获得更大的灵活性，而不是单纯使用基于表格的方法。

具体来说，第一步是通过 MCS 信息域来决定调制方式和编码速率。这是通过两个表格中的一个来确定的。没有配置 256QAM 的时候，采用其中一个表格，而当网络为终端配置了 256QAM 时，就采用另外一个表格。5bit 的 MCS 可以指示 32 种可能，未配置 256QAM 的情况下其中 29 种用来通知终端调制和编码方式，3 种预留给未来使用（预留的目的后续描述）。可使用的 29 种调制和编码方式，每个都对应一种调制方式和编码速率的组合。该组合本质上是传输的频谱效率（一般通过每个调制符号所承载的信息比特数来描述），协议支持的频谱效率的动态范围大致为 $0.2 \sim 5.5 \text{bit/s/Hz}$。如果终端配置了256QAM，总共 32 个组合中有 4 个预留，其余 28 种标明频谱效率从 $0.2 \sim 7.4 \text{bit/s/Hz}$。

上述查表映射和 LTE 是基本一致的。但是为了获得更灵活的方式，下面的操作和 LTE 就不同了。

针对给定的调制方式、调度资源块个数以及调度的传输持续时间，就能计算出可以使用的资源单元个数，DM-RS 所占用的资源单元需要剔除出去，同样，RRC 信令配置的开销例如 CSI-RS 和 SRS 信令也需要剔除出去。剩余可以用于数据传输的资源单元，再结合可用的传输层数、调制方式以及从 MCS 中获取的编码速率就可以得到支持的信息比特。这个信息比特的数字会被量化以获得最终的传输块大小，同时保证码块的字节对齐，以及 LDPC 编码的时候不需要填充 bit。即使多次传输对应的分配的资源数量有小的波动，量化操作依然会选择相同的传输块大小。这在调度重传和初传使用不同的资源集的时候是有意义的。

上文描述了 MCS 会预留 3 种或者 4 种调制和编码方式组合。这些预留用于指示重传。重传的时候，传输块大小是不会发生变化的，所以并不需要通过信令来通知终端。而预留的 3 种或者 4 种调制和编码方式实质上就对应了不同的调制方式：QPSK、16QAM、64QAM 和 256QAM（如果配置的话）。这样调度器就可以在重传的时候使用任意的调制方式。显然这里假设终端已经正确接收到了初传的控制信令，如果没有正确收到初传的信令，重传的调度依然需要显式指示传输块的大小。

通过 MCS 获取传输块大小以及调度资源块数量的方法如图 10-12 所示。

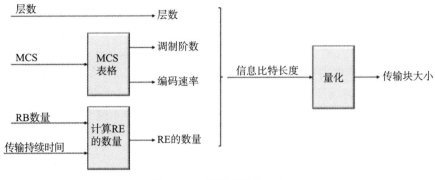

图 10-12　计算传输块大小

10.2　上行

和 LTE 类似，NR 标准也需要定义上行 L1/L2 控制信令来辅助上下行数据在传输信道上的传输。上行 L1/L2 控制信令包括：

- 对接收的 DL-SCH 传输块进行 HARQ 确认。
- 信道状态信息（CSI）。终端描述下行信道状态，来辅助网络下行调度以及多天线和波束赋形处理。
- 调度请求。终端指示需要上行资源进行 UL-SCH 传输。

NR 标准的上行传输信令中没有包含 UL-SCH 传输格式相关信息。正如 6.4.4 节所述，gNB 完全控制 UL-SCH 的传输，终端会始终按照网络的调度授权（包括其中指示的上行 UL-SCH 传输格式）来进行上行传输。因此网络提前知道 UL-SCH 使用的传输格式，不再需要额外的传输格式信息。

物理上行控制信道（Physical Uplink Control Channel，PUCCH）用来承载上行控制信令。原则上，不论终端有没有在 PUSCH 上传输数据，UCI 可以同时在 PUCCH 上传输。但是，需要特别注意，当 PUCCH 和 PUSCH 在同一个上行载波上发送（或者更准确地说使用同一个功放）且在频域上相互分开的时候，终端可能需要一个较大的功率回退来满足频谱发射要求，这会直接影响上行覆盖。因此 NR 采用了和 LTE 类似的方法，允许 UCI 在 PUSCH 上传输，并将这种传输作为处理信令和数据同时传输的基线。当终端在传输 PUSCH 的时候，UCI 会和数据复用在授权的上行资源上，而不是使用 PUCCH 传输。NR 标准 Release 15 不支持 PUSCH 和 PUCCH 同时发送，但在后续版本可能会引入。

PUCCH 可以支持波束赋形，这是通过在空域上配置 PUCCH 和下行信号（诸如 CSI-RS 或者 SSB）的一个或者多个关联关系来完成的。从本质上来说，这种关联关系就意味着 PUCCH 可以使用接收下行关联信号的波束来进行上行发送。比如网络配置 PUCCH 和 SSB 相互关联，终端就可以选择接收 SSB 所使用的波束进行 PUCCH 发送。网络可以配置多个空域关联关系，并通过 MAC 控制信元来指示当前应使用哪个关联关系。

对于载波聚合，基线设计是让上行控制信息通过主小区进行传输。这主要是考虑到载波聚合是非对称设计，终端一般支持的上行载波和下行载波数目并不一定是一致的。对于配置了多个下行分量载波的情况，一个上行载波可能需要承载许多 ACK/NACK。为了避免对单个载波造成过载，可以配置两个 **PUCCH 组**（PUCCH group），这样第一个组对应的反馈就会在主小区上传输，而第二个组对应的反馈则会在**主辅小区**（Primary Second Cell，PSCell）上传输，具体可参考图 10-13。

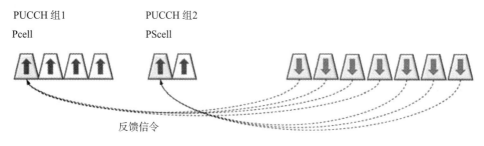

图 10-13   多个 PUCCH 组

接下来的章节中会详细描述 PUCCH 的结构以及 PUCCH 控制信令，同时还会介绍 PUSCH 上传输的控制信令。

10.2.1   PUCCH 基本结构

PUCCH 上承载的上行控制信息有多种格式。

格式 0 和格式 2（有时候称为短 PUCCH 格式）最多占用 2 个 OFDM 符号。在很多情况下，一个时隙的最后一个或者两个 OFDM 符号会被用来传输 PUCCH，比如传输下行数据传输的 HARQ 确认。短 PUCCH 格式包括：

- PUCCH 格式 0：最多传输 2bit，占据 1 个或者 2 个 OFDM 符号。一般用来承载下行数据传输的 HARQ 确认或者发送上行调度请求。
- PUCCH 格式 2：可以传输超过 2bit，占据 1 个或者 2 个 OFDM 符号。这个格式可以承载 CSI 上报，或者载波聚合情况下以及 CBG 重传情况下的多比特 HARQ 确认。

另外 3 个 PUCCH 格式，即格式 1、格式 3 和格式 4（有时称为**长 PUCCH 格式**），可以占用 4 ~ 14 个 OFDM 符号。NR 设计长 PUCCH 格式主要是考虑覆盖。如果 1 个或者 2 个 OFDM 符号的传输时长不能积累足够的能量，提供更长时间的 PUCCH 传输有助于提升覆盖距离。长 PUCCH 格式包括：

- PUCCH 格式 1：最多可以传输 2bit。
- PUCCH 格式 3 或者 4：可以传输超过 2bit 的信息。格式 3 和格式 4 的区别在于复用的能力，也就是多少终端可以在相同的时频资源上同时传输 PUCCH。

因为 PUSCH 上行传输可以配置为 OFDM 传输或者 DFT 预编码 OFDM 传输，很自然会想到 PUCCH 是否也需要配置两种传输模式，但是为了减少选项，NR 标准并没有像 PUSCH 那样设计 PUCCH。PUCCH 的传输格式更多考虑如何实现更低的立方度量。但格式 2 是特例，格式 2 只支持 OFDM 传输。为了降低复杂度，PUCCH 仅支持协议透明的发射分集模式。也就是说，协议仅为 PUCCH 定义单个天线端口，如果终端配置多个传输天线，则由终端自行决定怎么利用多根天线，比如可以使用延时分集。在下面的章节中，会详细描述 PUCCH 格式。

10.2.2　PUCCH 格式 0

PUCCH 格式 0 属于短 PUCCH 格式的一种，如图 10-14 所示。PUCCH 格式 0 最多可传输 2 比特。一般用于传输 HARQ 确认信息或者调度请求。

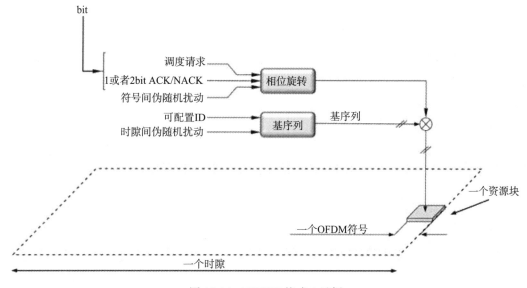

图 10-14　PUCCH 格式 0 示例

序列选择是 PUCCH 格式 0 的基础。如果 PUCCH 格式 0 直接传输几个信息比特，网络通过相干接收获得的增益会非常有限。此外将信息比特和参考信号复用在一个 OFDM 符号内就无法保持非常低的立方度量。因此 NR 标准定义了一种不同的结构，即根据信息比特来选择传输使用的序列。传输的序列是对一个长度为 12 的基序列（该基序列和 DFT 预编码 OFDM 中生成参考信号的基序列是相同的，详见 9.11.2 节），根据信息比特来进行不同的相位旋转。因此基序列经过的相位旋转就承载了传输的信息。换句话说，就是传输的信息选择不同相位旋转的基序列。

一共有 12 个不同的相位旋转，也就是在基序列的基础上，提供了最多 12 个正交的序列。频域线性的相位旋转等效于时域上进行循环移位，因此有时候也用循环移位来描述。

为了最大化性能，相位旋转在 1bit 传输的情况下以 $2\pi \cdot 6/12$ 为单位，或者在 2bit 传输的情况下以 $2\pi \cdot 3/12$ 为单位。如果同时传输调度请求，对一个确认比特，相位旋转增加 $3\pi/12$，两个确认比特，相位旋转增加 $2\pi/12$，如图 10-15 所示。

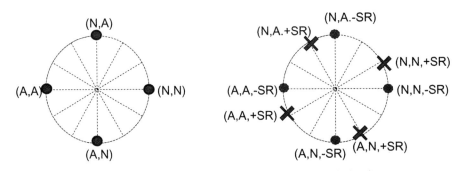

图 10-15　依照 HARQ 确认和调度请求进行相位旋转示例

一个特定 OFDM 符号上承载的 PUCCH 格式 0 信号的相位旋转，不仅取决于传输的信息，还依赖参考旋转（由 PUCCH 资源分配机制提供，详见 10.2.7 节）。参考旋转的引入是为了复用多个终端同时在相同的时频资源上传输。比如两个终端同时发送 1bit HARQ 确认时，可以通过参考相位旋转来区分用户。一个终端可以使用 0 和 $2\pi \cdot 6/12$，而另一个终端使用 $2\pi \cdot 3/12$ 和 $2\pi \cdot 9/12$。最后，通过循环移位跳变的方式为不同的时隙加入不同的相位偏移，引入的偏移由伪随机序列定义，背后的原因是这样能够将不同终端的干扰随机化。

PUCCH 格式 0 使用的基序列是通过系统消息提供的标识为每个小区独立配置的。除此之外，**序列跳变**（sequence hopping）通过时隙间的变化可以随机化不同小区间的干扰。PUCCH 格式 0 使用随机化操作来白化干扰。

PUCCH 格式 0 一般在一个时隙的尾部发送，如图 10-14 所示。但是实际上 PUCCH 格式 0 可以在一个时隙的其他位置发送。一个例子是用 PUCCH 格式 0 承载频繁的调度请求，网络最多可以每 2 个 OFDM 符号就配置一个 PUCCH 格式 0。另一个例子是用 PUCCH 格式 0 承载频繁的下行 HARQ 确认。比如下行 HARQ 数据传输承载在高频载波上，而下行 HARQ 确认信令通过载波聚合或者 SUL 在中低频载波上发送。此时，如果系统希望获得低时延，需要在下行时隙结束后尽快让终端反馈 HARQ 确认。而由于上下行子载波间隔不一致，下行时隙的尾部并不一定对应上行时隙的尾部。这种情况则需要网络配置 PUCCH 格式 0 在上行时隙的其他位置发送。

当使用两个 OFDM 符号承载 PUCCH 格式 0 时，终端需要在两个符号上传输相同的信息。但是参考相位旋转以及频域资源在符号间会发生变化，本质上就是一种跳频机制。

10.2.3　PUCCH 格式 1

PUCCH 格式 1 将 PUCCH 格式 0 扩展为长 PUCCH。PUCCH 格式 1 依然只能传输最多 2bit，但是可以使用 4 ～ 14 个 OFDM 符号，每个 OFDM 符号占用一个频域资源块。PUCCH 格式 1 所使用的 OFDM 符号被划分为承载控制信息的 OFDM 符号以及承载参考信号的 OFDM 符号，这样网络就可以进行相干解调。具体分配多少 OFDM 符号用于承载控制信息，多少 OFDM 符号用于承载参考信号，实质上是寻找信道估计精度和信息能量的平衡。研究发现大致一半的 OFDM 符号用于承载参考信号对 PUCCH 格式 2 解码是一个比较好的方案。

一个或两个信息比特可以分别使用 BPSK 或者 QPSK 调制方式，然后调制信号和一个长度为 12 的低 PAPR 序列（与 PUCCH 格式 0 类似）相乘。和 PUCCH 格式 0 相同，PUCCH 格式 1 也使用序列的循环移位跳动来随机化干扰。PUCCH 格式 1 还利用一个正交 DFT 码（长度为承载控制信息的 OFDM 符号数目）对长度为 12 的调制序列进行时域上的块扩展。这种在时域上使用正交码的操作提高了系统复用的能力，这样多个终端即便使用相同的基序列和相位旋转，依然可以通过不同的正交码来复用相同的时频资源。

参考信号也是依照与信息比特类似的结构插入，也就是说长度为 12 的未调制序列通过一个正交序列进行块扩展，然后映射到参考信号对应的 OFDM 符号上。因此正交码的长度以及循环移位的长度共同决定了可以复用相同资源传输 PUCCH 格式 1 的终端数目。如图 10-16 所示，共有 9 个 OFDM 符号用于 PUCCH 传输，其中 4 个 OFDM 符号承载控制信息，而另外 5 个 OFDM 符号承载参考信号。因此最多 4 个终端（4 是由承载信息的正交码长度决定的，该正交码长度小于承载参考信号的正交码长度）可以共享相同的基序列以及循环移位。在这个例子中，假设小区级基序列已定，并且从 12 个可能的循环移位中选择 6 个（只选择 6 个是为了对抗时延扩展）来进一步区分用户，这样最多可以支持 24 个终端共享一个时频资源传输 PUCCH。

相比短 PUCCH 格式，更长的 PUCCH 格式的传输持续时间可以获得跳频的可能性，以获得与 LTE 类似的频率分集的增益。但是 LTE 的跳频总是在载波带宽的两侧跳变，并且因为 LTE 中使用两个时隙的 PUCCH 传输，所以跳频总是在时隙的边界发生。NR 和 LTE 相比需要更大的灵活性，这主要是因为：PUCCH 的传输持续时间是可以随着系统配置以及调度决策的变化而灵活变化的。此外，PUCCH 的传输只能在终端对应的激活部分带宽内，因此跳频不是像 LTE 那样在整个载波带宽的边缘发生。因此跳频与否由 PUCCH 资源配置决定。跳频的频域位置由 PUCCH 的长度决定。如果允许跳频，每一跳都会使用一个正交的块扩展序列。如图 10-16 所示，如果未配置跳频，则使用一组序列，包含长度 4 和长度 5 的正交序列（对应承载信息的 OFDM 符号数和承载参考信号的 OFDM 符号数）。而如果配置跳频，则配置两组序列：一组包含长度 2 和长度 2 的正交序列用于第一跳，另一组包含长度 2 和长度 3 的正交序列用于第二跳。

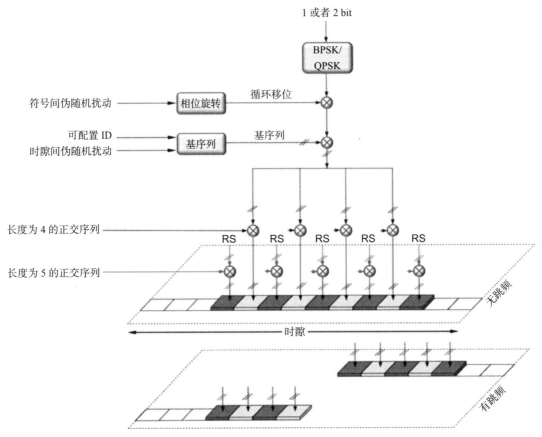

图 10-16　PUCCH 格式 1 示例，无跳频 (上) 和有跳频（下）

10.2.4　PUCCH 格式 2

　　PUCCH 格式 2 是一种基于 OFDM 的短 PUCCH 格式，但能传输超过 2bit 的信息。比如通过 PUCCH 同时传输 CSI 和 HARQ 确认，或者传输多个 HARQ 确认。当然，PUCCH 格式 2 也可以通过联合编码承载调度请求。如果需要编码的比特数太多，CSI 报告会被丢弃，因为 HARQ 确认信息对系统来说更加重要。

　　PUCCH 格式 2 的整体传输结构非常简单。由于较大的净荷长度，会添加 CRC。如果控制信息（添加 CRC 后）最多只有 11bit，终端会使用 Reed-Muller 码进行编码，如果超过 11bit，会使用极化码⊖进行编码。然后对编码比特进行加扰和 QPSK 调制。扰码序列基于终端标识（C-RNTI）和物理层小区标识（或者一个可配置的虚拟小区标识）生成。这样就可以保证小区间以及使用相同时频资源的用户间干扰随机化。QPSK 符号会映射到 1 个或者 2 个 OFDM 符号的多个资源块的子载波上。一个伪随机 QPSK 序列会映射到每个

　　⊖　极化码编码也用于 DCI，但是极化码编码的细节和 UCI 略有不同。

OFDM 符号的每 3 个子载波中的一个，用来为基站接收端提供解调参考信号。

PUCCH 格式 2 所使用的资源块的个数是由净荷大小以及一个可配的最大编码速率决定的。如果净荷较小，则使用的资源块个数也较少，这样就可以保持有效编码速率基本恒定。可以使用的资源块的个数的上限也是可配的。

PUCCH 格式 2 一般在一个时隙的末尾传输，如图 10-17 所示。但是和 PUCCH 格式 0 类似，PUCCH 格式 2 也有可能在时隙的其他位置传输。

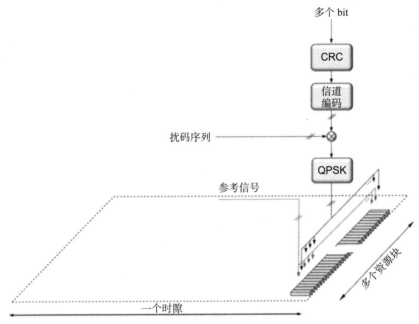

图 10-17　PUCCH 格式 2 示例（CRC 只有在较大净荷的情况下才会添加）

10.2.5　PUCCH 格式 3

PUCCH 格式 3 可以看成将 PUCCH 格式 2 扩展为长 PUCCH 格式。PUCCH 格式 3 能传输超过 2bit 的信息，会占用 4 ～ 14 个 OFDM 符号，每个符号都可以使用多个资源块。因此格式 3 是所有 PUCCH 中净荷承载容量最大的格式。和 PUCCH 格式 1 类似，OFDM符号被分为两组，一组只承载控制信息，一组只承载参考信号，这样可以保证较低的立方度量。

对于 11bit 或者以下的净荷，PUCCH 格式 3 会使用 Reed-Muller 编码，而对于 11bit以上的净荷会使用极化码。编码后紧跟着加扰和调制，其中扰码序列基于终端标识（C-RNTI）和物理层小区标识（或者一个可配置的虚拟小区标识）生成。这样就可以保证小区间以及使用相同时频资源的用户间的干扰随机化。和 PUCCH 格式 2 相似，由于控制信息净荷较大，会添加 CRC。调制使用 QPSK，不过也可以配置为 π/2−BPSK 来进一步降低立方度量，当然这是以降低链路性能为代价的。

调制符号会映射到若干 OFDM 符号上，然后使用 DFT 预编码来降低立方度量，提高功放效率。参考序列的生成方式和基于 DFT 预编码的 PUSCH 参考信号生成方式一致（参考 9.11.2 节），也很好地考虑了立方度量的问题。

PUCCH 格式 3 可以配置跳频来获得频率分集增益，如图 10-18 所示。当然也可以不配置跳频。参考信号占用的 OFDM 符号位置取决于是否使用跳频以及 PUCCH 传输持续时间，因为在每一跳必须配置至少一个 OFDM 符号承载参考信号。当然也可以配置更多的 OFDM 符号承载参考信号，比如每跳配置两个 OFDM 符号承载参考信号。

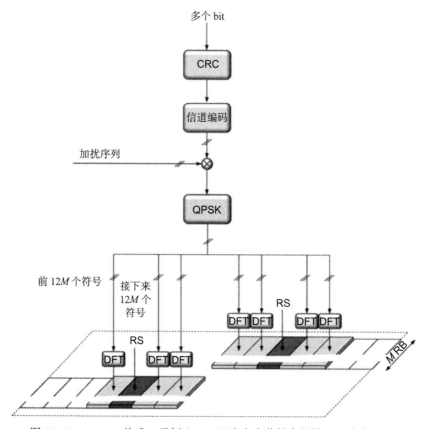

图 10-18　PUCCH 格式 3 示例（CRC 只有在净荷较大的情况下才会添加）

在映射 UCI 的时候，对于一些比较关键的信息，即 HARQ 确认、调度请求以及 CSI part 1，都会联合编码并且映射到靠近 DM-RS 的 OFDM 符号上。对于一些不太关键的信息则映射到剩余的 OFDM 符号上。

10.2.6　PUCCH 格式 4

PUCCH 格式 4（如图 10-19 所示）和 PUCCH 格式 3 基本一致，只是支持码分复用，以方便不同终端复用相同的资源。同时 PUCCH 格式 4 在频域上最多支持一个资源块。每个承载控制信息的 OFDM 符号可以承载 $12/N_{SF}$ 个独立的调制符号。在 DFT 预编码之前，每个调制符号都需要通过一个长度为 N_{SF} 的正交序列进行块扩展。扩展系数可以是 2 或者 4，或者说支持 2 个或 4 个终端通过码分复用相同资源块。

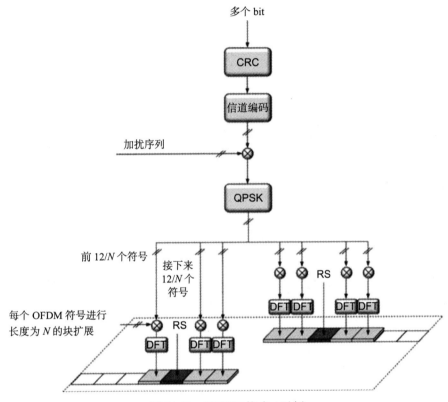

图 10-19　PUCCH 格式 4 示例

10.2.7　PUCCH 传输使用的资源和参数

上文讨论了各种不同的 PUCCH 格式，涉及一组相关的参数。比如传输信号映射到哪些资源块、PUCCH 格式 0 的初始相位旋转、是否使用跳频以及 PUCCH 传输使用的 OFDM 符号数目。除此之外终端还需要知道应该使用哪些 PUCCH 格式以及对应的时频资源。

LTE（尤其是第一个版本）的上行控制信息、PUCCH 格式和传输参数基本固定。比如 LTE PUCCH 格式 1a/1b 用于 HARQ 确认，并且对应的时、频、码资源也相对固定，PUCCH 格式 1a/1b 的传输时间和对应的下行调度分配之间有一个固定的时间间隔。这确实是一个不太灵活的方案，不过也是一个低开销的方案。因此 LTE 的后期版本（比如针对载波聚合和其他高级的特性）也对 PUCCH 的设计进行了扩展，带来更多灵活性。

NR 标准从第一个版本就支持较为灵活的机制，这样才能够满足不同业务对时延、频谱效率、动态 TDD、不同终端载波聚合能力以及不同天线配置带来的不同反馈数目的需求。而灵活机制的核心设计就是引入了 **PUCCH 资源集**（PUCCH resource set）的概念。一个 PUCCH 资源集包含最少 4 组 PUCCH 资源配置，每一组资源配置包含了对应使用的 PUCCH 格式，以及该格式对应的所有参数。最多可以配置 4 个 PUCCH 资源集，每个资源集都对应一定范围的 UCI 反馈。比如 PUCCH 资源集 0 可以处理最多包含 2bit 的 UCI 净荷，因此包含 PUCCH 格式 0 和格式 1，而其他 PUCCH 资源集则针对除了 PUCCH 格式 0 和格式 1 之外的其他格式。

当一个终端需要发送 UCI 的时候，首先根据 UCI 的净荷长度选择 PUCCH 资源集。同时 DCI 中的 ARI 信息域可以决定使用 PUCCH 资源集中的哪个 PUCCH 资源配置（如图 10-20 所示）。因此调度器可以控制上行控制信息所使用的时频资源。对周期性 CSI 上报以及调度请求都是通过半静态配置来选择 PUCCH 资源，PUCCH 资源本身作为 CSI 或者调度请求配置的一部分被提供。

10.2.8　通过 PUSCH 传输的上行控制信令

当终端通过 PUSCH 传输上行数据，或者说网络授权终端进行上行传输的时候，控制信令原则上依然可以同时通过 PUCCH 发送。但如上所述，这种情况下更倾向于复用 PUSCH 来传输数据和控制信令，而避免 PUSCH 和 PUCCH 同时发送。这样做可以为 DFT 预编码的上行传输降低立方度量，同时由于不会同时发送频域上分散的 PUSCH 和 PUCCH，射频指标诸如带外发射等更容易实现。因此 NR 标准采取了和 LTE 类似的方法，当有 PUSCH 传输的时候，UCI 会通过 PUSCH 发送。这个原则适用于上行 OFDM 传输机制和 DFT 预编码 OFDM 传输机制。

只有 HARQ 确认和 CSI 上报会复用到 PUSCH 上，由于终端已经被调度授权了，因此就没有必要再发送调度请求。在这个时候，终端应该上报**缓存状态报告**（buffer status report），参见 14.2.3 节。

原则上说，基站知道什么时候终端会反馈 HARQ 确认，这样就可以正确地对 PUSCH 上承载的 UCI 和数据解复用。但是终端有一定的概率会丢失下行调度分配，在这种情况下基站期望的 HARQ 确认并没有被终端发送。如果速率匹配依赖于是否有 UCI 发送，那么这个情况下整个数据部分都有可能解码失败。

一种避免这种错误的方法就是将编码后的 UL-SCH 流打孔加入 HARQ 确认，这样不管终端有没有加入 HARQ 确认，那些没有打孔的比特都不会受到影响，LTE 就采用这种方法。但是如果有大量的 HARQ 确认比特需要和数据复用（比如载波聚合并且使用码块组重传机制），过多的打孔并不是一个很好的方案。因此 NR 标准限制为最多 2 个 HARQ 确认位进行打孔。如果需要更多的比特，则会使用上行数据速率匹配的方式。为了避免上述错误，会通过 DCI 中的 DAI 信息域来指示预留给上行 HARQ 的资源。这样不管是否丢失了之前的调度分配，终端都知道用于上行 HARQ 反馈的资源。

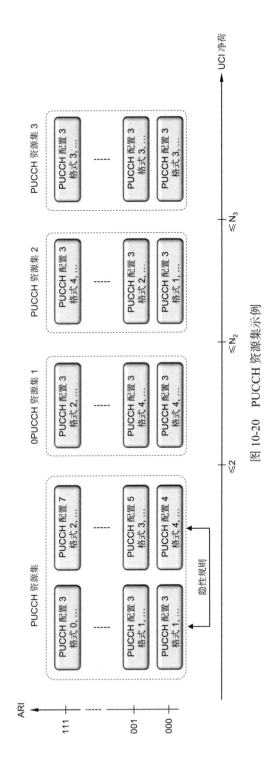

图 10-20　PUCCH 资源集示例

承载关键比特的 UCI（即 HARQ 确认）会映射到第一个解调参考信号后的第一个 OFDM 符号，而那些不太关键比特的 UCI（即 CSI 报告）会映射到后续的 OFDM 符号。

不同于数据传输通过速率匹配来适配不同的空口信道，L1/L2 的控制信令不能进行速率匹配。功率控制可以在某种程度上作为匹配空口信道的选项，但是会导致时域上快速的功率波动，这样对射频特性会有负面影响。因此发射功率在 PUSCH 传输期间保持恒定，而网络通过调整分配给 L1/L2 控制信令的资源单元（也就是控制信令的编码速率）来适配不同的空口信道。除了通过半静态参数外，网络还可以通过 DCI 信令来指示提供给 UCI 传输的 PUSCH 资源。

第 11 章

多天线传输

多天线传输是 NR 标准的一项关键技术，特别对部署在高频点的 NR 格外重要。本章先描述多天线传输的背景知识，然后再详细介绍 NR 中采用的多天线预编码技术。

11.1 简介

在收发端采用多天线技术会给移动通信系统带来诸多好处：

- 因为天线间存在一定距离或者处在不同的极化方向上，因此不同天线经过的信道不完全相关．在发送端或者接收端使用多天线可以提供分集增益，对抗信道衰落。
- 通过调整发送端每个天线单元的相位乃至幅度，可以使发送信号存在特定的指向性，也就是将所有的发送能量集中在特定的方向（波束赋形）或者空间的特定位置。因为接收端所处位置得到了更多的发送能量，所以这种指向性可以提高传输速率以及传输距离。指向性还能够降低干扰，从而整体提高频谱效率。
- 和发射天线类似，接收天线也可以利用接收端指向性，把对特定信号的接收聚焦在信号对应的方向，从而降低来自其他方向的干扰信号的影响。
- 最后，接收机和发射机上的多天线，可以采用空分复用技术。也就是在相同的时频资源上，并行传输多层的数据流。

在 LTE 中，多天线接收、发射被用于获得分集增益、指向性增益，以及空分复用增益。因此，多天线是获得高速率传输以及高频谱效率的一项关键技术。NR 和 LTE 不同的一点是 NR 需要支持高频部署，因此多天线技术变得尤为关键。

一般来说，更高的频率意味着更大的路损，也就是更小的通信范围。但是这个认知是基于天线数目一定，或者多天线总尺寸随着频率升高随之减小的前提。比如，如果将载波频率提高 10 倍，那么波长也会降为原来的十分之一。这样天线间距的物理尺寸也就降为原来的十分之一，整个天线的面积则降为原先的百分之一。这就意味着能够被天线捕捉的能量下降 20dB。

如果接收天线尺寸保持不变，这样天线所捕捉的能量就保持不变。然而这就意味着天线尺寸相对载波波长的增加，也就是增加了天线的指向性[⊖]。这种大尺寸天线增益时获得必须依赖于接收天线能准确地指向期望接收信号的方向。

同样，如果保持发送端天线物理尺寸不变，也会增加发射天线的指向性。更高的指向性有助于提升高频覆盖的链路预算。当然尽管天线指向性能有效提高覆盖，但是高频覆盖在实际部署中依然遇到很多挑战，比如更高的空气穿损，以及更少的折射而导致的非直视环境的覆盖降低。所以一般会在发送端和接收端同时采用高定向性天线，以使得高频通信获得较长距离的覆盖。

对无线通信系统而言，在载波频率增加而天线物理面积不变的情况下，多天一般是通过在天线面板上集成更多的天线单元来实现。天线单元之间的距离一般和波长成正比，因此随着频率增加，天线单元的间距也会随之减少，相应地天线单元的个数就会随之增加。图 11-1 显示了一个支持 28GHz 频段的天线，该天线集成了双极化的 64 个天线单元。作为对比，一节 AAA 电池也放在图中，以显示天线的实际大小。

图 11-1　集成 64 个双极化天线单元的天线面板

在天线面板里集成大量的天线单元，这样做的好处是通过独立调整各个天线单元发射的相位，可以方便地控制发射波束的方向。同样，接收端也可以通过调整每个天线单元接收的相位来控制接收波束的方向。

总体上说，任何线性多天线传输技术都可以按照图 11-2 来建模。发送的信号可以看作矢量 $\bar{x}$，发送端可以同时发送 N_L 层的独立发送信号，通过一个变换矩阵 W（矩阵维度为 $N_T \times N_L$），映射到 N_T 个物理天线上，每个物理天线上发送的信号通过矢量 $\bar{y}$ 来表示。

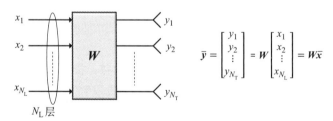

图 11-2　多天线传输的通用模型，将 N_L 层信号映射到 N_T 个物理天线上

图 11-2 所示模型适用于大多数多天线传输场景，但在实际产品中可以有不同的实现方式，这有可能给多天线传输的性能设置各种限制。一个常见的限制是产品中具体什么部位实现多天线处理（也就是实现矩阵 W），图 11-3 给出了两种例子：

⊖　天线的指向性大致和物理天线面积除以波长平方成正比。

- 一种是多天线处理在发射机模拟域实现，也就是在数模转换之后实现（图 11-3 左）。
- 另一种是多天线处理在发射机数字域实现，也就是在数模转换之前实现（图 11-3 右）。

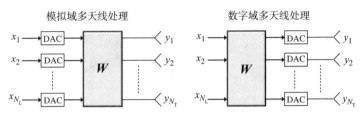

图 11-3　模拟域多天线处理和数字域多天线处理

如图 11-3 右侧所示的数字域多天线处理，主要的缺点是实现复杂，特别是需要每个天线单元都配置一个数模转换器。因此到了高频，当大量的天线单元被密集配置在一起，产品中往往采用模拟域多天线处理，如图 11-3 左所示。对模拟域多天线处理，一般对每个天线进行相移来调整波束方向，如图 11-4 所示。

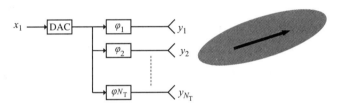

图 11-4　产生波束赋形的模拟域多天线处理机制

需要注意的是在高频，往往都是功率受限，而非带宽受限，因此波束赋形往往比高阶空分复用更为重要。而在低频却恰恰相反，由于频率资源受限，往往空分复用更为关键。

模拟域多天线处理往往意味着波束赋形是针对某个载波，因此在下行方向，无法为分布在不同方位上的终端提供频分复用的传输。或者说，基站必须在不同的时刻为分布在不同方向上的终端服务，如图 11-5 所示。

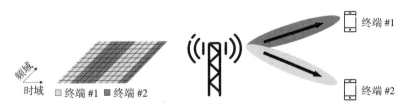

图 11-5　在不同时间段上对不同方向进行波束赋形

而在低频配置下，由于天线单元数目有限，多天线处理往往在数字域完成，如图 11-3 右侧所示，这意味着更加灵活的多天线处理能力。在数字域里，发送端可以任意地调整变换矩阵 **W** 里面的每个元素的相位和幅度，因此数字域的多天线处理非常灵活，甚至可以提供高阶的空分复用能力。同时数字域还允许为同一载波内多个数据层（layer）产生独立的变换矩阵 W。这样发给不同方向上终端的数据可以放置在不同的频率上同时发送，如图 11-6 所示。

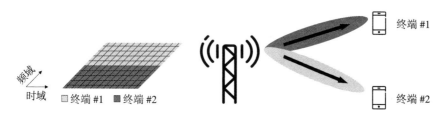

图 11-6　同时对不同方向进行波束赋形

数字域的多天线处理，由于每个天线的权值都是可以灵活控制的，我们经常把变换矩阵 W 称为预编码矩阵，把多天线处理称为多天线预编码。

模拟域和数字域的多天线处理的区别在接收端也同样存在。对模拟域多天线处理，多天线的处理作用在模拟域，即模数转换之前完成。此时多天线处理往往限于一个时刻只能接收一个方向的接收端波束赋形，接收机把天线的接收方向调整为期望接收信号的方向。对两个方向信号的接收只能在不同时刻发生。

而数字域多天线处理能够为多天线处理提供足够的灵活性，可以支持来自多个方向、多个数据流的同时接收。和发送端类似，数字域多天线处理主要的问题就是实现复杂性，需要为每个天线单元提供一个模数转换器。

本章后面的内容将会更多关注多天线预编码技术，也就是多天线发射可以完全控制预编码矩阵的情形。而模拟域多天线处理所产生的限制，以及这些限制对 NR 标准设计的影响，都将会在第 12 章详细讨论。

多天线预编码设计的一个重要的问题是，如果传输的数据使用预编码，为了相干解调，是否需要对解调参考信号（Demodulation Reference Signal，DM-RS）也进行相同的预编码。如果 DMRS 没有预编码，这意味着接收机需要知道发射机使用的预编码才能够进行相干解调。

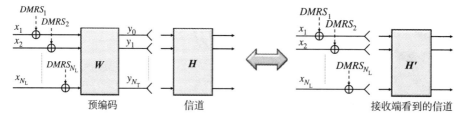

图 11-7　DM-RS 和数据一起进行预编码，这样多天线预编码就对接收端透明

如果参考信号和数据一起进行预编码，这样从接收机的角度看，预编码就成为整个信道的一部分，如图 11-7 所示。简单来说，接收机看到的不是"真正"的 $N_R \times N_T$ 信道矩阵

H，而是一个维度为 $N_R \times N_L$ 的等效信道矩阵 H'，该等效信道矩阵是由变换矩阵 W 和真实的信道 H 级联而成。这样发射机所使用的预编码对接收机来说就完全透明，发射机可以（至少从原理上可以）任意地使用任何预编码矩阵而不需要通知接收机。

11.2　下行多天线预编码

所有 NR 的下行物理信道的相关解调都依赖于该信道对应的 DM-RS。此外，终端需要假设网络侧已经把数据部分和 DM-RS 进行了相同的预编码，如图 11-7 所示。因此网络侧使用的任何下行多天线预编码对终端都是透明的$^\ominus$，网络侧可以自由决定下行预编码。

下行多天线预编码对协议的影响主要集中在：为了支持网络侧选择预编码矩阵用于下行 PDSCH 传输，终端如何进行测量并且上报。这些预编码相关的测量以及上报机制都是 CSI 上报框架的一部分，在 8.2 节已经详细描述过了。如 8.2 节所示，一个 CSI 上报包括一个或者多个下面的测量项目：

- 秩指示 RI，终端建议的传输秩，或者说合适的下行传输层数 N_L。
- 预编码矩阵指示 PMI，在网络侧采用终端建议的传输秩的前提下，终端建议的预编码矩阵。
- 信道质量指示 CQI，如果网络侧采用终端建议的传输秩和预编码矩阵，终端建议采用的信道编码速率和调制方式。

因此终端上报的 PMI 就代表这是终端认为下行传输可用的最优预编码矩阵。每个 PMI 都对应一个预编码矩阵。所有可能的 PMI 对应的预编码矩阵合在一起称为预编码码本，终端会从中选出最优的 PMI。注意终端选择 PMI 是依据终端选择的 RI（对应 N_L），以及对网络侧 N_T 个天线端口的测量（每个天线端口都有对应的 CSI-RS 供终端测量）。对每个有效的 N_T 和 N_L 的组合，NR 标准至少定义了一个码本供终端使用。

需要注意的是，下行预编码码本仅仅是为了 PMI 上报使用，虽然协议定义了该码本，却并不意味着协议要求网络侧一定使用该码本中的预编码矩阵进行下行传输。网络侧可以使用任意预编码而不受协议限制。

绝大多数情况下，网络会直接使用终端通过 PMI 推荐的预编码矩阵。但是有些情况下，网络会使用不同的预编码矩阵。例如，当多天线预编码可以使得多个终端使用相同的时域和频域资源传输数据时，也就是我们通常所说的**多用户 MIMO**（Multi-User MIMO，MU-MIMO）。MU-MIMO 的原理就是基于多天线预编码，它不光需要将能量集中在终端的方向，同时还需尽可能避免对同时调度的其他 MU-MIMO 终端产生干扰。在这种情况下，终端上报的 PMI 就未必合适，因为终端仅仅考虑自己的接收，而不考虑预编码矩阵对其他 MU-MIMO 终端产生干扰。这种情况下，网络就需要综合考虑所有同时调度的终端上报的 PMI，然后为每个终端选择最佳的预编码矩阵。

$\ominus$　因为终端需要知道传输的层数，即网预编码矩阵的列数。

为了更好地支持 MU-MIMO 的场景，网络往往需要知道各个终端信道更为详尽的信息。基于这个原因，NR 标准定义了两种不同的 CSI 模式。这两种模式就是所说的类型 I CSI（Type I CSI）和类型 II CSI（Type II CSI），两种类型有不同的结构以及不同的码本大小。

- 类型 I CSI 主要用于单用户调度（非 MU-MIMO 场景）。每个终端可以支持高的传输层数（通过高阶空分复用）。
- 类型 II CSI 主要用于多用户调度，多个终端使用相同的时频资源传输数据，但是每个终端都只使用有限的传输层（最多 2 层）。

类型 I CSI 的码本相对简单，主要是考虑把能量聚焦在接收端。多个层传输所造成的层间干扰不是发射端码本选择时的主要考虑对象。层间干扰主要通过接收端的多天线接收来抑制。

类型 II CSI 码本相对于类型 I CSI 码本会明显变得复杂，这有助于 PMI 提供更多的信道信息（更细的空域粒度）。而更多的信道信息有助于网络侧在选择下行预编码矩阵的时候，不仅考虑在终端聚焦网络侧的发射能量，还需要考虑限制在同一时频资源上传输的终端间的干扰。当然，更精细空域粒度的 PMI 反馈不可避免地会引入更大的信令开销。比如类型 I CSI 的 PMI 上报最多需要几十个比特，而类型 II CSI 的 PMI 上报则可能需要几百个比特。因此往往在低速移动的场景下才使用类型 II CSI 的 PMI 上报，因为低移动速度下，可以使用较长的上报周期而不过多影响性能。

下面我们会给出不同类型 CSI 的一些粗略描述，更详尽的内容参考 [64]。

11.2.1 类型 I CSI

类型 I CSI 有两个子类，即类型 I 单面板 CSI（Type I single-panel CSI）和类型 I 多面板 CSI（Type I multi-panel CSI），两个子类对应不同的码本。顾名思义，这两类对应网络侧不同的天线配置。

请注意，尽管协议设计 CSI 的时候假设使用了一种天线配置，这并不意味着其他的天线类型就不能使用该 CSI 类型。当终端基于下行的测量，向网络上报预编码矩阵的时候，终端并不对网络侧天线的配置做任何假设。也就是说，终端仅仅是基于估计的信道情况，从码本中选出最优的预编码矩阵。

1. 单面板 CSI

顾名思义，类型 I 单面板 CSI 的码本的设计场景是假设网络侧仅配置一个天线面板，该天线面板拥有 $N_1 \times N_2$ 个双极化天线单元。如图 11-8 所示的例子中（N_1, N_2）=（4, 2），也就是 16 个端口的天线$^{\ominus}$。

通常情况下，类型 I 单面板 CSI 码本中的预编码矩阵 W 可以表示为两个矩阵 W_1 和

$\ominus$　每个双极化天线单元包括两个天线端口，每个天线端口对应一个极化方向。

W_2 的乘积。作为 PMI 的一部分，W_1 和 W_2 的信息会分别上报。

其中，矩阵 W_1 代表长期的且和频率无关的信道特性，终端对整个上报带宽只汇报一个 W_1（宽带反馈）。

而矩阵 W_2 则试图捕捉短期的且和频率相关的信道特性，终端对每个子带（subband）都会上报一个 W_2。或者根本不汇报 W_2，对这类情况，终端在接下来选择 CQI 的过程中，会假设网络为每个物理资源块组（Physical Resource Block Group，PRBG，参见 9.8 节）选择一个随机的 W_2。这里并没有对网络采用预编码矩阵设置任何限制，仅仅是为终端计算 CQI 提供一个假设前提。

图 11-8　一种 $(N1, N2) = (4, 2)$ 的类型 I 单面板 CSI 的一种典型天线结构

矩阵 W_1 可以看作定义了一个波束（在某些情况下是一组相邻的波束），指向一个特定的方向。更具体地说，矩阵 W_1 可以表示为

$$W1 = \begin{bmatrix} B & 0 \\ 0 & B \end{bmatrix}$$

其中，矩阵 B 的每一列都定义了一个波束，而矩阵 W_1 具有的 2×2 块状结构中，两个对角块则分别对应了两个极化方向。注意因为矩阵 W_1 被设计为捕捉长期的且和频率无关的信道信息，所以两个极化方向上会使用相同的波束方向。

选择矩阵 W_1，或者说矩阵 B，可以看成从一大堆可能的波束中选择一个特定的波束。因此码本中的矩阵 W_1 表示的就是波束方向$^\ominus$。

对 rank1 或者 rank2 传输，矩阵 W_1 会定义一个波束，或者四个相邻波束。其中四个相邻波束分别对应 B 矩阵的四列，这种情况下，矩阵 W_2 会用来选择传输具体使用哪个波束。因为矩阵 W_2 用来汇报每个子带的信息，所以可以再精细调整每个子带的波束方向。当然，矩阵 W_2 也可以用来调整极化间相位，那么这种情况矩阵 W_1 就只定义一个波束，对应的 B 是一个单列矩阵。

对传输秩 R 大于 2 的情况，矩阵 W_1 定义了 N 个正交的波束，这里 $N=[R/2]$。N 个波束连同每个波束 2 个极化方向，组合生成了用于 R 个层传输的波束。而这种情况下，对应的矩阵 W_2 则提供了两个极化间的相位调整。一个终端最多支持 8 层传输。

2. 多面板 CSI

类型 I 多面板 CSI 的设计主要用于网络侧多个天线面板进行联合下行传输，因此设计充分考虑了不同面板之间保证相关性等问题。具体来说，多面板码本设计场景是假设网络侧仅配置 2 个或者 4 个天线面板，每个都是一个二维的天线面板，也就是每个面板都可以表示为 $N_1 \times N_2$ 个双极化天线单元。如图 11-9 所示的例子中，有四个天线面板，每个面板

　　$\ominus$　即使 W_1 定义了一组波束，本质上这些相邻的波束也指向相同的方向。

$(N_1, N_2) = (4, 1)$，也就是总共 32 个端口的天线。

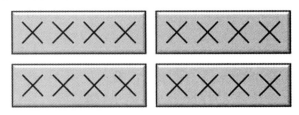

图 11-9 类型 I 多面板 CSI 的一种典型天线结构，4 个 $(N_1, N_2) = (4, 1)$ 的双极化天线面板拥有共 32 个天线端口

类型 I 多面板 CSI 码本设计原理和类型 I 单面板 CSI 相似，不过类型 I 多面板 CSI 码本设计让矩阵 W_1 定义一个面板一个极化上的波束方向，而矩阵 W_2 定义了极化和面板间在各个子带上的相位调整。

类型 I 多面板 CSI 可以支持最多 4 层的空分复用。

11.2.2 类型 II CSI

类型 II CSI 提供了比类型 I CSI 更精细空间粒度的信道信息。和类型 I CSI 相似，类型 II CSI 也是基于宽带选择并从一组可能的波束中选择波束。所不同的是，类型 I CSI 最终只上报一个波束，而类型 II 则上报最多 4 个正交的波束。对每一个波束，以及这个波束对应的 2 个极化方向，上报的 PMI 都会提供一个与之对应的幅度值（宽带和子带）和一个相位值（子带）。这样，类型 II CSI 捕捉了主要的传播路径和相应的幅度和相位，从而提供了关于信道的详细信息。

在网络侧，从各个终端收集的 PMI 信息会综合起来考虑，以保证一组终端可以同时在一组相同的时域、频域资源上传输（在 MU-MIMO 配置下），并相应地为每个终端设置合适的预编码矩阵。因为类型 II CSI 主要用于 MU-MIMO，所以每个终端最大支持 2 层传输。

11.3 上行多天线预编码

NR 标准支持最多 4 层的上行（即 PUSCH）多天线预编码。当然如第 9 章所述，如果上行传输采用 DFT 预编码 OFDM 技术，则只能支持单层的传输。

终端关于 PUSCH 的多天线预编码可以配置为两种模式，一种是基于码本的传输，一种是基于非码本的传输。至于选择使用哪种模式，一般依据上下行信道是否具有互易性，或者说终端依靠下行测量在多大程度上了解上行信道。

用于上行 PUSCH 信道的多天线预编码也会用在对应的 DM-RS 信号上。因此和下行类似，上行信道的预编码也对接收机透明，网络侧接收机不必知道上行发射机使用的预编码矩阵的信息就可以直接解调。但是这并不意味着终端可以自由地选择 PUSCH 预编码矩阵。在基于码本的预编码机制中，上行调度授权就包括网络侧要求终端使用的预编码信息。下行传输中网络可以自主决定是否使用终端上报的 PMI，和下行不同的是，上行传输中终端必须使用网络要求的预编码矩阵。在 11.3.2 节我们还会看到，即使在非码本传输中，网络也可以调整终端最终选择的上行预编码矩阵。

上行多天线传输的一个限制是终端可以多大程度上控制天线间相关性，或者说终端两个天线上发送信号之间的相对相位多大程度上可以被终端控制。一般来说，在做多天线预编码的时候，需要准确调整各个天线口的权值，其中包括特定的相移。这些权值会应用于不同天线端口发射的信号如果不能控制相关性，每个天线实际的权值或多或少就会变成一个随机值，这样权值就变得越来越没有意义。

NR 标准支持各种不同的终端能力，其中一项终端能力就是关于天线端口间相关性。该能力相关的取值包括：**全相关**（full coherence）、**部分相关**（partial coherence）和**不相关**（no coherence）。

- 全相关：网络认为在上行传输的时候，终端可以控制端口（最多 4 个）间的相对相位。
- 部分相关：网络侧认为终端在上行传输的时候，可以控制天线对（pairwise）相关性，也就是天线对内的两个端口间的相对相位可以准确控制，但是天线对之间的相位无法准确控制。
- 不相关：终端任意两个天线端口之间的相对相位都无法保证。

11.3.1　基于码本的传输

基于码本的上行传输的基本设计准则是由网络决定一个上行传输的层数（秩）以及对应的预编码矩阵。作为上行调度命令的一部分，网络会通知终端相关的上行传输秩和预编码矩阵。在上行调度对应的上行 POSCH 传输中，终端使用网络指定的预编码矩阵，把网络指定的层数映射到天线端口上。

为了选择一个合适的层数（秩）以及预编码矩阵，网络需要探测从终端的天线端口到网络侧接收天线之间的无线信道。为了能够探测信道，基于码本 PUSCH 传输的终端往往需要配置一个多端口 SRS。通过对 SRS 的测量，网络可以探测信道，并根据探测结果进一步得到合适的层数以及预编码矩阵。

网络不能任意选择预编码矩阵，对一个给定的天线端口 N_T（N_T=2 或者 N_T=4）和传输层数 N_L（$N_L \leqslant N_T$）的组合，网络只能从一组有限的预编码矩阵中选出最优的一个。这一组有限的预编码矩阵一般被称为上行码本。

图 11-10 所示给出了一个有关 2 天线端口的码本，包含了所有可用的预编码矩阵。

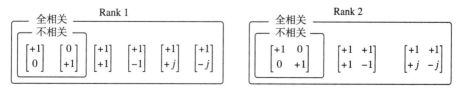

图 11-10　2 天线端口的上行码本

当网络选择预编码矩阵的时候，需要考虑终端的能力，即天线端口相关性的能力（见前述）。对不支持相关性的终端，单层传输只能使用码本中前两个预编码矩阵。限制网络侧只能从码本里面选择前两个预编码矩阵，等同于选择第一个或者第二个天线端口进行传输。这实质上是**天线选择**（antenna selection），因为只选择一个天线进行上行发送，自然就不需要控制两个天线之间的相关性。而对于两层的上行传输（$N_L=2$），也只能使用码本的第一个矩阵，它不涉及天线端口之间的任何相关性，可以用于不支持相关性的终端。

为了进一步说明全相关、部分相关和不相关，图 11-11 示例了 4 天线端口单层传输对应的预编码矩阵。和上面 2 天线端口的例子类似，非相关能使用的预编码矩阵被限制在天线选择对应的那些预编码矩阵。部分相关能使用的预编码矩阵允许天线端口对内可以线性合并，但是只在天线端口对之间做选择的那些预编码矩阵。而全相关则允许所有的 4 个天线端口之间进行线性合并。

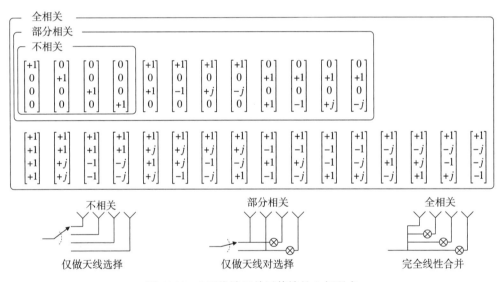

图 11-11　4 天线端口单层传输的上行码本

NR 标准基于码本的 PUSCH 传输和 LTE 基于码本的 PUSCH 传输的设计原理基本一致，只不过 NR 增强了基于码本传输的设计，支持更广泛的应用场景。NR 对 PUSCH 基于码本传输的一个增强就是引入了多个多端口 SRS[⊖]传输。对于多个 SRS 传输，网络侧反馈会扩展 1bit 的 **SRS 资源指示**（SRS Resource Indicator，SRI）。通过 SRI 来指示网络选择了所有配置的 SRS 中的哪一个。终端在接下来的上行传输中，不但需要使用网络在调度授权中指示的预编码矩阵，而且还要把预编码矩阵输出的数据按照网络侧 SRI 指示的 SRS 资源那样映射到相应的天线端口上。如果终端使用了如第 8 章中介绍的空间滤波器 F，这

⊖　在 Release 15 的版本里只支持 2 个 SRS

通常意味着不同的 SRS 会使用不同的空间滤波器传输。终端经过预编码矩阵的上行数据需要通过 SRI 指示的 SRS 所使用的空间滤波器进行滤波。

再举例详细说明一下多 SRS 和基于码本的 PUSCH 传输之间的关系。如图 11-12 所示，终端上行有多个备选的波束可以使用，这些波束对应不同的终端天线面板以及各个面板上不同的波束方向。同时每个天线面板都配置多个天线单元，这些天线单元对应于每个多端口 SRS 的天线端口。终端从网络接收到 SRI，就会决定哪些波束用于 PUSCH 传输，同时收到的预编码信息（包括层数和预编码矩阵）将会决定在这些通过 SRI 选定的波束上如何发射上行信号。如图 11-12 上半部分所示，如果网络侧配置满秩（4 层）的上行传输，终端则使用网络侧选择的 SRS2 对应的那些波束做满秩传输。再如图 11-12 下半部分所示，如果网络配置单层传输，终端则利用预编码，在网络选择的 SRS2 对应波束的基础上做进一步的波束赋形。

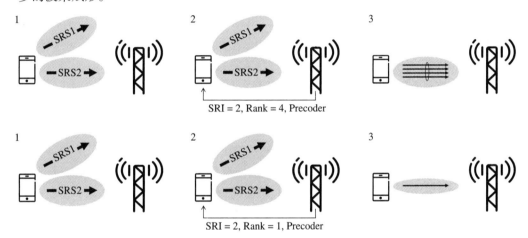

图 11-12　依赖多 SRS 进行基于码本的上行传输。满秩传输（上）和单层传输（下）

基于码本的预编码一般用在上下行不具备互易性的场景下，在该场景下，必须针对上行信号进行测量，才能够决定上行适用的预编码矩阵。

11.3.2　基于非码本的预编码

基于码本的上行传输，是通过网络测量上行信号并通知终端如何进行预编码。而基于非码本的预编码，则是通过终端自己测量下行信号得到预编码信息并通知网络。基于非码本的预编码基本准则参见图 11-13，下面会详细讨论。

基于下行的测量，在实际系统中一般是对配置的 CSI-RS 进行测量，终端可以选择在终端看来最优的上行多层预编码。也就是说，非码本的预编码完全依赖上下行互易性，终端凭借下行的测量就可以得到上行信道的信息。因为没有对终端选择预编码矩阵做限制，所以被称为"基于非码本"。

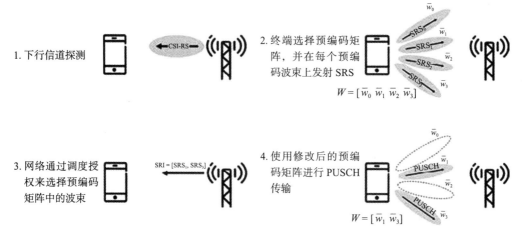

图 11-13 基于非码本的预编码

预编码矩阵 W 的每一列都定义了对应层的一个数字的波束。终端为 N_L 层的传输选择合适的预编码矩阵,可以看作终端为 N_L 层的传输选择 N_L 个不同的波束方向,矩阵的每一列就对应一个波束,每个波束对应一个数据传输的层。

原则上说,PUSCH 传输 N_L 个层可以直接基于终端测量得到的预编码矩阵。但是终端的预编码矩阵选择有时从网络看来并不是最优。因此 NR 标准为基于非码本的预编码额外设计了一个步骤,让网络可以修改终端选择的预编码矩阵。比如,网络可以从预编码矩阵中删除一些列或者说波束。为了能够让网络做出修改,终端会把选择的预编码矩阵先应用到一组配置的 SRS 上,终端会在预编码矩阵里面的每个层(或者说每个波束)上发送一个 SRS,如图 11-13 步骤 2 所示。基于接收到的 SRS 信号的测量,网络侧可以决定如何修改终端用于 PUSCH 传输的预编码矩阵。当网络侧决定如何修改终端的预编码矩阵之后,网络侧会通过调度授权中的 SRI 来指示终端使用配置的所有 SRS 中的一个子集,如图 11-13 中步骤 3 所示$^\ominus$。那些未被选择的波束上承载的 SRS 将不会在 SRI 中被指示。最后,终端在传输 PUSCH 的时候,如图 11-13 中步骤 4 所示,终端就会使用网络侧修改后的预编码矩阵,只有那些被 SRI 指示的 SRS 对应的预编码矩阵的列才会被使用。请注意这里 SRI 实际上也隐含定义了网络侧允许终端使用的层数。

需要注意的是,终端需要指示自己选择的预编码信息(图 11-13 中步骤 2),但是并不需要为每次上行传输都做出指示。实际中可以通过上行 SRS 传输来周期性更新终端选择的预编码矩阵(通过周期性 SRS 或者半持续性 SRS 来指示),也可以在网络请求时按需更新(通过非周期 SRS)。而与之相对的是,当网络侧需要指示自己修改的结果的时候,必须对每次上行 PUSCH 的传输做出指示。

$\ominus$ 当终端配置为非码本传输的时候,和基于码本的上行传输不同(SRI 仅指示一个 SRS,参考 11.3.1 节),SRI 可以用来指示多个 SPS。

第 12 章

波 束 管 理

第 11 章从总体上讨论了 NR 标准中采用的多天线技术，并重点介绍了多天线预编码技术。多天线预编码一般需要控制各个天线单元的幅度和相位，这就意味着需要发送端在**数模转换**之前，也就是在数字域执行多天线相关的处理。同样对于接收端，也需要在模数转换之后执行多天线处理。

然而高频的场景下，大量密集分布的天线单元会迫使设备考虑在模拟域进行波束赋形。在模拟域进行多天线处理的粒度只能针对整个载波，也就是说一个特定的时刻波束只能指向一个方向。为不同方向的终端发送的下行数据就需要安排在不同的时刻分别进行。与之对应的是接收端模拟域波束赋形，接收波束在某一时刻也只能对准一个方向进行接收。

波束管理的终极目标就是建立和维护一个合适的**波束对**（beam pair）。在接收机选择一个合适的接收波束，在发射机选择一个合适的发射波束，联合起来保持一个良好的无线连接。

如图 12-1 所示，最优的波束对并不一定意味着发射机和接收机的波束正好对准对端的方向。由于在空口传播环境中可能存在障碍物，当发送端和接收端之间不存在直视径的情况下，一些反射径却可以提供相对较好的性能。如图 12-1 所示例子中右半部，特别是高频下波束管理必须能够处理这些情况，建立并保持优选的波束对。

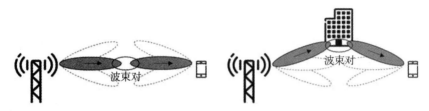

图 12-1　下行方向波束对示例，有直视（左）和通过反射（右）

图 12-1 描述的是一个下行的传输，网络选择合适的波束发送信号，终端选择合适的波束接收信号。但是波束赋形对上行传输也是有效的，终端选择合适的波束发送信号，网

络选择合适的波束接收信号。

很多情况下一个下行传输的最优波束对往往对上行传输而言也是最优的波束对,反之亦然。在 3GPP 协议中,这种上下行的一致性称为**波束一致性**(beam correspondence)。波束一致性意味着一旦在一个传输方向上选出了合适的波束对,在相反的方向上可以直接使用该波束对。

波束管理并不去追踪那些快速和频选的信道变化,同时波束一致性也并不局限在同一个载波上的上下行传输,也就是说波束一致性可以用于对称频谱,比如 FDD 的场景。

一般来说,波束管理可以分为以下几个部分:

- **初始波束建立**(initial beam establishment)。
- **波束调整**(beam adjustment),主要用来适应终端的移动和旋转,以及环境中的缓慢变化。
- **波束恢复**(beam recovery),用于处理快速变化的环境破坏当前波束对的情况。

12.1   初始波束建立

初始波束建立指的是为上下行方向初始建立波束对的功能和过程,例如在连接建立时。在第 16 章的描述中,介绍了小区初搜过程中终端会获取网络发送的 SSB。一般网络会发送多个 SSB,这些 SSB 依次发送并且每个 SSB 都承载在不同的下行波束上。一方面 SSB 和下行波束相关联,另一方面 SSB 还和上行随机接入时机、前导码等资源相联系(见 16.2.1 节),这样网络就可以通过随机接入获知终端选择的下行波束,从而建立起初始波束对。

在随后的通信过程中,终端会假设网络的下行传输会一直沿用同样的空间滤波器,也就是说网络会一直保持被 SSB 使用的发射波束。因此终端会认为后续的下行接收完全可以沿用接收 SSB 的最优接收波束。同样的,网络也会假设终端的上行传输会一直沿用同样的空间滤波器,也就是说终端会一直保持随机接入过程中使用的发射波束。因此网络会认为后续的上行接收完全可以沿用随机接入过程中使用的最优接收波束。

12.2   波束调整

当初始波束对建立起来之后,因为终端的移动、旋转等原因,需要定期地重新评估接收端波束和发送端波束的选择是否依然合适。即便终端完全静止不动,周边环境中一些物体的移动也有可能会阻挡或者不再阻挡某些波束对,这就意味着波束调整是必需的。**波束调整**还包括优化波束形状,比如相对于初始波束使用的宽波束,通过波束调整让波束更加狭窄。

因为波束对的波束赋形包括发送端波束赋形和接收端波束赋形,所以波束调整可以分为下面两个独立的过程:

- 现有接收端接收波束不变,重新评估和调整发送端的发射波束。

- 现有发送端发射波束不变，重新评估和调整接收端的接收波束。

如上所述，对上行和下行都需要波束调整。但是如果可以假设波束一致性，那么波束调整只需要在一个方向上执行。比如仅仅在下行方向上调整，调整结果也适用于上行。

12.2.1　下行发送端波束调整

下行发送端波束调整的主要目的是在终端接收波束不变的情况下，优化网络发射波束。为了达到这个目的，终端可以测量一组参考信号，这些参考信号会对应一组下行波束（参见图 12-2）。假设网络使用模拟波束赋形，网络必须按顺序依次发送不同的下行波束，也就是波束扫描。

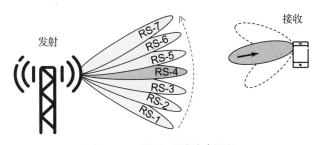

图 12-2　下行发送端波束调整

测量的结果上报网络，网络会依照测量结果决定是否调整当前波束。请注意，这里的调整并不意味着一定会选择一个终端测量的波束，网络也可以自行选择，比如选择一个介于两个上报波束方向之间的波束。

请注意，当测量发送端不同的发射波束的时候，终端接收波束需要在测量过程中一直保持不变，这样测量的结果才能反映**针对这个接收波束**的不同的发射波束的质量。

为了能够实现如图 12-2 所示的针对一组波束进行的测量和上报，NR 标准使用了基于测量报告配置（参考 8.2 节）的上报框架。更准确地说，测量和上报是通过一个报告配置来描述，并且这个报告配置以 L1-RSRP 作为上报量。

测量不同波束的参考信号集合则应该由报告配置中的 NZP-CSI-RS 资源组所定义。如8.1.6 节中所描述，这样一个资源组，包括一组配置的 CSI-RS 或一组 SSB。波束管理的测量可以基于 CSI-RS 或 SSB。其中基于 CSI-RS 的 L1-RSRP 测量必须基于单端口 CSI-RS或者双端口 CSI-RS。其中如果是双端口 CSI-RS，那么上报的 L1-RSRP 是每个端口上 L1-RSRP 测量的线性平均。

终端可以最多针对 4 个参考信号（可以是 CSI-RS 或者 SSB）进行测量上报，这样一个上报实例可以针对多达 4 个波束进行上报。每个这样的上报包括：

- 指示该上报所针对的参考信号，或者说波束（最多 4 个）。
- 最强波束的 L1-RSRP。
- 对剩余的波束（最多 3 个），上报剩余波束和最强的波束 L1-RSRP 的差值。

12.2.2   下行接收端波束调整

下行接收端波束调整的主要目的是在网络发射波束不变的情况下，找到终端最优的接收波束。为了达到这个目的，需要再次给终端配置一组下行参考信号，这些参考信号都是从网络的同一个波束上发出。这个波束就是当前的服务波束。如图 12-3 所示，终端执行接收端波束扫描，来依次测量配置的一组参考信号。通过测量，终端可以调整自己当前的接收波束。

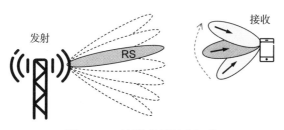

图 12-3   下行接收端波束调整

和下行发送端波束调整对应，下行接收端波束调整可以配置一个测量报告。但是由于接收端波束调整是在终端内部进行，所以没有针对接收端波束调整的**报告量**（report quantity），由此根据 8.2 节，报告量会被设置为"None"。

为了支持接收端模拟波束赋形，资源集中不同的参考信号必须在不同的 OFDM 符号中发送，这样就可以让接收端扫描波束来测量参考信号。同时终端会假设网络发出的资源集中的参考信号都是使用相同的空间滤波器，也就是相同的发射波束。配置的资源集有一个重复标志，该标志指示终端是否能够假设资源集中所有的参考信号都是使用同一个空间滤波器。因此当一个资源集用来帮助终端进行下行接收波束调整的时候，这个标志应该被置位。

12.2.3   上行波束调整

上行波束调整和下行波束调整的目的一致，都是为了维持一个合适的波束对。上行波束调整需要为终端选择一个合适的上行发射波束，以及为网络选择一个合适的上行接收波束。

如上讨论，如果假设波束一致性存在，而且已经获取了合适的下行波束对，那么上行波束管理就没有必要了，下行的波束对可以直接用于上行。当然也可以只获得上行波束对，这样下行波束管理就没有必要。

当需要进行上行波束调整的时候，测量和调整的方法和下行波束调整类似，不过这个时候，网络需要配置 SRS 来进行测量，而非 CSI-RS 或者 SSB。

12.2.4   波束指示和 TCI

下行波束赋形对终端可以是完全透明的，也就是说终端不需要知道网络使用的是何种波束。

但是 NR 标准同时也支持**波束指示**（beam indication）。这意味着网络通知终端，一个特定的 PDSCH 和 / 或 PDCCH 传输使用了和配置的参考信号（CSI-RS 或者 SSB）相同的波束（或者说相同的空间滤波器）。

更具体地说，波束指示是通过 RRC 配置和称为**传输配置指示**（Transmission Configuration Indication，TCI）的下行 MAC 信令来通知终端的。每个 TCI 状态包括一个参考信号（CSI-RS 或者 SSB）的信息，通过关联 TCI 和一个特定下行传输（PDCCH 或者 PDSCH），网络就通知终端下行传输使用了与 TCI 关联的参考信号相同的空间滤波器。

一个终端最多可以配置 64 个**备选 TCI 状态**。对 PDCCH 的波束指示，RRC 信令对每个配置的 CORESET 指派 M 个配置的备选状态的一个子集。通过 MAC 信令，网络可以动态地从每个 CORESET 对应的 M 个备选状态子集中指示一个特定的 TCI 状态为有效。当终端侦听某个 CORESET 的 PDCCH 时，终端会认为该 PDCCH 一定会使用 MAC 指定的 TCI 相关联的参考信号使用的波束（即相同的空间滤波器）。换句话说，如果终端事先决定了对下行参考信号合适的接收端波束，就认为可以用这个波束来接收 PDCCH。

对 PDSCH 的波束指示，根据调度偏移的不同有两种选项。这里调度偏移指的是 PDSCH 的发送时刻和承载该 PDSCH 调度命令的 PDCCH 发送时刻之间的时间偏移。如果该偏移超过 N 个符号[⊖]，那么用于该调度分配的 DCI 可能会直接为 PDSCH 发送相应的 TCI 状态。为了让 DCI 能够指示 TCI 状态，网络需要从配置的候选状态中选出最多 8 个 TCI 状态并事先配置给终端。这样 DCI 只需要预留 3 个 bit 的指示就可以让终端知晓准确的 TCI 状态。

如果调度偏移小于或等于 N 个符号，那么终端可以直接认为 PDSCH 传输和 PDCCH 传输是 QCL。换句话说，MAC 层为 PDCCH 指示的 TCI 状态可以直接用于 PDSCH。之所以设计这个调度偏移的门限，主要是因为如果偏移过短，终端没有办法在这么短的时间内从 DCI 中解码出 TCI 的信息并且相应地调整接收波束。

12.3　波束恢复

在某些场景下，由于环境的变化，导致原先建立的波束对突然被阻挡，网络和终端没有足够的时间来进行波束调整。为了处理这种情况，NR 标准定义了一套处理这种波束失败的流程。有时候也会称之为波束（失败）恢复。

从很多方面看来，波束失败和现有的无线通信技术，诸如 LTE 中的**无线链路失败**（Radio-Link Failure, RLF）的概念非常相近。事实上，也确实可以用 RLF 恢复的流程来恢复失败的波束问题。但是考虑到如下理由，NR 标准引入一套新的流程来处理波束失败：

- 一般 RLF 都是针对终端移动出网络覆盖范围的情况，并不频繁发生。但是波束赋形，特别是对窄波束的使用，由于波束对的快速衰落导致波束失败的频率会远远高于 RLF。
- RLF 一般意味着丧失了服务小区的覆盖，因此和新小区或者新的载波必须重新建立

⊖ N 的具体值还在 3GPP 讨论

连接。而当波束失败之后，只需要重新在当前小区建立新的波束对就可以重新建立连接。正因为只需要重新建立波束对，往往这种重建过程通过底层的功能就可以完成，这样就可以快速地完成恢复，而不需要像 RLF 那样需要高层介入，也避免了 RLF 恢复所耗费的时间。

因此波束失败、恢复包括如下步骤：

- **波束失败检测**（beam-failure detection），终端检测到发生了波束失败。
- **备选波束认定**（candidate-beam identification），终端试图发现新的波束，或者说可以恢复连接的新波束对。
- **恢复请求传输**（recovery-request transmission），终端发送一个波束恢复请求给网络。
- 网络回应波束恢复请求。

12.3.1 波束失败检测

一个波束的失败，定义为下行控制信道（PDCCH）的解码错误概率超过了一定的阈值。但是在实际中，类似于 RLF，一般终端都会用下行参考信号的质量来判断波束失败，而不是真正地测量 PDCCH 的错误概率。这称为**假设性错误率**（hypothetical error rate）测量。更准确地说，终端应该通过测量 PDCCH QCL 的周期性 CSI-RS 或者 SSB 的 L1-RSRP 来判断波束是否失败。因此，终端会默认通过对 PDCCH TCI 状态相关联的 CSI-RS 或者 SSB 这些参考信号的测量来判断波束失败。当然 NR 标准也支持网络显式配置一个单独的 CSI-RS，来方便终端测量、判断波束失败。

每次当测量的 L1-RSRP 低于一个配置的门限，就会被称为一个**波束失败实例**（beam-failure instance）。当连续波束失败实例的个数超过一个配置的门限，终端就会认为检测到波束失败，并触发波束失败恢复流程。

12.3.2 新备选波束的认定

作为波束恢复的第一步，终端会尽力寻找一个新的波束对，以期恢复连接。为了达到这个目的，网络会给终端事先配置一个资源组，该资源组包括一组 CSI-RS 或者一组 SSB。这些参考信号每一个都对应着一个特定的下行波束，因此实质上这个资源组就对应了一组备选波束。

和正常的波束建立过程类似，终端通过测量参考信号的 L1-RSRP 来从备选的波束中选出合适的波束。如果 L1-RSRP 超过了一个配置的门限，终端就会认为这个波束能够用于恢复连接。需要注意的是，终端从备选下行发射波束中选择下行波束的同时，还要选择合适的终端接收波束。换言之，终端需要选择完整的波束对。

12.3.3 终端恢复请求和网络响应

如果波束失败被检测到，并且新的备选波束对也已经找到，那么终端会执行**波束恢复**

请求。恢复请求的目的是通知网络终端检测到波束失败，当然恢复请求中可能也包含终端检测到的备选波束的信息。

波束恢复请求本质上是一个两步的非竞争随机接入请求[⊖]，包括前导码发送和随机接入响应。每一个备选波束都对应一个特定的前导码配置（RACH 的时机以及前导码序列，具体参见第 16 章）。当终端认定了一个新备选波束，与之对应的前导码配置也随之确认。除此之外，前导码传输的上行波束也会和选定的下行波束对应。

需要注意的是，每个备选的波束不一定和一个唯一的前导码配置相关联。实际中会有如下可能：

- 每个备选波束都对应一个唯一的前导码配置，在这种情况下，网络可以直接通过接收的前导码来确认下行波束。
- 备选波束被划分为若干组，每个组都对应一个唯一的前导码配置，不同组对应不同的前导码。这种情况下，接收的前导码只能确认选择的下行波束属于哪个组。
- 所有的备选波束都对应同一个前导码配置。这样的情况下，前导码接收仅仅能够指示发生了波束失败以及终端请求波束失败恢复。

在假定所有备选的波束对来自同一个站点的情况下，可以认为在到达接收机时随机接入传输有良好的定时对齐。但是可能会有大的路损变化，因此波束恢复请求会包含**功率抬升**（power ramping，参见 16.2 节）的参数。

当终端执行波束恢复请求之后，就会在下行监听网络的响应。终端会认为网络如果响应了请求，传输的 PDCCH 一定与选择的新波束对应的参考信号 QCL。

监听恢复请求响应开始于发送请求四个时隙之后，如果在一个配置的特定时间窗内，始终都没有收到网络发送的响应，终端就会根据配置的功率抬升参数，抬升功率后再次发送恢复请求。

⊖　16.2 节会详细介绍随机接入过程以及前导码结构

第 13 章

重 传 协 议

在无线信道上的传输，由于接收信号质量的变化容易产生错误。这种变化在一定程度上可以通过链路自适应来抵消，如第 14 章所述。但是，链路自适应无法抵消接收机噪声和不可预测的干扰变化。因此，几乎所有的无线通信系统都会采用前向纠错（Forward Error Correction，FEC）的形式，在发送信号中添加冗余信息，使得接收机能够纠正错误，这一机制要追溯到香农的开创性工作 [69]。在 NR 标准中，LDPC 就是一种前向纠错码，如 9.2 节所述。

尽管有了纠错码，在诸如高干扰或者高噪声下接收到的数据单元还是会存在错误。由 Wozencraft 和 Horstein 第一次提出了混合自动重传请求 [72]（Hybrid Automatic Repeat Request，HARQ），HARQ 结合了纠错编码和错误数据单元重传两种机制，已经广泛地应用于许多现代通信系统中。对于通过纠错编码生成的数据单元，如果接收机经过纠错解码后仍然检测到错误，会请求发射机进行重发。

在 NR 标准中，MAC、RLC 和 PDCP 三层协议均提供了重传功能，在前面第 6 章开篇介绍中已经提及。之所以有这种多层重传结构，是为了在状态报告的反馈速度和可靠性之间寻求折中。MAC 层 HARQ 机制在接收到每个下行传输块后，将传输成功或者失败的结果反馈给 gNB，从而可以实现非常快速的重传（对于上行传输，由于接收机和调度器为同一个节点，因此不需要显式反馈）。尽管从原理上可以达到极低的 HARQ 反馈错误率，但随之带来的是传输资源，例如功率的过多消耗。在许多情况下，反馈错误率在 0.1% ~ 1% 之间是合理的，因此 HARQ 残留错误率也会达到大致近似的水平。很多情况下这个残留错误率足够低，但也有其他特殊情况存在。一个明显的例子是需要超可靠低时延递交的数据服务，在这种情况下，如果需要降低反馈错误率，就必须接受反馈信令开销的增加，或者额外增加不需要依赖于反馈信令的重传，但这会带来频谱效率的降低。

低错误率不仅适用于 URLLC 类业务，从数据速率角度来看也很重要。高速率的 TCP 业务需要数据包近乎无错地递交到 TCP 层。举个例子，对速率超过 100Mbit/s 的持续数据，要求丢包率小于 10^{-5}[65]。原因在于，TCP 假设数据包的错误是由网络拥塞引起的，因而任何错误的包都会触发 TCP 拥塞避免机制，从而降低了数据速率。

相比于 HARQ 确认，RLC 状态报告的传输频率较低，从而获得可靠性为 10^{-5} 或更低错误率的开销相对较小。因此，HARQ 和 RLC 组合起来可以获得较小环回时间和适度反馈开销的良好结合，即 HARQ 机制的快速重传和 RLC 的可靠数据递交两者互为补充。

PDCP 协议也能处理重传，同时能确保按序递交。PDCP 层重传主要用于 gNB 之间的切换，因为低层协议在切换中都会被清空。未收到确认的 PDCP PDU 可以被转发到新的 gNB 后发送给终端。如果终端已经收到部分 PDU，PDCP 重复检测机制会丢弃掉重复的数据包。PDCP 协议还可用于在多个载波上发送相同的 PDU 来获得选择分集增益，接收端的 PDCP 会丢弃掉多个载波上成功接收的重复信息。

在下面几节，会对 HARQ、RLC 和 PDCP 协议的原理做详细讨论。请注意，这些协议已经存在于 LTE，并提供与 NR 中相同的功能，但 NR 的版本对其进行了增强来显著降低时延。

13.1　带软合并的 HARQ

HARQ 协议是 NR 中最主要的重传方式。当接收到错误的数据包时，会发送重传请求。尽管无法解析数据包，但接收到的信号仍包含有用信息，如果丢弃错误的数据包，会导致有用信息丢失。带软合并的 HARQ 就解决了这个问题，通过带软合并的 HARQ，接收到的错误数据包被存储在缓存里，随后与重传的数据包进行合并，得到一个合并的数据包，合并后的数据包比单个数据包更为可靠，因此会基于合并的信号进行纠错解码。

尽管 HARQ 协议本身主要在 MAC 层，但软合并属于物理层的功能。码块组的重传，即部分传输块的重传，从规范角度讲是由物理层完成的，尽管也同样可以作为 MAC 层的一部分来进行描述。

NR 标准的 HARQ 机制基本和 LTE 类似，都是由多个支持停止等待协议的进程组成，每个进程对应一个传输块。在停止等待协议中，发射机在每次发送传输块后会停止并等待确认。这种简单机制只需要反馈 1bit 指示传输块肯定或否定的确认。但是，由于发射机在每次传输后都会停止，吞吐量较低。因此，采用多个停止等待进程并行处理，一个进程在等待确认时，发射机可以用另一个 HARQ 进程发送数据。如图 13-1 所示，接收机在处理第一个 HARQ 进程接收到的数据时，可以用第二个进程继续接收，诸如此类。这种多个 HARQ 进程并行处理形成一个 HARQ 实体的结构，兼具停止等待协议的简单性，同时也允许数据的连续传输，应用在 LTE 和 NR 中。

接收机的每个载波对应一个 HARQ 实体。当一个终端的下行空分复用大于四层时，两个传输块可以在一个传输信道上并行传输，如 9.1 节所述，可以由一个有两套 HARQ 进程的 HARQ 实体提供支持，每个 HARQ 进程有独立的 HARQ 确认。

NR 标准在下行和上行都采用**异步**（asynchronous）HARQ 协议，即上行或下行传输的 HARQ 进程通过下行控制信息（Downlink Control Information，DCI）显式指示。LTE 下行采用同样的机制，但上行采用同步协议（尽管 LTE 的后续版本也增加了对异步协议的支持）。为什么 NR 标准在上行和下行两个方向都要采用异步协议？有几个原因，一个原因是同步 HARQ 不适用于动态 TDD。另一个原因是对于将要在 NR 后续版本中引入非授权频谱，因为不能保证同步方式下重传时刻的无线资源，所以采用异步方式效率更高。因此，NR 在上行和下行都固定采用异步机制，最大 16 个进程。采用比 LTE [⊖] 更大的最大 HARQ 进程数是为了支持射频拉远的设备，因为射频拉远会带来一定程度上的前向回传时延。同时，高频部署的时隙长度更短，也需要更多的进程。重要的是，最大 HARQ 进程数的增加并不意味着更长的环回时间，因为并非所有的进程都要被用到，因此，它只是可能的进程数的一个上限。

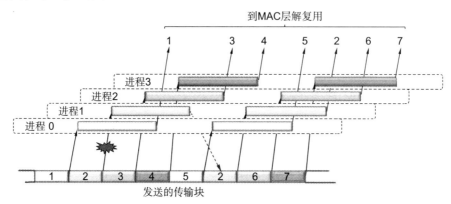

图 13-1　多个 HARQ 进程

大的传输块在编码前会被分割成多个码块，每个码块附带自己 24bit 的 CRC（传输块还有总的 CRC）。这已经在 9.2 节中讨论过，分割的原因主要是考虑到复杂度，码块的大小需要在保证良好性能的同时保持合理的解码复杂度。因为每个码块有自己的 CRC，每个单独码块和整个传输块的错误都可以检测到。一个相关的问题是，是重传整个传输块，还是只重传接收到的错误码块更好。对于数据速率为每秒几千兆 bit 的传输，会产生非常大的传输块，一个传输块包含几百个码块。如果只有一个或少数几个码块出错，相比于只重传错误的码块，重传整个传输块会导致频谱效率低下。举个例子，由于突发干扰造成某些码块错误的情况，某些 OFDM 符号比其他符号差很多，如图 13-2 所示，14.1.2 节讨论的下行传输抢占就是这样的例子。

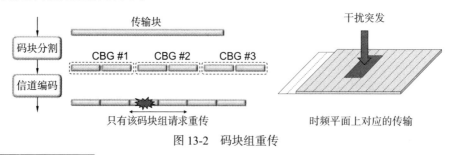

图 13-2　码块组重传

⊖ LTE 中，FDD 使用 8 个进程，而 TDD 根据上下行配置，最大使用 15 个进程。

为了正确接收到上述示例中的传输块，只需要重传错误的码块就够了。与此同时，如果需要 HARQ 机制能够定位到单个码块，那么控制信令的开销会很大。因此，引入了**码块组**（Codeblock Group，CBG）的概念。如果配置了 CBG 的重传，反馈就是基于每个 CBG，而不是基于每个传输块，只有接收到的错误 CBG 才会重传，这样比重传整个传输块消耗的资源更少。根据初传的码块数目不同，可以配置 2、4、6 或者 8 个 CBG。请注意，一个码块所属的 CBG 在初传时就确定了，在不同传输次数中不会发生改变。这样是为了避免在两次重传中码块重新分割而产生错误的情况。

从规范角度看，CBG 的重传是由物理层处理的。这种划分并没有什么技术原因，只是为了减少 CBG 级重传对规范的影响。但由此带来的后果是，不能将一个传输块的 CBG 的新传和另一个已经接收到的错误传输块的 CBG 的重传混合在同一个 HARQ 进程中传输。

13.1.1　软合并

HARQ 机制一个重要的部分就是采用了**软合并**（soft combining），这意味着接收机将多次传输接收到的信号进行合并。根据定义，HARQ 重传必须发送与初传相同的信息比特集。但是，每次重传可以选择不同的编码比特集发送，只要这些编码比特代表相同的信息比特集。在 NR 中，根据重传比特跟初传比特相同与否，软合并方案通常分为**追逐合并**（Chase Combing，CC），首次提出见参考

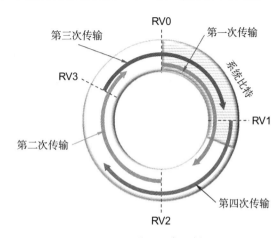

图 13-3　增量冗余示例

文献 [22]，以及**增量冗余**（Incremental Redundancy，IR）。对于增量冗余，每次重传与初传不必相同，而是生成代表相同信息比特集的多个编码比特集 [67, 71]。如 9.3 节所述，NR 中的速率匹配用于生成不同冗余版本的编码比特集，如图 13-3 所示。

除了接收到 E_b/N_0 的累积增益，增量冗余还能通过重传获得编码增益（直到达到母码率）。在初始码率高的情况下，增量冗余比纯能量累积（追逐合并）的增益更大 [24]。此外，根据参考文献 [33] 所示，增量冗余相比于追逐合并的性能增益大小还依赖于每次传输之间的相对功率差。

到目前为止的讨论中，都是假设接收机已经接收到之前发送的所有冗余版本。如果所有的冗余版本都提供了关于数据包的相同的信息量，那么冗余版本的顺序并不是关键。但是，对于某些编码结构，不是所有的冗余版本都具有相同的重要性。NR 中的 LDPC 码就是这种情况，系统比特比奇偶校验比特更为重要。因此，初传应该至少包含全部系统比特和部分奇偶校验比特。未包含在初传里的奇偶校验比特可以包含在重传中。这就是如 9.3 节所述，在循环缓冲区中首先插入系统比特的原因。如此定义了包含系统比特的循环缓冲

区的起点，使得 RV0 和 RV3 能够自解码。这也是图 13-3 中所示 RV3 位于时钟 9 点位之后的原因，因为这样可以包含更多的系统比特。冗余版本的默认顺序是 0、2、3、1，每偶数次版本的重传通常是可以自解码的。

不管是采用追逐合并还是增量冗余的 HARQ 软合并，都会由于重传而降低数据速率，因此可看作是隐式的链路自适应。相比于基于瞬时信道条件显式估计的链路自适应，带软合并的 HARQ 是基于解码的结果来隐式调整编码速率。就总吞吐量而言，这种隐式的链路自适应优于显式的链路自适应，因为只有在需要时，即当前面较高速率的传输无法被正确解码时，才会增加冗余。而且，因为不去尝试预估信道变化，所以无论终端移动速度如何都同样有效。既然隐式的链路自适应能够带来系统吞吐量的增益，由此而来一个自然的问题就是为什么还需要显式的链路自适应。一个主要原因是显式的链路自适应可以减少时延。尽管从系统吞吐量的角度考虑，隐式的链路自适应就已足够，但是从时延的角度看，终端用户的服务质量可能无法接受。

为了正确工作，接收机需要知道什么时候要在解码前进行软合并，什么时候要清空软缓存，即接收机需要区分接收的是初传（在初传前要清空软缓存）还是重传。类似地，发射机必须知道是重传错误数据还是发送新数据。这是由**新数据指示**（new-data indicator）来完成的，会在接下来的下行和上行 HARQ 两节中分别进一步讨论。

13.1.2　下行 HARQ

下行新传和重传数据的调度方式相同，可以在任何时间在下行带宽内任意的频域位置上发送。调度分配包含 HARQ 相关的控制信令——HARQ 进程号、新数据指示、配置了码块组重传的 CBGTI 和 CBGFI，以及上行发送确认所需要的信息，如定时和资源指示。

当接收机在 DCI 上接收到一个调度分配后，会尝试对传输块进行解码，也可能是对前面几次传输进行了软合并之后的传输块进行解码，如上文所述。由于初传和重传一般采用相同的方式进行调度，终端需要知道这次传输是新传还是重传，因为新传需要清空软缓存，而重传需要进行软合并。因此下行发送的调度信息中包含了一个显式的**新数据指示**，用于标记该调度的传输块。新数据指示本质上是 1bit 的序列号，在新传输块时会反转。当接收到一个下行调度分配时，终端会检查新数据指示，判断当前传输是应该与 HARQ 进程软缓存里已经接收到的数据进行软合并，还是应该清空软缓存。

新数据指示是传输块级的。但是如果配置了 CBG 的重传，终端需要知道哪个 CBG 要进行重传，并且相应的软缓存是否要清空。这是通过 DCI 中两个附加的信息字段**码块组传输信息**（CBG Transmission Information，CBGTI）和**码块组刷新信息**（CBG Flushing out Information，CBGFI）来处理的。CBGTI 用位图来指示下行传输中某个特定的 CBG 是否存在（见图 13-4）。CBGFI 用 1bit 来指示 CBGTI 所标明的 CBG 是要清空还是要做软合并。

解码操作的结果，即解码成功的肯定确认或者解码不成功的否定确认，会在上行控制信息中反馈给 gNB。如果配置了 CBG 重传，则用每比特对应一个 CBG 的位图代替表示整个传输块的单个比特来进行反馈。

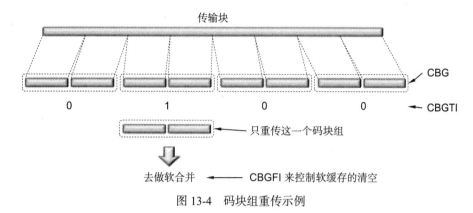

图 13-4　码块组重传示例

13.1.3　上行 HARQ

上行采用与下行相同的异步 HARQ 协议。调度授权里包含了 HARQ 所需的相关信息——HARQ 进程号、新数据指示，以及配置了 CBG 重传的 CBGTI。

为了区分是新传还是重传的数据，采用了新数据指示。当请求发送新的传输块时，新数据指示会反转，否则该 HARQ 进程先前的传输块要进行重传（这种情况下 gNB 可以进行软合并）。CBGTI 的用法与下行类似，用于指示 CBG 重传情况下要重传的 CBG。请注意，上行不需要 CBGFI，这是因为软缓存位于 gNB，由 gNB 基于调度决策来决定是否要清空缓存。

13.1.4　上行确认的定时

在 LTE 中，规范固定了从接收下行数据到发送确认的时间。对于全双工（例如 FDD），LTE[⊖]可以在数据接收完成大概 3ms 后发送确认。对于上下行半静态配置的半双工场景（例如 LTE 中的半静态 TDD），也可以采用类似的方法。但不幸的是，这种事先定义好的确认定时机制与 NR 基础之一的动态 TDD 不能很好地融合，因为上行 / 下行方向是由调度器动态控制的，不能确保在下行传输后一个固定的时间有上行的机会。受限于在同频段共存的其他 TDD 部署，在需要发送上行的时刻也会受到限制。而且，即使可能在每个时隙将传输方向从下行改为上行，也是不可取的，因为这会增加转换的开销。因此，NR 采用了适用于动态控制的一种更灵活的确认发送机制。

在下行 DCI 中的 HARQ 定时字段用于控制上行确认的发送定时。这个 3bit 的字段用作 RRC 配置表的索引，指示相对于 PDSCH 的接收何时发送 HARQ 确认（见图 13-5）。在这个具体的例子中，在上行发送确认前下行调度了三个时隙。每个下行分配中配置了不同

⊖　接收下行数据到发送确认的时间取决于定时提前量，对于 LTE 最大可能的定时提前，这个时间为 2.3ms。

的确认定时索引，根据 RRC 配置表，这三个时隙在同一时间发送确认（如下所述，这些确认复用在同一时隙里）。

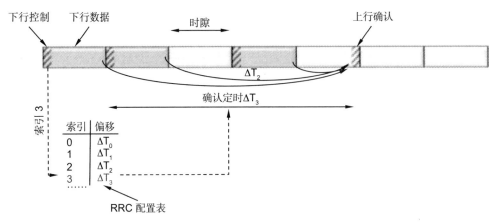

图 13-5 确认定时的确定

表 13-1 最小处理时间（PDSCH 映射类型 A，PUCCH 上反馈）

DM-RS 配置	终端能力	子载波间隔				LTE Rel 8
		15 kHz	30 kHz	60 kHz	120 kHz	
前置	基准	0.57 ms	0.36 ms	0.30 ms	0.18 ms	2.3 ms
	进阶	0.18 ～ 0.29 ms	0.08 ～ 0.17 ms			
额外	基准	0.92 ms	0.46 ms	0.36 ms	0.21 ms	
	进阶	0.85 ms	0.4 ms			

此外，由于 NR 标准的设计考虑到极低时延，因此能够在接收完下行数据后立即发送确认，这比 LTE 的定时关系更快。所有终端都支持表 13-1 所示的基准处理时间，某些终端还可选支持更快的处理时间。支持能力是根据每种子载波间隔来上报的。一部分处理时间在符号级是恒定的，即与子载波间隔成比例，而另一部分处理时间与子载波间隔无关。因此，尽管表中所列的处理时间与子载波间隔有依赖关系，但不是直接成正比。而且处理时间还依赖于参考信号的配置，如果在该时隙的后部给终端配置了额外的参考信号，终端至少要等到某些额外参考信号收到后才能开始处理，这样总的处理时间就更长了。尽管如此，由于 NR 设计中强调了低时延的重要性，处理还是比 LTE 快很多。

为了正确发送确认，终端不仅要通过上面所述的定时字段知道在什么时候发送，还需要知道在资源域的哪个位置（频率资源和某些 PUCCH 格式在码域）进行发送。在 LTE 最初设计时，主要是通过 PDCCH（用于传输调度）的位置来获取。对于 NR 而言，由于发送确认定时的灵活性，这种方案就不够了。当两个终端在不同时刻被调度，但被指示在相同时间发送确认，就需要给终端分配不同的资源。这是通过 PUCCH 资源指示（PUCCH resource indicator）来完成，用 3bit 索引来代表八个 RRC 配置的资源集之一，如 10.2.7 节所述。

13.1.5　HARQ 确认的复用

在上一节，HARQ 确认定时的例子显示了多个传输块需要同时响应确认。其他需要同时在上行发送多个确认的例子还有载波聚合和码块组的重传。NR 支持将多个传输块的确认复用为一个多比特的确认消息。多个比特可以采用半静态码本或动态码本进行复用，通过 RRC 配置选择二者之一。

半静态码本可以看作是由时域维度和分量载波维度（CBG 或 MIMO 层）组成的二维矩阵，两个维度都是半静态配置。时域的大小取决于配置的 HARQ 确认定时的最大和最小值，如表 13-1 所示。载波域的大小取决于所有分量载波上同时发送的传输块（或 CBG）的数量。在图 13-6 的例子中，确认定时分别为 1、2、3、4，三个载波分别配置了 2 个传输块、1 个传输块和 4 个 CBG。因为码本大小是固定的，一个 HARQ 报告里传输的比特数是已知的（图 13-6 的例子中为 $4 \times 7 = 28$ bit），由此可以选出合适的上行控制信令的格式。矩阵的每一个元素代表解码输出，即对应传输的肯定或否定确认。该示例没有使用码本所有可能的传输机会，对于矩阵中没有对应传输的元素，会发送一个否定的确认。这提供了鲁棒性：在下行分配丢失时，发送否定确认给 gNB，可以重传丢失的传输块（或 CBG）。

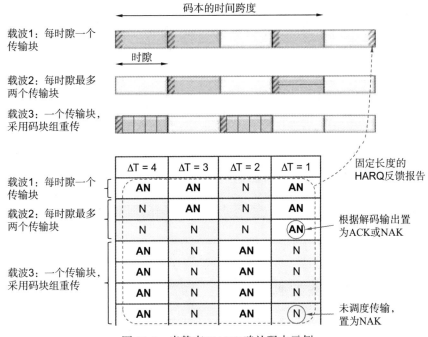

图 13-6　半静态 HARQ 确认码本示例

半静态码本的一个缺点是 HARQ 报告可能过大。对于分量载波数较少以及没有 CBG 重传的情况，问题不大，但如果配置了较大数目的载波和 CBG，而其中又只有少数载波和 CBG 同时使用，这可能会成为问题。

为了解决某些场景下半静态码本过大的潜在缺点，NR 还支持动态码本。实际上，除非系统配置了其他码本，否则动态码本就是默认配置。在动态码本配置下，只有**被调度载波**[⊖]的确认信息才会上报，而不像半静态码本，无论是否被调度，所有载波都需要上报。因此，码本（图 13-6 所示的矩阵）大小是随着被调度的载波数动态变化的。在图 13-6 示例中，HARQ 报告只包含加黑的元素，省略灰底不加黑的元素（对应未被调度的载波），这会减少确认消息的大小。

　　如果下行控制信令没有错误，采用动态码本更为简单。但是，如果下行控制信令出现错误，终端和 gNB 对于被调度载波数的理解可能不一致，这会导致不正确的码本大小，并可能对全部载波的反馈报告造成破坏，而不仅是下行控制信令里丢失的载波。举个例子，假设终端在连续两个时隙被调度，但是第一个时隙的 PDCCH 调度分配丢失。终端只发送第二个时隙的确认，而 gNB 尝试接收两个时隙的确认，这会导致不匹配。

　　为了应对这种错误，NR 标准采用了下行分配 DCI 里包含的**下行分配索引**（Downlink Assignment Index，DAI）。DAI 字段分为两部分，DAI 计数器（cDAI）和载波聚合配置下的总 DAI（tDAI）。DAI 计数器指示了从收到 DCI 到当前下行调度传输的次数，首先按照载波维度计数，然后按照时间维度计数。总 DAI 指示了到目前为止所有载波上的下行传输总次数，即当前最高的 cDAI 值（见图 13-7 示例）。DAI 计数器和总 DAI 都是十进制的，但实际上分别用 2bit 环回表示，即信令中是按照图中数字模四取余。在图示的例子中，动态码本需要表明 17 个确认（编号为 0-16）。而与此相比的半静态码本，无论传输的数量如何，都需要 28 个元素。

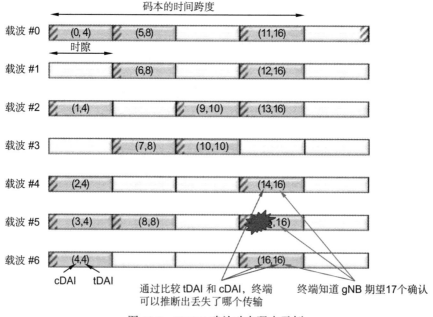

图 13-7　HARQ 确认动态码本示例

⊖　这里描述使用的是"载波"这一术语，但同样的原则也适用于码块组的重传，或者 MIMO 情况下多个传输块的重传，而且"传输时刻"也是一个更为通用的术语，尽管阅读起来较为困难。

此外，示例中分量载波 5 上丢失了一次传输。如果没有 DAI 机制，会导致终端和 gNB 的码本不一致。只要终端收到至少一个分量载波，就知道了总 DAI 值，因此也就知道了此时的码本大小。而且，根据收到的 DAI 计数器的值，还可以推断出丢失的是哪个分量载波，在码本的这个位置上即认为是否定的确认。

当某些载波配置了 CBG 重传时，动态码本分为两部分，非 CBG 载波的码本和 CBG 载波的码本。根据上文所述的原则分别处理每个码本。分开处理是因为对于 CBG 载波，终端需要根据最大的 CBG 配置对每个载波生成反馈。

13.2 RLC

无线链路控制（Radio-Link Control，RLC）协议从 PDCP 获取数据生成 RLC 的 SDU，然后通过 MAC 层和物理层递交到接收机对应的 RLC 实体。如图 13-8 所示，RLC 的多个逻辑信道复用为一个 MAC 的传输信道。

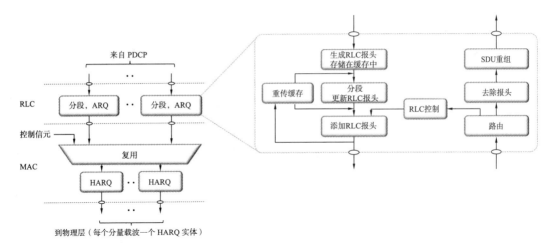

图 13-8　MAC 和 RLC

终端的每个逻辑信道都配置一个 RLC 实体，RLC 实体负责如下一个或多个功能：

- RLC SDU 分段；
- 重复删除；
- RLC 重传。

不同于 LTE，NR 的 RLC 协议中不支持级联和按序递交。这是出于减少整体时延的仔细考虑而作出的选择，在下面章节里会进一步讨论。这也影响了报头的设计。请注意，每个逻辑信道有一个 RLC 实体，一个小区（或分量载波）有一个 HARQ 实体，这意味着 RLC 的重传可以和初传在不同的小区（或分量载波）。这不同于 HARQ 协议中重传和初传要绑定在同一分量载波。

不同业务有不同需求，对于某些业务（如大文件传输），重要的是数据的无错递交；而对于其他应用（如流媒体业务），少量丢包则不是问题。因此，根据应用的需求，RLC 可以在三种不同的模式运行：

- **透明模式**（Transparent Mode，TM），RLC 完全透传，实际上是被绕过的。没有重传，没有重复检测，也没有分段和重组。这种配置用于给多个用户发送信息的控制面广播信道，例如 BCCH、CCCH 和 PCCH。消息的大小经过挑选，以保证所有期望的终端都能以很高的概率接收到，因此既不需要分段来应对信道条件的变化，也不需要重传来保证数据的无错传输。而且，在这些信道上，由于没有建立上行，终端无法反馈状态报告，重传也是不可行的。
- **非确认模式**（Unacknowledged Mode，UM）支持分段但是不支持重传。这种模式用于不需要无错递交的情况，例如 VoIP。
- **确认模式**（Acknowledged Mode，AM）是 DL-SCH 和 UL-SCH 的主要工作模式。支持分段、重复删除和错误数据的重传。

在下面章节里描述了 RLC 协议的运行，以确认模式为重点。

13.2.1　序列编号和分段

在非确认模式和确认模式里，每个输入的 SDU 附带一个序列号，对于非确认模式序列号长度为 6 或 12bit，对于确认模式序列号长度为 12 或 18bit。如图 13-9 所示，序列号包含在 RLC PDU 报头中。对于不分段的 SDU，RLC PDU 就是直接在 RLC SDU 上简单地附加报头。请注意，可以预先生成 RLC PDU，因为在不分段的情况下，报头不依赖于调度传输块大小。从时延角度看这是有好处的，这也是报头结构相比于 LTE 发生改变的原因。

然而，取决于 MAC 复用后传输块的大小，传输块中（最后一个）RLC PDU 的大小不一定与 RLC SDU 的大小相匹配。为了解决这个问题，一个 SDU 可以被分割成多个分段。如果没有分段，则需要使用填充字段，这会导致频谱效率的降低。因此，需要通过动态改变 RLC PDU 的数量以及分段来调整最后一个 RLC PDU 的大小来填满传输块，以确保传输块的高效利用。

分段很简单，最后一个预处理的 RLC SDU 可以被分为两段，更新第一个分段的报头，并添加第二个分段的报头（因为第二个分段不在当前传输块里传输，所以时间要求不严格）。每个 SDU 分段和原来未分段的 SDU 序列号相同，该序列号作为 RLC 报头的一部分。为了区分 PDU 包含的是一个完整的 SDU 还是分段，RLC 报头里添加了一个**分段信息**（Segmentation Information，SI）字段，用以指示该 PDU 是一个完整的 SDU、SDU 的第一个分段、SDU 的最后一个分段，或是介于 SDU 第一个和最后一个分段之间的一个分段。此外，在 SDU 分段情况下，除去第一个分段之外的所有分段，都包含了一个 16bit 的**分段偏移**（Segmentation Offset，SO），用于指示该分段代表了 SDU 的哪部分字节。报头中还包含一个**轮询比特**（poll bit，P），在确认模式下用于请求状态报告，如下文所述；以及一个**数据 / 控制指示**（data/control indicator），用以指示 RLC PDU 是包含发往 / 来自逻辑信道的数据，还是 RLC 运行所需的控制信息。

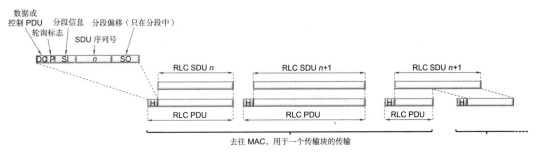

图 13-9　从 RLC SDU 生成 RLC PDU（假设报头结构为确认模式）

上文所述的报头结构适用于确认模式。非确认模式的报头与之类似，但不含轮询比特和数据 / 控制指示。而且，只有在分段的情况下才包含序列号。

在 LTE 里，RLC 还可将多个 RLC SDU 级联成一个 PDU。但 NR 中为了减少时延并没有这个功能。如果要支持级联，由于不能预先知道调度传输块的大小，要等到接收到上行授权后才能组装 RLC PDU。因此，终端需要提前足够的时间来接收上行授权以便有足够的处理时间。如果没有级联，RLC PDU 可以在接收上行授权前就预先组装，从而减少了接收上行授权和实际上行传输之间所需的处理时间。

13.2.2　确认模式和 RLC 重传

重传丢失的 PDU 是 RLC 确认模式的主要功能之一。尽管 HARQ 协议可以处理大多数错误，但正如本章开篇所述，二级重传机制是作为有益的补充。通过检查接收到 PDU 的序列号，可以检测出丢失的 PDU 并请求发送端重传。

NR 中 RLC 确认模式与 LTE 类似，除了 NR 不支持确保按序递交的重排序。把按序递交从 RLC 中去除也有助于减少总时延，因为后面的数据包可以立即转发，而不必等到先前丢失数据包重传递交给高层后。这对于减小缓冲区的内存需求也有积极意义。LTE 的 RLC 协议支持按序递交，一个 RLC SDU 要等到之前所有的 SDU 都正确接收到才能转发给高层。举个例子，由于瞬时的干扰突发导致丢失了一个 SDU，会在相当长一段时间阻塞后续 SDU 的递交，尽管这些 SDU 对于应用是有用的，这对于以极低时延为目标的系统无疑是不可取的。

确认模式的 RLC 实体是双向的，即数据可以在两个对等实体之间双向流动。接收 PDU 的实体需要给发送 PDU 的实体反馈确认。接收端以**状态报告**（status report）的形式将丢失 PDU 的信息提供给发送端。状态报告可以由接收机主动发送或者发射机请求发送。为了跟踪传输中的 PDU，报头里采用了序列号。

确认模式下，两个 RLC 实体都维护两个窗口，分别是发送窗和接收窗。只有发送窗内的 PDU 才能发送，序列号小于窗口起始点的 PDU 已经被接收端 RLC 确认。与之类似，接收机只接受序列号在接收窗内的 PDU。接收机还会丢弃重复的 PDU，因为只能递交一份 SDU 给高层。

图 13-10 的简单示例能够更好地帮助理解 RLC 的重传。如图所示，两个 RLC 实体，一个在发送节点，一个在接收节点。在确认模式下，每个 RLC 实体具有发射机和接收机双重功能，但在该示例中仅讨论一个方向，因为另一个方向是完全相同的。在示例中，序列号从 n 到 $n+4$ 的 PDU 在发送缓存中等待发送。在 t_0 时刻，序列号为 n 和 n 之前的 PDU 都已经发送并且正确接收到，但是只有 $n-1$ 和 $n-1$ 之前的 PDU 已经被接收机确认。如图 13-10 所示，发送窗从 n 开始，即第一个未被确认的 PDU；接收窗从 $n+1$ 开始，即下一个期望接收的 PDU。当接收到 PDU n 时，SDU 重组并递交到高层，即 PDCP 层。对于包含一个完整 SDU 的 PDU，重组就是简单地去除报头，但对于一个分段的 SDU，要等到承载所有分段的 PDU 都接收到之后该 SDU 才能递交。

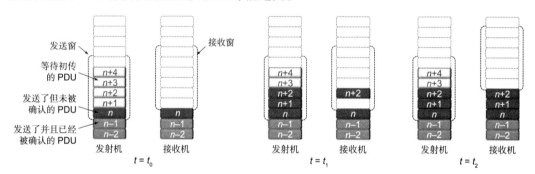

图 13-10　确认模式下的 SDU 递交

在 t_1 时刻，PDU 传输继续，PDU $n+1$ 和 $n+2$ 已经发送，但是在接收端只有 $n+2$ 到达。一旦收到一个完整的 SDU 就立刻递交给高层，因此 PDU $n+2$ 转发给 PDCP 层，不用等待丢失的 PDU $n+1$。PDU $n+1$ 丢失的一个原因可能是正在进行 HARQ 重传，所以还未从 HARQ 递交给 RLC。与前面的图相比，发送窗保持不变，因为 PDU n 及后续的 PDU 还未被接收机确认。由于发射机不知道这些 PDU 是否已经被正确接收，因此这些 PDU 可能需要重传。

由于 PDU $n+1$ 丢失，当 PDU $n+2$ 到达时，接收窗不会更新。接收机会启动 t-Reassembly 定时器，如果定时器超时前丢失的 PDU $n+1$ 还未收到，则会请求重传。幸运的是，这个例子中定时器超时前，在 t_2 时刻收到 HARQ 协议发来丢失的 PDU。接收窗前进，并且由于丢失的 PDU 已经到达，重组定时器停止，递交 PDU $n+1$ 用于重组 SDU $n+1$。

RLC 还负责重复检测，使用与重传处理相同的序列号。如果 PDU $n+2$ 再次到达（并且在接收窗内），尽管已经收到，也会被丢弃。

如图 13-11 所示，PDU $n+3$，$n+4$ 和 $n+5$ 继续发送。在 t_3 时刻，$n+5$ 及之前的 PDU 都已发送。只有 PDU $n+5$ 到达，而 PDU $n+3$ 和 $n+4$ 丢失。与上面的情况类似，这会导致重组定时器启动。但是在这个例子里，定时器超时前没有 PDU 到达。定时器在 t_4 时刻超时，触发接收机发送一个包含状态报告的控制 PDU，向对等实体指示丢失的 PDU。为了避免不必要的状态报告延迟，以及对重传时延的负面影响，控制 PDU 的优先级高于数据 PDU。在 t_5 时刻收到状态报告，发射机知道 $n+2$ 及之前的 PDU 都已正确接收到，发送窗前进。丢失的 PDU $n+3$ 和 $n+4$ 重传，并且这次被正确接收到。

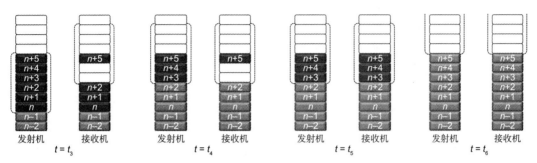

图 13-11　重传丢失的 PDU

最终，在 t_6 时刻，所有的 PDU，包括重传的 PDU，都已经发送并且被成功接收。由于 $n+5$ 是发送缓存里最后一个 PDU，发射机通过在最后一个 RLC 数据 PDU 的报头里设置一个标志，向接收机请求状态报告。当接收机收到设置了标志的 PDU 时，会发送请求的状态报告，确认 $n+5$ 及之前所有的 PDU。发射机接收到状态报告后，表明所有的 PDU 都已经正确接收到，发送窗前进。

如前所述，状态报告可以由多种原因触发。然而，为了控制状态报告的数量，避免过多状态报告在回传链路中产生洪泛，可以使用状态禁止定时器。有了状态禁止定时器，状态报告在定时器确定的每个时间间隔内只发送一次。

上述示例中假设每个 PDU 都承载一个非分段的 SDU。分段 SDU 的处理方式相同，但一个 SDU 要等到所有的分段都收到后才会递交给 PDCP 协议。状态报告和重传是基于单个分段的，只需要重传丢失的分段。

重传时，RLC 的 PDU 可能与 RLC 重传调度的传输块大小不匹配，在这种情况下重新分段遵循与初始分段相同的原则。

13.3　PDCP

分组数据汇聚协议（Packet Data Convergence Protocol，PDCP）负责：
- 头压缩；
- 加密和完整性保护；
- 分离承载的路由和复制；
- 重传、重排序和 SDU 丢弃。

配置头压缩可以减少无线接口传输的比特数，在接收端有相应的解压缩功能。尤其是对于净荷比较小的数据包，如 VoIP 和 TCP 确认，未压缩的 IP 报头大小与净荷自身的大小差不多，IPv4 头为 40 字节，IPv6 头为 60 字节，可以占到发送总比特数的 60% 左右。将报头压缩到几个字节，可以很大程度上提高频谱效率。NR 标准中的头压缩基于**鲁棒性头压缩**（Robust Header Compression，ROHC）[38]，一种标准的头压缩框架，ROHC 也应用于其他一些移动通信技术如 LTE。ROHC 定义了多种压缩算法，用配置文件来表示，每种针对一个特定网络层和传输层协议的组合，例如 TCP/IP 和 RTP/UDP/IP。头压缩用于压缩 IP 数据包，因此只适用于数据部分，而不适用于 SDAP 报头（如果存在的话）。

完整性保护确保数据来自正确的源，而加密则防止窃听。通过配置，PDCP 可以负责这两项功能。完整性保护和加密都可用于数据面和控制面，并且只适用于净荷，而非 PDCP 控制 PDU 或 SDAP 报头。

对双连接和分离承载（对于双连接更深入的讨论请见第 6 章），PDCP 可以提供路由和复制功能。在双连接下一些无线承载由主小区组管理，而另一些由辅小区组管理。分离承载还有可能跨越这两个小区组。PDCP 的路由功能就是负责把不同承载的数据流路由到正确的小区组，以及处理在分离 gNB 场景下中央单元（gNB-CU）和分布单元（gNB-DU）的流量控制。

复制意味着相同的数据可以分别在两个单独的逻辑信道上传输，同时通过配置来保证两个逻辑信道映射到不同的载波上。复制可以与载波聚合或双连接结合使用，以提供额外的分集。如果使用多个载波发送相同的数据，则至少在一个载波上正确接收数据的可能性增加。如果接收到同一个 SDU 的多个副本，接收端 PDCP 会丢弃重复的副本。这种选择分集对提供极高可靠性至关重要。

重传功能，包括可能确保按序递交的重排序，也是 PDCP 的一部分。一个随之而来的问题是，为什么在低层已经有其他两个重传功能，即 RLC 的 ARQ 和 MAC 的 HARQ，PDCP 还要具备重传的能力。一个原因是不同 gNB 之间的切换，在切换时 PDCP 会将未递交的下行数据包从旧 gNB 转发给新 gNB。这种情况下，新 gNB 会建立新的 RLC 实体（和 HARQ 实体），原来的 RLC 状态丢失。PDCP 的重传功能确保数据包不会因切换而丢失。在上行，终端的 PDCP 实体会处理所有未递交给 gNB 的上行数据包的重传，因为在切换时 HARQ 的缓存会被清空。

为了减少总时延，RLC 不保证按序递交。在很多情况下，数据包的快速递交比保证按序递交更为重要。但是，如果按序递交很重要，也可配置 PDCP 来提供此功能。

重传以及按序递交（如果配置了）是在同一个协议里联合处理的，除了不支持分段，操作与 RLC ARQ 协议类似。每个 SDU 关联了一个计数值，它是 PDCP 序列号和超帧号的组合。计数值用于标识丢失的 SDU 和请求重传，而且如果配置了重排序，在递交给上层之前还用于对接收到的 SDU 进行重排序。重排序一般会先将接收到的 SDU 缓存，直到所有编号低的 SDU 已经递交后再转发给高层。参见图 13-10，这与 SDU $n+2$ 要等到 $n+1$ 成功接收并递交后才会递交类似。每个 PDCP SDU 还可能配置一个丢弃定时器，当定时器超时，相应的 SDU 会被丢弃，不再发送。

第 14 章

调　　度

NR 本质上是一个调度的系统，意味着由调度器决定何时向哪些终端分配时间、频率和空间资源，使用何种传输参数，其中包括数据速率。调度可以是动态或半静态的。动态调度是基本的工作方式，调度器在每个时间间隔（如时隙）决定要发送和接收的终端。由于动态调度的决策非常频繁，能够跟得上业务量需求和无线信道质量的快速变化，从而有效地利用资源。半静态调度则意味着提前将传输参数发给终端，而不是动态的。

在下文会讨论动态下行和上行调度，包括带宽自适应，随后讨论非动态调度，最后讨论用于降低终端功耗的不连续接收。

14.1　动态下行调度

接收信号质量的小尺度波动和环境的大尺度变化是任何无线通信系统与生俱来的组成部分。在过去，这种变化是个问题，但随着基于信道的调度的采用，可以利用这些变化选择在终端无线条件好的时候进行传输。当小区里有足够多有数据待传的终端时，在某个时间点上很可能有一些信道条件好的终端能够高速传输数据。这种选择良好无线链路用户发送获得的增益通常称为多用户分集。信道变化越大，小区用户数越多，则多用户分集增益越大。在 3G 标准的后续版本 HSPA[21] 中引入了基于信道的调度，LTE 和 NR 中也在使用。

在调度领域有大量文献讨论如何利用时频域的变化（例如参考文献 [28]）。近来，人们对各种大规模多用户 MIMO[55] 也产生了很大兴趣，其使用大量天线单元来生成极窄的"波束"，或者说，在空间域将不同用户隔离。在某些特定情况下，使用大量天线会导致"信道硬化"效应。本质上就是消除了无线信道质量的快速波动，当然这是以更复杂的空域处理为代价来简化时频域的调度问题。

NR 的**下行调度器**负责动态控制终端发送。网络给每个被调度的终端提供**调度分配**（scheduling assignment），其中包含 DL-SCH[⊖] 传输的时频资源信息、调制编码方式、

⊖　载波聚合情况下每个分量载波都有一个 DL-SCH（或 UL-SCH）。

HARQ 相关信息，以及第 10 章所述的多天线参数。大多数情况下，在 PDSCH 上调度分配紧靠在数据之前发送，但是调度分配中的定时信息也可以在该时隙后面的 OFDM 符号或者更晚的时隙上调度。这样做是为了下文所述的带宽自适应。改变部分带宽需要时间，所以数据传输和收到的控制信令可能不在同一时隙。

重要的是，NR 标准中并**没有**标准化调度的行为，只是标准化了一套支撑设备商特定调度策略的机制。调度器所需的信息取决于采用哪种特定的调度策略，但大多数调度器至少需要如下信息：

- 终端的信道条件，包括空域特性；
- 不同数据流的缓存状态；
- 不同数据流的优先级，包括等待重传的数据量。

此外，如果实现了干扰协调功能，邻区的干扰情况也是有用信息。

终端的信道条件信息可以通过几种方式获得。原则上，gNB 可采用任何可用的信息，但常用的是终端上报的 CSI，如 8.1 节所述。网络可以配置终端的 CSI 报告包含时域、频域和空域的信道质量。如果两个终端要在相同的时频资源上调度，即作为多用户 MIMO 的候选，那么用于估计空间隔离度的空间信道的相关度也是需要的。如果假定信道的互易性，上行采用 SRS 发送的探测也可用于估计下行信道质量。此外，还可采用诸如不同备选波束的信号强度测量等其他信息。

由于调度器和发送缓存位于同一节点，下行很容易获取缓存状态和业务优先级。不同业务流的优先级排序与实现相关，但至少对于相同优先级的数据流，重传通常会优先于新数据的传输。鉴于 NR 标准旨在处理比之前的技术（如 LTE）更广泛的业务类型和应用，在很多场景下会比过去更强调调度器的优先级处理。除了从不同数据流中选择数据外，调度器还会选择发送的持续时间。例如，对于时延要求严格的业务，其数据映射到某个逻辑信道，选择一个时隙的一部分来传输是有好处的，而对另外一个逻辑信道上的其他业务，采用传统的用整个时隙来传输的方式可能是更好的选择。也有可能考虑到时延的因素和资源的短缺，发送少量数据的紧急传输需要抢占正在进行的使用整个时隙的传输。在这种情况下，被抢占的传输可能被破坏需要重传，但考虑到低时延传输的非常高的优先级，这是可以接受的。NR 中还有一些机制可以缓解这种情况，见 14.1.2 节。

不同下行调度器之间可以相互协作以提高总体性能，例如一个小区可以通过避开在特定频率范围上的传输以减少对另一个小区的干扰。在（动态）TDD 情况下，不同小区之间还可以协调传输方向（上行或下行），以避免小区间有害干扰的情况。这类协调可以在不同时间尺度上进行，通常情况下，小区间协调比每个小区的调度决策慢，否则对连接不同 gNB 的回传要求会很高。

载波聚合情况下，调度决策针对每个载波进行，分别发送调度分配，即网络调度终端从多个载波上同时接收多个 PDCCH 和数据。一个 PDCCH 可以指向同一个载波，称为自调度；或者另一个载波，通常称为跨载波调度（见图 14-1）。跨载波调度中发送数据的载波和发送 PDCCH 的载波参数集不同的情况下，例如调度分配中的定时偏移（调度分配对应于哪个时隙），要遵循调度分配里数据时隙的定义，即 PDSCH 参数集（而非 PDCCH 参数集）。

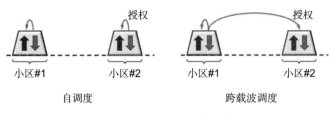

图 14-1　自调度和跨载波调度

不同载波的调度决策不是孤立进行的，恰恰相反，需要对给终端分配的不同载波协同调度。例如，在一个载波上调度了某块数据，一般不应在另一个载波上再调度相同的数据。但是为了提高可靠性，原则上也可以在多个载波上调度相同的数据。多载波发送相同数据提高了单个载波接收的成功率，增加了可靠性。接收机的 RLC（或 PDCP）层可配置为删除从多个载波成功接收到的重复数据，这其实就是选择分集。

14.1.1　带宽自适应

NR 标准支持非常宽的传输带宽，单个载波可高达几百 MHz。这有益于大净荷的快速递交，但是对于净荷较小或者无调度时监听下行控制信道就没必要了。因此，正如第 5 章里已提及的，NR 支持**接收机带宽自适应**，终端可以使用窄带宽来监听控制信道，只在需要大量数据调度时才打开全带宽。这可视为频域的不连续接收。

可以通过 DCI 里的部分带宽指示字段来打开宽带接收机。如果部分带宽指示里的部分带宽与当前激活的部分带宽不同，则激活的部分带宽发生改变（见图 14-2）。改变激活部分带宽所需的时长取决于几个因素，例如中心频点是否改变，接收机是否需要重新调谐，但基本上时长大约为一个时隙。一旦激活，终端将应用新的、更宽的部分带宽进行工作。

一旦需要更宽带宽的数据传输完成，可以采用相同机制恢复到原先的部分带宽。也可通过配置定时器而非显式信令来完成部分带宽的转换。在这种情况下，其中一个部分带宽作为默认配置。如果没有显式配置默认的部分带宽，则随机接入过程的初始部分带宽就用作默认的部分带宽。当接收到的 DCI 指示的部分带宽与默认值不同时，就启动定时器。定时器超时，终端切回默认的部分带宽。默认的部分带宽一般比较窄，这样有助于减少终端功耗。

NR 中引入带宽自适应会带来一些 LTE 中并不存在的设计问题，尤其是控制信令的处理，由于要给每个部分带宽配置很多传输参数，因此不同部分带宽的 DCI 净荷大小会不同。频域资源分配字段就是一个显而易见的例子：部分带宽越大，频域资源分配的比特数就越大。只要下行数据传输和 DCI 控制信令所用的部分带宽相同[⊖]就没有问题。然而带宽

⊖　严格来说，如果 PDCCH 和 PDSCH 所用的部分带宽大小和配置相同，就没有问题。

自适应时情况就不同了，一个部分带宽下收到的 DCI 中部分带宽指示可以指向用于数据接收但是带宽不同的另一个部分带宽。在部分带宽索引指向另外一个不同于当前部分带宽时如何解读 DCI 就成了问题，因为检测到的 DCI 中的 DCI 索引字段可能与该字段所指向的部分带宽的索引字段不匹配。

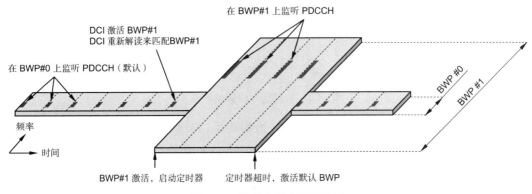

图 14-2　带宽自适应原理示例

　　解决这个问题的一种可能方式是对多个 DCI 净荷大小进行盲监听，每个对应一个配置的部分带宽，但这意味着终端的负担会很大。于是，取而代之的是采用根据 DCI 字段指向的部分带宽来重新解读索引字段的方式。简单的做法是通过填充或截断比特字段的方式来匹配调度的部分带宽。当然，这对调度决策会产生一些限制，但是一旦新的部分带宽被激活，终端就使用新的 DCI 大小来监听下行控制信令，从而可以再度完全灵活地调度数据。

　　尽管上文描述的是下行不同部分带宽的处理，同样的方式也适用于重新解读针对上行的 DCI。

14.1.2　下行抢占处理

　　如上所述，动态调度意味着在每个时间间隔做出调度决策。很多情况下该时间间隔就是一个时隙，即每时隙做一次调度决策。时隙长度取决于子载波间隔：子载波间隔大的时隙就短。原则上短时隙可用于低时延传输，但是由于子载波间隔增加会导致循环前缀缩短，不适用于所有部署。因此，如 7.2 节所讨论的，NR 标准支持一种对于低时延更有效的方式，即允许在部分时隙上传输，可以从任何一个 OFDM 符号开始。这在不牺牲时间色散鲁棒性的基础上带来了极低时延。

　　图 14-3 的示例中，终端 A 的调度持续一个时隙，在终端 A 的传输过程中，终端 B 时延敏感的数据到达 gNB，需要立即调度。通常情况下，如果有可用的频率资源，终端 B 的传输和终端 A 正在进行的传输不会调度重叠的资源。但是当网络高负荷情况下，除了将原先终端 A 的（部分）资源用于终端 B 时延敏感的传输之外别无选择。这也被称为终端 B 的传输抢占终端 A 的传输，一个明显的后果是终端 A 会受到影响，因为终端 A 认为承载

数据的一些资源突然被终端 B 的数据占用。

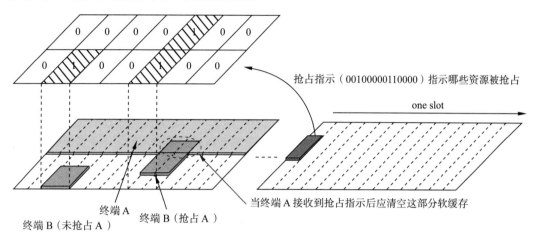

图 14-3　下行抢占指示

　　NR 标准中有几种可能方式来处理抢占的影响。其一是依靠 HARQ 的重传。由于资源被抢占，终端 A 无法对数据进行解码，会上报失败确认给 gNB，gNB 可以紧接着重传数据。gNB 可以重传整个传输块，或者在采用基于 CBG 的重传时只重传受影响的码块组，如 13.1 节所述。

　　还有一种可能情形是终端 A 的部分资源被其他用途所抢占。这可以通过在数据传输时隙后的一个时隙给终端 A 发送一个**抢占指示**来处理。抢占指示采用 DCI 格式 2-1（不同 DCI 格式的详细说明见第 10 章），包含一个 14bit 的位图。可以通过配置用位图的每个比特来表示整个部分带宽在时域上的一个 OFDM 符号，或者一半部分带宽在时域上的两个 OFDM 符号。此外，网络还给终端配置抢占指示的监听周期，例如每第 n 个时隙监听抢占指示。

　　终端收到抢占指示后的行为没有规定，不过合理的行为是清空被抢占的时频区域对应的软缓存，以避免软缓存破坏而导致重传。从终端处理软缓存的角度看，监听抢占指示越频繁越好（理想情况是抢占发生后网络立即发送抢占指示）。

14.2　动态上行调度

　　在动态调度情况下上行调度器的基本功能与下行类似，即动态控制哪些终端在哪些上行资源上用哪些参数传输。

　　对于下行调度的讨论一般也适用于上行，但二者还有些本质上的区别。例如，上行的功率资源在终端之间分配，而下行的功率资源由基站集中控制。而且，终端的最大上行发射功率往往远低于基站输出功率，这对调度策略影响重大。上行会出现需要传输大量数据而没有足够功率的情况，即功率受限而非带宽受限，而下行的情况可能恰恰相反。因此，相比于下行，上行调度更多采用多终端的频分复用。

调度器会给每个被调度的终端一个**调度授权**（scheduling grant），指示所用 UL-SCH 的时间、频率、空间的资源集合，以及相应的传输格式。终端只在收到有效授权的情况下才会发送上行数据。没有授权就不会发送数据。

上行调度器完全控制终端所用的传输格式，即终端必须听从调度授权。唯一例外的是，当终端的发送缓存中没有数据时，无论授权如何，都不发送任何数据。当网络调度没有数据待传的终端时，通过这种方式能够避免不必要的传输，可以减少整体干扰水平。

终端根据一套准则来控制逻辑信道的复用（见 14.2.1 节）。因此调度授权是调度一个终端，而非显式调度一个特定的逻辑信道，即上行是基于每个终端而不是每个无线承载来调度的（尽管在下文所述的优先级处理机制中，原则上调度是可以基于每个无线承载的）。上行调度如图 14-4 右半部分所示，调度器控制传输格式，终端控制逻辑信道复用。相比于终端自主选择数据速率的方案，调度器严格管控上行的行为，使得最大化地利用资源，因为自主方案通常需要调度决策保留一些余量。调度器负责选择传输格式也意味着它需要详细准确的终端状态信息包括终端缓存状态和可用功率，而终端自主控制传输参数的方案则不需要。

如 10.1.11 节所述，DCI 中指明了终端上行传输的持续时间。下行调度分配的发送时间一般非常靠近数据的发送时间，而上行的情况却不同。因为授权是用下行控制信令发送的，一个半双工的终端需要在发送上行前改变传输方向。而且，根据上下行分配的情况，也许需要在同一个下行时机发送多个上行授权来调度多个上行时隙。因此，上行授权的定时字段很重要。

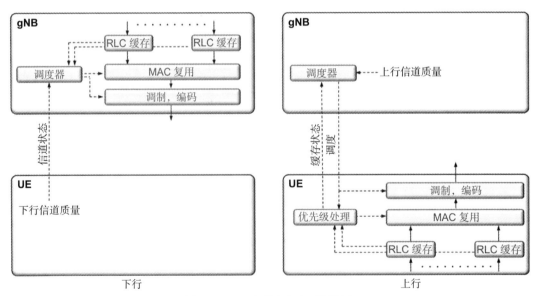

图 14-4　NR 中的上行和下行调度

如图 14-5 所示，终端还需要一定时间来准备传输。从整体性能的角度来看，时间越短越好。但是从终端复杂度的角度来看，处理时间不可能任意短。LTE 中，终端准备上行传输的时间可以大于 3ms。对于更专注时延设计的 NR，因为更新了 MAC 和 RLC 报头结构，从总体的技术上已经大大减少了准备时间。表 14-1 总结了从接收到授权到发送上行数据的时延。从数字来看，处理时间取决于子载波间隔，尽管不是成正比。还可以看到定义了两种终端能力，所有终端都需要满足基准要求，但终端也可以声明是否具备更强的能力，可用于对时延敏感的应用（表 14-1）。

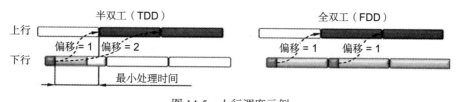

图 14-5　上行调度示例

表 14-1　从接收授权到发送数据的最小处理时间

终端能力	子载波间隔				LTE Rel8
	15kHz	30kHz	60kHz	120kHz	上行
基准	0.71ms	0.43ms	0.41ms	0.32ms	3ms
进阶	0.18 ～ 0.39ms	0.08 ～ 0.2ms			

与下行类似，上行调度器可以从信道条件、缓存状态和可用功率中获取有用信息。但是，因为发送缓存和功率放大器都在终端侧，需要下文所述的报告机制上报信息给调度器。而在下行，调度器、功率放大器和发送缓存都在同一节点。如前文已提到的，上行优先级的处理也是上下行调度的区别之一。

14.2.1　上行优先级处理

不同优先级的多个逻辑信道可以通过 MAC 的复用功能复用到同一传输块上。除非上行调度授权可以提供传输所有逻辑信道上全部数据的足够资源，否则需要将逻辑信道根据优先级排序后进行复用。但是，与下行优先级排序取决于调度器的实现不同，上行的复用是根据终端内一套明确定义的规则来进行的，其参数由网络设置。之所以这样做，是因为调度授权针对的是终端的一个特定的上行载波，而非明确指向载波内某个特定的逻辑信道。

一个简单的方法是按照严格优先级的顺序来处理逻辑信道。但这样会把所有资源都分给高优先级的信道，直到缓存为空。这可能导致低优先级的信道一直得不到处理而被"饿死"。通常情况下，运营商反而更愿意给低优先级业务至少提供一些吞吐量。此外，由于 NR 标准旨在很多种不同类型业务的混合处理，因此需要更为精细化的方案。例如，文件上传的业务不必采用时延敏感业务的授权。

在 LTE 中就存在饿死的问题，这是通过给每个信道分配保证的数据速率来解决的。网络按照优先级递减的顺序给逻辑信道提供服务，直到保证的数据速率为止，只要调度的数据速率不小于保证数据速率之和，就可以避免饿死。超过保证数据速率后，就按照严格的优先级顺序进行服务，直到授权被全部利用或者缓存为空。

NR 采用类似的方式，但是鉴于 NR 的灵活性很大，支持不同的传输持续时间和更广泛的业务类型，需要采用更先进的方案。一种可能的方案是定义不同的配置文件（profile），每个配置文件代表一个允许的逻辑信道组合，并在授权中显式通知使用哪种配置文件。但是，NR 中采用的配置文件是通过授权中的其他可用的信息间接获取的，而非显式通知。

当终端接收到上行授权后，会执行两步操作。首先，终端确定此次授权能够复用哪些逻辑信道。其次，终端确定给每个逻辑信道分配哪部分资源。

第一步终端根据给定的授权确定哪些逻辑信道可以传输数据。这可看作是一个隐含得到的配置文件。对每个逻辑信道，可以为终端配置如下参数：

- 该逻辑信道允许使用的子载波间隔集合；
- 该逻辑信道可调度的 PUSCH 最大持续时间；
- 服务小区集，即该逻辑信道允许传输的上行分量载波集合。

只有调度授权符合配置的限制条件的逻辑信道才被允许使用该授权传输，即能够在该特定时刻上复用。另外，在没有动态授权的情况下，逻辑信道的复用也会受限。

3GPP 里将复用规则和 PUSCH 的持续时间进行耦合，是为了允许时延敏感的数据可以利用时延不敏感数据的授权。

举个例子，假定有两个数据流，分别属于不同的逻辑信道。一个逻辑信道承载时延敏感的数据，赋予了高优先级；另一个逻辑信道承载非时延敏感数据，赋予了低优先级。gNB 基于终端提供的缓存状态信息做出调度决策。假设缓存里之前只有非时延敏感的数据，所以 gNB 在相当长一段时间内持续调度 PUSCH。当终端接收调度授权时，时延敏感的数据到达终端。如果没有限制最大的 PUSCH 持续时间，终端可能会在相当长持续时间里传输时延敏感数据（可能和其他数据进行了复用），因此可能无法满足该业务的时延要求。一个更好的替代方案是，对时延敏感数据，单独请求短的 PUSCH 持续时间用于传输，这可通过配置合适的最大 PUSCH 持续时间来实现。由于承载时延敏感业务逻辑信道配置的优先级比承载非时延敏感业务信道的优先级高，在短 PUSCH 持续时间内时延不敏感业务不会阻塞时延敏感数据的传输。

包含子载波间隔的原因与持续时间类似。当终端配置了多个子载波间隔时，更小的子载波间隔意味着更长的时隙，上面的推论也适用于这种情况。

限制特定逻辑信道所用的上行载波，是出于不同载波的传播条件可能不同，或者是出于双连接场景的考虑。两个频率差异很大的上行载波的可靠性不同。对接收至关重要的数据最好在低频载波上传输，以确保良好的覆盖；非敏感数据可以在高频载波上传输，覆盖不一定连续。另一个动机是复制，即多个逻辑信道传输相同数据来获得分集增益，如 6.4.2 节所述。如果两个逻辑信道在相同的上行载波上传输，通过复制获得分集增益的最初动机就不存在了。

到这一步，基于已配置的相关映射参数，在当前授权下允许数据传输的逻辑信道集合就建立起来了。如何在有数据传输并且适合传输的逻辑信道之间分配资源的问题，还需要逻辑信道复用来回答。这是通过给每个逻辑信道配置的优先级相关的参数集来完成的，参数集由下面三部分组成：

- 优先级；
- 优先比特率（Prioritized Bit Rate, PBR）；
- 桶内空间可用时长（Bucket Size Duration, BSD）。

优先比特率和桶内空间可用时长的共同作用类似于 LTE 的保证比特率，但是 NR 标准中可以对应不同的传输持续时间。优先比特率和桶内空间可用时长的乘积就是一个比特桶，即在一段特定时间内给定逻辑信道上最少要传输的比特。每个传输时刻，逻辑信道按照优先级降序排列进行传输，尽量满足最小传输比特数的需求。当所有逻辑信道的桶内空间都被满足后，剩余的容量按照严格优先级顺序分配。

优先级处理和逻辑信道复用如图 14-6 所示。

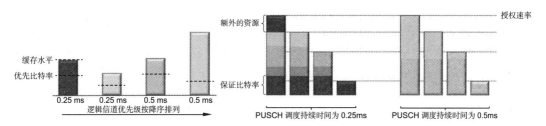

图 14-6　四种调度数据速率和两种 PUSCH 持续时间下逻辑信道优先级排序示例

14.2.2　调度请求

上行调度器需要知道有数据待传，因此该终端需要得到调度。对没有数据待传的终端不需提供上行资源。因此，调度器至少要知道终端是否有数据需要传输，是否应当给予授权。这称为**调度请求**（scheduling request）。调度请求适用于没有有效调度授权的终端，对于已经有有效授权的终端可以给 gNB 提供更详细的调度信息，见下节讨论。

调度请求是一个由终端向上行调度器请求上行资源的标志。根据定义，请求资源的终端没有 PUSCH 资源，所以终端使用预先配置的专用周期性 PUCCH 资源在 PUCCH 上发送调度请求。之所以使用专用的调度请求机制，是因为根据请求在哪个资源上发送请求即隐含可知请求调度的终端标识，所以无须直接提供标识。当优先级高于已经在发送缓存里的数据到达终端，而终端没有授权无法发送数据时，终端会在下一个可能的时刻发送调度请求，gNB 收到请求后给终端分配一个授权（见图 14-7）。

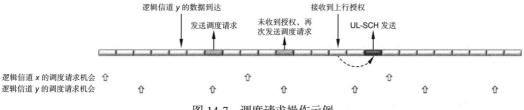

图 14-7　调度请求操作示例

这与 LTE 所采用的方式类似，但 NR 支持给单个终端配置多个调度请求。一个逻辑信道可以映射到零或多个调度请求配置上。这样 gNB 不仅知道有终端数据在等待传输，还知道是什么类型的数据。对旨在支持更广泛的业务类型的 NR 来说，这些对于 gNB 都是有用信息。例如，gNB 可能想调度终端传输对时延敏感的信息，而非时延不敏感的信息。

可以给每个终端分配专用的 PUCCH 调度请求资源，分配周期从每两个 OFDM 符号到每 80ms，短周期用于支持时延高度敏感的业务，长周期用于开销低的业务。因为在一个给定时刻只能发送一个调度请求，当多个逻辑信道有数据待传时，合理的行为是为最高优先级的逻辑信道触发调度请求。调度请求在后续的资源上不断重复，直到从 gNB 收到授权为止，重复次数的上限可以配置。还可以配置一个禁止定时器来控制调度请求的发送频率。在终端有多个调度请求资源的情况下，重复次数和定时器都是根据每个调度请求资源来配置的。

对于未配置调度请求资源的终端，要依靠随机接入机制请求资源。这相当于是一个基于竞争的资源请求机制。基于竞争的机制一般适用于小区内终端数量大、业务量低的场景，因此调度的密度低。在业务密度高的情况下，为终端建立至少一个调度请求资源是有好处的。

14.2.3 缓存状态报告

具有有效授权的终端不需要请求上行资源。但是，调度器为了确定将来要给每个终端分配哪些资源，还需要本节所讨论的缓存状态和下节讨论的可用功率信息。这些信息通过上行传输中的 MAC 控制信元发送给调度器（见 6.4.4 节关于 MAC 控制信元和 MAC 报头通用结构的讨论）。如图 14-8 所示，其中一个 MAC 子报头的 LCID 字段设为预留值，用以指示缓存状态报告是否存在。

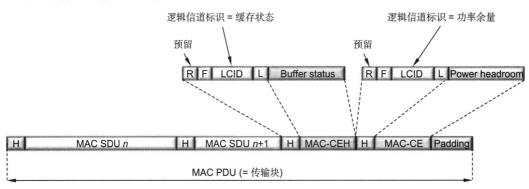

图 14-8   MAC 控制信元里的缓存状态报告和功率余量报告

从调度角度看，每个逻辑信道的缓存信息都是有用的，尽管会带来很大开销。因此逻辑信道最多分为八个逻辑信道组，并按组进行上报。缓存状态报告里的缓存大小字段指示该逻辑信道组里所有逻辑信道待传数据的总和。根据一个报告里包含多少个逻辑信道组和缓存状态报告颗粒度的不同，NR 定义了四种缓存状态报告格式。可以基于如下原因触发缓存状态报告：

- 比当前发送缓存优先级高的数据到达时（即该逻辑信道组里比当前传输优先级高的数据），因为这可能会影响调度决策。
- 通过定时器控制的周期性上报。
- 代替填充。如果匹配调度传输块的所需的填充量大于缓存状态报告，比填充更好的方案是插入缓存状态报告，这样可以利用可用净荷为调度提供有用信息。

14.2.4　功率余量报告

除了缓存状态，每个终端的可用发射功率也与上行调度器相关。调度更高的、超过比可用发射功率所能支持的数据速率是不合理的。在下行，因为功率放大器和调度器位于同一节点，调度器能够立刻知道可用功率。而在上行，可用功率，或者说**功率余量**（power headroom），需要提供给 gNB。因此，终端发送功率余量报告给 gNB，与缓存状态报告的方式类似，即只有终端在 UL-SCH 上被调度传输时才发送报告。功率余量报告可以由以下原因触发：

- 由定时器控制的周期性发送；
- 路损改变（当前功率余量和上次报告的功率余量之差大于一个可配置的门限）；
- 代替填充（与缓存状态报告原因相同）。

还可以通过配置禁止定时器来控制两次功率余量报告的最小时间间隔，从而减轻上行的信令负荷。

NR 标准中定义了三种不同形式的功率余量报告，**类型** 1、**类型** 2 和**类型** 3。载波聚合或双连接的情况下，一条信令（MAC 控制信元）中可以包含多个功率余量报告。

类型 1 功率余量报告反映了只在载波的 PUSCH 上传输时的功率余量。假设终端在一段特定的时间内在某个特定的分量载波上被调度进行 PUSCH 传输，那么类型 1 就对该分量载波有效。报告包括功率余量和对应分量载波 C 的**最大每载波发射功率** $P_{\mathrm{CMAX},c}$。$P_{\mathrm{CMAX},c}$ 的值是显式配置的，因此对 gNB 是已知的，但由于可以对普通上行载波和补充上行载波分别配置，两者都属于同一个小区（即关联的下行分量载波相同），gNB 需要知道终端使用了哪个 $P_{\mathrm{CMAX},c}$ 值，以及报告的是哪个载波。

可以注意到，功率余量不是测量每载波最大发射功率和载波实际发射功率的差。而是测量 $P_{\mathrm{CMAX},c}$ 和假定发射功率没有上限情况下所使用的发射功率的差（见图 14-9）。因此，功率余量完全有可能是

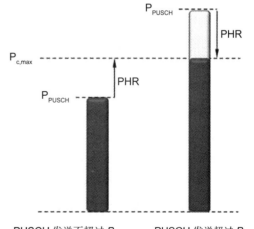

图 14-9　功率余量报告示例

负值，表明在功率余量报告时刻，每载波发射功率受限于 $P_{\text{CMAX},c}$，即在给定可用发射功率的情况下，网络调度了比终端可支持的更高的数据速率。由于网络知道在功率余量报告对应的时刻所用的调制编码方式和终端用于传输的资源大小，假设下行路损不变，可以确定调制编码方式和分配资源大小的有效组合。

当没有实际的 PUSCH 传输时，终端也可以上报类型 1 功率余量。这可视为对最小可能资源分配所采用的默认配置下的功率余量。

类型 2 功率余量报告与类型 1 类似，但假定 PUSCH 和 PUCCH 同时上报，这在 NR 标准的第一个版本中没有完全支持，但计划在后续版本完善。

类型 3 功率余量报告用于处理 SRS 转换，即在终端没有配置发送 PUSCH 的上行载波发送 SRS。这类报告目的在于评估备选上行载波的质量，如果认为发送 SRS 的上行载波更好，则（重）配置终端使用这个载波做上行传输。

功率控制可以对不同波束对链路执行不同的功率控制（见第 15 章），与之相比，功率余量报告是针对载波的，并不直接考虑对波束的操作。一个原因是网络可以控制哪个波束用于传输，所以对于某个功率余量报告，网络可以对相应的波束做必要的处理。

14.3　调度和动态 TDD

NR 的关键特性之一就是支持动态 TDD，即调度器动态地决定传输方向。尽管用动态 TDD 这个术语来描述，但该框架原则上也适用于一般的半双工模式，包括半双工 FDD。由于半双工的终端不能同时发送和接收，因此需要把两个方向的资源分开。如第 7 章所提及的，可使用三种不同的信令机制给终端提供信息，表明资源是用于上行还是下行传输：

- 调度终端的动态信令；
- 使用 RRC 的半静态信令；
- 一组终端共享的动态时隙格式指示，主要用于非调度终端。

调度器负责调度终端的动态信令，即上述三项的第一项。

对于有全双工能力的终端，调度器可以独立调度上行和下行，上行和下行调度器协调决策需求有限。

另一方面，对于半双工的终端，调度器需要确保不会请求终端同时接收和发送。如果配置了半静态上下行模式，调度器需要遵从这种模式，例如，不能在已配置仅用于下行的时隙调度上行传输。

14.4　无动态授权的传输

如上所述，动态调度是 NR 的主要工作模式。对于每个传输间隔，例如时隙，调度器使用控制信令指示终端发送或接收。它可以灵活根据业务的行为采取快速变化，但显然需要相关的控制信令，而在某些情况下是不期望发送控制信令的。因此 NR 也支持不依赖于动态授权的传输方案。

在下行，终端支持**半持续调度**（semi-persistent scheduling）是通过 RRC 信令配置终端数据传输的周期来实现的。半持续调度由动态调度时使用的 PDCCH 激活，但是用 CS-RNTI 代替普通的 C-RNTI[⊖]。PDCCH 还承载了时频资源的必要信息，以及与动态调度类似的所需要的其他参数。根据公式，HARQ 进程号可以从下行数据传输开始的时间推导出。激活半持续调度后，终端根据 RRC 配置的周期，使用 PDCCH 激活指示的传输参数，定期地接收下行数据。因此只使用了一次控制信令，从而降低了开销。启动半持续调度后，终端持续监听 PDCCH 候选集上的上行和下行调度命令。这对于偶发大量数据传输的情况是有帮助的，因为这种情况下半持续分配不够用。半持续调度也可用于处理 HARQ 重传，因为 HARQ 重传是动态调度的。

上行支持两种无动态授权的传输方案，区别在于激活的方式不同（见图 14-10）：

- **配置授权类型** 1，由 RRC 提供上行授权，包括授权的激活；
- **配置授权类型** 2，由 RRC 提供传输周期，层 1/ 层 2 控制信令用于激活 / 去激活传输，与下行方式类似。

这两种方案的好处类似，即减少了控制信令的开销，以及在一定程度上减少上行数据传输前的时延，因为在数据传输之前不需要调度请求授权的过程。

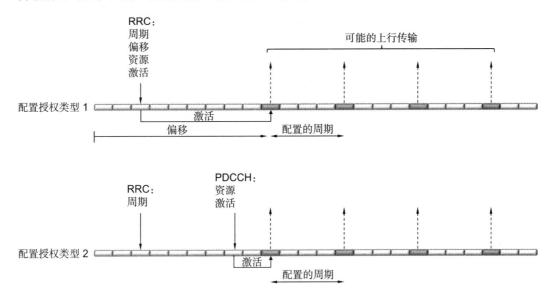

图 14-10　无动态授权的上行传输

类型 1 通过 RRC 信令设置所有的传输参数，包括周期、时间偏移和频率资源，以及可能的上行传输所用的调制编码方式。当接收到 RRC 配置后，在由周期和偏移给定的时

⊖　每个终端都有两个标识，即用于动态调度的"普通"C-RNTI，以及用于激活 / 去激活半持续调度的 CS-RNTI。

刻，终端开始采用配置的授权进行传输。偏移是为了控制在哪个时刻允许终端传输。一般来说，RRC 信令中没有激活时间的标识，一旦正确接收到 RRC 配置就立即生效。根据是否需要 RLC 重传来递交 RRC 命令，生效时间点可能会不同。为了避免歧义，RRC 配置中包含了相对于 SFN 的时间偏移。

类型 2 类似于下行的半持续调度。RRC 信令负责配置周期，传输参数通过 PDCCH 激活。终端接收到激活命令后，如果缓存中有数据，会根据预先配置的周期进行传输。如果没有数据需要传输，终端不会传输任何数据，类似于类型 1。请注意，在这种情况下不需要时间偏移量，因为 PDCCH 发送时刻就明确定义了激活时间。

终端通过在上行发送 MAC 控制信元来确认激活 / 去激活配置授权类型 2。如果接收到激活命令时、没有数据待传，网络就不知道没有传输是因为终端没有收到激活命令还是发送缓存为空。所以发送确认消息有助于解决这种歧义。

这两种方案都可能给多个终端配置重叠的上行时频资源。所以就要由网络来区分不同终端的传输。

14.5 不连续接收

数据业务经常是突发的，传输偶尔活跃一段时间后会保持更长时间静默。从延迟角度看，每个时隙（甚至更频繁地）监听下行控制信令，对接收上行授权或下行数据以及立即响应业务行为的变化是有好处的。但同时这也给终端带来功耗的代价，一个典型终端接收机电路的功耗相当可观。为了减少终端功耗，NR 标准引入**不连续接收**（Discontinuous Reception，DRX）机制，遵循与 LTE 相同的框架，但增加了多参数集处理的功能。节能机制的另外两个例子是带宽自适应和载波激活。

DRX 的基本机制是给终端配置 DRX 周期。配置了 DRX 周期的终端只在激活态监听下行控制信令，其余时间关闭接收机电路进入休眠。这样可以显著降低功耗：DRX 周期越长，功耗越低。自然，这意味着调度器会受限，因为终端只有在 DRX 周期的激活态才能被访问。

很多情况下，如果终端已经被调度且正在接收或发送数据，那么很可能在近期再次被调度。一个原因是，可能无法通过一次调度机会发送缓存中的所有数据，因此需要更多的机会。如果要等到 DRX 周期的下一个激活期，会造成额外的时延，尽管这是可能的。因此，为了减少时延，终端在被调度后在激活态保持一定时间，这个时间是可配置的。这是通过终端每次调度后启动（重启）不活动定时器来实现的，并且会保持唤醒直到定时器超时，如图 14-11 顶部所示。由于 NR 可以处理多个参数集，DRX 定时器用毫秒来定义，以避免 DRX 周期绑定特定的参数集。

上行和下行 HARQ 重传都是异步的。如果终端无法解码下行调度的传输，典型的情况是 gNB 在稍后的时刻（通常是尽快）会重传数据。因此，DRX 功能具有一个可配置的定时器，在接收到错误的传输块后启动定时器，用于 gNB 调度重传时唤醒终端的接收机。

定时器的值要设置为匹配 HARQ 协议的环回时间，而环回时间取决于实现。

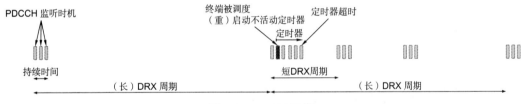

图 14-11　DRX 工作

上述机制里，把一个（长）DRX 周期和终端调度后保持唤醒的一段时间组合起来，可以适用于大多数场景。但是，某些服务，尤其是 VoIP（Voice-over-IP），特征是一段时间定期传输，然后一段时间没有活动或者非常少。为了处理这类业务，第二个短 DRX 周期可选附加用于上述的长周期上。终端通常遵循长 DRX 周期，但是如果最近被调度过，则会遵循短 DRX 周期一段时间。处理 VoIP 这种场景可以通过设置短 DRX 周期为 20ms 来完成，因为语音编解码器通常每 20ms 递交一个 VoIP 数据包。而长 DRX 周期用于处理谈话之间的长静默期。

除了 RRC 配置 DRX 参数，gNB 还可以终止"唤醒持续时间（on duration）"，并指示终端遵循长 DRX 周期。如果 gNB 知道下行没有额外的数据在等待传输，因此不需要终端保持激活时，通过使用这种方法可以降低终端功耗。

第 15 章

上行功率和定时控制

本章的主题是上行功率控制和上行定时控制。功率控制的目的是控制干扰，因为本小区内的传输是正交的，所以干扰主要针对其他小区。定时控制确保不同终端在相同的时刻接收，这是保持不同传输之间正交性的先决条件。

15.1 上行功率控制

NR 的上行功率控制是一套算法和工具，通过控制不同上行物理信道和信号的发射功率，尽可能确保网络接收到合适的功率电平。对于上行物理信道，简单来说合适的功率就是物理信道所承载的信息能够被正确解码所需要的接收功率。同时，发射功率又不能太高，否则会对其他的上行传输造成不必要的过高干扰。

合适的发射功率取决于信道特性，包括信道衰减和接收端的噪声及干扰水平。还应注意的是，基站所需的接收功率直接依赖于数据速率。如果接收功率太低，要么提高发射功率，要么降低数据速率。换句话说，至少对于 PUSCH 传输，功率控制与链路自适应（速率控制）之间存在着紧密联系。

与 LTE 功率控制[28] 类似，NR 的上行功率控制基于下面的组合：

- **开环**（open-loop）**功率控制**，包括对**部分路损补偿**（fractional path-loss compensation）的支持，终端基于下行测量来估计上行路损，并相应地设置发射功率。
- **闭环**（closed-loop）**功率控制**，基于网络配置的显式功控命令。这些功控命令实际上是基于网络先前测量的上行接收功率来决定的，因此被称为"**闭环**"。

NR 上行功率控制与 LTE 的主要区别，或者更确切地说是扩展，是基于波束的功率控制（见 15.1.2 节）。

15.1.1 功率控制基线

PUSCH 发射功率控制可以简化为如下公式：

$$P_{PUSCH} = \min\{P_{CMAX}, P_0(j) + \alpha(j) \cdot PL(q) + 10 \cdot \log_{10}(2^\mu \cdot M_{RB}) + \Delta_{TF} + \delta(l)\} \quad (15-1)$$

其中

- P_{PUSCH} 为 PUSCH 发射功率；
- P_{CMAX} 为每载波允许的最大发射功率；
- $P_0(.)$ 为网络可配的参数，可以简单描述为目标接收功率；
- $PL(.)$ 为上行路损的估计；
- $\alpha(.)$ 为网络可配的部分路损补偿相关参数；
- μ 与 PUSCH 传输所用的子载波间隔 Δf 相关。更具体地说，$\Delta f = 2^{\mu} \cdot 15kHz$；
- M_{RB} 为 PUSCH 传输所分配的资源块数目；
- Δ_{TF} 与 PUSCH 传输所用的调制方式和信道编码速率相关[⊖]；
- $\delta(.)$ 为闭环功率控制调整的功率。

上面的公式描述了每载波的上行功率控制。如果终端配置了多个上行载波（载波聚合和/或补充上行），则每个载波根据公式（15-1）分别进行功率控制。功率控制公式中的 $\min\{P_{CMAX}, \cdots\}$ 部分确保了每载波的功率不会超出每载波最大允许的发射功率。然而，终端在所有配置的上行载波上的总发射功率是有限的。所以为了不高于总功率的限制，需要协调不同上行载波的功率设置（进一步参见 15.1.4 节）。在 LTE/NR 双连接的场景下也需要这样的功率协调。

现在来更详细地描述上面功率控制公式的不同部分。这里首先忽略参数 j，q 和 l。这些参数的影响会在 15.1.2 节讨论。

公式 $P_0 + \alpha \cdot PL$ 表示支持部分路损补偿的基本开环功率控制。对于全路损补偿，即 $\alpha = 1$，并且假定上行路损估计 PL 是准确的，开环功控调整 PUSCH 的发射功率，使得接收功率与"目标接收功率" P_0 相匹配。P_0 作为功率控制的配置参数，通常取决于目标数据速率，以及接收机的噪声和干扰水平。

终端根据某些下行信号的测量来估计上行路损。路损估计的准确性在一定程度上取决于上下行链路的互易性。尤其是对于 FDD 模式下的对称频谱，路损估计不能捕获路损中频率相关的特性。

在部分路损补偿中，即 $\alpha < 1$，路损不会被完全补偿，接收功率根据终端在小区所处的位置而变化，即距离基站越远的终端，路损越高，接收功率越低。因此必须通过调整相应的上行数据速率来进行补偿。

部分路损补偿的好处是减小了对邻区的干扰。这是以服务质量的较大变化为代价的，即降低了小区边缘终端的数据速率。

$10 \cdot \log_{10}(2^{\mu} \cdot M_{RB})$ 项反映了如果其他项都没有变化，接收功率和发射功率应该与分配的传输带宽成正比。因此，在全路损补偿（$\alpha = 1$）的情况下，P_0 可以更精确地描述为**归一化**（normalized）的目标接收功率。尤其是在全路损补偿时，P_0 为在 15kHz 参数集的一个

⊖ 缩写 TF 为传输格式（transport format），用于早期的 3GPP 技术，但并未明确用于 NR 的术语。

资源块上传输的目标接收功率。

Δ_{TF} 尝试描述由于不同的调制方式和信道编码速率，每资源单元的信息比特数不同的情况下，所需的接收功率如何变化。更确切地说

$$\Delta_{TF} = 10 \cdot \log((2^{1.25\gamma} - 1) \cdot \beta) \tag{15-2}$$

其中，γ 是 PUSCH 传输的信息比特数，归一化为用于传输的资源单元个数，不包括解调参考符号的资源单元。

在 PUSCH 上传输数据时，β 因子等于 1，但如果 PUSCH 承载了层 1 控制信令（UCI），β 可以设为不同的值。[⊖]

可以注意到，忽略 β 因子后，Δ_{TF} 的表达式本质上就是改写的香农信道容量 $C = W \cdot \log_2(1 + SNR)$，加上一个额外的因子 1.25。换句话说，$\Delta_{TF}$ 可视为 80% 香农容量的链路容量模型。

当确定 PUSCH 发射功率时并不总是将 Δ_{TF} 包含在内。

- Δ_{TF} 只用于单层传输，即上行多层传输时 $\Delta_{TF} = 0$；
- 通常情况下可以禁用 Δ_{TF}。例如，Δ_{TF} 不能与部分功率控制联合使用。调整发射功率来补偿不同的数据速率，与调整数据速率来补偿由于部分功率控制导致的接收功率的变化，二者会互相抵消。

最后，$\delta(.)$ 是闭环功率控制相关的功率调整。网络可以基于接收功率的测量，通过**功率控制命令**（power-control command）按某个步长来调整 $\delta(.)$，从而调整发射功率。功率控制命令在上行调度授权（DCI 格式 0-0 和 0-1）的 TPC 字段中携带，也可通过 DCI 格式 2-2 共同携带多个终端的功率控制命令。每个功率控制命令包括 2bit 对应于 4 种不同的调整步长（−1dB，0dB，+1dB，+3dB）。包含 0dB 调整步长的原因是每个调度授权里都包含功控命令，但并非每次授权都需要调整 PUSCH 发射功率。

15.1.2 基于波束的功率控制

上面的讨论中忽略了开环参数 $P_0(.)$ 和 $\alpha(.)$ 中的参数 j，路损估计 $PL(.)$ 中的参数 q，以及闭环功率调整 $\delta(.)$ 中的参数 l。这些参数的主要目的是在上行功率控制时考虑波束赋形的问题。

1. 多个路损估计进程

在上行波束赋形的情况下，根据公式（15-1）来计算发射功率的上行路损估计 $PL(q)$ 应当体现用于 PUSCH 传输的上行波束对的路损（包含了波束赋形增益）。在上下行波束一致的情况下，可以通过测量在相应下行波束对上传输的下行参考信号来估计路损。由于上行传输的波束对可能在不同的 PUSCH 传输之间发生改变，因此终端可能需要保持对应于不同备选波束对的多个路损估计，即基于不同下行参考信号测量的路损估计。当在一特定

⊖ 请注意，当 PUSCH 承载 UCI 时，也可拆分用 $10 \cdot \log(\beta)$ 来等价描述。

的波束对上真正传输 PUSCH 时，根据功控公式（15-1），采用对应该波束对的路损估计来确定 PUSCH 发射功率。

这可以通过公式（15-1）中路损估计 $PL(q)$ 的参数 q 来实现。网络给终端配置一套下行参考信号（CSI-RS 或 SSB）用于估计路损，每个参考信号与特定的 q 值相关联。为了避免对终端的要求过高，最多可以有四个并行的路损估计进程，每个对应于特定的 q 值。调度授权里可能出现的 SRI 值到最多四个不同的 q 值的映射，也是由网络配置的。最终，调度授权里存在每个 SRI 值到最多配置的四个下行参考信号之一的映射，即间接为每个 SRI 值到最多四个路损估计之一的映射，体现了特定波束对的路损。当 PUSCH 传输的调度授权里包含 SRI 时，与该 SRI 相关联的路损估计用于确定所调度 PUSCH 的发射功率。

图 15-1 所示的过程为两个波束对的情况。终端配置了两套下行参考信号（CSI-RS 或 SSB），分别在第一个和第二个波束对的下行传输。终端同时运行两个路损估计进程，基于参考信号 RS-1 的进程测量估计第一个波束对的路损 $PL(1)$，基于参考信号 RS-2 的进程测量估计第二个波束对的路损 $PL(2)$。SRI=1 与 RS-1 通过参数 q 相关联，因此间接关联 $PL(1)$。同样，SRI=2 与 RS-2 相关联，因此间接关联 $PL(2)$。当用于 PUSCH 传输的调度授权里的 SRI 置为 1 时，终端根据路损估计 $PL(1)$，即基于 RS-1 测量估计的路损来确定 PUSCH 传输的发射功率。因此，假定波束一致的情况下，路损估计反映了 PUSCH 传输所用波束对的路损。如果调度终端用 SRI=2 的 PUSCH 传输，路损估计 $PL(2)$ 反映了 SRI=2 所对应波束对的路损，用于确定 PUSCH 传输的发射功率。

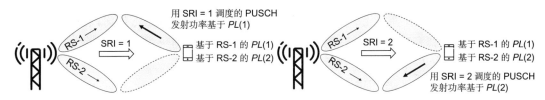

图 15-1　动态波束管理情况下使用多个功率估计进程进行上行功率控制

2. 多个开环参数集

在 PUSCH 功率控制公式 (15-1) 里，开环参数 P_0 和 α 与 j 相关。这简单地反映出可能有多个开环参数对 $\{P_0,\alpha\}$。不同的开环参数用于不同类型的 PUSCH 传输（随机接入"消息 3"传输，参见 16.2 节；无授权的 PUSCH 传输；调度的 PUSCH 传输）。然而，对调度的 PUSCH 传输也可能有多个开环参数对，其中可以根据 SRI 选择用于特定 PUSCH 传输的参数对，类似于上文所述路损估计的选择。这实际上也意味着开环参数 P_0 和 α 取决于上行波束。

NR 标准中，随机接入消息 3 的功率设置对应于 $j=0$，α 始终为 1。换句话说，消息 3 的传输不使用部分功控控制。此外，对于消息 3，参数 P_0 可以基于随机接入的配置来计算。

对于其他 PUSCH 传输，可以给终端配置不同的开环参数对 $\{P_0(j),\alpha(j)\}$，对应于不同的 j 值。参数对 $\{P_0(1),\alpha(1)\}$ 用于无授权的 PUSCH 传输，而其余的参数对则与调度的

PUSCH 传输相关。上行调度授权里每个可能的 SRI 值与一个配置的开环参数对相关联。当 PUSCH 的调度授权里包含一个特定的 SRI 时，在确定该调度的 PUSCH 发射功率时，采用同该 SRI 相关联的开环参数。

3. 多个闭环进程

最后一个参数是闭环进程的参数 l。PUSCH 功率控制可以配置两个独立的闭环进程，分别对应 $l = 1$ 和 $l = 2$。与多个路损估计和多个开环参数集类似，l 的选择，即闭环进程的选择，可以与调度授权里包含的 SRI 相关联，每个 SRI 的可能值关联其中一个闭环进程。

15.1.3   PUCCH 功率控制

PUCCH 功率控制基本上遵循与 PUSCH 功率控制相同的原则，但有一些细微的差别。

首先，PUCCH 功率控制里没有部分路损补偿，即参数 α 始终等于 1。

此外，对于 PUCCH 功率控制，在 DCI 格式 1-0 和 1-1 也就是下行调度分配里携带闭环功控命令，而不是像 PUSCH 功率控制在上行调度授权里。一个原因是，上行 PUCCH 传输的是对于下行传输 HARQ 确认的响应。这类下行传输通常都与 PDCCH 上的下行调度分配相关联，因此相应的功控命令可以在 HARQ 确认传输之前用于调整 PUCCH 发射功率。与 PUSCH 类似，也可以通过 DCI 格式 2-2 联合携带多个终端的功控命令。

15.1.4   多个上行载波情况下的功率控制

上面的过程描述了单个上行载波的情况下，对于给定的物理信道如何设置发射功率。对于每个载波，都有最大允许的发射功率 P_{CMAX}，而功率控制公式中的 $\min\{P_{CMAX}, \cdots\}$ 则确保了每个载波的发射功率都不会超过 P_{CMAX}。⊖

很多情况下，可以给终端配置多个上行载波：

- 载波聚合场景下的多个上行载波；
- SUL 情况下额外的补充上行载波。

除了每载波最大发射功率 P_{CMAX} 之外，对所有载波的发射功率之和还有个限制 P_{TMAX}。对于配置了多个上行载波用于传输的 NR 终端，P_{CMAX} 显然不应该超过 P_{TMAX}。然而，所有配置的上行载波的 P_{CMAX} 之和很可能，或者说往往会超过 P_{TMAX}。原因是终端通常不会在所有配置的上行载波上同时发送，而终端又往往倾向于以允许的最大功率 P_{TMAX} 发射。因此，可能出现根据公式（15-1）计算的每个载波发射功率之和大于 P_{TMAX} 的情况。在这种情况下，每个载波上的功率要按比例缩小，以确保终端最终的发射功率不会超过最大允许的值。

另外一种需要注意的情况是，终端工作在 LTE 和 NR 双连接下，LTE 和 NR 上行同时发送。请注意，至少在 NR 部署的初期，这是标准的工作模式，因为 NR 标准的第一版只

⊖   请注意，相比于 LTE，至少 NR 在 Release 15 中没有规定一个载波上同时发送 PUCCH 和 PUSCH，因此在给定的时刻一个上行载波上最多只有一个物理信道在传输。

支持非独立的 NR 部署。在这种情况下，LTE 的传输可能会对 NR 传输的可用功率造成限制，反之亦然。基本原则是，LTE 的传输优先，即将 LTE 上行功率控制[28]计算的功率用于 LTE 载波的发送。然后，NR 的传输可以使用剩余的功率，由功控公式（15-1）得出。

LTE 优先于 NR 的原因是多方面的：

- NR 标准中包括了对 NR/LTE 双连接的支持，目的是尽可能避免对于 LTE 标准造成任何影响。如果由于在 NR 上同时传输而对 LTE 的功率控制施加限制，可能产生这种影响。
- 至少在最初，LTE/NR 双连接是由 LTE 承载控制面信令，即 LTE 作为主小区组（MCG）。因此，LTE 链路对于保持连接性更为关键，优先于"次要的"NR 链路是有意义的。

15.2 上行定时控制

NR 小区内上行是正交的，意味着接收到的同一小区内不同终端的上行传输不会互相产生干扰。为了保持这种**上行正交性**（uplink orthogonality），在给定参数集的情况下，要求上行时隙边界在基站侧（近似）对齐。更具体地说，接收信号时间上的不对齐应当落在循环前缀内。为了确保接收端时间对齐，NR 标准引入了**发送定时提前**（transmit-timing advance）机制。该机制与 LTE 定时提前机制类似，主要区别在于，NR 对于不同参数集使用不同的定时提前步长。

终端的定时提前介于终端观测到的下行时隙起点和上行时隙起点之间，一般为负的偏移量。网络通过控制每个终端合适的偏移量，能够控制基站接收各个终端的信号定时。相比于靠近基站的终端，远离基站的终端传播延迟较大，因此需要提前发送上行，如图 15-2 所示。示例中第一个终端距离基站更近，传播延迟 $T_{P,1}$ 较小。因此对于这个终端，较小的定时提前偏移 $T_{A,1}$ 就足以补偿传播延迟，确保基站侧的正确定时。但是，对于第二个终端，距离基站距离很远，传播延迟较大，需要更大的定时提前。

网络基于每个终端上行传输的测量来确定各个终端的定时提前量。因此，只要终端有上行数据发送，基站就可以用其来估计上行接收定时，发送定时提前命令。探测参考信号可用作常规的测量信号，但原则上基站可以使用终端发送的任何信号来进行测量。

网络基于上行测量来确定每个终端所需的定时校正。如果需要校正某个特定终端的定时，网络会对该终端发出定时提前命令，指示终端相对于当前的上行定时而延迟或提前。用户专用的定时提前命令作为 MAC 控制信元在 DL-SCH 上发送。定时提前命令通常不太频繁，例如每秒一至几次，频率的高低直接取决于终端的移动速度。

到目前为止，所描述的上行定时过程与 LTE 所采用的大体相同。如上所述，定时提前的目的是将时间上的不对齐保持在循环前缀的长度内，因此系统选择循环前缀的一部分作为定时提前的步长。但是，由于 NR 支持多个参数集，子载波间隔越大，循环前缀越短，因此定时提前的步长要根据激活的上行部分带宽所给定的子载波间隔与循环前缀长度按比例缩放。

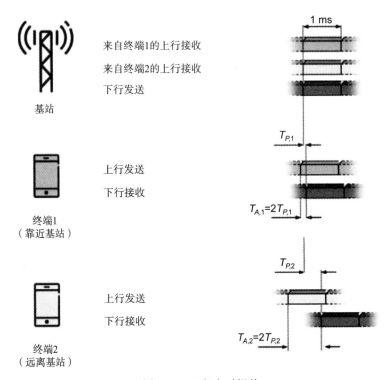

图 15-2　上行定时提前

如果终端在一个（可配的）周期内未收到定时提前命令，终端即认为上行失步。这种情况下，终端在上行发送 PUSCH 或 PUCCH 之前，必须通过随机接入过程重新建立上行定时。

对于载波聚合，终端可能会在多个分量载波上传输。处理这种情况的直接方式是对所有的上行分量载波都使用相同的定时提前量。但是，如果不同的上行载波是从不同的地理位置接收来的，例如有些载波使用了射频拉远单元，而另一些没有，这些不同的载波需要不同的定时提前量。一个相关的例子是双连接情况下不同上行载波终结于不同的基站。为了处理这样的场景，采用了同 LTE 类似的方法，将上行载波划分为定时提前组 (Timing Advanced Group, TAG)，不同的 TAG 有不同的定时提前命令。组内所有分量载波服从相同的定时提前命令。定时提前步长由组内所有载波中最大的子载波间隔来确定。

第16章

初 始 接 入

NR 中的初始接入功能包括:

- 终端进入系统覆盖区域时,进行小区初始搜索的功能和过程;
- 空闲态 / 去激活态的终端接入网络的功能和过程,通常为请求建立连接,一般称作**随机接入**(random access)。

初始接入的类似功能也应用于很多其他的情况。例如,用于小区初始搜索的基本信号也用于终端在网络覆盖范围内移动时搜索新小区。接入新小区时也采用相同的初始随机接入过程。随机接入过程还可用于连接态的终端以请求上行传输的资源或重新建立上行同步等。

本章详细描述了小区搜索、系统信息传递和随机接入。

16.1 小区搜索

小区搜索包括了终端查找新小区的功能和过程。在终端初始进入系统覆盖范围时开始执行小区搜索。为了实现移动性,无论终端连接到网络还是处于空闲态 / 去激活态,终端在系统内移动时都持续地进行小区搜索。基于**同步信号块**(SSB)的小区搜索用于初始小区搜索和空闲态 / 去激活态移动性,对于连接态的终端是基于显式配置的 CSI-RS 进行小区搜索,当然也可用基于 SSB 的小区搜索对连接态的终端进行移动性管理。

16.1.1 SSB

为了令终端在开机进入系统时能够找到小区,以及终端在系统内移动时能够找到新小区,每个 NR 的小区会在下行周期地发送同步信号,同步信号包括两部分,**主同步信号**(Primary Synchronization Signal,PSS)和**辅同步信号**(Secondary Synchronization Signal,SSS)。PSS/SSS 和**物理广播信道**(Physical Broadcast Channel,PBCH)一起,称为**同步信号块**(Synchronization Signal Block,SSB)。[⊖]

⊖ 有时 SSB 只包含 PSS 和 SSS。但这里还是把 PSS、SSS 和 PBCH 三元组称为 SSB。

SSB 与 LTE 的 PSS/SSS/PBCH[28]⊖ 用途及结构都很类似。但是，二者仍有一些重要的差别。这些差别的起源至少可以追溯到 NR 某些特定的需求和特性，包括以减少"常开"信号数量为目的（如 5.2 节所讨论），以及初始接入时进行波束赋形的可能性。

同 NR 所有的下行传输一样，SSB 也是基于 OFDM 的。换句话说，SSB 是在基本的 OFDM 网格上传输的一组时频资源（资源单元），如 7.3 节所述。图 16-1 所示为一个 SSB 的时频结构。可以看出，SSB 在时域持续 4 个 OFDM 符号，在频域持续 240 个子载波。

- PSS 在 SSB 的第一个 OFDM 符号上发送，频域上占据 127 个子载波，其余子载波为空。
- SSS 在 SSB 的第三个 OFDM 符号上发送，与 PSS 占据相同的子载波。SSS 两端分别空出 8 个和 9 个子载波。
- PBCH 在 SSB 的第二个和第四个 OFDM 符号上发送。另外，PBCH 还使用 SSS 两端各 48 个子载波发送。

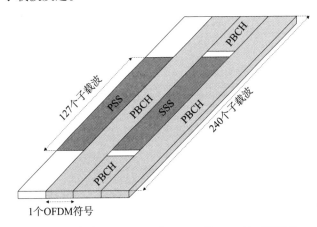

图 16-1 包含 PSS、SSS 和 PBCH 的 SSB 的时频结构

因此，每个 SSB 占用的 PBCH 传输的资源单元总数为 576 个。请注意，这些资源单元还包含了用于 PBCH 相干解调的解调参考信号 DM-RS。

SSB 可以使用不同参数集发送。但是为了避免终端需要同时搜索不同的参数集，大多数情况下对于给定的频段只定义一套 SSB 参数集。

表 16-1 列出了 SSB 可用的参数集，连同相应的 SSB 带宽和持续时间，以及每个参数集适用的频率范围⊖。请注意，60kHz 参数集不能用于任何频率范围的 SSB。240kHz 参数集可以用于 SSB，但该参数集目前不支持其他的下行物理信道。定义 240kHz 参数集是为了让每个 SSB 的持续时间极短。对于网络有很多波束（即对应大量 SSB）的情况，需要很多 SSB 在时间上复用以便于进行波束扫描，这种场景下 240kHz 参数集就很有意义（详细

⊖ 尽管 LTE 中也使用术语 PSS、SSS 和 PBCH，但 LTE 中没有使用过术语 SSB。

⊖ 请注意，尽管 30kHz SSB 参数集的频率范围与 15kHz 参数集的频率范围完全重合，但对于较低频率范围内的频段，大多数情况下只支持一个参数集。

内容参见 16.1.4 节）。

表 16-1　SSB 参数集和相应的频率范围

参数集（kHz）	SSB 带宽[①]（MHz）	SSB 持续时间（μs）	频率范围
15	3.6	≈ 285	FR1（<3GHz）
30	7.2	≈ 143	FR1
120	28.8	≈ 36	FR2
240	57.6	≈ 18	FR2

① SSB 带宽等于所用的子载波个数（240）乘以子载波间隔。

16.1.2　SSB 的频域位置

在 LTE 中，PSS 和 SSS 总是位于载波的中心位置。因此，一旦一个 LTE 终端找到 PSS/SSS，即找到了载波，也就知道了载波的中心频率。这种始终将 PSS/SSS 定位于载波中心的缺点是，如果终端事先不知道载波频域的位置，则必须在所有可能的载波位置，即"**载波栅格**"搜索 PSS/SSS。

为了能够更快地进行小区搜索，NR 标准采用了不同的方式。SSB 不是始终位于载波中心（位于载波中心意味着 SSB 的位置要与载波栅格一致），而是位于每个频段内有一组有限的可能位置，称作"**同步栅格**"。终端只需要在稀疏的同步栅格上搜索 SSB，而不是在每个载波栅格的位置上搜索。

由于载波可以位于更密集的载波栅格上的任意位置，而同时 SSB 可能不会位于载波中心。这甚至会导致 SSB 与资源块网格不会对齐。因此，一旦找到 SSB，终端就必须被显式通知 SSB 在载波上确切的频域位置。这是通过 SSB 自身的信息完成的，更具体地说，是 PBCH 上所携带的信息（见 16.1.5 节），以及其他广播的系统信息里的信息（见 6.1.6 节）。

16.1.3　SSB 的周期

SSB 是周期性发送的，周期可以从 5ms 到最大 160ms 之间变化。但是，终端在进行小区初始搜索，以及在非激活态/空闲态为移动性而进行小区搜索时，可以假定 SSB 至少每 20ms 重复一次。这使得终端在频域搜索 SSB 时，知道必须要在每个频点停留多长时间才能得出 PSS/SSS 不存在的结论，然后转到同步栅格里的下一个频点。

20ms 的 SSB 周期是 LTE 的 PSS/SSS 5ms 周期的 4 倍。选择更长的 SSB 周期是为了提高 NR 的网络节能性，并且遵循如 5.2 节所述的极简设计范例。更长 SSB 周期的缺点在于，终端必须在每个频点停留更长的时间，以确定该频点有没有 PSS/SSS。但是通过上述的稀疏同步栅格，终端需要搜索 SSB 频域位置的数量会减少，这样就可以获得相应补偿。

尽管终端在小区初始搜索过程中假定 SSB 至少每 20ms 重复一次，但还是会出现由于某些原因采用更短或更长 SSB 周期的情况：

- 更短的 SSB 周期可使连接态的终端更快地进行小区搜索。
- 更长的 SSB 周期可用于进一步提高网络的节能性。终端在初始接入时可能搜索不到 SSB 周期大于 20ms 的载波。但是在载波聚合场景下，连接态的终端仍可使用这样的载波作为辅载波。

应当注意的是，辅载波甚至可能没有 SSB。

16.1.4　SS 突发集：时域上多个 SSB

SSB 和对应的 LTE 信号的一个关键区别是，网络可能以波束扫描的方式发送 SSB，即以时分复用的形式在不同波束上发送不同的 SSB（见图 16-2）。波束扫描中的 SSB 集合称为**同步信号突发集**（SS burst set）[⊖]。请注意，上一节所讨论的 SSB 周期是**一个特定波束内 SSB 传输的时间间隔**，实际上就是 SS 突发集的周期。对于位于某个特定下行波束的终端而言，只可能 "看到" 一个 SSB，而不知道小区有任何其他的 SSB 在发送。

通过对 SSB 使用波束赋形技术，增加了单个 SSB 的发射覆盖范围。对 SSB 的发送进行波束赋形也使得接收端能够对上行随机接入的接收信号进行波束赋形，以及对下行**随机接入响应**进行波束赋形（详见 16.2.1 节）。

尽管 SS 突发集的周期可以在最小 5ms 到最大 160ms 之间灵活设置，但是每个 SS 突发集总是受限于 5ms 的时间间隔，要么在每 10ms 帧的前半帧，要么在后半帧。

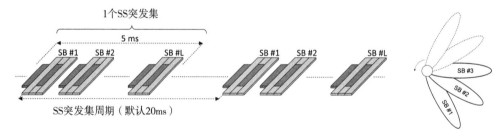

图 16-2　一个 SS 突发集周期内多个 SSB 时分复用

对于不同的频段，SS 突发集里 SSB 的最大数目不同。

- 对于 3GHz 以下的频段，一个 SS 突发集里最多可以有 4 个 SSB，即最多能够扫描 4 个波束；
- 对于 3GHz ～ 6GHz 的频段，一个 SS 突发集里最多可以有 8 个 SSB，即最多能够扫描 8 个波束；
- 对于更高频段（FR2），一个 SS 突发集里最多可以有 64 个 SSB，即最多能够扫描 64 个波束。

为什么对于更高频段，一个 SS 突发集内 SSB 的最大数目以及可以扫描 SSB 波束的最

⊖　SS **突发集**的概念源于 3GPP 早期的讨论，当时认为 SSB 组成 SS **突发**，SS 突发组成 SS **突发集**。最终没有用到中间态——SS 突发分组的概念，但是保留了包括全部 SSB 的 SS 突发集的概念。

大数目都更高呢？有如下两个原因：

- 高频场景下通常都会使用更多的波束，每个波束的宽度更窄；
- 由于 SSB 的持续时间取决于 SSB 参数集（见表 16-1），而对于低频场景则必须使用更低的 SSB 参数集（15kHz 或 30kHz），因此一个 SS 突发集内大量的 SSB 则意味着巨大的开销。

不同参数集的 SSB 在时域上可能的位置集合会不同。例如，图 16-3 中所示的是 15kHz 参数集情况下，一个 SS 突发集周期内可能的 SSB 位置。可以看到，前 4 个时隙中的任何一个时隙都可能发送 SSB[⊖]。每个时隙上最多能发送两个 SSB，第一个可能的位置位于符号 2 ～ 5，第二个可能的位置位于符号 8 ～ 11。请注意，每个时隙第一个和最后两个 OFDM 符号没有被 SSB 所占用。这些未被占用的 OFDM 符号可用于给已经连接到网络的终端发送下行和上行控制信令，对于所有的 SSB 参数集都同样如此。

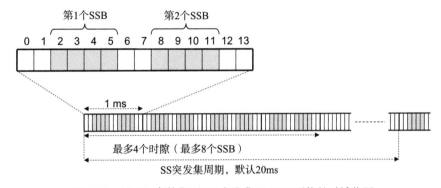

图 16-3　15kHz 参数集下 SS 突发集里 SSB 可能的时域位置

应当注意到，图 16-3 中所示的是 SSB 可能的位置，即实际上 SSB 不一定在图中所示的所有位置上发送。一个 SS 突发集内可能有一个到最大数目个 SSB 发送，SSB 的数目取决于被扫描的波束个数。

此外，如果发送 SSB 的数目小于最大值，则不必在连续的 SSB 位置上发送，而是图 16-3 所示的任何 SSB 位置的子集都可以用作 SSB 的发送。例如，当一个 SS 突发集里有 4 个 SSB，可能前两个时隙每个时隙两个 SSB，或者四个时隙每个时隙一个 SSB。

一个 SSB 的 PSS 和 SSS 只取决于物理小区标识（见下文）。因此，一个小区内所有 SSB 的 PSS 和 SSS 是相同的，终端在获取 SSB 位置集合中的 SSB 时无法确定相对位置。出于这个原因，每个 SSB（更具体地说是 PBCH）都包含了一个"时间索引"，用于显式提供可能的 SSB 位置序列里 SSB 的相对位置（详见 16.1.5 节）。获知 SSB 的相对位置很重要，原因如下：

- 终端据此确定帧的定时（见 16.1.5 节）。

⊖　对于在 3GHz 以下的工作，SSB 只能位于前两个时隙里。

● 把不同的 SSB，实际上就是不同的波束，和不同的 RACH 时机关联。反过来说，
这是在随机接入的接收过程中网络侧使用波束赋形的先决条件（详见 16.2 节）。

16.1.5　PSS、SSS 和 PBCH 的详细说明

上文已经描述了 SSB 的总体结构及其三个组成部分——PSS、SSS 和 PBCH，还描述
了时域上多个 SSB 如何组成 SS 突发集，以及 SSB 如何映射到特定的 OFDM 符号。本节
将描述 SSB 各组成部分的详细结构。

1. 主同步序列

终端进入系统首先要搜索的信号就是 PSS。在这个阶段，终端还不知道系统的定时。
而且，尽管终端是在给定的载波频率上搜索小区，但由于终端内部参考频率的误差，终端
和网络的载波频率之间可能会存在很大偏差。尽管存在这些不确定性，系统设计使得 PSS
仍可以被检测到。

终端一旦找到了 PSS，就同步到 PSS 周期。然后
终端可以使用网络的发送作为产生内部频率的参考，
从而在很大程度上消除终端和网络之间的频率偏差。

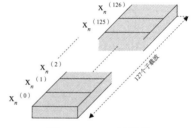

图 16-4　PSS 的结构

如上所述，PSS 占据 127 个资源单元，映射为一个
PSS 序列 $\{x_n\} = x_n(0), x_n(1), \cdots, x_n(126)$（参见图 16-4）。

有三种不同的 PSS 序列 $\{x_0\}$、$\{x_1\}$ 和 $\{x_2\}$，分别对
应一个长度为 127 的基序列 M 的不同循环移位[70]，基
序列 M 为 $\{x\} = x(0), x(1), \cdots, x(126)$，根据如下递归公式生成（参见图 16-5）：

$$x(n) = x(n-7) \oplus x(n-3)$$

通过对基序列 M 应用不同的循环移位，根据如下公式可以生成三个不同的 PSS 序
列 $x_0(n)$、$x_1(n)$ 和 $x_2(n)$：

$$x_0(n) = x(n)$$
$$x_1(n) = x(n + 43 \bmod 127)$$
$$x_2(n) = x(n + 86 \bmod 127)$$

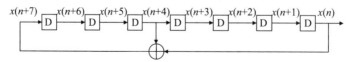

初始值：$[x(6)x(5)x(4)x(3)x(2)x(1)x(0)] = [1\ 1\ 1\ 0\ 1\ 1\ 0]$

图 16-5　基序列 M 的生成，从中导出三个不同的 PSS 序列

某个特定小区使用三个 PSS 序列中的哪一个是由**物理小区标识**（Physical Cell Identity，
PCI）决定的。当终端在搜索新小区时，必须搜索全部三个 PSS。

2. 辅同步序列

终端一旦检测到 PSS，也就知道了 SSS 的发送定时。通过检测 SSS，终端可以确定该小区的 PCI。NR 总共有 1008 个不同的 PCI，但是由于终端已经检测到 PSS，所以会将 PCI 备选集减少到三分之一。因此有 336 个不同的 SSS，与已经检测到的 PSS 组成完整的 PCI。请注意，由于终端已知 SSS 的定时，因此与 PSS 相比，每个序列的搜索复杂度降低，因此能够支持很大数目的 SSS 序列。

SSS 的基本结构与 PSS 相同（见图 16-4），也是由 127 个子载波组成。

更详细地说，每个 SSS 由两个基序列 M 根据递归公式生成：

$$x(n) = x(n-7) \oplus x(n-3)$$
$$y(n) = y(n-7) \oplus y(n-6)$$

实际的 SSS 序列由这两个 M 序列相加合成，两个序列应用不同的移位。

$$x_{m_1,m_2}(n) = x(n+m_1) + y(n+m_2)$$

3. PBCH

PSS 和 SSS 是有着特定结构的物理信号，而 PBCH 则是更为传统的物理信道，在 PBCH 上发送的是经过信道编码的信息。PBCH 承载**主系统信息块**（Master Information Block，MIB），其中包含了少量信息，终端要根据这些信息来获取网络广播的其余系统信息。[注]

表 16-2 列出了 PBCH 所承载的信息。请注意，根据工作是处于低频段（FR1）载波还是高频段（FR2）载波，信息内容有些许差别。

如上文所述，SSB 时间索引标识了该 SSB 在 SS 突发集里的位置。在 16.1.4 节中已经提及，在 SS 突发集里明确定义了每个 SSB 的位置，即 SSB 包含在第一个或第二个 5ms 的半帧中。终端根据 SSB 的时间索引以及**半帧比特**（half-frame bit），可以确定帧边界。

SSB 时间索引由两部分组成：
- PBCH 加扰编码的隐式部分；
- PBCH 净荷里的显式部分。

PBCH 可以采用 8 种不同的加扰模式，隐含指示了最多 8 种 SSB 时间索引。当工作在 6GHz 以下（FR1），一个 SS 突发集里

表 16-2　PBCH 承载的信息

信息	比特数
SSB 时间索引	0 (FR1)/3(FR2)
小区闭锁标志	2
第一个 PDSCH 的 DM-RS 位置	1
SIB1 参数集	1
SIB1 配置	8
公共资源块（CRB）网格偏移	5 (FR1)/4(FR2)
半帧比特	1
系统帧号（SFN）	10
循环冗余校验（CRC）	24

[注]　严格来说 PBCH 里有部分信息不属于 MIB（见下文）。

最多 8 个 SSB 就足够了。[⊖]

对于工作在 NR 更高的频率范围（FR2），一个 SS 突发集里最多可以有 64 个 SSB，这意味着需要额外的 3bit 来指示 SSB 时间索引。这额外的 3bit 作为显式信息包含在 PBCH 净荷里，只有工作在 10GHz 以上才需要。

小区闭锁标志（cell-barred flag）由 2bit 组成：

- 第 1 个比特，可以看作是真正的小区闭锁标志，指示终端是否允许接入该小区；
- 假定网络不允许终端接入该小区，第 2 个比特，也称为**同频重选**（intra-frequency-reselection）标志，指示是否允许终端接入同频的其他小区。

当终端检测到小区被禁止，并且也不允许接入同频的其他小区，应该立即重新启动异频的小区搜索。

部署了一个小区但又阻止终端接入，这可能看起来很奇怪。在历史上，此功能用于某个特定小区在维护期间临时阻止接入。但是，在 NR 中此功能有了额外的用途，由于可能部署非独立网络，终端应当通过相应的 LTE 载波接入网络。在 NSA 部署中，通过设置 NR 载波的小区闭锁标志，网络阻止 NR 终端尝试通过 NR 载波接入系统。

第一个 PDSCH 的 DM-RS 位置指示了第一个 DM-RS 符号在时域的位置，假定 DM-RS 映射类型 A（见 9.11 节）。

SIB1 参数集提供了用于发送系统信息 SIB1 的子载波间隔（见 16.1.6 节）。同样的参数集还用于下行随机接入过程中的消息 2 和消息 4（见 16.2 节）。尽管 NR 标准支持四套不同的用于数据传输的参数集（15kHz、30kHz、60kHz 和 120kHz），但对于给定频段只能有两套参数集。因此，SIB1 的参数集用 1bit 表示就足够了。

SIB1 配置提供的信息包括：搜索空间，相应的 CORESET，以及终端监听 SIB1 调度所需的其他 PDCCH 相关参数。

CRB 网格偏移提供了 SSB 和公共资源块网格之间的频率偏移信息。如 16.1.2 节所述，SSB 相对于载波的频域位置是灵活的，甚至不必与载波的 CRB 网格对齐。但是，对于 SIB1 的接收，终端需要获知 CRB 网格。因此，PBCH 必须提供 SSB 和 CRB 网格之间的频率偏移信息，使得终端在接收 SIB1 之前就能得到。

请注意，CRB 网格偏移只提供了 SSB 和 CRB 网格之间的相对偏移。SSB 在整个载波上的绝对位置信息在 SIB1 里提供。

半帧比特指示了 SSB 是位于 10ms 帧的前 5ms 还是后 5ms。如上所述，半帧比特和 SSB 时间索引一起，用于终端确定小区的帧边界。

上面的所有信息（包括 CRC）联合进行信道编码以及速率匹配，然后填充到 SSB 的 PBCH 净荷。

尽管上面所有信息都是由 PBCH 承载，并且联合进行信道编码以及 CRC 保护，但严

⊖ 工作在 3GHz 以下最多只有 4 个 SSB。

格来说，某些信息并不是 MIB 的一部分。假定 80ms 时间间隔（8 帧）内，一个 SS 突发集的所有 SSB 的 MIB 是不变的。因此，对一个 SS 突发集内不同的 SSB，时间索引是不同的，半帧比特和 SFN 的最低 4bit 有效位是在 MIB 之外由 PBCH 承载的信息。[⊖]

16.1.6　剩余系统信息

系统信息是对终端在网络中正常工作所需要的全部公共（非终端特定）信息的统称。通常系统信息由不同的系统信息块（System Information Block，SIB）来承载，每块包含不同类型的系统信息。

LTE 中，所有的系统信息始终在整个小区范围内周期地广播，但这也意味着即使小区里没有终端，也要发送系统信息。

NR 标准对系统信息采用了不同的方式，MIB 上只承载非常有限的信息，超出的信息分为两部分。

SIB1，有时也称作**剩余最小系统信息**（Remaining Minimum System Information，RMSI），包含了终端在接入系统前需要获知的系统信息。SIB1 总是在整个小区范围内周期地广播。SIB1 的一个重要任务是给终端提供初始随机接入所需的信息（见 16.2 节）。

SIB1 以 160ms 为周期在普通 PDSCH 上调度传输。如上所述，PBCH/MIB 提供了 SIB1 传输所用的参数集，以及搜索空间和相应的用于 SIB1 调度的 CORESET。在该 CORESET 内，终端根据特殊的系统信息 RNTI（System Information RNTI，SI-RNTI）的指示来监听 SIB1 的调度。

其余 SIB（不包括 SIB1）所包含的系统信息是终端在接入系统前不需要获知的。同 SIB1 类似，这些 SIB 也可以周期地广播。或者也可以**按需**（on demand）发送，即只在连接态的终端显式请求时才发送。这就意味着小区当前没有终端驻留时，网络可以避免周期性广播这些 SIB，从而可以提高网络的能效。

16.2　随机接入

终端一旦发现一个小区就可能会接入该小区。这是通过**随机接入过程**来完成的。

与 LTE 类似，NR 的随机接入过程分为四步（见图 16-6）：

- 第一步：终端发送一个**前导码**（preamble），也称作**物理随机接入信道**（Physical Random-Access Channel，PRACH）。
- 第二步：网络发送**随机接入响应**（Random-Access Response，RAR）表明接收到了前导码，并根据接收到前导码的定时，发送定时对齐命令来调整终端的发送定时。
- 第三、四步：终端和网络交换消息（上行"消息 3"以及随后的下行"消息 4"），目的是解决由于小区内多个终端可能同时发送相同的前导码而导致的冲突。如果成

⊖ 由于 SFN 每 10ms 更新一次，MIB 之外放置 SFN 的最低 3bit 有效位就足够了。

功，消息 4 也将终端迁移到连接态。

一旦随机接入过程完成，终端处于连接态，网络和终端之间可以使用正常的专用传输继续进行通信。

NR 中的基本随机接入过程也用于其他场景，例如：

- 切换时需要与新小区建立同步；
- 如果终端由于太长时间没有上行传输而导致失步，需要在当前小区重新建立上行同步时；
- 没有配置专用调度请求资源的终端要请求上行调度时。

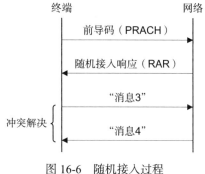

图 16-6   随机接入过程

部分随机接入的基本过程也用于**波束恢复**（beam recovery）过程（见 12.3 节）。

16.2.1　前导码的发送

如上所述，随机接入前导码也称为**物理随机接入信道**（PRACH），与其他随机接入相关的传输相比，它表明该前导码对应于一个特殊的物理信道。

1. 前导码发送的特征

有几个因素会影响前导码发送的结构。

如 15.2 节所述，NR 上行传输的定时，通常由网络通过定期发送的定时调整命令来控制（"闭环定时控制"）。

在前导码发送之前，还没有闭环定时控制。终端必须基于接收到下行信号的定时，实际上即获取的 SSB 的接收定时，来确定前导码的发送定时。因此，前导码的接收定时存在不确定性，至少为小区最大传播时延的两倍。对于几百米大小的小区来说，不确定程度大约为几微秒数量级。但是，对于较大的小区，不确定程度大约为 100 微秒，甚至更多。

一般情况下，由基站调度器来确保在前导码可能发送的上行资源上没有其他传输。在接收时，网络需要考虑前导码接收定时的不确定性。在实际中，调度器需要提供额外的**保护时间**（guard time）来掌控这种不确定性（见图 16-7）。

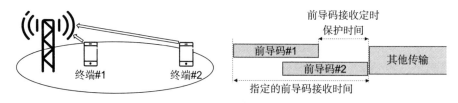

图 16-7   前导码发送的保护时间

请注意，NR 标准中并没有规定保护时间，这只是调度限制的结果。因此，实际中完全可以根据需要提供各种不同的保护时间以匹配前导码接收定时的这种不确定性（例如由于小区的大小不同所引起）。

在前导码发送前，除了没有闭环定时控制之外，也没有闭环功率控制。与发送定时类似，终端必须基于接收到的下行信号的功率（实际上即获取的 SSB 的接收功率）来确定发射功率。没有闭环功率控制可能会导致前导码接收功率存在很大的不确定性，有以下几个原因：

- 绝对接收功率的估计本质上就是不确定的；
- 尤其对于 FDD 的上行和下行处在不同频段的情况下，上行和下行的瞬时路损可能存在显著差异。

最后，虽然一般的上行传输通常基于显式的上行调度授权，从而实现非竞争接入，但是初始随机接入天然就是基于竞争的，意味着多个终端可能同时发送前导码。前导码应当能够更好地处理这种情况，并且在这种"冲突"发生时尽可能正确接收前导码。

2.RACH 资源

前导码可以在（RACH）时隙可配置的子集中发送，该子集在每个 RACH **配置周期**重复（见图 16-8）。[⊖]

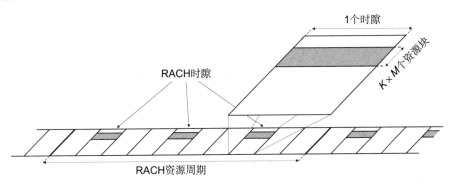

图 16-8　RACH 资源由 RACH 时隙集合中一组连续的资源块组成，每个 RACH 资源周期性重复该时隙模式

此外，这些"RACH 时隙"中，可能存在多个频域的 RACH **时机**（RACH occasion），共同覆盖 $K \times M$ 个连续的资源块，其中 M 为前导码测量带宽，用资源块数目表示，K 为频域上 RACH 时机的数目。

对于给定的前导码类型，对应于特定的前导码带宽，则小区全部可用的 RACH 时频资源可以表述为：

- 可配置的 RACH **周期**，范围从 10ms 到最大 160ms；
- RACH 周期内可配置的 RACH 时隙集合；
- 可配置的频域 RACH 资源，由资源中第一个资源块的索引以及频域 RACH 时机的

⊖ 如 16.1.5 节所示，前导码实际可能扩展到 RACH 时隙之外发送，即严格来说，RACH 时隙定义了前导码可能发送的起始点。

数目给定。

3. 前导码基本结构

图 16-9 说明了 NR 中生成随机接入前导码的基本结构。前导码是基于长度为 L 的**前导序列** $p_0, p_1, \cdots, p_{L-1}$ 生成的，在应用到传统的 OFDM 调制前进行了 DFT 预编码。因此，前导码可看作是 DFTS-OFDM 信号。应当注意到，前导码可以等同看作是对序列 $p_0, p_1, \cdots, p_{L-1}$ 进行离散傅里叶变换得到的频域序列 $P_0, P_1, \cdots, P_{L-1}$ 而生成的传统的 OFDM 信号。

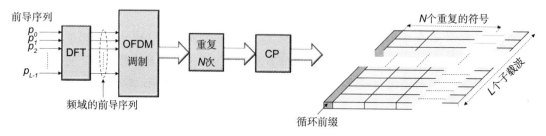

图 16-9　NR 随机接入前导码生成的基本框架

OFDM 调制器的输出重复 N 次，然后插入循环前缀。因此对于前导码，不是每个 OFDM 符号都插入循环前缀，而是 N 个重复的符号块只插入一次。

NR 标准可以采用不同的前导序列。类似于上行 SRS，前导序列基于 Zadoff-Chu 序列[25]。如 8.3.1 节所述，质数长度的 ZC 序列用于基本的 NR 前导序列，共有 $L-1$ 个不同的序列，每个对应唯一的**根索引**（root index）。

可以由对应不同根索引的 Zadoff-Chu 序列生成不同的前导序列，而且相同根序列的不同循环移位也可以生成不同的前导序列。如 8.3.1 节所述，这些序列天生就是相互正交的。但是，在接收端，只有两个序列的相对循环移位大于序列的接收时间差，才能保持正交性。因此，实际上只有循环移位的一个子集才能用于生成不同的前导码，其中可用移位的数目取决于最大的定时不确定程度，即小区的大小。对于小的小区，通常可使用较大数目的循环移位。而对于较大的小区，可用循环移位的数目通常较小。

小区可用循环移位的集合称为**零相关域**（zero-correlation zone）参数，作为小区随机接入配置的一部分在 SIB1 里提供。零相关域参数实际上指向了一张表，表格给出小区可用循环移位的集合。"零相关域"名称的来源是：不同零相关域参数指示的表格其循环移位的距离不同，从而为定时误差方面提供了更大或更小的"域"，可以保持正交性（= 零相关）。

4. 长前导码和短前导码

NR 标准定义了两种类型的前导码，分别称为**长前导码**和**短前导码**。顾名思义，两种类型的前导码区别在于前导序列的长度。前导码发送所使用的参数集（子载波间隔）也不同。前导码类型是小区随机接入配置的一部分，即一个小区仅有一种类型的前导码可用作初始接入。

长前导码是基于长度 $L = 839$ 的序列生成的，子载波间隔为 1.25kHz 或 5kHz。因此，长前导码所用的参数集不同于其他的 NR 传输。长前导码部分源自 LTE 随机接入的前导码[28]，仅可用于 6GHz 以下（FR1）的频段。

如表 16-3 所示，长前导码有四种格式，每种格式对应特定的参数集（1.25kHz 或 5kHz）、特定的重复次数（图 16-9 里的参数 N），以及特定长度的循环前缀。前导码格式也是小区随机接入配置的一部分，即每个小区限制使用一种前导码格式。可以注意到，表16-3 中前两个格式与 LTE 前导码格式 0 和 2 相同[14]。

表 16-3　长前导码的格式

格式	参数集（kHz）	重复次数	CP 长度（μs）	前导码长度（不含 CP）(μs)
0	1.25	1	≈ 100	800
1	1.25	2	≈ 680	1600
2	1.25	4	≈ 15	3200
3	5	1	≈ 100	800

上文描述了 RACH 资源是由时域上的一组时隙，以及频域上的一组资源块组成的。对于采用不同于 NR 其他传输参数集的长前导码，应当从 15kHz 参数集的角度来看待时隙和资源块。长前导码的时隙为 1ms，资源块的带宽为 180kHz。因此，一个参数集为 1.25kHz 的长前导码在频域上占据 6 个资源块，而参数集为 5kHz 的长前导码则占据 24 个资源块。

可以观察到，表 16-3 中的前导码格式 1 和格式 2 的长度超过一个时隙。这与在若干长度为 1ms 的 RACH 时隙内发送前导码的假设相矛盾。但是，RACH 时隙只是指示前导码发送的可能**起始**位置。如果前导码发送延续到后一个时隙，这意味着调度器只需要确保该时隙相应的频域资源上没有其他传输即可。

短前导码基于长度 $L = 139$ 的序列生成，所用的子载波间隔与 NR 常规子载波间隔一致。更具体地说，短前导码使用的子载波间隔如下：

- 6GHz 以下（FR1）的场景为 15kHz 或 30kHz；
- 更高的 NR 频段（FR2）的场景为 60kHz 或 120kHz。

短前导码情况下，RACH 资源与前导码的参数集相同。因此无论前导码参数集是多少，短前导码始终在频域上占据 12 个资源块。

表 16-4 列出了短前导码可用的格式。不同格式的标志（label）源自于 3GPP 标准化的讨论，事实上在 3GPP 中曾经讨论过更大的前导码格式集。表中假定前导码的子载波间隔为 15kHz。对于其他参数集，前导码的长度以及循环前缀的长度与相应的子载波间隔成反比。

表 16-4　短前导码格式

格式	重复次数	CP 长度（μs）	前导码长度（不含 CP）(μs)
A1	2	9.4	133
A2	4	18.7	267
A3	6	28.1	400

（续）

格式	重复次数	CP 长度（μs）	前导码长度（不含 CP）（μs）
B1	2	7.0	133
B2	4	11.7	267
B3	6	16.4	400
B4	12	30.5	800
C0	1	40.4	66.7
C2	4	66.7	267

短前导码一般比长前导码更短，而且所用 OFDM 符号数更少。因此大多数情况下，一个 RACH 时隙里可能有多个前导码在时间上复用。换句话说，对于短前导码，不仅在频域上有多个 RACH 时机，时域上一个 RACH 时隙里也有多个 RACH 时机（见表 16-5）。

可以注意到，表 16-5 还包括了格式 A1/B1、A2/B2 以及 A3/B3。这些格式对应于表 16-4 里"A"和"B"格式的混合使用，其中格式 A 用于 RACH 时隙里除了最后一个 RACH 时机之外其他所有的时机。请注意，除了格式 B 的循环前缀更短之外，前导码格式 A 和 B 是相同的。

表 16-5   一个 RACH 时隙内短前导码时域 RACH 时机的数目

	A1	A2	A3	B1	B4	C0	C2	A1/B1	A2/B2	A3/B3
RACH 时机数目	6	3	2	7	1	7	2	7	3	2

出于相同的原因，表 16-5 中没有直接出现格式 B2 和 B3，因为 B2 和 B3 始终与相应的格式 A（A2 和 A3）联合使用。

5. 初始接入期间的波束建立

NR 初始接入的一个关键特性是，在初始接入阶段就可能建立合适的波束对，并在接收端应用模拟波束扫描接收前导码。

这是通过将不同的 SSB 时间索引关联到不同 RACH 时域 / 频域时机以及不同前导序列来实现的。不同的 SSB 时间索引实际上对应着不同下行波束上发送的 SSB，这意味着网络基于接收到的前导码就能够确定终端位于哪个下行波束。该波束即可用作给终端后续下行发送的初始波束。

此外，如果给定的时域 RACH 时机对应于一个特定的 SSB 时间索引，网络会知道何时在一个特定下行波束里的终端会发送前导码。假定波束是对称的，网络则可以在对称的方向集中于上行接收波束对前导码的波束赋形接收。实际上，这就意味着在覆盖区域内接收波束的扫描与对应用于 SSB 传输的下行波束扫描是同步的。

为了将特定的 SSB 时间索引与特定的随机接入时机以及特定的前导码集合相关联，小区的随机接入配置指定了每个时间 / 频率 RACH 时机里 SSB 时间索引的数目。这个数目可以大于 1，表示多个 SSB 时间索引对应到一个时间 / 频率 RACH 时机。但是这个数目也可以小于 1，表示一个 SSB 时间索引对应到多个时间 / 频率 RACH 时机。

SSB 时间索引按照如下顺序与 RACH 时机相关联：

- 首先在频域上；
- 其次在时域上一个时隙内，假定小区配置的前导码格式允许一个时隙内有多个时域的 RACH 时机（仅适用于短前导码）；
- 最后在时域上不同 RACH 时隙之间。

图 16-10 举例说明了在如下假设下，SSB 时间索引和 RACH 时机的关系：

- 频域上两个 RACH 时机；
- 时域上每个 RACH 时隙有三个 RACH 时机；
- 每个 SSB 时间索引与四个 RACH 时机相关联。

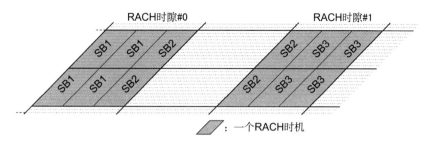

图 16-10　同步信息块时间索引与 RACH 时机的关联（示例）

6. 前导码的功率控制和功率抬升

如上所述，发送前导码所需的发射功率存在很大的不确定性。因此，前导码的发送引入了**功率抬升**（power-ramping）机制，可以重复发送前导码，每次发送都会提高发射功率。

终端基于下行的路损估计，结合网络配置的前导码目标接收功率来确定前导码初始发射功率。终端基于捕获 SSB 的接收功率来估计路损，还根据 SSB 确定用于发送前导码的 RACH 资源。这与如下假设一致，即如果前导码是以波束赋形方式接收的，则相应的 SSB 也是以波束成形方式发送的。如果在预先确定的窗口内未收到随机接入响应（见下文），终端可以认为网络没有正确接收到前导码很可能是由于前导码的发射功率太低。如果这种情况发生，终端会将前导码发射功率抬升一个可配置的特定偏移，重复发送前导码。终端会继续抬升发射功率，直到接收到随机接入响应，或者达到可配置的最大重传次数，或者达到可配置的前导码最大发射功率为止。后两种情况下，随机接入尝试宣告失败。

16.2.2　随机接入响应

终端一旦发送随机接入前导码，就会等待随机接入响应，即来自于网络的响应，表明网络正确接收到了前导码。随机接入响应在下行 PDCCH/PDSCH 上传输，其中 PDCCH 是在公共搜索空间上传输的。

随机接入响应包括如下部分：

- 网络检测到的随机接入前导序列的信息，即该响应对应于哪个前导序列；

- 网络基于前导码的接收定时而计算出的定时修正；
- 调度授权，指示终端用于传输后续消息 3 的资源（见下文）；
- 临时标识（TC-RNTI），用于终端和网络之间进一步的通信。

如果网络检测到多个（来自于不同终端的）随机接入尝试，各自的响应消息可以合并成一条消息发送。因此，网络在 DL-SCH 上调度响应消息，并使用为随机接入响应预留的标识 RA-RNTI 通过 PDCCH 指示终端。由于此时终端可能还未分配唯一的标识 C-RNTI，所以需要使用 RA-RNTI。所有发送了前导码的终端都要在可配置的时间窗内监听层 1/ 层 2 控制信道，以接收随机接入响应。标准里没有固定响应消息的定时，这是为了能够响应多个并发的接入。这也为基站的实现带来了灵活性。如果终端在时间窗内没有检测到随机接入响应，会按照上文所述抬升功率，以更高的功率重新发送前导码。

只要在同一资源上进行随机接入的终端使用不同的前导码，就不会发生冲突，并且从下行信令中的信息也很清楚地知道该响应与哪个或哪些终端相关。然而，一定程度上存在发生竞争的可能性，即多个终端同时使用相同的随机接入前导码。在这种情况下，多个终端会对相同的下行响应消息做出反应，就发生了冲突。冲突解决在后续的步骤里，讨论见下。

终端接收到随机接入响应后，会调整上行发送定时，然后继续第三步。如果采用非竞争随机接入的专用前导码，那么这就是随机接入过程的最后一步，因为在这种情况下不需要解决竞争。而且，终端已经分配了一个唯一的标识 C-RNTI。

下行波束赋形的情况下，随机接入响应要遵循在小区初始搜索阶段捕获 SSB 所用的波束赋形。这很重要，因为终端要使用接收端的波束赋形，就需要知道如何指向接收波束。通过用与 SSB 相同的波束来发送随机接入响应，终端知道可以使用与小区搜索阶段确定的接收波束相同的波束来接收。

16.2.3 消息 3：竞争解决

第二步后，终端上行在时间上已经同步。但是，在终端发送或接收用户数据前，网络必须给终端分配一个小区内唯一的标识，即 C-RNTI（除非已经分配了 C-RNTI）。根据终端的状态，可能还需要额外的消息交互来建立连接。

在第三步，终端使用第二步随机接入响应里分配的 UL-SCH 资源给 gNB 发送必要的消息。

上行消息一个重要的部分是包含的终端标识，因为在第四步竞争解决机制里要使用该标识。如果终端对于无线接入网是已知的，即处于 RRC_CONNECTED 或 RRC_INACTIVE 状态，已经分配的 C-RNTI 就用作终端标识⊖。否则需要使用核心网终端标识，而且 gNB 需要在第四步响应上行消息之前联系核心网（见下文）。

16.2.4 消息 4：竞争解决和连接建立

随机接入过程的最后一步包括一个用于竞争解决的下行消息。请注意，发生随机接入

⊖ 终端标识包含在 UL-SCH 的 MAC 控制信元里。

并发的多个终端，在第一步使用相同的前导序列，在第二步监听相同的响应消息，所以具有相同的临时标识。因此第四步是解决竞争的一步，以确保终端不会错误地使用其他终端的标识。根据终端是否已经具有有效标识 C-RNTI，竞争解决机制有所差别。请注意，网络从第三步接收到的上行消息中就知道终端是否存在有效的 C-RNTI。

如果终端已经分配了 C-RNTI，竞争解决是通过用 C-RNTI 在 PDCCH 上对终端进行寻址来处理的。终端在 PDCCH 上检测到自己的 C-RNTI，就宣告随机接入尝试成功，不需要 DL-SCH 发送竞争解决相关的消息。由于 C-RNTI 对终端是唯一的，非目标终端会忽略该 PDCCH。

如果终端没有有效的 C-RNTI，竞争解决消息是通过 TC-RNTI 来寻址的，相应的 DL-SCH 包含了竞争解决消息。终端会比较该消息中的标识和第三步中发送的标识。只有当终端观察到第四步接收到的标识和第三步发送的标识相匹配，才会宣告随机接入过程成功，并将第二步的 TC-RNTI 变为 C-RNTI。由于已经建立了上行同步，该步骤里下行信令采用了 HARQ 机制，标识匹配的终端会在上行发送 HARQ 确认。

若终端没有在 PDCCH 上检测到 C-RNTI 或者没有匹配到标识，就会认为随机接入过程失败，需要从第一步重新开始随机接入过程。这些终端不会发送 HARQ 反馈。此外，在第三步发送上行消息后的特定时间内没有接收到第四步下行消息的终端，也会宣告随机接入过程失败，也需要从第一步重新开始。

16.2.5　补充上行的随机接入

7.7 节讨论了补充上行（Supplementary Uplink，SUL）的概念，即一个下行载波可能与两个上行载波相关联（非 SUL 载波和 SUL 载波），SUL 载波一般位于较低频段，从而可以增强上行覆盖。

SUL 小区（包含了一个补充的 SUL 载波）在 SIB1 里指示。因此终端在初始接入小区前，要知道要接入的小区是否是 SUL 小区。如果该小区是 SUL 小区，而且终端支持给定频段组合的 SUL 操作，那么初始随机接入可能通过 SUL 载波或者非 SUL 的上行载波进行。小区的系统信息给 SUL 载波和非 SUL 载波分别配置各自的 RACH，具备 SUL 能力的终端通过对所选 SSB 的 RSRP 进行测量并比较，同时根据系统信息里提供的**载波选择门限**，来决定使用哪个载波进行随机接入。

- 如果 RSRP 大于门限，则在非 SUL 载波上执行随机接入；
- 如果 RSRP 小于门限，则在 SUL 载波上执行随机接入。

因此，实际上终端对于 SUL 载波的选择是要求（下行）路损大于一个特定的值。

进行随机接入的终端会使用与发送前导码相同的载波发送随机接入消息 3。

对于其他终端进行随机接入的场景，即处于连接态的终端，可以通过显式配置终端使用 SUL 载波或非 SUL 载波作为发送随机接入的上行载波。

第 17 章

LTE/NR 互通和共存

新一代移动通信技术通常都是最先部署在大话务量和对新业务能力需求大的区域。然后取决于运营商的策略，或快或慢地逐渐扩展。在逐渐部署期间，通过新旧技术的混合组网来提供全面覆盖，终端会不断移动进出新技术覆盖的区域。因此，至少从第一个 3G 网络推出以来，新旧技术之间的无缝切换就成为一个关键需求。

此外，即使在新技术已经部署的区域，通常为了确保不支持新技术的旧终端的服务连续性，前几代必须保留并且并行工作相当长一段时间。大多数用户会在几年内转移到支持最新技术的终端上。但是仍有少量旧终端会继续存在。随着集成在其他设备里非个人直接使用的移动终端数量的增长，例如停车计时器、读卡器、监控摄像头等，这种情况越来越普遍。这类终端的使用寿命可能超过 10 年，而且在生命周期里期望一直保持连接性。这就是尽管 3G 和 4G 网络已经相继部署，但仍然有很多第二代 GSM 网络在运行的一个重要原因。

除了在两种技术之间能够平滑切换以及并行部署，NR 和 LTE 的互通远非于此。
- NR 允许与 LTE 的**双连接**（dual-connectivity），意味着终端可以同时连接到 LTE 和 NR。正如第 5 章里已经提到，NR 的第一个版本就依赖于这种双连接，由 LTE 提供控制面，NR 只提供额外的用户面能力；
- NR 可以与 LTE 部署在相同的频谱内，频谱容量可以在二者间动态共享。这种**频谱共存**能够在已经被 LTE 占据的频谱内更平滑地引入 NR。

17.1 LTE/NR 双连接

LTE/NR 双连接的基本原则与 LTE 双连接 [28] 相同 (见图 17-1):
- 终端同时连接到无线接入网的多个节点上（在 LTE 里是 eNB，在 NR 里是 gNB）；
- 有一个**主节点**（通常可以是 eNB 或 gNB）负责无线接入控制面。换句话说，网络侧的信令无线承载终结于主节点，该节点处理终端所有的基于 RRC 的配置；
- 有一个，或者通常情况下有多个**辅节点**（eNB 或 gNB），给终端提供额外的用户面链路。

17.1.1　部署场景

在 LTE 双连接下，终端同时连接的多个节点在地理上通常是分开的。例如，终端可能同时连接到一个微蜂窝层和其上重叠覆盖的宏蜂窝层。

LTE/NR 双连接也是相同的场景，即终端同时连接到微蜂窝层和其上重叠覆盖的宏蜂窝层。尤其是 NR 的高频段可作为微蜂窝部署在已有 LTE 宏蜂窝之下（见图 17-2）。LTE 宏蜂窝作为主节点，确保即使高频微蜂窝的连接暂时中断也能保持控制面。在这种情况下，NR 提供了高容量和高数据速率，双连接中的低频 LTE 宏蜂窝为不够健壮的高频微蜂窝提供了额外的支撑。请注意，这与上面所述 LTE 双连接的场景基本相同，除了微蜂窝是 NR 而非 LTE 的。

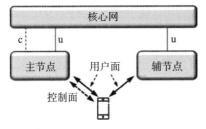

图 17-1　双连接的基本原理

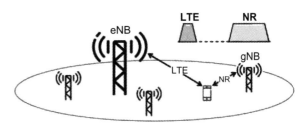

图 17-2　LTE/NR 多层场景下的双连接

在 LTE 和 NR 共站的情况下也存在 LTE/NR 双连接（图 17-3）$^{\ominus}$。例如，在 NR 部署初期，运营商可能想要将已经部署的 LTE 站点网格给 NR 重用，以避免新增部署站点的成本。在这种情况下，双连接通过聚合 NR 和 LTE 载波的吞吐量，能够给终端用户带来更高的数据速率。在单一无线接入技术的情况下，同一节点载波间的聚合传输采用**载波聚合**（carrier aggregation）的方式更为有效（见 7.6 节）。但是 NR 不支持与 LTE 的载波聚合，因此需要双连接来聚合 LTE 和 NR 的吞吐量。

当 NR 工作在低频段时，即与 LTE 相同或相近的频段，共站部署尤为重要。不过，当两种技术工作在不同频段时也可以采用共站部署，其中就包括 NR 工作在毫米波频段（图 17-4）的情况。在这种情况下，NR 无法提供整个小区范围内的覆盖。但是，网络的 NR 部分还是承载了大部分业务，从而允许 LTE 部分专注于为处于弱覆盖位置的终端提供服务。

在图 17-4 中的场景中，通常 NR 的载波带宽远大于 LTE。只要有 NR 的覆盖，大多数情况下 NR 载波上的数据速率会显著高于 LTE，使

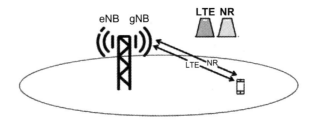

图 17-3　LTE/NR 双连接，共站部署

$\ominus$　请注意在这种情况下逻辑上还是有两个节点（一个 eNB 和一个 gNB），尽管这两个节点很可能实现在同一物理硬件中。

得吞吐量聚合的重要性降低。因此这种场景下，双连接的主要好处是在高频部署下增强了鲁棒性。

17.1.2 架构选项

由于 LTE 和 NR 两种无线接入技术同时存在，并且 5G 新的核心网可替代传统的 4G 核心网（EPC），因此 LTE/NR 双连接的架构有几种不同的选项（见图 17-5）。图中标出的

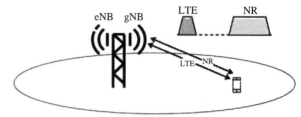

图 17-4　LTE/NR 双连接，不同频段共站部署

不同选项都是源自于早期 3GPP 讨论的 NR 可能的架构选项，最终这些架构的一个子集获得了对其进行支持的一致同意（见第 6 章关于非双连接的其他选项）。

可以注意到，图 17-5 列出的选项不包括使用 EPC 的 LTE/NR 双连接并由 NR 作为主节点的方案。在编写本书时，对这一选项的支持仍在讨论中。

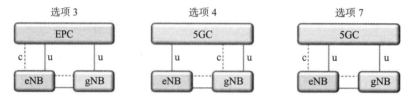

图 17-5　LTE/NR 双连接架构选项

17.1.3 单发工作

LTE 和 NR 双连接的场景下，一个终端在多个上行载波（至少一个 LTE 上行载波和一个 NR 上行载波）上发送。由于射频电路的非线性，两个载波上的同时发送会在发射机的输出中产生互调产物。根据发射信号的载波频率不同，一些互调产物可以在终端接收机频段内产生"自干扰"，也称为**互调失真**（Intermodulation Distortion，IMD）。IMD 会增加接收机噪声，导致接收机灵敏度降低。通过提高对终端的线性要求可以降低 IMD 的影响。但是，这会给终端成本和能耗带来相应的负面影响。

为了在不提高终端射频要求的情况下减少 IMD 的影响，NR 针对"困难频段组合"引入了双连接单发的概念。困难频段组合指的是 LTE 和 NR 的特定频段组合，即 LTE 和 NR 上行同时发送所产生的低阶互调干扰可能落入相应的下行频段内。单发工作意味着即使终端工作在双连接模式下，也不会在 LTE 和 NR 上行载波上同时发送。

在单发工作的情况下，LTE 和 NR 的调度器需要联合调度以防止上行并发。这需要在 eNB 和 gNB 的调度器之间协调。3GPP 规范明确支持这种标准的节点间信息交互。

单发工作天然导致了终端的上行传输在 LTE 和 NR 上时分复用，即上行不是连续的。但是，对于下行，仍然期望能够充分利用所有下行载波。

对于 NR，由于调度的高自由度和 HARQ 的灵活性，在 NR 标准不受影响的前提下能够很容易地实现单发。但对于 LTE 连接的情况则有些不同，LTE FDD 是基于同步的 HARQ，终端要在接收到下行传输后特定数目的上行子帧上发送 HARQ 反馈。受单发的限制，并非所有的上行子帧都可以发送 HARQ 反馈，从而限制了哪些子帧可用于下行传输。

在 LTE 自身内部也存在同样的情况，更具体地说，就是在 FDD/TDD 载波聚合中 TDD 作为主载波时[28]。这种情况下，TDD 载波的上行发送本来就是非连续的，TDD 载波还需要承载 FDD 载波下行传输的上行 HARQ 反馈。为了处理这种情况，LTE Release 13 对 FDD 载波引入了类似于 TDD 的定时关系，例如可用于上行反馈，称为**上下行参考配置** [28]（DL/UL reference configuration）。同样的功能可应用于在受单发限制的 LTE/NR 双连接情况下来支持连续的 LTE 下行传输。

LTE FDD/TDD 载波聚合的场景下，小区级的上下行配置会对上行产生限制。另一方面，双连接单发的限制是出于避免 LTE 和 NR 上行载波并发传输的需要，但是不同终端之间并没有紧密的相互依赖性，因此不同终端不可用的上行子帧集合不必相同。因此为了使 LTE 上行负荷更为均衡，单发工作下的上下行参考配置可以在时间上以终端为单位轮转。

17.2　LTE/NR 共存

前几代移动通信系统的引入总是伴随着新的技术部署在新的频段上。对于 NR 亦是如此，NR 开放了对于毫米波频段的支持，而该频段此前从未用于移动通信。

即使毫米波基站采用了大量的天线单元以提高波束赋形的能力，但高频段的覆盖依然难尽人意。如果需要 NR 提供广域覆盖的能力，必须使用低频段的频谱。

然而，现有的技术（主要是 LTE）已经占据了大多数低频段频谱。而且，不久的将来还计划在 LTE 上部署另外的低频段频谱。因此，很多情况下低频段的 NR 需要部署在 LTE 已用的频谱上。

NR 部署在 LTE 已用频谱最简单的方式是静态频域共享，即将 LTE 的部分频谱迁移到 NR（见图 17-6）。尽管这种方式有两个缺点。

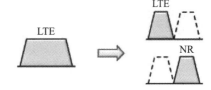

图 17-6　LTE 频谱迁移到 NR

至少在初期，大部分业务仍然通过 LTE 进行。而同时，静态频域共享将减少 LTE 的可用频谱，这样更难满足业务需求。

此外，静态频域共享会导致每种技术的可用带宽减少，也就导致了每个载波的峰值速率降低。对于支持 LTE/NR 双连接工作的新终端可以通过使用双连接进行补偿。但是对于传统的 LTE 终端，会直接影响到终端能够达到的速率。

而更具吸引力的方案是将 LTE 和 NR 在同一频谱上进行动态共享，如图 17-7 所示。这样的频谱共存为每种技术保留了完整的带宽以及相应的峰值速率。而且，频谱的总容量可以通过动态分配来匹配每种技术的业务情况。

实现 LTE/NR 频谱动态共存的根本手段是 LTE 和 NR 的动态调度。而且，NR 还有其他特性在 LTE/NR 频谱共存中发挥作用，包括：

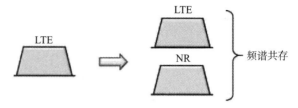

图 17-7　LTE/NR 频谱共存

- NR 的 15kHz 参数集兼容 LTE，允许 LTE 和 NR 工作在共同的时间 / 频率网格上；
- NR 向前兼容的设计原则（如 5.1.3 节所列）以及基于位图定义预留资源（9.10 节所述）的设计；
- NR 的 PDSCH 映射可以规避资源单元与 LTE CRS 冲突的 PDSCH 映射（详细描述见下文）。

正如 5.1.11 节已经提及的，LTE/NR 共存有两种主要场景（见图 17-8）：

- 上下行共存；
- 只有上行共存。

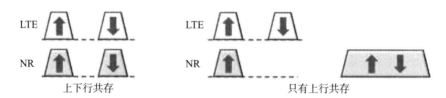

图 17-8　上下行共存与只有上行共存

补充上行载波的部署是只有上行共存的一个典型应用场景（见 7.7 节）。

通常情况下，上行共存比下行更为简单，很大程度上可以通过调度协调和限制来支持。应当协调 NR 和 LTE 的上行调度，以避免 LTE 和 NR 的 PUSCH 传输冲突。NR 调度器应当限制不使用 LTE 上行层 1 控制信令（PUCCH）的资源，反之亦然。根据 eNB 和 gNB 在哪一层交互，这类协调和限制的动态程度或多或少。

对于下行，同样也采用调度协调来避免 LTE 和 NR 传输的冲突。但是，LTE 下行包括一些"永远在线"的非调度信号，无法轻易通过调度绕开。其中包括（详见参考文献 [28]）：

- LTE 的 PSS 和 SSS，在频域 6 个资源块的 2 个 OFDM 符号上，每 5 个子帧发送一次；
- LTE 的 PBCH，在频域 6 个资源块的 4 个 OFDM 符号上，每个系统帧（10 个子帧）发送一次；
- LTE 的 CRS，在频域上均匀发送，根据 CRS 天线端口数目不同，在时域上每子帧的 4 个或 6 个符号里发送。⊖

⊖　在 MBSFN 子帧上只发送 1 或 2 个符号。

相比于依靠调度来规避，NR 预留资源的概念（见 9.10 节）可用来对 NR PDSCH 进行速率匹配以绕过 LTE 的这些信号。

可以通过 9.10 节描述的位图来定义预留资源，对 LTE 的 PSS/SSS 周围进行速率匹配。更具体地说，一个预留资源可通过 { 位图 -1，位图 -2，位图 -3} 三元组作如下定义（也见图 17-9 ）：

- 位图 -1 的长度等于频域上 NR 资源块的数目，指示了 LTE 的 PSS 和 SSS 在哪 6 个资源块上传输；
- 位图 -2 的长度为 14（一个时隙），指示了 PSS 和 SSS 在 LTE 子帧的哪 2 个 OFDM 符号上传输；
- 位图 -3 长度为 10，指示 PSS 和 SSS 在 10ms 系统帧的哪 2 个子帧上传输。

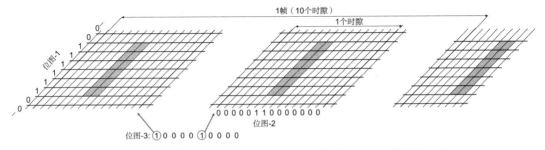

图 17-9　预留资源配置，对 LTE PSS/SSS 周围的 PDSCH 做速率匹配

请注意此图假定 NR 参数集为 15kHz

上述是在假定 NR 采用 15kHz 参数集的前提下，请注意基于位图的对预留资源的使用不仅限于 15kHz 参数集，类似的围绕 LTE PSS 和 SSS 进行速率匹配的方法原则上也可用于 NR 的其他参数集，例如 30kHz。

对 LTE 的 PBCH 周围也可以相同的方法进行速率匹配，唯一的区别在于位图 -2，此时位图 -2 指示的是 PBCH 在哪 4 个符号上传输，而位图 -3 指示的是单个子帧。

关于 LTE 的 CRS，NR 标准明确支持对重叠覆盖的 LTE 载波的 CRS 资源单元周围的 PDSCH 进行速率匹配。为了能够正确接收速率匹配的 PDSCH，为终端配置了如下信息：

- LTE 载波带宽和频域位置，以允许 LTE/NR 的共存，即使 LTE 载波带宽可能与 NR 载波带宽不同或载波中心位置不同；
- LTE 的 MBSFN 子帧配置，因为这会影响 LTE 子帧内 CRS 发送的 OFDM 符号集合；
- LTE 的 CRS 天线端口数目，因为这会影响 CRS 发送的 OFDM 符号集合和频域上每个资源块里 CRS 资源单元的数目；
- LTE CRS 位移，即频域上 LTE CRS 的确切位置。

对 LTE CRS 周围进行速率匹配仅适用于 NR 参数集为 15kHz 的情形。

第 18 章

射 频 特 性

NR 的射频特性与第 3 章中所述的 5G 频谱以及频谱的灵活性紧密相关。频谱灵活性已经成为前几代移动系统的基石，对于 NR 作用则更加突出。频谱灵活性包括：允许运营商灵活地在不同的带宽和不同的频率范围部署 NR，可以灵活地运用对称和非对称频段部署 NR，以及通过频段内和频段间的聚合来灵活扩充 NR 容量。NR 还能够在同一无线载波下支持混合的参数集，相比于 LTE 的频域调度和基站无线载波内不同终端的复用，灵活性更高。NR 中使用 OFDM 带来了灵活性，可以按需分配频谱大小，以及调整瞬时传输带宽的大小，即在频域上能够进行灵活调度。

LTE 中已经使用有源天线系统（Active Antenna Systems，AAS）和多天线的终端，但 NR 向前更进一步，在已有频段和新的毫米波频段上支持大规模 MIMO 和波束赋形。除了物理层受到影响，射频的实现也受到影响，包括滤波器、放大器，以及其他所有用于收发信号且必须要考虑频谱灵活性的射频器件。这些会在第 19 章中作进一步讨论。

请注意，为了定义射频特性，gNB 的物理实现被称为基站（Base Station，BS）。基站定义了一些接口的射频要求，这些要求要么是在天线端口的传导要求，要么是空口（Over-The-Air，OTA）的辐射要求。

18.1 频谱灵活性的影响

频谱灵活性是对 LTE 的基本要求，对于如何定义 LTE 有很大影响。由于 NR 工作频谱的多变性，以及为了满足 5G 关键特性的物理层设计方式，NR 对于频谱灵活性要求更高。下面列出了影响射频特性定义的一些重要方面：

- **变化多样的频谱分配**：3G 和 4G 所用的频谱已经变化多样，包括工作频段、分配的带宽、频率的组织形式（对称和非对称），以及相关的监管条例。对于 NR 变化会更多，最基本的频率变化从 1GHz 以下到 40 ～ 50GHz 及以上。目前 ITU-R 正在研究的最高频率为 86GHz。NR 的部署带宽也从 5MHz 到 3GHz 不等。采用对称和非对称频谱的目的是使用某些补充的下行或上行作为对称频段的补充。5G 所用的频谱正在计划和调研中，第 3 章中描述了 NR 定义的工作频段。

- **不同的频谱块定义**：在多种频谱分配情况下，会分配频谱块用于 NR 的部署，一般是通过向运营商发放许可的形式。不同国家和地区之间频谱块的精确频率边界可以不同，但载波必须放置在合适的位置，以便有效利用频谱块，避免频谱的浪费。这对于放置载波的信道栅格有特定的要求。

- **LTE-NR 共存**：LTE/NR 在同一频谱上共存，使得可以在已部署 LTE 的上行和下行载波内部署 NR。进一步描述请见第 17 章。由于共存的 NR 和 LTE 载波需要子载波对齐，为了对齐放置 NR 和 LTE 载波，对 NR 的信道栅格就造成了限制。

- **多参数集和混合参数集**：如 7.1 节所述，NR 的传输机制灵活性很高，支持子载波间隔从 15 到 240kHz 的多种参数集，直接影响了时域和频域结构。子载波间隔对发射频谱的滚降产生影响，即影响了射频要求里定义的发射资源块和载波边缘之间的保护频带（见 18.3 节）。NR 还支持同一载波上混合的参数集，进一步对射频产生影响，因为无线载波的两边所需的保护频带可能不同。

- **独立信道带宽定义**：通常情况下 NR 的终端不会使用基站的全部带宽进行接收或发送，但是可以给终端分配部分带宽（见 7.4 节）。虽然部分带宽的概念对射频没有直接影响，但要注意到，基站和终端的信道带宽是分别定义的，终端的带宽不必匹配基站的信道带宽。

- **双工机制的变化**：如 7.2 节所示，NR 定义了支持 TDD、FDD 和半双工 FDD 的单一帧结构。在第 3 章中对 NR 每个工作频段定义了具体的双工方式。还有一些频段定义为用于 FDD 的补充下行（SDL）或补充上行（SUL）。进一步的描述在 7.7 节。

NR 定义的频段大多是 IMT 目前已指派的频段（见第 3 章），这些频段上可能已经部署了 2G、3G 或者 4G 系统。在一些地区很多频段是以"技术中立"方式规定的，这意味着不同技术的共存是必需的。任何具备宽频工作能力的移动系统，包括 NR，为了支持如下几项，都会对射频要求以及如何定义射频要求有直接影响：

- **同一地理区域同一频段内不同运营商共存**：运营商可能会在同一频段内部署 NR 或其他 IMT 技术，如 LTE、UTRA 或 GSM/EDGE。某些情况下还可能有其他非 IMT 的技术。这类共存要求已经在 3GPP 里充分讨论，但在某些特定情况下也可能有监管机构定义的区域性要求。

- **不同运营商的基站设备共址**：很多情况下基站设备部署位置受限。因此，经常会出现不同运营商共享站址或一个运营商在一个基站部署多种技术的情况。当工作在距离其他基站很近的地方时，就对基站接收机和发射机提出了额外的要求。

- **跨国界相邻频段的业务共存**：无线频谱的使用受复杂的国际条约所管制，其中涉及许多利益。因此，需要协调不同国家、不同运营商，以及相邻频段上业务的共存。这类需求大多由不同的监管机构制定。某些情况下，监管机构要求 3GPP 标准里包含这类共存的限制。

- **不同运营商 TDD 系统共存**：通常需要同一频段内运营商之间同步，以避免不同运营商上下行之间的干扰。意味着所有运营商的上下行配置和帧同步都要相同，这本身并不是射频要求，但在 3GPP 标准中已经隐含假定为射频要求。对于非同步系统的射频要求更为严苛。

- **频段与版本无关原则**：区域性定义的一些频段，以及每一代移动系统不断添加的新频段，都意味着 3GPP 标准的每个新版本都会增加新的频段。通过"与版本无关"原则，基于 3GPP 标准的早期版本设计的终端，可以支持后续版本新增的频段。在 Release 15 里定义了 NR 频段的第一个集合（见第 3 章），后续新增频段会以与版本无关的方式添加。

- **分配频谱的聚合**：移动系统运营商的频谱分配多种多样，很多情况下不能恰好组成适合一个载波的频谱块。频谱分配甚至可能是不连续的，多个频谱块散落在一个或者多个频段内。对于这些情况，NR 标准支持了**载波聚合**，一个频段内或多个频段内的多个载波可以合并构成更大的传输带宽。

18.2   不同频率范围的射频要求

如上文以及第 3 章所讨论，NR 工作的频谱分布范围很广且变化多样。所分配的频谱块大小、信道带宽和双工间隔都可以不同，但 NR 与前面几代技术的真正区别是，支持的频率范围很大，不仅要求受限，而且定义和一致性测试等方面也会随着频率不同而有很大差别。高频段的测量仪器，例如频谱分析仪，会变得更加复杂和昂贵，考虑到最高频率及其谐波，甚至无法以合理的方式对要求进行测试。

因此，对终端和基站的射频要求按**频率范围**（Frequency Range，FR）来划分，3GPP Release 15 定义了两个频率范围（FR1 和 FR2），如表 18-1 所示。频率范围的概念不是静态的。如果新增的 NR 频段在已有的频率范围之外，可以扩展已有的要求与之一致的频率范围来包含新的频段。如果与现有频率范围存在巨大差异，则会为新的频段定义新的频率范围。

表 18-1   3GPP Release 15 定义的频率范围

频率范围名称	对应的频率范围
频率范围 1（FR1）	450 ～ 6 000 MHz
频率范围 2（FR2）	24 250 ～ 52 600 MHz

频率范围以对数形式展示在图 18-1 中，其中列出了 IMT 定义（至少在一个地区）的频段。在 IMT 第一次分配时 FR1 从 450MHz 开始，在 6GHz 终止。FR2 涵盖了当前 ITU-R 中正在研究作为 IMT 指定频段的子集（见 3.1 节）。该子集终结于 52.6GHz，这是 3GPP Release 15 标准工作范围里的最高频率。

已有的 LTE 频段全部位于 FR1 里，在很多 FR1 频段里 NR 将与 LTE 和前几代系统共存。3.5GHz 附近经常被称作"中频段"（实际上跨度为 3.3 ～ 5 GHz），NR 大多会部署在这段"新"频谱，即之前没有为移动业务所利用过的频谱。FR2 涵盖了经常被称作毫米波的频段（严格来说，毫米波起始于 10mm 波长的 30GHz）。相比于 FR1，高频段 FR2 传播特性不同、绕射较少、穿透损耗较高、路损也较高。可以通过发射机和接收机增加天线单元，采用更高增益的更窄波束和大规模 MIMO 来补偿传播损耗。这造成了不同的共存特性，进而导致不同的共存射频要求。相比于 FR1 频段，FR2 频段毫米波射频有不同的实现复杂度和性能，这影响了所有的器件，包括 A/D 和 D/A 转换器、本振生成、高效功放、滤波器等。这些会在第 19 章进一步讨论。

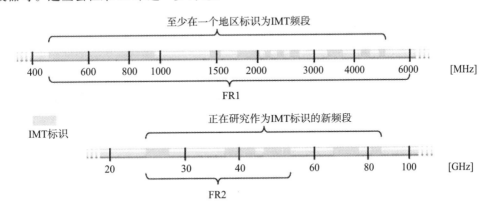

图 18-1　频率范围 FR1 和 FR2 及相应的 IMT 标识。请注意频率是以对数形式标注的

18.3　信道带宽和频谱利用率

如第 3 章所述，NR 标准定义的工作频段带宽变化巨大。在一些 LTE 重耕的频段，上行或下行可用频谱可小到 5MHz，而在频率范围 1 的 NR 新频段可高达 900MHz，在频率范围 2 则可到几个 GHz。一个运营商可用的频谱块一般会小于这个带宽。而且，需要逐步将正在由其他无线接入技术如 LTE 所使用的工作频段迁移到 NR，确保现存用户保留足够的频谱。因此，最初可以迁移到 NR 的频谱数量相对较小，但是后续会逐步增加。频谱块大小的变化和不同的分配场景意味着对 NR 频谱灵活性，即支持传输带宽的灵活性的要求很高。

一个 NR 载波的基本带宽被称为信道带宽（channel bandwidth，$BW_{Channel}$），也是定义大多数 NR 射频要求的基本参数。NR 的频谱灵活性要求在频域上能够大尺度缩放。为了限制实现的复杂度，在射频规范里只定义了带宽的一个有限集合。所支持的信道带宽范围为 5 ～ 400MHz。

载波带宽与频谱利用率相关，即物理资源块占据信道带宽的比例。LTE 里频谱利用率最大为 90%，但是 NR 为达到更高的频谱效率，必须考虑到参数集（子载波间隔）的因素，子载波间隔会影响 OFDM 波形的滚降。还要考虑滤波和加窗方案的实现。此外，频谱效率还与能够达到的误差矢量幅度（Error Vector Magnitude，EVM）、发射机的无用发射，以及邻道选择性（Adjacent Channel Selectivity，ACS）等接收机的性能相关。频谱利用率定义为最大的物理资源块数目 N_{RB}，即最大可能的**传输带宽配置**，对每个可能的信道带宽单独定义。

频谱利用率根本上定义的是射频载波两边的保护频带，如图 18-2 所示。"外部"射频要求只定义了无用发射，这里外部是指保护频带外，即射频信道带宽之外，而内部真正的射频载波只定义 EVM 的要求。对于信道带宽 BW_{Channel} 的保护频带为

$$W_{\text{Guard}} = \frac{BW_{\text{Channel}} - N_{RB} \cdot 12 \cdot \Delta f - \Delta f}{2} \qquad (18\text{-}1)$$

其中，N_{RB} 为最大资源块数目，Δf 为子载波间隔。载波两边每一侧有额外 $\Delta f/2$ 的保护是由于无线信道的栅格是以子载波为粒度，而与实际的频谱块无关。因此，可能无法把载波恰好放置于频谱块的中心，会需要额外的保护带来保证可以满足射频要求。

如公式（18-1）所示，保护带和频谱利用率取决于所用的参数集。如 7.3 节所述，根据参数集的子载波间隔不同，带宽也会不同，N_{RB} 的最大值为 275。为了得到合理的频谱利用率，小于 11 的 N_{RB} 是不用的，由此得到了 NR 定义的信道带宽和相应频谱利用率的一个范围，如表 18-2 所示。请注意，频率范围 1 和频率范围 2 所用的子载波间隔是不同的。频谱利用率用分数来表示，在最大信道带宽下最高利用率为 98%。除去一些较小的带宽（$N_{RB} \leqslant 25$）之外，所有情况下利用率都在 90% 以上。

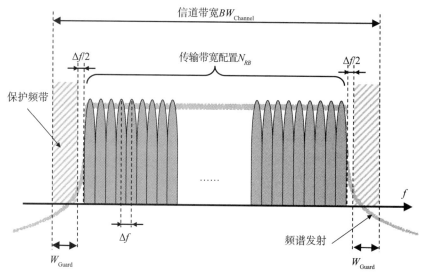

图 18-2   一个射频载波的信道带宽以及相应的传输带宽配置

表 18-2   信道带宽和频谱利用率的范围（在不同参数集和频率范围下）

频率范围	频率范围里所用的 BW_{Channel} 集合（MHz）	子载波间隔（kHz）	每子载波间隔可能的 BW_{Channel} 范围（MHz）	相应的频谱利用率范围（N_{RB}）
FR1	5，10，15，20，25，30，40，50，60，70，80，90，100	15	5 ～ 50	25 ～ 270
		30	5 ～ 100	11 ～ 273
		60	10 ～ 100	11 ～ 135

（续）

频率范围	频率范围里所用的 BW_{Channel} 集合（MHz）	子载波间隔 （kHz）	每子载波间隔可能的 BW_{Channel} 范围（MHz）	相应的频谱利用率范围 （N_{RB}）
FR2	50，100，200，400	60	50～200	66～264
		120	50～400	33～264

因为信道带宽的定义是与基站和终端独立的（见上文及 7.4 节），基站和终端规范所支持的实际信道带宽也会不同。对某个特定的带宽，如果基站和终端都支持相同的带宽和子载波间隔的组合，那么频谱利用率是相同的。

18.4　终端射频要求的总体结构

FR1 和 FR2 的共存特性和实现不同，也就意味着 NR 终端的射频要求对于 FR1 和 FR2 是分开定义的。对于 FR2 上使用毫米波技术的终端和基站的实现，更详细的讨论请见第 19 章。

对于 LTE 及前几代技术，一般是通过定义和测量天线连接器的传导要求来规定射频要求。由于终端天线一般是不可拆卸的，就作为天线测试端口。FR1 的终端要求就是通过这种方式定义的。

由于 FR2 采用了大量天线单元，以及毫米波技术的高度集成化后，传导要求不再具有可行性。因此 FR2 规定了辐射要求，并且测试必须在空中通过无线完成。这对于定义要求（尤其是测试要求）是额外的挑战，而测试对于 FR2 是必需的。

同一终端与其他无线交互也有一组要求，主要涉及到在非独立组网模式（Non-Standalone，NSA）下与 E-UTRA 的交互，以及载波聚合下 FR1 和 FR2 之间的交互。

最后，还有一组终端性能要求，定义了在一些条件下（包括不同的传播环境），终端接收机基带物理信道的解调性能。

由于不同类型的要求之间有差别，所以终端射频特性的规范被分为四部分，在 3GPP 标准中终端被称为**用户设备**（User Equipment，UE）：

- TS38.101-1[5]：UE 无线发射和接收，FR1。
- TS38.101-2[6]：UE 无线发射和接收，FR2。
- TS38.101-3[7]：UE 无线发射和接收，与其他无线的交互。
- TS38.101-4[8]：UE 无线发射和接收，性能要求。

FR1 的射频传导要求在 18.6～18.11 节中描述。

18.5　基站射频要求的总体结构

18.5.1　NR 基站射频传导要求和辐射要求

随着移动系统的持续演进，AAS 变得越来越重要。虽然很多年来对于开发和部署无源天线阵列的基站做过一些尝试，但针对这类天线系统并没有特定的射频要求。一般的射频要求都是在基站射频天线连接器处定义的，至少从标准化的观点看天线不被视为基站的一部分。

在天线连接器处规定的要求称为**传导要求**（conducted requirement），通常定义为天线连接器处测量的（绝对或相对）功率电平。大多数监管规定的发射限制被定义为传导要求。而另一种方式是定义**辐射要求**（radiated requirement）对天线进行评估，通常考虑某个特定方向的天线增益。辐射要求需要更复杂的 OTA 测试过程，例如在测试中使用吸波暗室。通过 OTA 测试，可以评估整个基站包括天线系统的空间特性。

对于 AAS 的基站，发射机和接收机的有源部分可能集成在天线系统里，按照传统定义在天线连接器处的要求不再合适。为此，3GPP 在 Release 13 里为适用于 LTE 和 UTRA 设备的 AAS 基站定义了一套单独的射频规范。

对于 NR，标准从一开始就包括了对 FR1 和 FR2 的射频辐射要求和 OTA 测试。因此 AAS 的很多工作直接被纳入 NR 标准。AAS 这一术语在 NR 基站射频规范中不再使用[4]，转而定义了不同**基站类型**的要求。

AAS 基站要求基于通用的 AAS 基站无线架构，如图 18-3 所示。该架构由连接到**组合天线**的**收发机单元阵列**组成，组合天线包括一个**无线分发网络**和一个**天线阵列**。收发机单元阵列包括多个发射机和接收机单元。这些单元通过**收发机阵列边界**（Transceiver Array Boundary，TAB）的许多连接器连接到组合天线。在非 AAS 基站上这些 TAB 连接器对应于天线连接器，并作为传导要求的参考点。无线分发网络是无源的，它将发射机的输出分发到相应的天线单元；反之亦然，对接收机的输入也进行分发。请注意，AAS 基站的具体实现可能看起来不同，例如不同部件所处的物理位置、天线阵列的形状、所用天线单元的类型等。

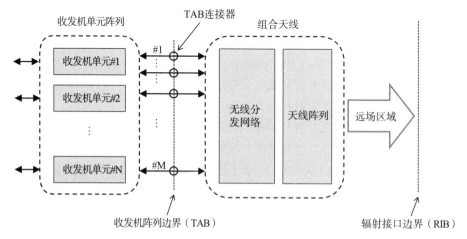

图 18-3　有源天线系统（AAS）的通用射频架构，也用于 NR 辐射要求

基于图 18-3 的架构，有两部分要求：

- **传导要求**定义为一个单独的或一组 TAB 连接器上每个射频的特性。用这种方式来定义传导要求在某种意义上即"等同于"非 AAS 基站的传导要求，因此系统的性能以及对其他系统的影响应该是相同的。
- **辐射要求**定义为天线系统远场空口的要求。在这种情况下由于空间方向的相关性，每个要求适用范围都要详细说明。辐射要求是参考远场区域的**辐射接口边界**（radiated interface boundary，RIB）定义的。

18.5.2 NR 不同频率范围的基站类型

射频要求需要考虑到基站可能有许多不同的设计。在 FR1，基站的构建方式类似于"传统的" 3G 和 4G 基站，通过天线连接器连接到外部天线。有 AAS 的基站仍然可以通过天线连接器来定义和测试某些射频要求。对于高集成度天线系统的基站，由于没有天线连接器，所有的要求必须要在空口评估。假定 FR2 天线系统的实现采用了毫米波技术，那么只需要定义这一类基站类型。

基于上述假定，参考图 18-3 里定义的架构，3GPP 定义了四种基站类型：
- **基站类型** 1-C：NR 基站工作在 FR1，只定义了单个天线连接器处的传导要求。
- **基站类型** 1-O：NR 基站工作在 FR1，只定义了 RIB 处的（空口）传导要求。
- **基站类型** 1-H：NR 基站工作在 FR1，定义了包括单个 TAB 连接器处的传导要求和 RIB 处的一些空口要求，是一个"混合的"要求集合。
- **基站类型** 2-O：NR 基站工作在 FR2，只定义了 RIB 处的（空口）传导要求。

基站类型 1-C 要求的定义方式与 UTRA 或 LTE 传导要求的定义方式相同，见 18.6 ～ 18.11 节描述。

基站类型 1-H 对应于 3GPP Release 13 里 LTE/UTRA 定义的第一种类型的 AAS 基站，其中定义了两个辐射要求（辐射发射功率和 OTA 灵敏度），其他要求都定义为传导要求，如 18.6 ～ 18.11 节所述。很多基站类型 1-H 的传导要求，如无用发射限制，其定义分为两步。首先定义一个**基本**限制（basic limit），与基站类型 1-C 单个天线连接器处的传导限制相同，因此相当于基站类型 1-H 在 TAB 连接器处的限制。第二步，通过基于有源发射单元数目的比例因子将基本限制转换为 RIB 处的辐射限制。比例因子的上限为 8（9dB），8 是用于定义监管限制的最大天线单元个数。请注意，根据地区监管条例不同，最大比例因子可能会不同。

基站类型 1-O 和基站类型 2-O 的所有要求都定义为辐射要求。很多基站类型 1-O 的要求是参考相应的 FR1 传导要求来定义的，其中无用发射限制也与基站类型 1-H 一样按比例缩放。因为 FR1 和 FR2 之间共存特性和实现有差别，这意味着很多情况下 FR2 的基站类型 2-O 的要求与 FR1 的基站类型 1-O 是分别定义的。

18.12 节概述了基站类型 1-O 和 2-O 的辐射要求，以及基站类型 1-H 的部分要求。

18.6　NR 射频传导要求概述

射频要求定义了基站或终端的接收机或发射机的射频特性。基站作为物理节点，在一个或多个天线连接器上发射和接收无线信号。请注意，NR 的基站并不等同于 gNB，gNB 对应于无线接入网的逻辑节点（见第 6 章）。在所有的射频规范里终端都用 UE 来表示。射频传导要求是为 FR1 的工作频段定义的，而只有辐射（OTA）要求是为 FR2 定义的（见 18.12 节）。

NR 标准定义的射频传导要求集合与 LTE 或其他无线系统基本相同。某些要求也是基于监管机构的要求，更关注于工作的频段以及系统部署的地点，而非哪种类型的系统。

NR 特有的灵活信道带宽和多个参数集，使得在定义某些要求时变得更为复杂。这些特性对于发射机的无用发射要求有着特殊影响，在国际监管条例中无用发射的限制取决于信道带宽。对于系统很难定义这类限制，因为基站可能工作在多个信道带宽上，而终端的工作带宽也可能变化多样。OFDM 物理层的灵活性也影响了发射机的调制质量和接收机选择性及阻塞要求的定义。请注意，一般情况下基站和终端的信道带宽是不同的，如 18.3 节所述。

终端定义的发射机要求类型与基站定义的类型非常类似，而且具体要求也非常类似。但是，由于终端的输出功率电平相当低，因此终端实现的限制条件更高。所有的电信设备都面临着成本和复杂度的巨大压力，但对于终端来说更加明显，因为每年有接近二十亿的终端市场规模。本章分别讨论终端和基站要求的不同定义。

在参考文献 [74] 和 [75] 中描述了 NR 射频传导要求的详细背景。参考文献 [4] 中规定了基的射频传导要求，参考文献 [5] 中规定了终端的射频传导要求。射频要求分为发射机特性和接收机特性。还定义了在不同传播条件下所有物理信道上的接收机基带性能，即基站和终端的**性能特性**。这些并非严格意义上的射频要求，尽管在某种程度上性能也是取决于射频的。

NR 基站和终端的测试规范中为每个射频要求定义了相应的测试。这些规范定义了体现射频一致性和性能要求的测试设置、测试步骤、测试信号、测试容差等。

18.6.1　发射机传导特性

发射机特性定义了终端和基站发射有用信号的射频要求，也定义了发射载波带外不可避免的无用发射。射频要求基本分为三部分：

- **输出功率电平**要求限制了当功率电平动态变化时的最大允许发射功率，也限制了某些情况下发射机关闭状态的最大允许发射功率；
- **发射信号质量**要求定义了发射信号的"纯度"，以及多个发射通路之间的相关性；
- **无用发射**要求限制了发射载波带外的所有发射，与监管要求以及与其他系统共存紧密相关。

　　根据上面定义的三部分，表18-3列出了终端和基站的发射机特性。特定要求的详细描述可见本章后续部分。

表 18-3　NR 发射机传导特性概述

	基站要求	终端要求
输出功率电平	最大输出功率	发射功率
	输出功率动态	输出功率动态
	功率开 / 关（只有 TDD）	功率控制
发射信号质量	频率误差	频率误差
	误差矢量幅度（EVM）	发射调制质量
	发射通路之间的时间对齐	带内发射
无用发射	工作频段的无用发射	频谱发射模板
	邻道泄漏比（ACLR 和 CACLR）	邻道泄漏比（ACLR 和 CACLR）
	杂散发射	杂散发射
	占用带宽	占用带宽
	发射机互调	发射互调

18.6.2　接收机传导特性

　　NR 接收机要求的集合与 LTE 和 UTRA 等其他系统的定义非常相似。接收机特性基本分为三部分：

- 接收有用信号的**灵敏度**和**动态范围**要求；
- **接收机对干扰信号的敏感度**，定义了对于不同类型干扰信号在不同频率偏移时接收机的敏感度；
- 接收机**无用发射**限制。

　　根据上面定义的三部分，表18-4列出了终端和基站的接收机特性。每个要求的详细描述可见本章后续部分。

表 18-4　NR 接收机传导特性概述

	基站要求	终端要求
灵敏度和动态范围	参考灵敏度	参考灵敏度功率电平
	动态范围	最大输入电平
	信道内选择性	
接收机对干扰信号的敏感度	带外阻塞	带外阻塞
		杂散响应
	带内阻塞	带内阻塞
	窄带阻塞	窄带阻塞
	邻道选择性	邻道选择性
	接收机互调	互调特性
无用发射	接收机杂散发射	接收机杂散发射

18.6.3　区域性要求

射频要求及其适用范围存在很多区域性差异，原因在于不同的区域和地方规定的频谱及其用途不同。如上所述，最明显的区域性变化就是不同的频段及其用途，因此很多区域性的射频要求也与特定的频段相关联。

当存在某个区域性要求，例如杂散发射，这类要求应当体现在 3GPP 标准中。对于基站该要求是可选要求，并标记为"区域性"。对于终端，由于可能在不同地区间漫游，所以不能采用相同的方式处理，因此终端需要满足与使用该工作频段相关的全部区域性要求。对于 NR（以及 LTE），情况相比于 UTRA 变得更为复杂，因为发射机和接收机所用带宽的变化，使得某些区域性要求很难作为基本要求来满足。因此 NR 中引入了射频要求**网络信令**（network signaling）的概念，即当终端连接到网络时，在呼叫建立阶段通知终端采用某些特定的射频要求。

18.6.4　通过网络信令通知特定频段的终端要求

对于 NR 终端，在工作频段所支持的信道带宽与发射机和接收机的射频要求相关。原因是在最大发射功率以及发射 / 接收资源块数量很大的情况下，很难满足某些射频要求。

在 NR 和 LTE 中，当切换或小区广播信息里通知终端特定的网络信令值（NS_x）时，对终端会产生一些额外的射频要求。出于实现的原因，这些要求与射频参数的限制和变化相关，例如终端输出功率、最大信道带宽，以及发送资源块数目。这些要求的变化与 NS_x 一起定义在终端射频规范里，其中每个值对应一种特定的情况。NS_01 针对所有频段的默认值 NS_x。对应于允许的功率回退，被称为**额外最大功率回退**（Additional Maximum Power Reduction，A-MPR），适用于使用某个最小数量的资源块进行传输的情况，也取决于信道带宽。

18.6.5　基站等级

为了适用于不同的部署场景，NR 的基站有多组射频要求集合，每组适用于一种**基站等级**。在定义 NR 射频要求时，引入了基站等级来划分宏小区、微小区和微微小区的场景。这里宏、微和微微与部署场景相关，3GPP 并未用此来确定基站等级，而是采用了下列术语：

- **宏覆盖基站**：这种类型的基站用于宏小区场景，基站与终端的最短地面距离为 35 米。典型部署场景为大小区，在高塔或屋顶安装，提供广域的室外覆盖，也提供室内覆盖。
- **中等覆盖基站**：这种类型的基站用于微小区场景，基站与终端的最短地面距离为 5 米。典型部署为室外屋顶下安装，提供室外的热点覆盖，以及室外到室内的穿墙覆盖。
- **局部覆盖基站**：这种类型的基站适用于微微小区场景，基站和终端之间最短地面距

离为 2 米。典型部署为墙壁或天花板安装，提供室内的办公环境覆盖，以及室内 /
室外的热点覆盖。

由于基站到终端的最短距离减小，带来最小耦合损耗的减少，因此相比于宏覆盖基
站，局部覆盖和中等覆盖基站等级修改了一系列要求：

- 对于中等覆盖基站，基站最大输出功率限制为 38dBm$^{\ominus}$，而对于局部覆盖基站则限
  制为 24dBm。最大功率是按照每天线每载波来定义的。而对于宏覆盖基站，没有定
  义最大功率。
- 对于中等覆盖和局部覆盖基站，频谱模板（工作频段无用发射）的限制更低，与较
  低的最大功率电平相一致。
- 对于中等覆盖和局部覆盖基站，接收机参考灵敏度限制提高（更为宽松）。接收机
  动态范围和信道内选择性也要做相应调整。
- 相比于宏覆盖基站，中等覆盖和局部覆盖基站的共站限制更为宽松，对应于宽松的
  基站参考灵敏度。
- 对于中等覆盖和局部覆盖基站，考虑到更高的接收机灵敏度限制和更低的（基站到
  终端）最小耦合损耗，调整了接收机对干扰信号敏感度的所有限制。

18.7　传导输出功率电平要求

18.7.1　基站输出功率和动态范围

对于基站一般没有最大输出功率的要求。但是如上文所提到的基站等级，中等覆盖基
站最大输出功率限制为 38dBm，局部覆盖基站最大输出功率的限制为 24dBm。除此之外，
还定义了一个容差，即实际的最大功率和制造商宣称的功率电平之间的偏差。

基站规定了一个资源单元总功率控制的动态范围，定义了可配置的功率范围。对于基
站的总功率也有动态范围的要求。

对于 TDD 模式，基站输出功率的功率模板定义了上行子帧期间的关断功率电平，以
及发射机开关状态转换之间**发射机过渡期**的最大时间。

18.7.2　终端输出功率和动态范围

终端输出功率电平的定义分为三步：

- **UE 功率等级定义了** QPSK 调制下的**标称**（nominal）最大输出功率。该功率在不同
  工作频段上可能会不同，但目前所有频段主要的终端功率等级设为 23dBm。
- **最大功率回退**（Maximum Power Reduction，MPR）定义了在所用调制方式和分配
  资源块的特定组合情况下允许的最大功率回退。

$\ominus$　dBm=10log（功率值 /1mW）。——编辑注

- **额外最大功率回退**（Additional Maximum Power Reduction，A-MPR）适用于某些地区，A-MPR 通常与特定的发射机要求相关，例如区域性发射限制以及特定的载波配置。对于每种要求集合，由相关的网络信令 NS_x 标明允许的 A-MPR 以及相关的条件，如 18.6.4 节所述。

最小输出功率电平设置定义了终端的动态范围。发射机关断功率电平的定义适用于终端不允许发射的情况。还定义了通用的开关时间模板，以及 PRACH、PUCCH、SRS 和 PUCCH/PUSCH/SRS 转换的特定时间模板。

终端发射功率控制是通过几种功率容差要求来定义的，分别是初始功率设置的**绝对功率容差**，两个子帧之间的**相对功率容差**，以及一系列功率控制命令的**聚合功率容差**。

18.8 发射信号质量

发射信号质量要求定义了基站或终端的发射信号在符号域和频域与"理想"调制信号偏离的程度。发射机的射频器件对发射信号产生损伤，其中主要是由功率放大器的非线性特性导致的。基站和终端的信号质量是通过 EVM 和**频率误差**的要求来评估的。对于终端，还有一个终端带内发射的额外要求。

18.8.1 EVM 和频率误差

虽然信号质量测量的理论定义非常简单，但实际的评估却是一个非常细致的过程，在 3GPP 标准中极为详细地进行了描述。原因在于这是一个多维优化的问题，需要找到时间、频率和信号星座图上最匹配的点。

EVM 用于测量调制信号星座图的误差，是在激活子载波上该调制方式的所有符号的矢量误差均方根，EVM 表示为相对于理想信号功率误差的百分比。从本质上来说，如果发射机和接收机之间对信号没有额外的损伤，EVM 就定义了接收机能够获得的最大 SINR。

由于接收机可以消除某些发射信号的损伤，诸如时间色散等，因此要在去除循环前缀和均衡之后评估 EVM。通过这种方式，EVM 的评估包含了接收机的标准化模型。EVM 评估产生的频率偏移进行平均后用于测量发射信号的**频率误差**。

18.8.2 终端带内发射

带内发射是信道带宽内的发射。带内发射要求限制了信道带宽内终端在未分配的资源块上发射的水平，即资源块数目。与带外（Out-Of-Band，OOB）发射不同，带内发射是在去除循环前缀和 FFT 之后测量的，因为终端发射机会影响实际的基站接收机。

18.8.3 基站时间对齐

NR 的一些特性要求基站从两个或者多个天线上发射，例如发射分集和 MIMO。对于载波聚合，基站也可以在不同天线上发射载波。为了使终端能够正确接收来自多个天线的信号，根据任意两个发射通路之间定时对齐的最大误差来定义定时关系。最大允许的误差取决于发射通路的特性或特性组合。

18.9　无用发射传导要求

按照 ITU-R 建议书 [42]，发射机的无用发射可分为**带外发射**和**杂散发射**。带外发射定义为靠近射频载波频率上的发射，产生于调制过程中。杂散发射是射频载波外的发射，在不影响信息传输的情况下可以减少。杂散发射的例子有谐波发射、互调产物和变频产物。带外发射的频率范围一般称为**带外域**，而杂散发射的限制一般在**杂散域**定义。

ITU-R 还定义了带外域和杂散域之间的边界，频点为距离载波中心 2.5 倍必要带宽，相当于 NR 信道带宽的 2.5 倍。这种划分对于固定信道带宽的系统很容易定义要求，但是对于 NR 这种动态带宽的系统会很困难，意味着要求适用的频率范围随着信道带宽发生变化。在 3GPP 中定义基站和终端要求边界的方法稍有不同。

在带外发射和杂散发射的边界建议设置为 2.5 倍信道带宽的情况下，带外域覆盖的频率范围为载波两侧每侧两倍信道带宽，因此载波的三阶和五阶互调产物会落在带外域内。对于带外域，基站和终端都定义了两种互相重叠的要求：**频谱发射模板**（Spectrum Emissions Mask，SEM）和**邻道泄漏比**（Adjacent Channel Leakage Ratio，ACLR）。详细说明见下文。

18.9.1　实现因素

OFDM 信号的频谱在配置的发射带宽之外衰减非常缓慢。由于 NR 的发射信号会最多占据 98% 的信道带宽，因此无法通过"纯粹"的 OFDM 信号满足信道带宽之外无用发射的限制。不过 NR 标准并未指定或强制要求为了达到发射机要求所采用的技术。OFDM 系统中用来控制频谱的发射通常采用的一种方法是时域加窗。滤波也是经常采用的方法，通过对时域的基带信号进行数字滤波，以及对射频信号进行模拟滤波。

功率放大器（Power Amplifier，PA）在放大射频信号时的非线性特性也必须要考虑，因为这是信道带宽之外互调产物的来源。可以通过功率回退获得 PA 更线性的工作，但这是以降低功率效率为代价的。因此功率回退应当保持在最小限度。出于这个原因，可采用额外的线性化方案。这些对于基站尤其重要，因为对于实现复杂度的限制较少，采用先进的线性化方案是控制频谱发射的基本。这类技术包括前馈、反馈、预失真和后失真等。

18.9.2　带外域的发射模板

发射模板定义了必要带宽之外允许的带外频谱发射。如上所述，在定义带外发射和杂散发射的频率边界时，如何考虑灵活的信道带宽对于 NR 的基站和终端是不同的。因此，发射模板也要基于不同的原则。

1. 基站工作频段无用发射限制

对于 NR 基站,由于信道带宽的变化,使得带外域和杂散域的边界也跟着变化,因此无法定义一个显式的边界。解决方案是用 NR 基站**工作频段无用发射**(Operating Band Unwanted Emission,OBUE)的统一概念来替代通常定义的带外发射频谱模板。工作频段无用发射要求适用于基站发射机的整个工作频段,每边额外加上 10 ～ 40MHz,如图 18-4 所示。根据 ITU-R 建议书[42],该范围外的所有要求都由监管机构的杂散发射限制来设置。如图 18-4 所见,大部分工作频段无用发射定义的频率范围对于较小的信道带宽可以是杂散域和带外域。这意味着对于可能在杂散域内的频率范围的限制也要符合 ITU-R 的监管限制。所有信道带宽的模板形状是通用的,因此模板从信道边缘 10 ～ 40MHz 起必须与 ITU-R 的限制保持一致。工作频段无用发射是以 100kHz 测量带宽来定义的,从而与 LTE 的模板几乎保持一致。

在载波聚合的情况下,OBUE 要求(如同其他射频要求)在多载波传输的情况下一样适用,此时 OBUE 以射频带宽边缘载波来定义。在非连续载波聚合的情况下,子块间隔的 OBUE 累加起来作为每个子块总的 OBUE。

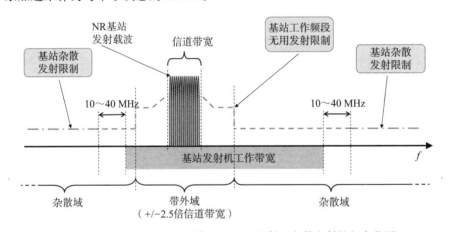

图 18-4 NR 基站(FR1)工作频段无用发射和杂散发射的频率范围

为了满足 FCC(Federal Communications Commission,标题 47)对于美国所使用的工作频段,以及 ECC 使用的一些欧洲的频段的特殊规定,还定义了一些特殊的限制。这些是作为工作频段无用发射限制之外的单独限制来规定的。

2. 终端频谱发射模板

出于实现的原因,无法定义一个不随信道带宽变化的通用的终端频谱模板,因此终端带外限制和杂散发射限制的频率范围不会遵循与基站相同的原则。如图 18-5 所示,SEM 从信道边缘延伸 Δf_{OOB}。对于 5MHz 的信道带宽,按照 ITU-R 的建议,这个点对应于 250% 的必要带宽,但是对于更大的信道带宽 Δf_{OOB} 设置为小于 250%。

　　SEM 定义为一个通用模板和一组附加模板，附加模板用于体现不同区域的要求。每个附加的区域性模板与一个特定的网络信令 NS_*x* 相关联。

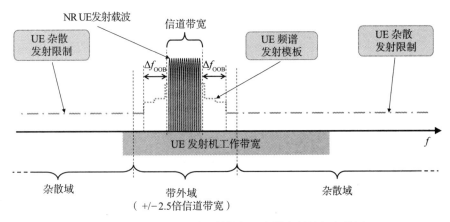

图 18-5　NR 终端频谱发射模板和杂散发射的频率范围

18.9.3　邻道泄漏比

　　除了频谱发射模板之外，带外发射还定义了 ACLR 的要求。ACLR 的概念对于分析工作在相邻频点的两个系统之间的共存很有帮助。ACLR 定义为分配的信道带宽内的发射功率和相邻信道上的无用发射功率之比。对于接收机，对应的要求叫 ACS，它定义了接收机抑制相邻信道上信号的能力。

　　对于有用信号和相邻信道上的干扰信号，ACLR 和 ACS 的定义如图 18-6 所示。ACLR 定义了有用信号的接收机收到的干扰信号无用发射的泄漏，ACS 则定义了有用信号的接收机抑制相邻信道干扰信号的能力。这两个参数组合起来，定义了相邻信道上两个发射之间的总泄漏。这个比值称作**邻道干扰比**（Adjacent Channel Interference Ratio，ACIR），它定义了一个信道上的发射功率与相邻信道上接收机收到的全部干扰的比值。这是由于发射机（ACLR）和接收机（ACS）的缺陷造成的。

　　邻道参数之间的关系如下 [11]：

$$\mathrm{ACIR} = \frac{1}{(1/\mathrm{ACLR}) + (1/\mathrm{ACS})} \tag{18-2}$$

　　由于 NR 的带宽灵活性，对于两个相邻信道，ACLR 和 ACS 可以用不同的带宽来定义。公式（18-2）也适用于不同信道带宽的场景，但只有两个信道带宽相同时才用于定义公式中的全部三个参数，ACIR、ACLR 和 ACS。

　　基于 NR 与相邻载波上的 NR 或者其他系统共存的大量分析 [11]，得到了 NR 终端和基站的 ACLR 限制。

　　对于 NR 基站，在相邻信道上相同带宽的 NR 接收机，以及相邻信道上的 LTE 接收机，都有 ACLR 要求。NR 基站的 ACLR 要求为 45dB，这比终端的 ACS 要求更为严格，根据公式（18-2），在下行终端接收机的性能会限制 ACIR，也会限制基站和终端之间的共存。从系统的角度看，这种选择是合算的，因为这样把实现的复杂度移到了基站，而不是要求所有终端都具备高性能的射频。

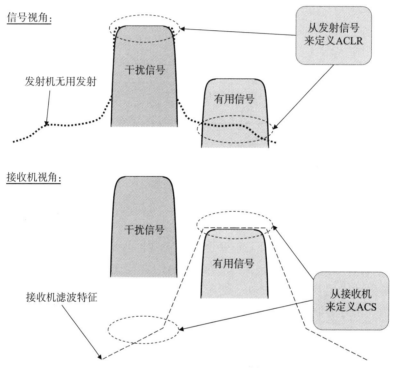

图 18-6   NR 终端频谱发射模板和杂散发射的频率范围

载波聚合的情况下，基站的 ACLR（如同其他射频要求）适用于多载波传输，根据射频带宽边缘的载波来定义 ACLR 要求。在非连续载波聚合的情况下，子块之间的间隔较小，间隔边缘的 ACLR 会"互相重叠"，因此对于间隔定义了一个特殊的**累积 ACLR 要求**（Cumulative ACLR requirement，CACLR）。CACLR 限制考虑了子块间隔两侧载波的贡献。基站 CACLR 限制与 ACLR 一样，都是 45dB。

终端 ACLR 的限制设置在假定 NR 和 UTRA 接收机在相邻信道的情况下。载波聚合情况下终端的 ACLR 要求是针对聚合的信道带宽，而非每个载波信道带宽。NR 终端的 ACLR 限制为 30dB。这一限制相比于基站的 ACS 要求相当宽松，根据公式（18-2），这意味着在上行终端发射机的性能会限制 ACIR，也会限制基站和终端之间的共存。

18.9.4   杂散发射

NR 基站的杂散发射限制取自国际建议书[42]，但只对工作频段无用发射限制的频率范围以外的区域进行了定义，如图 18-4 所示，即在距离基站发射机工作频段至少 10 ～ 40MHz 的频率处。由于 NR 可能与其他系统共存甚至共站，还会有额外的区域性或可选性限制来保护其他系统。需要考虑这些额外杂散发射要求的其他系统有 GSM、UTRA FDD/TDD、CDMA2000 和 PHS。

终端杂散发射限制的定义考虑了 SEM 覆盖频率范围之外的所有频率范围。这些限制一般是基于国际性监管条例[42]，但是当终端漫游时与其他频段共存还有额外的要求。额外的杂散发射限制与网络信令值相关联。

此外，还为接收机定义了基站和终端的辐射限制。因为接收机的辐射会被发射信号淹没，因此接收机的杂散发射限制只适用于发射机不激活的时刻，以及有单独的接收机天线连接器的 NR FDD 基站的发射机激活的时刻。

18.9.5　占用带宽

占用带宽是某些地区的监管机构对于终端的监管要求，例如日本和美国。最初由 ITU-R 定义为一个最大带宽，最大带宽之外的发射不能超过总发射一个特定的百分比。NR 的占用带宽等于信道带宽，占用带宽之外允许最大 1% 的发射（每侧 0.5%）。

18.9.6　发射机互调

在射频发射机的实现中还有一个额外的因素，即基站或终端的发射信号与附近发射的其他强信号之间存在互调的可能。出于这个原因，提出了**发射机互调**要求。

对于基站，互调要求是基于一个共址的其他基站发射机的静态场景，规定其他基站发射的信号在当前基站天线连接器处衰减 30dB。由于是静态场景，因此不允许额外的无用发射，意味着在有干扰源的情况下也必须满足全部的无用发射限制。

对于终端有类似的互调要求，规定在终端天线连接器处另一个终端的发射信号衰减 40dB。互调要求规定了所产生的互调产物相对于发射信号的最小衰减。

18.10　传导灵敏度和动态范围

参考灵敏度要求（reference sensitivity requirement）的主要目的是验证接收机的**噪声系数**（noise figure），噪声系数衡量接收机射频信号通路对接收信号 SNR 降低的程度。因此，选择低 SNR 下采用 QPSK 传输来作为接收灵敏度测试的参考信道。参考灵敏度定义为参考信道吞吐量为 95% 最大吞吐量时接收机的输入电平。

对于终端，参考灵敏度是针对满带宽的信号，并且所有资源块分配给有用信号来定义的。

动态范围要求的目的是确保在接收信号电平远高于接收灵敏度的情况下接收机可以工作。基站动态范围的场景假定干扰增加则有用信号电平也会相应增加，因此要测试不同接收机损伤的影响。为了对接收机施加压力，采用了更高 SINR 的 16QAM 传输来进行测试。为了对接收机进一步施加更高的信号电平，对接收信号加上电平高出本底噪声 20dB 的 AWGN 干扰信号。对终端的动态范围要求规定为满足吞吐量要求的**最大输入信号电平**（maximum signal level）。

18.11　接收机对干扰信号的敏感性

对于基站和终端，有一系列要求来定义接收机在强干扰存在的情况下接收有用信号的能力。定义多种要求的原因在于，干扰信号对有用信号的频率偏移不同，使得干扰场景可能看起来非常不同，并且影响性能的接收机损伤的类型也不同。将干扰信号进行不同组合，目的在于尽可能将不同带宽干扰信号可能的场景进行建模，这些干扰信号可能在基站和终端接收机工作频段之内，也可能在工作频段之外。

虽然基站和终端的要求类型非常相似，但是信号电平是不同的，因为基站和终端的干扰场景非常不同。此外，对于基站的 ICS 要求，没有对应的终端要求。

下面定义的 NR 基站和终端要求，从频率间隔较大的干扰开始，然后逐渐接近（见图 18-7）。在所有情况下干扰信号是一个 NR 信号，干扰信号与有用信号带宽相同，或低于有用信号带宽，但最大为 20 MHz。

- **阻塞**（Blocking）：对应于工作频带外（带外阻塞）或者工作频带内（带内阻塞）有强干扰，但强干扰与有用信号不相邻的场景。对于基站，带内阻塞包括工作频带外紧邻的 20 ~ 60 MHz 的干扰，对于终端则是 15 MHz 范围内。带外用**连续波**（Continuous Wave，CW）信号建模，带内用 NR 信号建模。对于基站与不同工作频段的其他基站共站的场景，还有额外（可选）的基站阻塞要求。对于终端，对每个分配的频率信道以及在各自的杂散响应频点（spurious response frequency）上，带外阻塞要求允许有固定数量的**例外**。在这些频点，终端必须遵从更宽松的杂散响应要求。

- **邻道选择性**（Adjacent Channel Selectivity，ACS）：ACS 的场景是在有用信号的相邻信道上有一个强信号，该场景与相应的 ACLR 要求紧密相关（见 18.9.3 节的讨论）。相邻的干扰是一个 NR 信号。对于终端，ACS 定义为低信号电平和高信号电平两种场景。

- **窄带阻塞**（narrowband blocking）：该场景为一个相邻的窄带强干扰，在要求里对于基站用一个资源块的 NR 信号建模，对于终端用一个 CW 信号建模。

- **带内选择性**（In-Channel Sielectivity，ICS）：该场景为信道带宽内有多个接收信号，多个信号的接收功率电平不同，在较强"干扰"信号存在的情况下验证较弱"有用"信号的性能。ICS 只针对基站定义。

- **接收机互调**（receiver intermodulation）：该场景为靠近有用信号有两个干扰信号，一个是 CW 信号，另一个是 NR 信号（图 18-7 中没有显示）。该要求的目的是测试接收机的线性度。这些干扰所处的频率位置使得互调主产物落入有用信号的信道带宽内。对于基站还有一个**窄带互调**（narrowband intermodulation）要求，其中 CW 信号非常靠近有用信号，而 NR 干扰是单个 RB 的信号。

对于除 ICS 之外的所有要求而言，有用信号都采用了与干扰灵敏度要求相同的参考信道。随着干扰增加，参考灵敏度和 95% 吞吐量都得到了满足，但是是在一个"不敏感"的更高有用信号电平上。

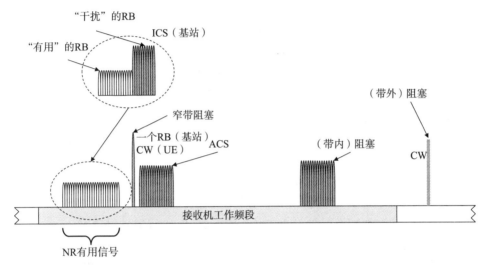

图 18-7　基站和终端对干扰信号的接收机敏感性要求，包括阻塞、ACS、窄带阻塞和 ICS（只有基站）

18.12　NR 的射频辐射要求

为基站和终端定义的射频辐射要求大多从相应的射频传导要求直接推导得来。不同于传导要求，辐射要求还会考虑天线的因素。在定义诸如基站输出功率和无用发射的发射电平时，可以合并天线增益，为辐射方向性做出统一的要求，包括**有效全向辐射功率**（Effective Isotropic Radiated Power，EIRP），或**总辐射功率**（Total Radiated Power，TRP）限制。这两个新的辐射要求作为基站方向性的定义（见 18.12.2 节），不过 NR 终端和基站的辐射要求大多是通过 TRP 的限制来定义的。做出这样的选择有几个原因[19]。

TRP 和 EIRP 与发射天线的个数直接相关，也依赖于基站的特定实现，要考虑天线阵列的形状以及不同天线端口间无用发射信号的相关性。这意味着根据实现，EIRP 限制会导致不同的总辐射无用发射功率。因此 EIRP 限制不会控制网络的干扰总量，而 TRP 要求限制了注入网络的干扰总量，无论基站如何实现。

3GPP 选择 TRP 来定义无用发射的另一个相关因素是无源天线和 AAS 的行为不同。对于无源系统，天线增益在有用信号和无用发射之间不会变化太多。因此，EIRP 与 TRP 直接成正比，可以作为替代。而对于诸如 NR 的有源系统，在有用信号和无用发射之间，以及不同的实现之间，EIRP 变化剧烈，因此 EIRP 与 TRP 不成正比，用 EIRP 来代替 TRP

是不正确的。

终端和基站的射频辐射要求描述见下节。

18.12.1　FR2 的终端辐射要求

如 18.4 节所述，因为 FR2 工作的天线单元数更多，以及使用毫米波技术的高集成度，所以工作频段在 FR2 的终端射频要求在一本单独的规范[6]里描述。这一系列要求与工作在 FR1 的射频传导要求定义基本相同，但很多要求的限制不同。毫米波频率下共存的差异会导致如 ACLR 和频谱模板的要求更低。通过 3GPP 的共存研究和记录文档[11]已经证明了这一点。学术界[73]也已经证明了不同限制的可能性。

毫米波技术的实现比在 6GHz 以下（FR1）的频段采用更为成熟技术的实现更具挑战性。毫米波射频的实现将在第 19 章进一步讨论。

还应当注意到，FR2 定义的信道带宽和参数集一般不同于 FR1，这就无法以相同的标准来比较要求水平，尤其是对接收机的要求。

以下是对 FR2 射频辐射要求的简要描述：

- **输出功率电平要求**：最大输出功率与 FR1 数量级相同，但是用 TRP 和 EIRP 来表示。最小输出功率和发射机关断功率电平高于 FR1。辐射发射功率是一个额外的辐射要求，它不像最大输出功率那样是方向性的。
- **发射信号质量**：频率误差和 EVM 要求的定义与 FR1 类似，并且限制也大多相同。
- **辐射无用发射要求**：占用带宽、ACLR、频谱模板和杂散发射与 FR1 的定义方式相同。频谱模板和杂散发射基于 TRP。很多限制不如 FR1 严格。由于更多有利的共存，ACLR 比 FR1 宽松 10dB。
- **参考灵敏度和动态范围**：与 FR1 的定义方式相同，但是要求的等级不具可比性。
- **接收机对干扰信号的敏感度**：ACS、带内和带外阻塞与 FR1 定义相同，但是没有窄带阻塞的场景，因为 FR2 只有宽带系统。由于更多有利的共存，ACS 比 FR1 宽松 10dB。

18.12.2　FR1 的基站辐射要求

如 18.5 节所述，对于基站类型 1-O 的射频要求只包括辐射（OTA）要求。这些要求一般是基于相应的传导要求直接或按比例缩放得来的。NR 还定义了两个额外的辐射要求，即辐射发射功率和 OTA 灵敏度，如下所述。

基站类型 1-H 通过一套"混合"要求来定义，包括大多数传导要求，再加上两个与基站类型 1-O 相同的辐射要求：

- **辐射发射功率**的定义要考虑天线阵列特定方向的波束赋形方向图，即基站声明发射的每个波束的 EIRP。与基站输出功率类似，实际的要求针对的是所声明的 EIRP 的准确性。
- **OTA 灵敏度**是一个方向性的要求，基于制造商声明的一个或多个 **OTA 灵敏度方向**

声明（OTA Sensitivity Direction Declaration，OSDD）的非常精细的声明。通过这种方式定义的灵敏度描述了一个特定方向的天线阵列波束赋形方向图，即朝向接收机目标的**等效全向灵敏度**（Equivalent Isotropic Sensitivity，EIS）水平。EIS 限制不仅要在单一方向上要满足，在接收机目标方向的到达角范围（Range of Angle of Arrival，RoAoA）内都要满足。根据 AAS 基站自适应的级别，有两种声明可作选择：

- 如果接收机对方向能够自适应，也就是说接收机目标可以重定向，声明包括了在一个特定**接收机目标方向**的**接收机目标重定向范围**。在重定向范围内需要满足EIS 限制，通过范围内五个声明的灵敏度 RoAoA 来测试 EIS 限制。
- 如果接收机对方向不能自适应，也就不能重定向接收机目标，那么声明是在一个特定接收机目标方向的单一灵敏度 RoAoA，在该方向上需要满足 EIS 限制。

请注意，OTA 灵敏度是在参考灵敏度要求之外定义的，对基站类型 1-H 是作为传导要求，对基站类型 1-O 是作为辐射要求。

18.12.3　FR2 的基站辐射要求

如 18.5 节所述，对于工作频段在 FR2 的基站，基站类型 2-O 的射频要求是辐射要求。这些要求和基站类型 1-O 的辐射要求在同一篇规范[4] 中分别进行描述，基站射频传导要求也是如此。

这一系列要求与上述工作频段在 FR1 的射频辐射要求相同，但是很多要求的限制不同。对于终端，毫米波频段共存的差异导致诸如 ACLR、ACS 的要求更低，如 3GPP 共存研究[11] 中所示。用毫米波技术的实现比在 6 GHz 以下（FR1）的频段采用更为成熟的技术更具挑战性，这将在第 19 章进一步讨论。

以下是 FR2 射频辐射要求的简要描述：

- **输出功率电平要求**：FR1 和 FR2 的最大输出功率相同，但 FR2 是从传导要求按比例缩放得来，用 TRP 表示。此外还有一个方向性的辐射发射功率要求。动态范围要求的定义与 FR1 类似。
- **发射信号质量**：频率误差、EVM 和时间对齐要求的定义与 FR1 类似，并且限制也大多相同。
- **辐射无用发射要求**：占用带宽、频谱模板、ACLR 和杂散发射与 FR1 的定义方式相同。频谱模板、ACLR 和杂散发射基于 TRP，很多限制不如 FR1 严格。由于更多有利的共存，ACLR 比 FR1 宽松 15dB。
- **参考灵敏度和动态范围**：与 FR1 的定义方式相同，但是要求的等级不具可比性。此外还有一个方向性的 OTA 灵敏度要求。
- **接收机对干扰信号的敏感度**：ACS、带内和带外阻塞与 FR1 的定义相同，但是没有窄带阻塞的场景，因为 FR2 只有宽带系统。由于更多有利的共存，ACS 比 FR1 更为宽松。

18.13 研究中的 NR 射频要求

3GPP Release 15 中第一套 NR 标准并未全部支持一些 LTE 已有的射频部署选项。3GPP 还在研究多标准无线（Multi-Standard Radio，MSR）基站、多频段基站以及非连续工作这些功能，会在 Release 15 规范的最终版本，或者某些情况下在 Release 16 全部支持。这些功能的简短描述如下，更详细的描述（也适用于 LTE）可见参考文献 [28]。

18.13.1 多标准无线基站

传统意义上来说，射频规范是针对不同的 3GPP 无线接入技术 GSM/EDGE、UTRA、LTE 和 NR 分别制定的。移动无线通信的快速演进，以及在已有部署旁边部署新技术的需要，使得同一站点的不同无线接入技术（Radio-Access Technology，RAT）在实施时共用天线和部分其他装置。此外，多个 RAT 的操作经常是在同一基站设备里完成的。技术演进促成了向多 RAT 基站演进。虽然传统上多个 RAT 共享基站装置诸如天线、馈线、回传或者电源，但数字基带和射频技术的进步使其成为更紧密的一体。

3GPP 定义 MSR 的基站为：接收机和发射机能够同时在共用的**有源**射频器件上处理不同 RAT 的多个载波的基站。如此严格定义的原因是多 RAT 基站的真正潜能和实现复杂度的挑战在于共用一套射频。原理如图 18-8 所示，以具备 NR 和 LTE 能力的基站为例。NR 和 LTE 的某些基带功能在基站可能分离，也可能在同一硬件上实现。但是如图所示，射频必须在同一有源器件上实现。

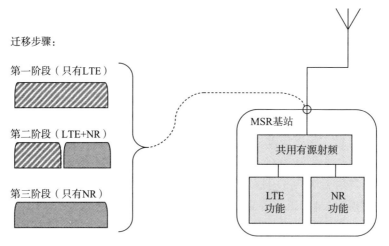

图 18-8 采用 MSR 基站从 LTE 迁移到 NR 的全部迁移步骤示例

NR 和 MSR 基站标准的制定都是 3GPP Release 15 工作的一部分，该系列规范首先发布的是 NSA 模式，一开始不会涵盖 MSR 基站规范。预计在 2018 年 NR 将作为 MSR 基站的一个新 RAT 加入。支持 NR 的 MSR 基站的实现主要有两个优点：

- 部署时不同 RAT 之间的迁移，例如使用相同的基站硬件，从之前几代移动技术迁移到 NR。随着时间的推移，当前几代技术的频谱给 NR 释放出来后，就可以逐渐引入 NR。
- 在不同环境下出于部署的需要，MSR 基站可以部署为支持多 RAT 中的单一 RAT 工作，或者与多 RAT 工作一样。这与市场近来所见到的采用更为简化通用的基站设计的技术趋势相符合。基站种类减少对基站供应商和运营商都有好处，因为可以开发和实现用于多种场景的单一解决方案。

MSR 的概念对于很多要求有重大影响，而其余的要求则完全保持不变。MSR 基站引入了**射频带宽**的基本概念，定义为发送和接收载波集合的总带宽。很多接收机和发射机要求通常相对于载波中心或信道边缘来定义。而对于 MSR 基站，这些要求是相对于**射频带宽边缘**来定义，与载波聚合的方式类似。通过引入射频带宽的概念以及引入通用限制，MSR 的要求从以载波为中心转移到以频谱块为中心，因此在技术上保持中立，与接入技术或工作模式无关。

对于 MSR 基站规范，根据频段所支持的 RAT，将工作频段划分为**频段类别**（Band Category，BC）。目前有三种频段类别，BC1 ～ BC3，分别涵盖了无 GSM 的对称频段、有 GSM 的对称频段和非对称频段。还未确定当 NR 作为新增的 RAT 时是否需要增加新的频段类别。

MSR 基站的另外一个重要概念是支持的**能力集**（Capability Set，CS），是供应商声明的基站能力的一部分。能力集定义了所有支持的单个 RAT 和多 RAT 的组合。目前有 15 个能力集，CS1 ～ CS15，定义在 MSR 基站测试规范[2]中。当 NR 作为一种新的 RAT 加入时，可以预见到会增加新的 CS，以涵盖包含 NR 的 RAT 组合。

载波聚合也适用于 MSR 基站。因此 MSR 规范已经包含了定义多载波射频要求所需的绝大部分概念，因此无论这些载波是否聚合，MSR 要求相比于非聚合载波要求区别很小。

更多支持 LTE、UTRA 和 GSM/EDGE 工作的 MSR 基站射频要求的细节参见参考文献 [28] 中的 22.5 节。

18.13.2　多频段能力基站

3GPP 标准持续发展，通过多载波、多 RAT、频段内载波聚合以及每次为一个频段定义要求，可支持用更大射频带宽进行发送和接收。随着射频技术的演进，支持更大带宽的发射机和接收机变得可能。从 3GPP Release 11 开始，在 LTE 和 MSR 基站规范中就支持了通过共用的射频在两个频段上同时发送和接收。这类多频段基站涵盖了频率范围为几百 MHz 的多个频段。从 3GPP Release 14 起支持多于两个频段。

虽然 3GPP Release 15 的工作没有将多频段基站的 NR 标准排除在外，但首先发布的 NSA 规范并没有对 NR 频率范围 2 的多频段操作进行完整地描述。

一个显而易见的多频段基站的应用是带内载波聚合。但是要注意到，支持多频段的基站在载波聚合引入 LTE 和 UTRA 之前很早就存在。GSM 已经有双频段基站，能够在站点更紧密地部署设备，但基站实际上有两套独立的发射机和接收机，集成在同一个设备机柜里。"真正"具有多频段能力基站的区别在于各个频段从基站共用的**有源**射频发送和接收信号。

多频段基站的例子如图 18-9 所示，基站两个工作频段 X 和 Y 的发射机和接收机共用一套射频。发射机和接收机通过双工滤波器连接到共用的天线连接器及共用的天线。这个例子中的基站也是一个支持多 RAT 的 MB-MSR 基站，频段 X 配置了 LTE 和 GSM，频段 Y 配置了 LTE。请注意，这里只用一张图显示了两个频段的频率范围，可能是接收机或者发射机的频率。

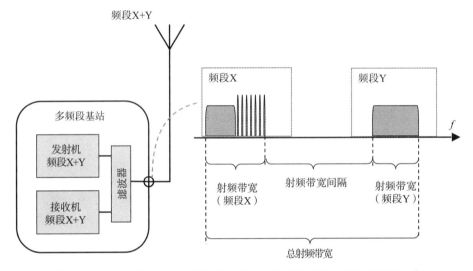

图 18-9　两个频段发射机和接收机共用一个天线连接器的多频段基站示例

为了减少站点所需设备的数量，可以只用一个天线连接器和共用的馈线连接到共用天线，但这并不总是可行的。也可能每个频段有各自的天线连接器、馈线和天线。如图 18-10 所示，多频段基站的两个工作频段 X 和 Y 分别有各自的连接器。请注意，虽然两个频段有各自的天线连接器，但这种情况下发射机和接收机的射频实现对于两个频段是共用的。两个频段的射频信号经过滤波器分离，在天线连接器之前进入频段 X 和 Y 各自的通路。对于共用天线连接器的多频段基站，也有可能是发射机或接收机二者之一采用单频段实现，而另一个是多频段的。

为了在接收机和发射机通路之间提供更好的隔离度，基站实现可以进一步将接收机和发射机的天线连接器分离。考虑到射频总带宽很大时，多频段基站接收机和发射机实际上会互相重叠，这样的分离对多频段基站是有益的。

对于多频段基站，可能具备工作在多个 RAT 的能力，以及一些可选的实现，包括频段共用或分离天线连接器以及收发机共用或分离天线连接器，这使得基站能力的声明变得极为复杂。对于这类基站适用哪些要求，以及如何对这些要求进行测试，也取决于这些声明的能力。

更多关于支持 LTE 的多频段基站的具体射频要求见参考文献 [28] 的 22.12 节。

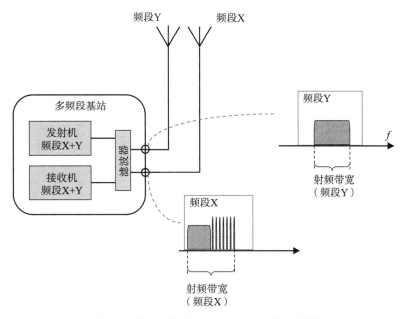

图 18-10　两个频段发射机和接收机分别有各自天线连接器的多频段基站

18.13.3　工作在非连续频谱

出于不同的原因，一些频谱分配是由频谱碎片组成的。频谱可能从 2G 频谱回收而来，原先授权的频谱最初在不同运营商之间是"交织"的。出于实现的原因（当频谱分配扩展时，原先使用的合路器滤波器不易调谐），这在早先的 GSM 部署中很常见。在一些地区，运营商拍卖竞得了频谱授权，但出于不同的原因，最终在同一频段内有多个不相邻的频谱分配。

对于非连续频谱分配的部署，会有一些影响：

- 如果一个频段内的所有频谱分配用于一个基站工作，那么基站必须能够工作在非连续频谱。
- 如果要使用比每个频谱碎片可用传输带宽更大的传输带宽，终端和基站都必须在该频段上具备**带内非连续载波聚合**（intraband non-contiguous carrier aggregation）的能力。

请注意，基站具备非连续频谱工作的能力并不需要与载波聚合的能力直接绑定。从射频角度看，基站需要的是在一个分裂为两个（或更多）分离的子块，且子块之间存在间隔的射频带宽上接收和发送，如图 18-11 所示。子块间隔中的频谱可以用于其他运营商的部署，这意味着子块间隔中的基站射频要求将遵从非协调工作模式下的共存要求。这也对基站工作频段内的一些射频要求有少许影响。

虽然 3GPP Release 15 工作并未将非连续频谱的 NR 基站规范排除在外，但首先发布的 NSA 规范集对非连续工作并没有进行完整描述。更多关于 LTE 非连续工作的具体射频要求见参考文献 [28] 的 22.4 节。

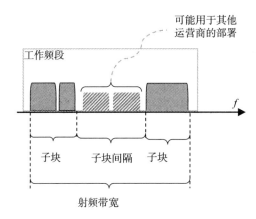

图 18-11　非连续频谱工作示例，说明了射频带宽、子块和子块间隔的定义

第 19 章

毫米波射频技术

现有的 3GPP 中 2G、3G 和 4G 的无线通信标准都是针对小于 6GHz 的载波频率，因此也只针对小于 6GHz 的载波提出相应的射频要求。NR 当然也支持小于 6GHz 的频点（称为频率范围 1），但 NR 还需要支持大于 24.45GHz 的频点（频率范围 2，或者称为毫米波）。因此需要为毫米波的 NR 终端和 NR 基站定义射频性能和射频要求。本章会对毫米波实现技术进行描述，这样会有助于读者更好地理解毫米波实现技术能提供什么样的性能以及对应的性能瓶颈在哪里。

在本章中，会通过**模数、数模转换器**（Analog-to-Digital/Digital-to-Analog converter）和功率放大器的介绍，讨论最大发射功率和效率以及线性度的关系。还会讨论接收机的关键指标，诸如噪声系数、带宽、动态范围、耗散功率，以及这些指标之间的关系，同时会涉及频率发生和相位噪声等方面。除此之外，毫米波的滤波器设计也是本章描述的一个重要方面，它将指出不同的技术可达到的性能，以及把滤波器集成到 NR 中的实现可行性。

本章使用了一些具体数据来表明现有技术的能力。这些数据都是来自公开发表的资料，或者是在讨论 NR 标准 [11] 的时候通过 3GPP 公开的。需要注意的是，3GPP 定义的 NR 标准或者相关讨论，都不会限定频率范围 2 产品模型或者具体实现细节。这里的讨论只是指出或者说分析了各种毫米波收发机射频实现的可能性。

频率范围 2 的另外一个设计挑战是，在该频率范围内，网络侧的 AAS 基站通常会使用大规模天线阵列，终端也会普遍采用多天线技术。这主要得益于毫米波频率高，使得天线的物理尺寸相应减小。但是小尺寸的天线会增加设计难度。在一个较小的物理尺寸内集成多个收发机和天线，设计时需要谨慎考虑能效和散热，而这些反过来最终都会直接影响射频性能及指标。在这一点上，NR 的终端和基站都面临同样的挑战，注意毫米波终端的实现和基站收发器的实现之间的差异并没有 6GHz 以下频率区别那么大。

19.1 ADC 和 DAC

毫米波通信引入了更大的带宽，而更大的带宽就会对数字域和模拟域之间的转换发起更高的挑战。业内广泛使用基于**信号噪声失真比**（Signal-to-Noise-and-Distortion Ratio，SNDR）的 **Schreier 品质因数**（Schreier Figure-of-Merit，Schreier FoM）作为模数转换器的度量，参见 [61]

$$FoM = SNDR + 10 \log_{10}\left(\frac{f_s/2}{P}\right)$$

这里，SNDR 的单位是 dB，功耗 P 的单位是 W，以及奈奎斯特抽样频率 f_s 的单位是 Hz。图 19-1 选自 [62]，研究结果展示了大量商业 ADC 的 Schreier 品质因数和对应奈奎斯特抽样频率（对绝大多数 ADC 就是 2 倍的带宽）的关系。图中的虚线标明了 FoM 的包络，在 100MHz 的抽样频率以下基本上恒定在 180dB。对于恒定的品质因数，SNDR 每增加 3dB 或者带宽增加一倍，都会导致功耗翻倍。对 100MHz 以上的抽样频率，会有一个额外的 10dB/decade 的损失，意味着带宽增加一倍，功耗是原先的 4 倍。

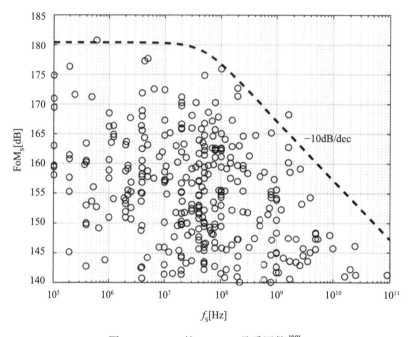

图 19-1   ADC 的 Schreier 品质因数 [62]

尽管随着集成电路技术的持续发展，未来的高频 ADC 品质因数包络会缓慢地推高。但是带宽在 GHz 范围的 ADC 依然无法避免功率效率低下的问题。NR 毫米波引入的大带宽以及天线阵列配置都会引入很大的 ADC 功耗。因此对基站和终端都需要考虑如何降低 SNDR 的要求。

在同样的精度和速度要求下 DAC 相比 ADC 较为简单。而且 ADC 一般会引入循环处理而 DAC 不会。因此 DAC 在研究领域的关注度较低。尽管 DAC 结构和 ADC 有很大不同，DAC 也可以用品质因数来描述。类似于 ADC 的情况，大带宽和对发射机的不必要的苛刻的 SNDR 要求，会导致更高的 DAC 功耗。

19.2　本振和相位噪声

本振（Local Oscillator，LO）是现代通信系统一个必不可少的组成部分。一个描述本振性能的参数是相位噪声。简单地说，相位噪声就是本振产生信号在频域上的稳定程度的衡量。相位噪声的定义是在一个给定频率偏移 Δf 处的 dBc/Hz 值，描述的是本振产生信号和期望频率之间偏差 Δf 的可能性。

本振的相位噪声会显著影响系统性能。如图 19-2 所示，以单载波为例，在加入了**加性高斯白噪声**（Additive White Gaussian Noise，AWGN）建模的热噪声之后，比较了有相位噪声和没有相位噪声两种情况下的 16QAM 星座图。对一个给定的符号错误率门限，相位噪声会限制最高的调制阶数，如图 19-2 所示。换句话说，不同的调制阶数会对本振的相位噪声提出不同的要求。

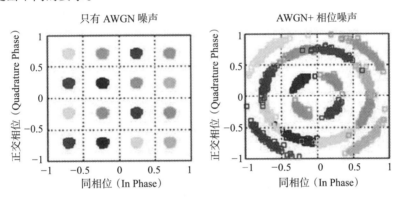

图 19-2　有相位噪声（右）和无相位噪声（左）的单载波 16QAM 信号

19.2.1　自由振荡器和锁相环的相位噪声特性

生成频率最常用的电路是**压控振荡器**（Voltage-Controlled Oscillator，VCO）。图 19-3 通过一个模型来建模自由振荡的 VCO 对不同频率偏移的特性。

这里 f_0 是振荡器频率，Δf 是频率偏移，P_S 是信号强度，Q 是谐振器的加载品质因子，F 是经验拟合参数（对应的物理意义是噪声系数），而 $\Delta f_{1/f^3}$ 有源设备 $1/f$ 噪声的拐点频率 [57]。

根据图 19-3 所示公式，可以得出：

1. 振荡器频率 f_0 加倍，则相位噪声增加

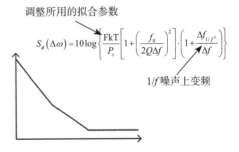

$$S_\phi(\Delta\omega) = 10\log\left\{\frac{FkT}{P_s}\left[1+\left(\frac{f_0}{2Q\Delta f}\right)^2\right]\cdot\left(1+\frac{\Delta f_{1/f^3}}{\Delta f}\right)\right\}$$

调整所用的拟合参数

$1/f$ 噪声上变频

图 19-3　一个典型的自由振荡 VCO 相位噪声特性 [57]：相位噪声 dBc/Hz（Y 轴）和频率偏移 Hz（X 轴，对数）

6dB。

2. 相位噪声和信号强度 P_s 成反比。

3. 相位噪声和谐振器加载品质因子 Q 的平方成反比。

4. 1/f 噪声上变频提升了临近载波频点位置的相位噪声（即：小频率偏移）。

因此在设计 VCO 的时候，需要平衡几个相关参数。为了比较不同半导体技术和电路拓扑下 VCO 的性能，往往使用品质因数（考虑了功耗的影响）来进行公平的比较：

$$\text{FoM} = PN_{\text{VCO}}\left(\Delta f\right) - 20\log\left(\frac{f_0}{\Delta f}\right) + 10\log\left(P_{\text{DC}}/1\text{mW}\right)$$

其中是 $PN_{\text{vco}}(\Delta f)$ VCO 的相位噪声，单位为 dBc/Hz；是功耗，单位为 W。这个公式值得注意的一点是相位噪声和功耗（线性值）都与 f_0^2 成正比。因此为了保持一定的相位噪声，增加频率 N 倍则意味着功耗需要增加 N^2 倍（假定品质因数一定）。

一个通常的抑制相位噪声的做法是使用**锁相环**（Phase Locked Loop，PLL）[18]。基本结构包括 VCO、**分频器**（frequency divider）、**相位检测器**（phase detector）、**环路滤波器**（loop filter）和一个高稳定性低频参考源（比如晶振）。锁相环输出的相位噪声来源包括：

- 在环路滤波器带宽之外的 VCO 相位噪声部分。
- 环路之内的参考振荡器产生的相位噪声。
- 相位检测器和分频器的相位噪声。

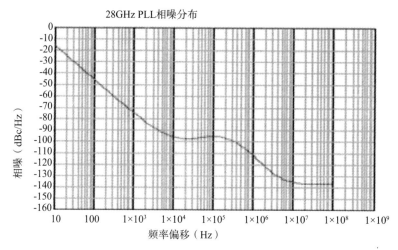

图 19-4　使用锁相环的倍频至 28GHz 的 VCO 的本振相位噪声测量（Ericsson AB，经许可使用）

图 19-4 提供了一个典型的毫米波本振的特性，显示了一个 28GHz 本振相位噪声的测量结果。该本振在低频使用了锁相环然后倍频到 28GHz。可以观察到有 4 个不同特点的区间：

1. f_1 小频率偏移 <10kHz。大致按照 30dB/decade 的速率下降，主要来自 1/f 噪声上变频。

2. f_2 频率偏移在锁相环带宽之内。相对平坦并包含多种噪声来源。

3. f_3 频率偏移大于锁相环带宽。大致按照 20dB/decade 的速率下降，主要来自 VCO 相位噪声。

4. f_4 更大的频率偏移 >10MHz。平坦，主要来自底噪。

19.2.2　毫米波信号生成的挑战

当振荡器频率从 3GHz 提升到 30GHz，相位噪声也会随之提升。对特定频率偏移，相位噪声会恶化 20dB 数量级。这显然会限制毫米波可用调制模式的最高阶，最终限制毫米波的最高频谱效率。

毫米波本振同样受限于品质因子 Q 和信号强度 P_s。Lesson 方程指出，为了获得较低的相位噪声，必须提高品质因子 Q 和信号强度 P_s，同时降低有源器件的噪声系数。不幸的是，当本振频率提高的时候，上述三个方面往往朝着不好的方向变化：

- 对**单片压控振荡器**（monolithic VCO），振荡器的品质因子 Q 会随着频率增加而快速降低。主要的原因是：（1）**寄生损耗**（parasitic loss）增加，诸如**金属损耗**（metal loss）或**衬底损耗**（substrate loss）增加。（2）变容二极管 Q 降低。
- 信号强度受限。这主要因为高频操作需要更加先进的半导体设备，其击穿电压也会随着尺寸的降低而降低。这些因素的影响在 19.3 节里介绍的功放部分也能观察到，功放也会随着频率的增加而导致功放能力的下降（-20dB/decade）。

基于这些原因，在实现毫米波本振的时候，一般都是利用一个相对低频的锁相环然后倍频到目标频点上。

除了上述的挑战，$1/f$ 噪声上变频也提升了临近载波相位噪声。当然 $1/f$ 噪声和实现技术非常相关，相比于**垂直双极器件**（vertical bipolar device）如双极和 HBT，一些平面器件诸如 CMOS 和**高电子迁移率晶体管**（High Electron Mobility Transistor，HEMT）会产生更高的 $1/f$ 噪声。

为了完全集成 MMIC/RFIC VCO 和锁相环，可以采用各种技术（从 CMOS 和 BiCMOS 到 III-V 族材料）。但是因为较低的 $1/f$ 噪声和较高的击穿电压，一般 InGaP HBT 是最为常用的。尽管有较为严重的 $1/f$ 噪声，少数情况下也会采用 pHEMT 设备。一些方案使用 GaN FET 结构，尽管可以获得很高的击穿电压，但是 $1/f$ 噪声甚至会比 GaAS FET 器件设备还要高。图 19-5 总结了不同的半导体技术，在 100kHz 频偏范围内相位噪声性能和振荡器频率的关系。

最近的研究成果揭示了本振噪底对系统性能的影响[23]。在符号速率比较低的情况下噪底对系统影响不大。但是当符号速率提高之后，比如 5G NR，平坦噪底开始对调制后的信号 EVM 产生影响。如图 19-6 所示为不同的符号速率和不同的噪底水平下测量发射信号的 EVM 结果。这类观察意味着为宽带通信进行毫米波本振系统设计的时候，需要额外关注技术的选择、VCO 拓扑和倍频系数，以期得到合理的较低相位噪声的噪底。

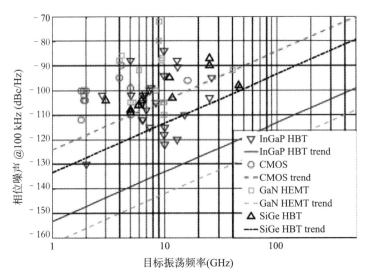

图 19-5   不同的半导体技术下相位噪声性能和振荡器频率的关系 [36]

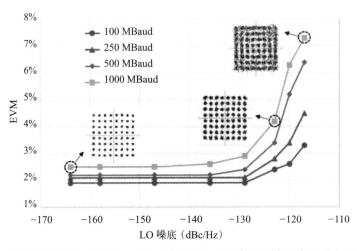

图 19-6   通过对 7.5GHz 上发射 64QAM 信号测量得到符号速率和本振噪底的关系 [23]

19.3   功放效率和无用发射的关系

　　射频性能一般都会随着频率的增加而相应降低。对于一个给定的集成电路技术，功放的功率能力大致随着频率增加以 20dB/decade 的速度下降，如图 19-7 所示的各种半导体技术。根据 Johnson 限制理论 [54]，提升频率和提升功放功率能力本质上是矛盾的。简单来说，越高的频率需要越小的结构，而为了保证增大场强时不发生介质击穿，就要求更低的功放功率能力。为了遵从摩尔定律的发展，门电路尺寸持续降低也必然带来功放功率能力的下降。

一个补救的办法是寻找一种更优的集成电路材料。毫米波集成电路传统上使用 III-V 材料生产，也就是元素周期表 III 族和 V 族的材料混合，诸如**砷化镓**（Gallium Arsenide，GaAs）以及**氮化镓**（Gallium Nitride，GaN）。基于 III-V 族材料的集成电路技术往往比传统的硅基电路技术更加昂贵，并且也不能支持过高的集成复杂度，比如无法集成移动终端的数字电路和无线调制器。但是基于 GaN 的技术正在迅速成熟，并且提供了比传统技术高一个数量级的功率等级。

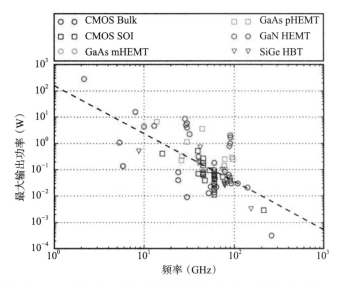

图 19-7　不同半导体技术下，功放最大输出功率和频率的关系。虚线为功率能力和频率的关系预测（-20dB/decade）。数据点标明市场销售的微波和毫米波实际功放电路的性能

有三种半导体材料参数影响功放效率：**最大工作电压**（maximum operating voltage）、**最大工作电流密度**（maximum operating current density）以及**拐点电压**（knee-voltage）。由于拐点电压，最大可以获得的效率会降低一定比例，比例因子可以定义为：

$$\frac{1-k}{1+k}$$

这里 k 等于拐点电压除以最大工作电压。对大多数晶体管技术，k 的取值范围为 0.05～0.01，导致效率下降 10%～20%。

最大工作电压和最大工作电流密度限制了一个晶体管单元能够输出的最大功率。为了增加输出功率，就需要合并多个晶体管的输出功率。最常见的合并方式有电压合并，即**堆叠**（stacking）；电流合并，即**并联**（paralleling）；功率合并，即**共同合并**（corporate combiner）。每一种合并的方式都有不同的合并效率。越低的功率密度就需要越多的合并级数，也就导致了更低的合并效率。对毫米波频率，电压合并或者电流合并的方法都受限于波长。晶体管单元的整体大小必须小于波长的 1/10，因此可以一定程度上使用堆叠或

并联这两种方法，然后使用联合合并来得到期望的输出功率。CMOS 的最大功率密度是
100mW/mm，而 GaN 可以达到 4000mW/mm，因此，GaN 技术需要较少的合并从而可以
得到更高的效率。

图 19-8 显示了饱和**功率附加效率**（Power-Added Efficiency, PAE）和频率的关系。在
30GHz 和 77GHz，最大 PAE 分别大致可以达到 40% 和 25%。

功率附加效率定义如下：

$$\mathrm{PAE} = 100 * \frac{\left[P_{\mathrm{OUT}}\right]_{\mathrm{RF}} - \left[P_{\mathrm{IN}}\right]_{\mathrm{RF}}}{\left[P_{\mathrm{DC}}\right]_{\mathrm{TOTAL}}}$$

在毫米波频率上，半导体技术限制了可以得到的最大输出功率，此外效率也会随着频
率的增加而下降。

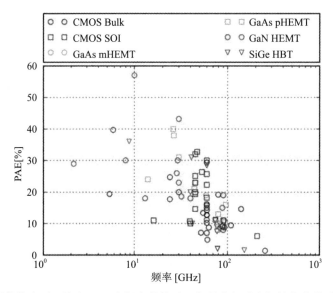

图 19-8   不同半导体技术下，饱和 PAE 和频率的关系。各种点标明市场销售的微波和毫米波实际功放
电路的性能

为了达到线性要求（比如发射机 ACLR 的要求，具体参考第 18.9 节），除了考虑图
19-8 里显示的 PAE 特性，还需要考虑 AM-AM/AM-PM 特性的非线性，也许还需要引入功
率回退。考虑到散热方面的影响以及毫米波产品显著压缩的面积和体积，功放的设计需要
综合考虑线性度、PAE、输出功率以及散热等诸多方面。

19.4   滤波器

基站和终端都会使用各种类型的滤波器来满足整体射频性能要求，这一点适用于各种
移动通信系统，包括毫米波和 6GHz 以下的 NR。滤波器可以降低由如互调、噪声、谐波、

本振泄漏等非线性导致的无用发射。在接收机通路，滤波器可以处理对称频段上本地发射机产生的自干扰或者抑制来自相邻频点的干扰。

对不同场景，会提出不同的射频要求。比如基站端的杂散发射，有对很宽的频率范围提出的一般性要求，有对同一地理范围内提出的共存要求，还有考虑密集部署情况下提出的共站址要求。终端也有类似的情况。

考虑到毫米波设备有限的尺寸（面积或者体积）以及集成度要求，毫米波滤波器的设计挑战很大。分离的毫米波滤波器体积过大，很难把这些滤波器集成到毫米波设备中去。

19.4.1　模拟前端滤波器

不同的实现提供了不同性能的滤波器，为了讨论方便，这里归为两大类：

- 低成本、一体化集成（单链或多链 CMOS/BiCMOS 核心单芯片，内部集成了功放和下变频器）。由于片内滤波器的谐振器的 Q 值有限（一般只能达到 5 ~ 20），会导致滤波器性能一般。
- 高性能、和若干 CMOS/BiCMOS 核心芯片异构集成，一般都是外置功放和外置混频器。这种实现允许在射频通道之外加入滤波器，但是会导致很高的实现复杂度，并会导致尺寸增加和功耗增加。

如图 19-9 所示，和实现相关，一般设备有三处位置需要加入滤波器：

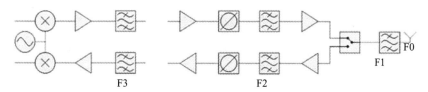

图 19-9　可能的滤波器位置

- 和天线单元集成在一起或者在天线单元之后（F0 或者 F1）。此处的损耗、尺寸、成本和宽带抑制都很重要。
- 首级功放之后（从天线端看），此处低损耗不那么关键（F2）。
- 混频器的高频端（F3），此处对模拟波束赋形或者混合波束赋形而言，信号已经合并了。

引入 F1/F0 的主要目的通常是抑制干扰和远离工作频点的带外发射，这里带外发射需要考虑一个很宽的频率范围，例如从 DC 到 60GHz。这些滤波器将缓解后续模块设计的挑战（带宽的考虑以及线性度的要求等）。滤波器插入损耗必须非常低，并有严格的尺寸和成本要求，因为每个天线子阵都必须要配置一个滤波器，如图 19-9 和 19-10 所示。对那些在敏感频段附近高功率输出的设备，滤波器必须在通带附近满足严格的抑制要求。

引入 F2 的主要目的是抑制本振、镜频、杂散和噪声发射，以及抑制相对远离工作频点的干扰。F2 对尺寸的大小也有严格要求。不过损耗要求可以适度放宽（因为在首级功放之后），甚至允许一些不希望的通带（因为 F1/F0 会处理）。这就使得滤波器可以有更好的分辨率（更多极点）以及频率精度（比如使用半波谐振器）。

引入 F3 的主要目的是抑制本振、镜频、杂散和噪声发射，还需要抑制在混频器后意外落入中频信号带宽之内的干扰，以及一些有可能阻塞混频器或 ADC 的强干扰。对模拟或者混合波束赋形，因为只需要一个或者若干这种滤波器，所以对滤波器尺寸和成本的要求不高。这样就可以使用更加陡峭的滤波器（有多个极点和零点），滤波器也可以有更高的 Q 值和更好频率精度的谐振器。

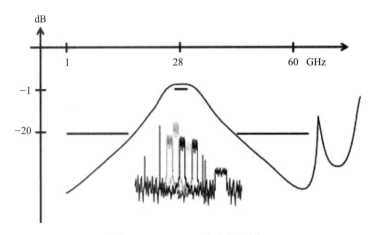

图 19-10　28GHz 滤波器示例

越往射频通路里面走（从天线单元开始），电路所获得的保护越多。对单片集成度电路，很难实现 F2 和 F3 滤波器。可以预见这样会有一定的性能损失，每个通路的输出功率也会更低。除此之外，很难获得宽频范围内较好的隔离度。比如微波就倾向于旁路滤波器，通过附近的地结构进行传播。

19.4.2　插损和带宽

每个射频通路上配置陡峭的窄带滤波器（在 F1/F0 的位置）会导致微波和毫米波频率信号的极大损耗。为了保证插损的合理水平，需要将滤波器通带设置得比信号带宽大。这种方法的缺点是会有更多的无用信号通过滤波器。为了选择一个最优的插损－带宽平衡点，需要考虑下列依赖关系：

- 带宽增加会导致插损下降（对固定的中心频点）。
- 频率升高会增加插损（对固定的带宽）。
- 增加 Q 值会降低插损。
- 增加阶数会增加插损。

为了说明这种寻找平衡点的设计，这里举一个 3 极点 LC 滤波器（Q=20，100，500 和 5000）的例子，设置 100MHz 和 800MHz 的 3dB 带宽。调至 15dB 的回波损耗（Q=5000），如图 19-11 所示。从这个例子中可以观察到：

- 对 800MHz 或者更小的带宽，Q 值需要达到 500 乃至更高才能使插损在 1.5dB 以内。考虑到尺寸 / 集成度和成本的因素，这么高的 Q 值是很难实现的。
- 如果放宽要求到 4*800MHz，这样 Q 值在 100 左右就可以得到 2dB 的插损。这可以通过低损耗印刷电路板（PCB）实现，并且带宽增加也有助于放松对 PCB 的容错要求。

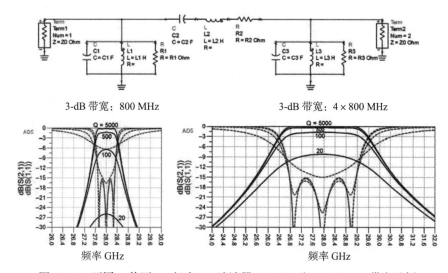

图 19-11　不同 Q 值下，3 极点 LC 滤波器 800MHz 和 800MHz*4 带宽示例

19.4.3　滤波器实现示例

5G 阵列射频有多种滤波器实现方法。关键的比较因素有：Q 值、分辨率、尺寸和集成可能性。表 19-1 大致比较了一下各种技术，下面给出两种具体示例。

表 19-1　不同滤波器实现技术

技术	谐振器 Q 因子	尺寸	集成度
片上（Si）	20	小	可集成
PCB（低损耗）	100	中	可集成
陶瓷基板	300	中	集成困难
高级微型滤波器	500	中	集成困难
波导（充气）	5000	大	集成非常困难

1. PCB 集成实现

一个简单的方法是通过带状线或者微带滤波器来实现天线滤波器（F1）。这样可以集成到 PCB 上靠近天线的位置。这需要一个低损耗、高精度的 PCB。生产容错（介电常数、制版以及过孔定位等）将会限制最终性能，生产误差主要会导致通带偏移以及增加不匹配度。考虑到这一点，在绝大多数实现中通带都会大于工作频带（增加一个足够大的余量）。

图 19-12 为这种滤波器一个典型示例的 PCB 的布线：

- 5 个极点，耦合线，带状线滤波器。
- 介电常数：3.4
- 介电厚度：500μm（地到地）
- 空载谐振器 Q：130（假设低
  通微波介质）

图 19-12   带状线滤波器的 PCB 布线

这个滤波器可以实现 24GHz 上 20dB 的抑制，通带 24.25 ～ 27.5GHz（17dB 的回波损耗）。考虑到大规模生产 PCB 的影响，通带带宽需要加入一个足够的余量。

下面通过蒙特卡洛分析分析了生产过程中波动对滤波器的影响。这里考虑较为激进的 PCB 容错假设：

- 介电常数标准方差：0.02
- 线宽标准方差：8 μm
- 介电厚度标准方差：15 μm

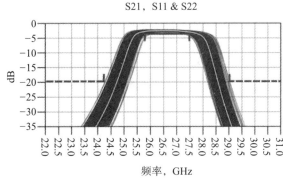

S21，S11 & S22

图 19-13   生产容错对 PCB 微带线滤波器性能的影响仿真

按照这样的假设，仿真了 1000 个实例。图 19-13 中深色实线显示这 1000 个实例下滤波器性能（S21），中间的白色线显示无误差的性能，虚线描述用这个滤波器能够满足的性能要求水平。

从上面的设计举例的角度，一个 PCB 滤波器大致实现如下：

- 3 ～ 4dB 的插损
- 20dB 的抑制（如果减去插损，则为 17dB 抑制）
- 1.5GHz 的过渡区间（考虑了余量）
- 面积 25mm^2，这个尺寸很难适配独立馈线或者连接双极化天线单元。
- 如果目标是 3dB 的插损，会使射频指标产生显著损失，特别是对靠近通带边缘的信道。

2.LTCC 滤波器实现

滤波器另一个实现方法是通过**表面贴装组件**（Surface Mount Assembly，SMT），将天线和滤波器集成在一起，滤波器可以使用**低温共烧陶瓷**（Low Temperature Co-fired Ceramic，LTCC）。一个 LTCC 元器件的原型参见 [31] 和图 19-14。

滤波器性能的测量结果如图 19-15 所示。可以看出对于 2GHz 的通带，LTCC 滤波器引入大致 2dB 的插损，同时为通带边缘 1GHz 的位置提供了 22dB 的额外衰减。

必须考虑额外的余量以解决生产容错和未来带宽调整、抑制水平、保护带宽、天线特性和集成等相关因素。考虑余量之后，LTCC 滤波器可以假设大致再增加 3dB 的插损以达到在通带边缘 1.5GHz 的位置提供 17dB 的抑制（减去插损）。

　　当然随着技术的发展，尤其是对 Q 值的提升以及生产容错的改进，都会改进上面所说的性能数值。

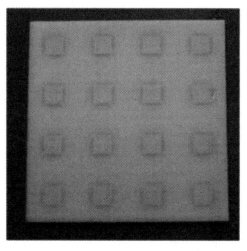

图 19-14　LTCC 元器件原型，包含天线单元和滤波器（TDK 公司，经许可使用）

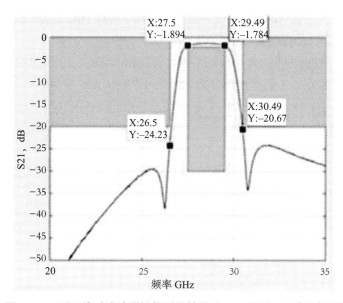

图 19-15　无天线时滤波器性能测量结果（TDK 公司，经许可使用）

19.5　接收机噪声系数、动态范围和带宽的关系

19.5.1　接收机和噪声系数模型

　　图 19-16 显示了一个接收机的模型。接收机的**动态范围**（Dynamic Range，DR）总体

上说取决于前端插损、接收机的**低噪放**（Low-noise Amplifier，LNA）、ADC 噪声以及线性特性。

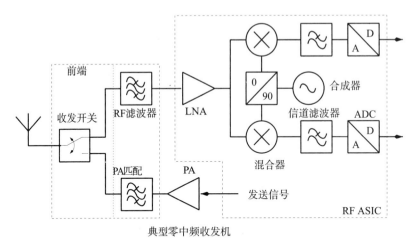

图 19-16 典型的零中频收发机

一般来说 $\mathrm{DR}_{\mathrm{LNA}} >> \mathrm{DR}_{\mathrm{ADC}}$，因此接收机在 LNA 和 ADC 之间使用**自动增益控制**（Automatic Gain Control，AGC），以优化有用信号和干扰到 $\mathrm{DR}_{\mathrm{ADC}}$ 的映射。为了描述简单，这里使用一个固定增益的设置。

接收机模型可以进一步简化为前端（FE）、接收和 ADC 三个模块的级联，如图 19-17 所示。这个模型不能用于一些严格的分析，但是可以演示主要参数的相互关系。

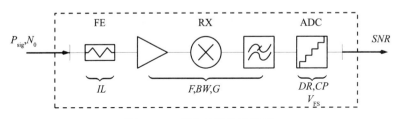

图 19-17 简化的接收机模型

关于小信号的**共信道**（co-channel）噪底，研究表明，各种信号和非线性的影响可以统一描述为一个噪声因子或者说噪声系数。

19.5.2 噪声因子和噪底

在匹配的情况下，可以用 Friis 公式来表示接收机输入端的噪声因子（除非特殊标明，默认使用线性单位）：

$$F_{\mathrm{RX}} = 1 + \left(F_{\mathrm{LNA}} - 1\right) + \frac{\left(F_{\mathrm{ADC}} - 1\right)}{G}$$

Rx 输入所参考的小信号共信道噪底就等于

$$N_{RX} = F_{LNA} \cdot N_0 + \frac{N_{ADC}}{G}$$

这里，$N_0=K \cdot T \cdot BW$，其中 K 是玻尔兹曼常数，T 是绝对温度而 BW 是带宽。N_{ADC} 分别是可得到的噪声功率和 ADC 信道带宽内的有效噪底。ADC 噪底是量化噪声、热噪声和互调噪声的混合。但这里假定 ADC 噪底是一个平坦的，并由 ADC 有效比特数决定的噪底。

从 LNA 的输入到 ADC 的输入的有效增益 G 依赖于小信号增益、AGC 设置、选择性及脱敏（饱和现象等。这里假定设置的有效增益恰好使得天线参考输入**压缩点**（CP_i）对应到 ADC 削波电平，即 ADC 满量程输入电压（VFS）。

对于弱非线性，在压缩点 CP 和**三阶截取点**（IP_3）之间的关系为 $IP_3 \approx CP+10dB$。对高阶非线性，其差值可以大于 10dB。但 CP 依然可以很好地估计最大信号电平，只不过较低信号的互调电平可能被高估。

19.5.3 压缩点和增益

前端位于天线和接收机之间，会引入一定插损（IL>1）。插损来自于收发开关、可能的 RF 滤波器以及 PCB/ 基质损耗。这些损耗也应该被考虑在增益和噪声的表达式里面。已知插损 IL，则压缩点 CP_i（对应 ADC 削波）为：

$$CP = \frac{IL \cdot N_{ADC} \cdot DR_{ADC}}{G}$$

以天线为参照的噪声因子以及噪声系数就会表示为：

$$F_i = IL \cdot F_{RX} = IL \cdot F_{LNA} + \frac{CP_i}{N_0 \cdot DR_{ADC}}$$

以及

$$NF_i = 10 \cdot \log_{10}\left(F_i\right)$$

比较两种设计，比如针对载波频率 2GHz 和 30GHz 的两种设计，30GHz 的插损会明显高于 2GHz。因此从 F_i 表达式看来，为了保持相同的噪声系数 NF_i，30GHz 系统必须通过改善 RX 噪声因子来弥补其较高的前端的损失。从上面的公式可知，弥补的办法有：

1. 使用更好的 LNA

2. 降低输入压缩点，提高 G

3. 增加 DR_{ADC}

一般 2GHz 硬件都会使用一个足够好的 LNA 来获得较低的 NF_i，因此方法 1 并没有太大的提升空间。降低输入压缩点是一个方法，但是其后果是降低 IP_3 和线性度性能。第 3

种增加 DR_{ADC} 的方法问题在于 ADC 会导致功耗损失（每增加一个 bit 会引入 4 倍的功耗）。特别是宽带 ADC 会有非常高的功耗。对于带宽在 100MHz 以下的 ADC，功耗和带宽成正比，但是对于更宽的带宽，功耗和带宽的平方成正比（参考第 19.1 节）。因此增加 DR_{ADC} 也不是一个非常好的办法。综上所述，30GHz 系统相比于 2GHz 的接收机会无法避免地引入更高的噪声系数 NF_i。

19.5.4 功率谱密度和动态范围

包含多个相似子载波的信号在信号带宽之内一般会拥有恒定的**功率谱密度**（Power-Spectral Density，PSD）。这样整体信号功率可以表示为：$P=PSD \cdot BW$。

当带宽不同但是功率相近的多个信号被同时接收的时候，每个信号的功率谱密度就和信号带宽成反比。而天线参考噪底就和带宽和 F_i 成正比，或者如上所述，$N_i=K \cdot T \cdot BW$。因为 CP_i 固定，因此对于给定的 G 和 ADC 限幅，系统动态范围或者说最大 SNR 就会随着信号带宽的增大而减小，即：$SNR_{max} \alpha \dfrac{1}{BW}$。

假设信号可以建模为**加性高斯白噪声**（AWGN），天线参考平均功率是 P_S，方差为 σ。基于这个假设，信号的峰均比 $PAPR=20 \cdot \log_{10}(k)$，也就是说最大功率可以定义为 $P_S + k\sigma$，即在平均功率电平和削峰电平之间有 k 个标准差。对削峰之前的 OFDM 信号，典型的 PAPR 是 10dB（3σ）。因此这些余量都需要从 CP_i 中扣除以避免信号的削峰。对一个平均功率电平低于前峰电平 3σ 典型的 OFDM 信号，的余量意味着小于 0.2% 的削峰。

19.5.5 载波频率和毫米波技术

设计一个接收机，比如 30GHz 的频点以及 1GHz 的信号带宽。设计余量会比一个 2GHz 频点 50MHz 信号带宽的接收机少很多。如果两个设计的集成电路技术类似，则意味着 2GHz 的设计会有更高的性能。

图 19-18 是一个由**国际半导体技术发展蓝图**（International Technology Roadmap fr Semiconductors，ITRS）发布的一个关于晶体管参数的演进预测。这个预测对毫米波 IC 设计非常有意义。ITRS 2007[37] 发布的关于 CMOS 和双极化射频技术演进目标里就描述了 f_t，f_{max} 和 V_{dd} / BV_{ceo} 数据随着时间的演化。其中：

- f_t 是晶体管传输频率，此时 RF 器件的电流增益是 0dB
- f_{max} 是振荡器的最大频率，此时外推功率增益是 0dB
- V_{dd} 是 RF 或者高性能 CMOS 电源电压
- BV_{ceo} 是双极晶体管的**集电极－射极**（collector-emitter）开路击穿电压限制

例如，RF CMOS 器件预期最大 V_{dd} 可以在 2020 年达到 750mV（其他技术的电源电压也可以达到这个水平，但相对进展速度较慢）。

30GHz 的自由空间波长只有 1 厘米，这只有 3GPP 已定义的 3GHz 载波波长的十分之一。天线尺寸以及路损都与波长和载波频率有关，因此为了弥补单个天线单元物理尺寸的减小，系统就会使用天线阵列。由于波束赋形的天线单元之间的尺寸依然和波长有关，因此波长会限制 FE 和 RX 的尺寸。这些频率和尺寸大小的限制则意味着：

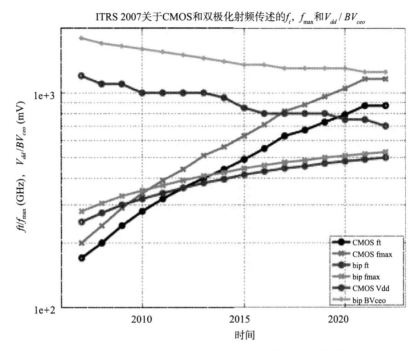

图 19-18　晶体管参数：f_t, f_{max} 和 V_{dd} / BV_{ceo} [39] 随着时间的演进

- 相较于小于 6GHz 的频点，毫米波 $f_t / f_{carrier}$ 以及 $f_{max} / f_{carrier}$ 的比例都会变小。当比例小于 10 ～ 100 倍的时候，接收机增益会随着工作频点增加而迅速减小。而毫米波接收机增益下降则意味着设备的噪声因子 F_i 会变得更大（Friis 公式也可用于晶体管内部的噪声源）。

- 根据 Johnson 极限理论，半导体材料的击穿电压 E_{br} 和载荷子饱和速度 V_{sat} 成反比。用数学公式可以表述为：$E_{br} \cdot V_{sat} =$ 恒定值，或者 $f_{max} \cdot V_{dd} =$ 恒定值。因此毫米波设备的电源电压会比低频设备的要低很多。这也会限制 CP_i 和最大动态范围。

- 为了节省空间，需要更高的收发机集成度，这意味着需要实现**片上系统**（System-on-Chip，SoC）或**系统级封装**（System-in-Package，SiP）。这将限制可以使用的技术以及限制 F_{RX}。

- 射频滤波器必须靠近天线并适合天线阵列的尺寸。因此滤波器必须足够小，这样就会对滤波器物理尺寸有较高要求，这有可能会牺牲插损以及阻带损耗，就是说插损和选择性会变差。毫米波相关介绍参考第 19.4 节。

载波频率会从 2GHz 增加到 30GHz，这对电路设计和射频性能都会产生显著影响。比如现代高速 CMOS 器件会速度饱和、其最大工作频率和最小沟道长度（或者说特征尺寸）成反比。根据摩尔定律，设备尺寸大致 4 年减半（摩尔定律揭示晶体管密度，每两年翻一番）。对于较小的特征尺寸，必须降低内部电压以保证电场达到安全水平。因此，30GHz 射频接收机对应的低压技术大致相当于 15 年前的 2GHz 射频接收机（也就是今天的击穿电压水平，但 15 年前的 F_t，参见图 19-18，ITRS 设备目标）。正是由于设备性能和设计余量方面存在这种不匹配，30GHz 设备很难保持 2GHz 设备同样的性能和功耗。

频点在毫米波的信号带宽往往会显著大于频点在 2GHz 的信号带宽。而对一个有源设备或者电路，信号的波动受限于一端的电源电压和另一端的热噪声。器件的热噪声功率和 BW / g_m 成正比。这里 g_m 是设备**跨导**（trans-conductance），它和偏置电流成正比。这样动态范围可以看成：

$$DR \propto \frac{V_{dd}^2 \cdot I_{bias}}{BW} = \frac{V_{dd} \cdot P}{BW}$$

或者

$$P \propto \frac{BW \cdot DR}{V_{dd}}$$

这里 P 是耗散功率。因为毫米波的信号带宽比 2GHz 的信号带宽要高，毫米波接收机会随着接收带宽的增加而增加功耗。相比于 2GHz 的接收机，30GHz 设备更加依赖于低压技术的演进速度。因此，受限于毫米波产品的面积、体积显著减小带来的热挑战，系统设计应该考虑线性度、NF、带宽、功耗的动态范围等方面复杂的相互关系。

19.6 总结

本章概述了毫米波技术能够提供什么样的射频性能。毫米波系统往往需要将许多收发器和天线高度集成在一起，因此将需要仔细地考虑功率效率、小面积 / 体积的散热等影响性能的因素。

本章重点介绍了 DA/AD 转换器、功率放大器，以及可实现的发射功率与效率和线性度的关系。接收机基本度量是噪声系数、带宽、动态范围和功耗，同时这些因素之间具有复杂的相互依赖性。本章还讨论了频率产生机制以及相位噪声相关方面。在新的 NR 毫米波频段，各种滤波器的实现技术，以及对应的集成可行性在定义射频需求的时候都需要被考虑到。所有这些方面的考虑都贯穿整个 NR 在频率范围 2 的射频开发过程。

第 20 章

5G 的演进

NR 的第一个版本（Release 15）专注于对 eMBB 的基本支持以及一定程度上对 URLLC 的支持。如前面几章所述，Release 15 是 NR 后续版本未来演进的基础。NR 的演进会带来更多的功能，并且对性能做进一步增强。更多的功能不仅会为已有应用提供更好的性能，也可能对新的应用领域所开放，甚至由新的应用领域所启发。

下面会讨论 NR 可能演进的一些领域。一些领域的研究在 3GPP 正在进行，而另一些领域则在后续版本中体现。

20.1 接入和回传一体化

无线技术广泛应用于回传已经很多年了。在世界上某些地区，无线回传占全部回传的 50% 以上。目前典型的无线回传方案是基于私有的（非标准化）技术，采用 10 GHz 以上的特殊频段，在点对点的视距链路上工作。因此相比于接入（基站 – 终端）链路，无线回传所使用的技术和工作频段不同。在 LTE Release 10 引入的中继尽管有一些限制，但基本属于无线回传链路。但是到目前为止，中继在实际中并未真正使用。一个原因是中继是为无线连接的小基站部署设计的，小基站在实际中并未广泛使用。另一个原因是运营商更喜欢将珍贵的低频频谱用于接入链路。正如已经提及的，目前所用的无线回传多依赖于更高频段的非 LTE 技术，从而避免为回传浪费宝贵的接入频谱。

但是 NR 预期对回传和接入进行融合，原因在于：

- NR 接入链路支持毫米波频率，即与现在用于无线回传的频率范围相同。
- 可预期的移动网络密集化，会有许多室内和室外的基站，需要能够在非视距条件下工作的无线回传，更一般地说，与接入链路的传播条件非常相似。

因此，无线回传链路和接入链路的要求和特性逐渐趋同。参考图 20-1，从无线方面，无线回传链路和普通无线链路实际上并没有重大区别。因此，从技术和频谱方面考虑也有

⊖ NR 第一个版本主要解决 URLLC 的低时延部分，意味着可靠性的增加在 Release15 的后续部分进行，目标是 2018 年 6 月 NR Release15 的最终版本。

强烈的理由将接入和无线回传融合成单一的无线接入技术，而且接入链路和无线回传共用
频谱资源池也会更好。应当注意到，
接入和无线回传共用频谱资源池，并
不意味着接入链路和无线回传链路
一定要工作在同一载波频点（"带内
中继"）。某些情况可能是带内中继，
但另一些情况下，回传链路和接入链
路频率分开会更好。关键之处在于回

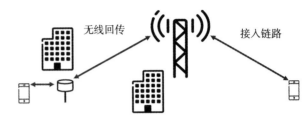

图 20-1　无线回传和接入链路

传链路和接入的分离应当尽可能不会成为监管问题。由此，运营商应当可以使用单一的频
谱资源池，然后由运营商决定如何以最好的方式来使用频谱以及如何划分接入和回传。

　　为了处理回传场景，Release 15 有一个**接入回传集成**[1]的研究项目，来评估 NR 标准
用于回传的可能性和技术。NR 无线接入已准备好支持回传链路，大部分必要的工作位于
高层协议。

20.2　工作在非授权频谱

　　频谱是无线通信的根基，为了满足不断增长的容量需求和更高的数据速率，对于更多
频谱的追求是永无止境的。这是 NR 标准支持更高载波频率的原因之一。NR 的第一个版
本主要是为授权频谱设计的。由于运营商可以进行网络规划和干扰控制，授权频谱可以带
来诸多好处，例如有助于保证服务质量和提供广域覆盖。但是运营商所持有的授权频谱数
量可能不够多，而且通常获得频谱授权也是有成本的。

　　另一方面，非授权频谱对任何人免费开放使用，但要求满足一系列规则，例如最大发
射功率。因为任何人都可以使用该频谱，干扰情况通常比授权频谱更难预测。因此，服务
质量和可用性无法得到保障。此外，受限的最大发射功率，使得非授权频谱不适用于广域
覆盖。两个利用非授权频谱的通信系统的例子是 Wi-Fi 和蓝牙，工作在较低的频率范围：2.4
GHz 或 5 GHz。此外，一些可能用于
NR 的较高频段也是非授权的频段。

　　从上面的讨论可以看出，这两
种频谱类型的优缺点不同。一个具有
吸引力的选择是将两种频谱类型结合
起来，授权频谱用于提供广域覆盖和
保证服务质量，而非授权频谱作为局
部覆盖的补充，用于提高用户数据速
率和提升总体容量，并且不会影响总
体覆盖、可用性和可靠性。这已经成

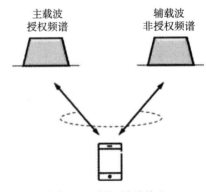

图 20-2　授权辅助接入

为 LTE 演进的一部分，见第 4 章的**授权辅助接入**（License-Assisted Access，LAA）以及图 20-2。对于 NR 标准，Release 15 中有一项"**基于 NR 的非授权频谱接入** [9]"的研究，目标是在 Release 16 成为规范。

尽管 NR Release 15 不支持非授权频谱，但 NR 基本框架中考虑到了未来使用非授权频谱的需求。其中一个例子是可能在时隙的一部分发送（见第 7 章）。因此，利用 NR 已有的灵活性，并遵循 LTE 的发展方式，将 NR 扩展成为类似于 LTE/LAA 的模式会比较简单。

在 LTE/LAA 工作的非授权频谱，一个重要的特征是非授权频谱对其他运营商和其他系统（尤其是 Wi-Fi）是公平共享的。有几种机制可用于启动 LAA。

- **动态频率选择**（Dynamic Frequency Selection，DFS），通过网络节点搜索查找负载低的非授权频谱，可用于规避其他系统。
- **先听后说**（Listen-Before-Talk，LBT），发射机确保在发送前该载波频率上没有正在进行的传输，这一机制的可行性在低频段上已经被 LTE 充分证明，并且可以用于 NR。但是对于高频段，由于 NR 通常会大量使用波束赋形，LBT 机制需要做出一些修改。

除了通过授权频谱辅助接入到非授权频谱之外，未来也可能推出非授权频谱独立组网的完整解决方案。但显然独立组网方案需要有系统信息的递交机制，以及能够处理非授权频谱的移动性。

20.3　非正交多址接入

NR 主要使用正交多址接入，不同的终端在时间频率上分隔开。但是，在某些场景下非正交接入可能会提高容量。在 NR 的早期发展阶段，对**非正交多址接入**（Non-Orthogonal Multiple Access，NOMA）进行了简要研究，但优先级较低。尽管如此，在 Release 15 里还在继续进行 NOMA 的研究，在 NR 后续版本里可能引入。

20.4　机器类型通信

机器类型通信是一个非常广泛的术语，涵盖了许多不同的用例和场景。通常将机器类型的通信分为大规模机器类型通信和超可靠低延迟通信（URLLC），在本书开篇已经讨论过。

大规模机器类型通信通常是指终端发送数据量较少、时延要求比较宽松，但对低功耗和低成本要求很高的场景，而且终端数量一般很多。这类场景在近期和中期由 LTE 和 NB-IoT 来解决，尤其对于低端的大规模 MTC 而言。第 17 章中所讨论的资源预留等机制可以用来简化处理 NR 与这些接入技术的共存问题。长期来看，NR 能够演进到直接支持大规模机器类型通信，主要集中在中到高端的大规模 MTC。演进相关的研究包括缩减带宽的支持、扩展的睡眠模式方案、唤醒信令以及非正交波形等。

与机器类型通信相关的一个应用领域的例子是工厂自动化。很多情况下，这类应用在可靠性和时延方面要求很高，因此与 NR 的 URLLC 方面高度相关。NR 与工厂自动化相关的增强的例子有用于支持常用的工业协议（非 TCP/IP）的高层增强以及来自核心网的本地疏导。

20.5　设备到设备的通信

采用 LTE 来支持设备到设备（Device-to-Device，D2D）的直连（图 20-3），也称为直通链路，是在 3GPP Release 12 中引入的，主要考虑到两个用例：
- 设备到设备的通信，侧重于公共安全的用例；
- 设备到设备的发现，针对公共安全，但也用于商业用例。

D2D 框架作为 LTE 在后续版本演进中 V2V/V2X 工作的基础，已在第 4 章中讨论。

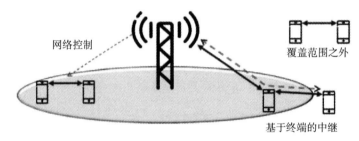

图 20-3　设备到设备直连

NR Release 15 不支持直接的设备到设备通信，但可能在后续版本中作为候选项。设备到设备的连接不是专注于特定的用例，而是可以看作 5G 网络里用于增强连接性的普通工具。实际上，如果网络判定终端之间直接的数据传输比通过基站的非直接连接更有效（需要的资源更少），或者能够提供更好的质量（更高的数据速率或更低的时延），就应该配置直接的数据传输。网络还应当能够配置基于终端的中继链路来增强连接质量，例如用于覆盖差或者无覆盖的大规模机器类型终端。NR 的低时延对某些 D2D 应用也能证明是有价值的，例如第 4 章提到的车辆编队。

20.6　频谱和双工灵活性

双工的灵活性范围很广，旨在提高可用频谱的使用率。NR 从一开始就采用了诸如部分带宽、灵活的时隙结构、跨双工的载波聚合机制等手段来提供很多灵活性，以确保 NR 可以在各种场景中部署。当然，在这一领域也会预期有进一步的增强。

当前，FDD 频谱分为下行部分和上行部分。但是从技术角度来看，上下行频谱的主要区别不在于传输方向是上行还是下行，而是传输功率的高低。下行通常采用较高的屋顶上天线，以高功率发射；而上行采用较低的发射功率，发射天线的物理位置也较低。因此，从干扰角度看，基站以低功率在上行频谱进行下行传输与终端以低功率在相同频谱上进行上行传输并没有区别。从而有了上行频段允许下行传输的想法。某种程度上，这是动态 TDD 在 FDD 上的对应，因为这允许动态地改变"传输方向"。从技术角度看，由于灵活的时隙结构，NR 已经为这种增强做好准备，而潜在的问题主要是监管条例。

另一个与频谱和未来增强相关的领域是干扰测量和动态 TDD。NR 中的 TDD 机制建立在动态框架上，因此动态 TDD 已经包含在 Release 15 中。但实际上，这种部署主要限制在小基站场景。对于更大的小区，由于下行发射功率更高，为了抑制小区间干扰通常更需要通过静态双工的方式。增加动态 TDD 可用场景的一种可能方案是引入各种干扰测量机制。例如，如果调度器知道不同终端的干扰情况，就可以动态调度一些终端，而同时对另一些终端采用更为静态的方式。另外，还可以考虑小区间干扰协调的不同机制。

近来有些关于"真正"全双工工作的不同提案 [53]。这里，全双工意味着**在相同时刻相同频点**上发送和接收（见图 20-4）[⊖]。显然，全双工会导致发射机到接收机极强的"自"干扰，需要在真正的目标信号被检测到之前抑制或消除干扰。

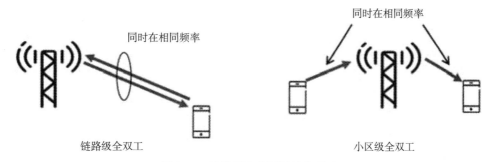

图 20-4　链路级和小区级的全双工

原则上说，这种干扰抑制或消除很简单，因为理论上接收机完全知道干扰信号。而实际上，干扰抑制或消除远非那么简单，因为目标信号和干扰的接收功率差异巨大。目前对于全双工的演示依赖于空间隔离（发射和接收天线隔离）、模拟抑制以及数字消除的综合应用。在很大程度上技术仍处于研究水平，远未成熟到可以大规模部署。由于网络侧接收天线和发射天线的空间隔离度较大，只在网络侧实现（见图 20-4 右半部分）的复杂度可能低于终端侧实现的复杂度。

即使全双工在真正的实现中是可行的，其好处也不应被高估。全双工允许相同频率在两个方向上持续传输，可能会使链路吞吐量翻倍。但是，这两个同时进行的传输就意味着增加了对其他传输的干扰，对整个系统的增益会带来负面影响。因此可以预见到，全双工

　⊖　不要与 LTE 中所使用的**全双工 FDD** 相混淆。

的最大增益是在无线链路相对隔离的场景下得到的。

20.7 结束语

以上概述了 NR 演进相关技术领域的一些例子，其中一些可能会进入 NR 未来的版本，而另一些则可能根本不会发生。但一如既往，在试图预测未来时，总会存在很多不确定性，一些新的、未知的需求或技术可能将演进推向上面未曾讨论的方向。因此，在 NR 的基本设计中强调与未来的兼容性，来确保在大多数情况下引入的扩展相对简单而直接。很显然，NR 是一个非常灵活的平台，支持在很多不同的方向上演进，是一条倍具吸引力的通往未来无线通信之路。

术　语　表

3GPP（Third Generation Partnership Project）：第三代合作伙伴项目

5GCN（5G Core Network）：5G 核心网

AAS（Active Antenna System）：有源天线系统

ACIR（Adjacent Channel Interference Ratio）：邻道干扰比

ACK（Acknowledgment（in ARQ protocol））：确认应答（在 ARQ 协议中）

ACLR（Adjacent Channel Leakage Ratio）：邻道泄漏比

ACS（Adjacent Channel Selectivity）：邻道选择性

ADC（Analog-to-Digital Converter）：模数转换器

AF（Application Function）：应用功能

AGC（Automatic Gain Control）：自动增益控制

AM（Acknowledged Mode（RLC configuration））：确认模式（RLC 配置）

AM（Amplitude Modulation）：幅度调制

AMF（Access and Mobility Management Function）：接入和移动管理功能

A-MPR（Additional Maximum Power Reduction）：额外最大功率回退

AMPS（Advanced Mobile Phone System）：高级移动电话系统

ARI（Acknowledgment Resource Indicator）：确认资源指示

ARIB（Association of Radio Industries and Businesses）：美国无线产业和商业协会

ARQ（Automatic Repeat-reQuest）：自动重传请求

AS（Access Stratum）：接入层

ATIS（Alliance for Telecommunications Industry Solutions）：电信行业解决方案联盟

AUSF（Authentication Server Function）：鉴权服务器功能

AWGN（Additive White Gaussian Noise）：加性高斯白噪声

BC（Band Category）：频段类型

BCCH（Broadcast Control Channel）：广播控制信道

BCH（Broadcast Channel）：广播信道

BiCMOS（Bipolar Complementary Metal Oxide Semiconductor）：双极互补式金属氧化物半导体

BPSK（Binary Phase-Shift Keying）：二进制相移键控

BS（Base Station）：基站

BW（Band Width）：带宽

BWP（Band Width part）：部分带宽

CA（Carrier Aggregation）：载波聚合

CACLR（Cumulative Adjacent Channel Leakage Ratio）：累积邻道泄漏功率比

CBG（Code Block Group）：码块组

CBGFI（CBG Flushing out Information）：码块组刷新信息

CBGTI（CBG Transmission Information）：码块

组传输信息

CC（Component Carrier）：分量载波

CCCH（Common Control Channel）：公共控制信道

CCE（Control Channel Element）：控制信道单元

CCSA（China Communications Standards Association）：中国通信标准化协会

CDM（Code Division Multiplexing）：码分复用

CDMA（Code-Division Multiple Access）：码分多址

CEPT（European Conference of Postal and Telecommunications Administration）：欧洲邮政和电信管理大会

CITEL（Inter-American Telecommunication Commission）：美洲电信委员会

C-MTC（Critical Machine-Type Communications）：关键机器类型通信

CMOS（Complementary Metal Oxide Semiconductor）：互补式金属氧化物半导体

CN（Core Network）：核心网

CoMP（Coordinated Multi-Point Transmission/Reception）：多点协作发送 / 接收

COREST（Control Resource Set）：控制资源集

CP（Cyclic Prefix）：循环前缀

CP（Compression Point）：压缩点

CQI（Channel-Quality Indicator）：信道质量指示

CRB（Common Resource Block）：公共资源块

CRC（Cyclic Redundancy Check）：循环冗余校验

C-RNTI（Cell Radio-Network Temporary Identifier）：小区无线网络临时标识符

CS（Capability Set (for MSR base stations)）：能力集（关于 MSR 基站）

CSI（Channel-State Information）：信道状态信息

CSI-IM（CSI Interference Measurement）：CSI 干扰测量

CSI-RS（CSI Reference Signals）：信道状态信息

参考信号

CS-RNTI（Configured Scheduling RNTI）：配置调度的无线网络临时标识符

CW（Continuous Wave）：连续波

D2D（Device-to-Device）：设备到设备

DAC（Digital-to-Analog Converter）：数模转换器

DAI（Downlink Assignment Index）：下行分配索引

D-AMPS（Digital AMPS）：数字 AMPS

DC（Dual Connectivity）：双连接

DC（Direct Current）：直流电

DCCH（Dedicated Control Channel）：专用控制信道

DCH（Dedicated Channel）：专用信道

DCI（Downlink Control Information）：下行控制信息

DFT（Discrete Fourier Transform）：离散傅里叶变换

DFTS-OFDM(DFT-Spread OFDM (DFT-precoded OFDM, see also SC-FDMA))：DFT 扩展的 OFDM（DFT 预编码的 OFDM，另见 SC-FDMA）

DL（Downlink）：下行链路

DL-SCH（Downlink Shared Channel）：下行共享信道

DM-RS（Demodulation Reference Signal）：解调参考信号

DR（Dynamic Range）：动态范围

DRX（Discontinuous Reception）：不连续接收

DTX（Discontinuous Transmission）：不连续发射

EDGE（Enhanced Data Rates for GSM Evolution, Enhanced Data Rates for Global Evolution）：GSM 演进的增强数据速率，全球演进的增强数据速率

ECC（Electronic Communications Committee (of CEPT)）：电子通信委员会（CEPT） eIMTA（Enhanced Interference Mitigation and Traffic Adaptation）：增强的干扰抑制和业务自适应

EIRP（Effective Isotropic Radiated Power）：有效全向辐射功率

EIS（Equivalent Isotropic Sensitivity）：等效全向灵敏度

eMBB（enhanced MBB）：增强 MBB，增强移动宽带通信

EMF（Electromagnetic Field）：电磁场

eNB（eNodeB）：LTE 基站

EN-DC（E-UTRA NR Dual-Connectivity）：E-UTRA 和 NR 双连接

eNodeB（E-UTRAN NodeB）：E-UTRAN 基站

EPC（Evolved Packet Core）：演进分组核心网

ETSI（European Telecommunications Standards Institute）：欧洲电信标准协会

E-UTRA（Evolved UTRA）：UTRA 演进

EVM（Error Vector Magnitude）：误差矢量幅度

FCC（Federal Communications Commission）：美国联邦通信委员会

FDD（Frequency Division Duplex）：频分双工

FDM（Frequency Division Multiplexing）：频分复用

FET（Field-Effect Transistor）：场效应管

FDMA（Frequency-Division Multiple Access）：频分多址

FFT（Fast Fourier Transform）：快速傅里叶变换

FoM（Figure-of-Merit）：品质因数

FPLMTS（Future Public Land Mobile Telecommunications Systems）：未来公共陆地移动电信系统

FR1（Frequency Range 1）：频率范围 1

FR2（Frequency Range 2）：频率范围 2

GaAs（Gallium Arsenide）：砷化镓

GaN（Gallium Nitride）：氮化镓

GERAN（GSM/EDGE Radio Access Network）：GSM/EDGE 无线接入网

gNB（gNodeB）：NR 基站

gNodeB（generalized NodeB）：广义 NodeB

GSA（Global mobile Suppliers Association）：全球移动终端供应商协会

GSM（Global System for Mobile Communications）：全球移动通信系统

GSMA（GSM Association）：GSM 协会

HARQ（Hybrid ARQ）：混合 ARQ

HBT（Heterojunction Bipolar Transistor）：异质结双极晶体管

HEMT（High Electron-Mobility Transistor）：高电子迁移率晶体管

HSPA（High-Speed Packet Access）：高速分组接入

IC（Integrated Circuit）：集成电路

ICNIRP（International Commission on Non-Ionizing Radiation）：国际非电离辐射委员会

ICS（In-Channel Selectivity）：信道内选择性

IEEE（Institute of Electrical and Electronics Engineers）：电气和电子工程师学会

IFFT（Inverse Fast Fourier Transform）：快速傅里叶逆变换

IL（Insertion Loss）：插入损耗，插损

IMD（Inter Modulation Distortion）：互调失真

IMT-2000（International Mobile Telecommunications 2000 (ITU's name for the family of 3G standards)）：IMT-2000（国际电联 3G 标准系列的名称）

IMT-2020（International Mobile Telecommunications 2020 (ITU's name for the family of 5G standards)）：IMT-2020（国际电联 5G 标准系列的名称）

IMT-Advanced (International Mobile Telecommunications Advanced (ITU's name for the family of 4G standards)): IMT-Advanced（国际电联 4G 标准系列的名称）

InGaP (Indium Gallium Phosphide)：铟镓磷化物

IoT (Internet of Things)：物联网

IP (Internet Protocol)：因特网协议

IP3（3rd order Intercept Point）：三阶截取点

IR (Incremental Redundancy)：增量冗余

ITRS (International Telecom Roadmap for Semiconductors)：国际电信半导体发展路线图

ITU (International Telecommunications Union)：国际电信联盟

ITU-R (International Telecommunications Union-Radiocommunications Sector)：国际电信联盟 – 无线通信部门

KPI (Key Performance Indicator)：关键性能指标

L1-RSRP (Layer 1 Reference Signal Received Power)：层 1 参考信号接收功率

LC (Inductor(L)-Capacitor)：电感 – 电容

LAA (License-Assisted Access)：授权辅助接入

LCID (Logical Channel Index)：逻辑信道标识

LDPC (Low-Density Parity Check Code)：低密度奇偶校验码

LO (Local Oscillator)：本地振荡器，本振

LNA (Low-Noise Amplifier)：低噪声放大器，低噪放

LTCC (Low Temperature Co-fired Ceramic)：低温共烧陶瓷

LTE (Long-Term Evolution)：长期演进

MAC (Medium Access Control)：媒体接入控制

MAC-CE（MAC Control Element）：MAC 控制信元

MAN (Metropolitan Area Network)：城域网

MBB (Mobile BroadBand)：移动宽带

MB-MSR（Multi-Band Multi Standard Radio (base station))：多频段多标准无线（基站）

MCG（Master Cell Group）：主小区组

MCS（Modulation and Coding Scheme）：调制编码方式

MIB (Master Information Block)：主信息块

MMIC (Monolithic Microwave Integrated Circuit)：单片微波集成电路

MIMO (Multiple-Input Multiple-Output)：多入多出

mMTC (massive Machine Type Communication)：大规模机器类型通信

MPR (Maximum Power Reduction)：最大功率回退

MSR (Multi-Standard Radio)：多标准无线

MTC (Machine-Type Communication)：机器类型通信

MU-MIMO (Multi-User MIMO)：多用户 MIMO

NAK (Negative Acknowledgment (in ARQ protocols))：否定确认（在 ARQ 协议中）

NB-IoT (Narrow-Band Internet-of-Things)：窄带物联网

NDI (New-Data Indicator)：新数据指示

NEF (Network Exposure Function)：网络能力开放功能

NF (Noise Figure)：噪声系数

NG (The interface between the gNB and the 5G CN)：gNB 与 5G CN 之间的接口

NG-c (The control-plane part of NG)：NG 的控制面部分

NGMN (Next Generation Mobile Networks)：下一代移动网络

NG-u (The user-plane part of NG)：NG 的用户面部分

NMT (Nordisk MobilTelefon (Nordic Mobile Telephony))：北欧移动电话

NodeB (a logical node handling transmission/

reception in multiple cells. Commonly, but not necessarily, corresponding to a base station）：处理多个小区中的发送和接收的逻辑节点。通常但不必对应于基站

NOMA（Nonorthogonal Multiple Access）：非正交多址

NR（New Radio）：新空口

NRF（NR Repository Function）：NR 存储功能

NS（Network Signaling）：网络信令

NZP-CSI-RS（Non-Zero-Power CSI-RS）：非零功率 CSI-RS

OBUE（Operating Band Unwanted Emissions）：工作频段无用发射

OCC（Orthogonal Cover Code）：正交覆盖码

OFDM（Orthogonal Frequency-Division Multiplexing）：正交频分复用

OOB（Out-Of-Band (emissions)）：带外（发射）

OSDD（OTA Sensitivity Direction Declarations）：OTA 灵敏度方向声明

OTA（OTA）：空口

PA（Power Amplifier）：功率放大器

PAE（Power-Added Efficiency）：功率增加效率

PAPR（Peak-to-Average Power Ratio）：峰平均比

PAR（Peak-to-Average Ratio (same as PAPR)）：峰均比（与 PAPR 相同）

PBCH（Physical Broadcast Channel）：物理广播信道

PCB（Printed Circuit Board）：印刷电路板

PCCH（Paging Control Channel）：寻呼控制信道

PCF（Policy Control Function）：策略控制功能

PCG（Project Coordination Group (in 3GPP)）：项目协调组（在 3GPP 中）

PCH（Paging Channel）：寻呼信道

PCI（Physical Cell Identity）：物理小区标识

PDC（Personal Digital Cellular）：个人数字蜂窝

PDCCH（Physical Downlink Control Channel）：物理下行控制信道

PDCP（Packet Data Convergence Protocol）：分组数据汇聚协议

PDSCH（Physical Downlink Shared Channel）：物理下行共享信道

PDU（Protocol Data Unit）：协议数据单元

PHS（Personal Handy-phone System）：个人手持电话系统（小灵通）

PHY（Physical Layer）：物理层

PLL（Phase-Locked Loop）：锁相环

PM（Phase Modulation）：相位调制

PMI（Precoding-Matrix Indicator）：预编码矩阵指示

PN（Phase Noise）：相位噪声

PRACH（Physical Random-Access Channel）：物理随机接入信道

PRB（Physical Resource Block）：物理资源块

P-RNTI（Paging RNTI）：寻呼 – 无线网络临时标识符

PSD（Power Spectral Density）：功率谱密度

PSS（Primary Synchronization Signal）：主同步信号

PUCCH（Physical Uplink Control Channel）：物理上行控制信道

PUSCH（Physical Uplink Shared Channel）：物理上行共享信道

QAM（Quadrature Amplitude Modulation）：正交幅度调制

Quasi Co-Location（Quasi Co-Location）：准共址

QoS（Quality-of-Service）：服务质量

QPSK（Quadrature Phase-Shift Keying）：正交相移键控

RACH（Random Access Channel）：随机接入信道

RAN（Radio Access Network）：无线接入网

RA-RNTI（Random Access RNTI）：随机接入无线网络临时标识符

RAT（Radio Access Technology）：无线接入技术

RB（Resource Block）：资源块

RE（Resource Element）：资源单元

RF（Radio Frequency）：射频

RFIC（Radio Frequency Integrated Circuit）：射频集成电路

RI（Rank Indicator）：秩指示

RIB（Radiated Interface Boundary）：辐射接口边界

RIT（Radio Interface Technology）：无线接口技术

RLC（Radio Link Control）：无线链路控制

RMSI（Remaining Minimum System Information）：剩余最小系统信息

RNTI（Radio-Network Temporary Identifier）：无线网络临时标识符

RoAoA（Range of Angle of Arrival）：到达角范围

ROHC（Robust Header Compression）：鲁棒性报头压缩

RRC（Radio Resource Control）：无线资源控制

RRM（Radio Resource Management）：无线资源管理

RS（Reference Symbol）：参考符号

RSPC（IMT-2000 Radio Interface Specifications）：IMT-2000 无线接口规范

RSRP（Reference Signal Received Power）：参考信号接收功率

RV（Redundancy Version）：冗余版本

RX（Receiver）：接收机

SCG（Secondary Cell Group）：辅小区组

SCS（Sub-Carrier Spacing）：子载波间隔

SDL（Supplementary Downlink）：补充下行链路

SDMA（Spatial Division Multiple Access）：空分多址

SDO（Standards Developing Organization）：标准化组织

SDU（Service Data Unit）：服务数据单元

SEM（Spectrum Emissions Mask）：频谱发射模板

SFI（Slot Format Indicator）：时隙格式指示

SFI-RNTI（Slot Format Indicator RNTI）：时隙格式指示 - 无线网络临时标识符

SFN（System Frame Number (in 3GPP)）：系统帧号（3GPP）

SI（System Information Message）：系统信息消息

SIB（System Information Block）：系统信息块

SIB1（System Information Block 1）：系统信息块 1

SiGe（Silicon Germanium）：硅锗

SINR（Signal-to-Interference-and-Noise Ratio）：信号与干扰噪声比

SIR（Signal-to-Interference Ratio）：信号干扰比

SiP（System-in-Package）：系统级封装

SI-RNTI（System Information RNTI）：系统信息 - 无线网络临时标识符

SMF（Session management function）：会话管理功能

SNDR（Signal to Noise-and-Distortion Ratio）：信号噪声失真比

SNR（Signal-to-Noise Ratio）：信噪比

SoC（System-on-Chip）：片上系统

SR（Scheduling Request）：调度请求

SRI（SRS resource indicator）：SRS 资源指示

SRIT（Set of Radio Interface Technologies）：无线接口技术集

SRS（Sounding Reference Signal）：探测参考信号

SS（Synchronization Signal）：同步信号

SSB（Synchronization Signal Block）：同步信号块

SSS（Secondary Synchronization Signal）：辅同步信号

SMT（Surface-Mount assembly）：表面贴装技术

SUL（Supplementary Uplink）：补充上行链路

SU-MIMO（Single-User MIMO）：单用户 MIMO

TAB（Transceiver-Array Boundary）：收发机阵列边界

TACS（Total Access Communication System）：全接入通信系统

TCI（Transmission configuration indication）：传输配置指示

TCP（Transmission Control Protocol）：传输控制协议

TC-RNTI（Temporary C-RNTI）：临时小区无线网路临时标识符

TDD（Time-Division Duplex）：时分双工

TDM（Time Division Multiplexing）：时分复用

TDMA（Time-Division Multiple Access）：时分多址

TD-SCDMA（Time-Division-Synchronous Code-Division Multiple Access）：时分同步码分多址

TIA（Telecommunication Industry Association）：电信行业协会

TR（Technical Report）：技术报告

TRP（Total Radiated Power）：总辐射功率

TS（Technical Specification）：技术规范

TRS（Tracking Reference Signal）：跟踪参考信号

TSDSI（Telecommunications Standards Development Society, India）：电信标准化协会，印度

TSG（Technical Specification Group）：技术规范组

TTA（Telecommunications Technology Association）：韩国电信技术协会

TTC（Telecommunications Technology Committee）：日本电信技术委员会

TTI（Transmission Time Interval）：传输时间间隔

TX（Transmitter）：发射机

UCI（Uplink Control Information）：上行控制信息

UDM（Unified Data Management）：统一数据管理

UE（User Equipment, the 3GPP name for the mobile terminal）：用户设备 3GPP 对移动终端的称呼

UEM（Unwanted Emissions Mask）：无用发射模板

UL（Uplink）：上行链路

UMTS（Universal Mobile Telecommunications System）：通用移动电信系统

UPF（User Plane Function）：用户面功能

URLLC（Ultra-Reliable Low-Latency Communication）：超可靠低时延通信

UTRA（Universal Terrestrial Radio Access）：通用地面无线接入

V2X（Vehicular-to-Anything）：车辆到任何对象

V2V（Vehicular-to-Vehicular）：车辆到车辆

VCO（Voltage-Controlled Oscillator）：压控振荡器

WARC（World Administrative Radio Congress）：世界无线电管理大会

WCDMA（Wideband Code-Division Multiple Access）：宽带码分多址

WG（Working Group）：工作组

WiMAX（Worldwide Interoperability for Microwave Access）：全球微波接入互操作性

WP5D（Working Party 5D）：5D 工作组

WRC（World Radiocommunication Conference）：世界无线电通信大会

Xn（The interface between gNBs）：gNB 之间的接口

ZC（Zadoff-Chu）：Zadoff-Chu

ZP-CSI-RS（Zero-Power CSI-RS）：零功率信道状态信息参考信号

参考文献

[1] 3GPP RP-172290, New SID Proposal: Study on Integrated Access and Backhaul for NR.

[2] 3GPP TS 37.141, E-UTRA, UTRA and GSM/EDGE; Multi-Standard Radio (MSR) Base Station (BS) Conformance Testing.

[3] 3GPP R1-163961, Final Report of 3GPP TSG RAN WG1 #84bis.

[4] 3GPP TS 38.104, NR; Base Station (BS) Radio Transmission and Reception.

[5] 3GPP TS 38.101-1, NR; User Equipment (UE) Radio Transmission and Reception. Part 1. Range 1 Standalone.

[6] 3GPP TS 38.101-2, NR; User Equipment (UE) Radio Transmission and Reception. Part 2. Range 2 Standalone.

[7] 3GPP TS 38.101-3, NR; User Equipment (UE) Radio Transmission and Reception. Part 3. Range 1 and Range 2 Interworking Operation with Other Radios.

[8] 3GPP TS 38.101-4, NR; User Equipment (UE) Radio Transmission and Reception. Part 4. Performance Requirements.

[9] 3GPP RP-172021, Study on NR-Based Access to Unlicensed Spectrum.

[10] 3GPP TR 36.913, Requirements for Further Advancements for Evolved Universal Terrestrial Radio Access (E-UTRA) (LTE-Advanced) (Release 9).

[11] 3GPP TR 38.803, Study on New Radio Access Technology: Radio Frequency (RF) and Coexistence Aspects.

[12] 3GPP TS 23.402, Architecture Enhancements for Non-3GPP Accesses.

[13] 3GPP TS 23.501, System Architecture for the 5G System.

[14] 3GPP TS 36.211, Evolved Universal Terrestrial Radio Access (E-UTRA); Physical Channels and Modulation.

[15] 3GPP TS 38.331, NR; Radio Resource Control (RRC) Protocol Specification (Release 15).

[16] 3GPP TR 36.913, Requirements for Further Advancements for Evolved Universal Terrestrial Radio Access (E-UTRA) (LTE-Advanced).

[17] E. Arikan, Channel polarization: a method for constructing capacity-achieving codes for symmetric binary input memoryless channels, IEEE Trans. Inform. Theory 55 (7) (July 2009) 3051−3073.

[18] Roland E. Best, Phases Locked Loops: Design, Simulation and Applications, sixth ed., McGraw-Hill Professional, 2007.

[19] CEPT/ERC Recommendation 74-01 on unwanted emissions in the spurious domain, Cardiff 2011.

[20] CEPT, LS from to CEPT/ECC SE21, SE21(17)38, September 2017.

[21] T. Chapman, E. Larsson, P. von Wrycza, E. Dahlman, S. Parkvall, J. Sköld, HSPA Evolution: The Fundamentals for Mobile Broadband, Academic Press, 2014.

[22] D. Chase, Code combining—a maximum-likelihood decoding approach for combin-

ing and arbitrary number of noisy packets, IEEE Trans. Commun. 33 (May 1985) 385−393.

[23] J. Chen, Does LO noise floor limit performance in multi-Gigabit mm-wave communication? IEEE Microw. Compon. Lett. 27 (8) (2017) 769−771.

[24] J.-F. Cheng, Coding performance of hybrid ARQ schemes, IEEE Trans. Commun. 54 (June 2006) 1017−1029.

[25] D.C. Chu, Polyphase codes with good periodic correlation properties, IEEE Trans. Inform. Theory 18 (4) (July 1972) 531−532.

[26] S.T. Chung, A.J. Goldsmith, Degrees of freedom in adaptive modulation: a unified view, IEEE Trans. Commun. 49 (9) (September 2001) 1561−1571.

[27] D. Colombi, B. Thors, C. Törnevik, Implications of EMF exposure limits on output power levels for 5G devices above 6 GHz, IEEE Antennas Wirel. Propag. Lett. 14 (February 2015) 1247−1249.

[28] E. Dahlman, S. Parkvall, J. Sköld, 4G LTE-Advanced Pro and the Road to 5G, Elsevier, 2016.

[29] DIGITALEUROPE, 5G Spectrum Options for Europe, October 2017.

[30] Ericsson, Ericsson Mobility Report, November 2017. https://www.ericsson.com/assets/local/mobility-report/documents/2017/ericsson-mobility-report-november-2017.pdf.

[31] Ericsson, On mm-wave Filters and Requirement Impact, R4-1712718, 3GPP TSG-RAN WG4 Meeting #85, December 2017.

[32] Federal Communications Commission, Title 47 of the Code of Federal Regulations (CFR).

[33] P. Frenger, S. Parkvall, E. Dahlman, Performance comparison of HARQ with chase combining and incremental redundancy for HSDPA. In: Proceedings of the IEEE Vehicular Technology Conference, Atlantic City, NJ, USA, pp. 1829−1833. October 2001.

[34] R.G. Gallager, Low Density Parity Check Codes, Monograph, M.I.T. Press, 1963.

[35] Global mobile Suppliers Association (GSA), The future of IMT in the 3300−4200 MHz frequency range, June 2017.

[36] M. Hörberg, Low phase noise GaN HEMT oscillator design based on high-Q resonators (Ph.D. Thesis), Chalmers University of Technology, April 2017.

[37] IEEE, IEEE Standard for Local and metropolitan area networks Part 16: Air Interface for Broadband Wireless Access Systems Amendment 3: Advanced AirInterface, IEEE Std 802.16m-2011 (Amendment to IEEE Std 802.16-2009).

[38] IETF, Robust header compression (ROHC): framework and four profiles: RTP, UDP, ESP, and Uncompressed, RFC 3095.

[39] ITRS, Radio Frequency and Analog/Mixed-Signal Technologies for Wireless Communications, Edition International Technology Roadmap for Semiconductors (ITRS), 2007.

[40] ITU-R, Workplan, timeline, process and deliverables for the future development of IMT, ITU-R Document 5D/758, Attachment 2.12.

[41] ITU-R, Framework and overall objectives of the future development of IMT-2000 and sys- tems beyond IMT-2000. Recommendation ITU-R M.1645, June 2003.

[42] ITU-R, Unwanted emissions in the spurious domain. Recommendation ITU-R SM.329-12, September 2012.

[43] ITU-R, Future technology trends of terrestrial IMT systems. Report ITU-R M.2320, November 2014.

[44] ITU-R, Technical feasibility of IMT in bands above 6 GHz. Report ITU-R M.2376, November 2014.

[45] ITU-R, Detailed specifications of the terrestrial radio interfaces of International Mobile Telecommunications Advanced (IMT-Advanced). Recommendation ITU-R M.2012-2, September 2015.

[46] ITU-R, Frequency arrangements for implementation of the terrestrial component of International Mobile Telecommunications (IMT) in the bands identified for IMT in the Radio Regulations. Recommendation ITU-R M.1036-5, October 2015.

[47] ITU-R, IMT Vision—Framework and overall objectives of the future development of IMT for 2020 and beyond. Recommendation ITU-R M.2083, September 2015.

[48] ITU-R, Radio regulations, Edition of 2016.

[49] ITU-R, Detailed specifications of the terrestrial radio interfaces of International Mobile Telecommunications-2000 (IMT-2000). Recommendation ITU-R M.1457-13, February 2017.

[50] ITU-R, Guidelines for evaluation of radio interface technologies for IMT-2020. Report ITU-R M.2412 November 2017.

[51] ITU-R, Minimum requirements related to technical performance for IMT-2020 radio inter- face(s). Report ITU-R M.2410 November 2017.

[52] ITU-R, Requirements, evaluation criteria and submission templates for the development of IMT-2020. Report ITU-R M.2411 November 2017.

[53] M. Jain, et al., Practical, Real-Time, Full-duplex Wireless, MobiCom'11, Las Vegas, NV, USA, September 19−23, 2011.

[54] E.O. Johnson, Physical limitations on frequency and power parameters of transistors, RCA Rev. 26 (June, 1965) 163−177.

[55] E.G. Larsson, O. Edfors, F. Tufvesson, T.L. Marzetta, Massive MIMO for next generation wireless systems, IEEE Commun. Mag. 52 (2) (February 2014) 186−195.

[56] J. Lee, et al., Spectrum for 5G: global status, challenges, and enabling technologies, IEEE Commun. Mag. (March 2018).

[57] D.B. Leeson, A simple model of feedback oscillator noise spectrum, Proc. IEEE 54 (2) (February 1966).

[58] O. Liberg, M. Sundberg, E. Wang, J. Bergman, J. Sachs, Cellular Internet of Things: Technologies, Standards, and Performance, Academic Press, 2017.

[59] D.J.C. MacKay, R.M. Neal, Near shannon limit performance of low density parity check codes, Electron. Lett. 33 (6) (July 1996).

[60] Motorola, Comparison of PAR and Cubic Metric for Power De-rating, R1-040642.

[61] B. Murmann, The race for the extra decibel: a brief review of current ADC performance trajectories, IEEE Sol. State Circ. Mag. 7 (3) (Summer 2015) 58−66.

[62] Murmann, B., ADC Performance Survey 1997−2017 [Online]. Available: http://web.stanford.edu/Bmurmann/adcsurvey.html.

[63] M. Olsson, S. Sultana, S. Rommer, L. Frid, C. Mulligan, SAE and the Evolved Packet Core—Driving the Mobile Broadband Revolution, Academic Press, 2009.

[64] E. Onggosanusi, et al., Modular and high-resolution channel state information and beam management for 5G new radio, IEEE Commun. Mag. 56 (3) (March 2018).

[65] J. Padhye, V. Firoiu, D.F. Towsley, J.F. Kurose, Modelling, TCP reno performance: a simple model and its empirical validation, ACM/IEEE Trans. Netw. 8 (2) (2000) 133−145.

[66] S. Parkvall, E. Dahlman, A. Furuskaär, M. Frenne, NR: the new 5G radio access technology, IEEE Commun. Stand. Mag. 1 (4) (December 2017) 24−30.

[67] M.B. Pursley, S.D. Sandberg, Incremental-redundancy transmission for meteor burst communications, IEEE Trans. Commun. 39 (May 1991) 689−702.

[68] T. Richardson, R. Urbanke, Modern Coding Theory, Cambridge University Press, 2008.

[69] C.E. Shannon, A mathematical theory of communication, Bell Syst. Tech. J. 27 (379−423) (July and October 1948) 623−656.

[70] Special Issue on Spread Spectrum, IEEE Trans. Commun. 25, 745−869. August 1977.

[71] S.B. Wicker, M. Bartz, Type-I hybrid ARQ protocols using punctured MDS codes, IEEE Trans. Commun 42 (April 1994) 1431−1440.

[72] Wozencraft, J.M., Horstein, M., Digitalised Communication Over Two-way Channels, Fourth London Symposium on Information Theory, London, UK, September 1960.

[73] C. Mollen, E.G. Larsson, U. Gustavsson, T. Eriksson, R.W. Heath, Out-of-band radiation from large antenna arrays, IEEE Commun. Mag. 56 (4) (April 2018).

[74] 3GPP, NR; General aspects for UE RF for NR, 3GPP TR 38.817-01.

[75] 3GPP, NR; General aspects for BS RF for NR, 3GPP TR 38.817-02.

5G NR物理层技术详解：原理、模型和组件

书号：978-7-111-63187-3　作者：[瑞典] 阿里·扎伊迪（Ali Zaidi）等　定价：139.00元

◎ 详解5G NR物理层技术（包括波形、编码调制、信道仿真和多天线技术等）及其背后的成因

◎ 5G专家和学者撰写，爱立信中国研发团队翻译，行业专家联袂推荐